全国高等职业教育规划教材

3ds max 三维动画制作实例教程

主　编　许朝侠

副主编　李晓歌　焦阳　周莹

参　编　邵丽红　等

机械工业出版社

本书是一本以实例为引导介绍 3ds max 三维动画制作应用的教程。全书共分为 10 章，主要内容包括 3ds max 的概述、基础建模、二维建模、应用三维修改器建模、复合建模与多边形建模、材质与贴图、场景中灯光与摄影机、渲染输出与环境特效；关键帧动画控制器以及粒子系统与空间扭曲等。

本书是作者根据多年的 3ds max 教学经验，并参考大量的 3ds max 资料编写而成的。本书内容翔实丰富，系统地介绍 3ds max 的各个功能模块，提供了大量具有针对性、讲解详尽的实例和拓展训练的上机实训项目。

本书既可作为高职高专院校相关专业学习 3ds max 动画制作的教材，也可作为各类计算机培训机构三维动画制作的基础教程，同时也可以作为三维动画制作爱好者和相关从业人员的参考用书。

本书配套授课电子课件和素材，需要的教师可登录 www.cmpedu.com 免费注册、审核通过后下载，或联系编辑索取（QQ：1239258369，电话：010-88379739）。

图书在版编目（CIP）数据

3ds max 三维动画制作实例教程 / 许朝侠主编.—北京：机械工业出版社，2011.4

全国高等职业教育规划教材

ISBN 978-7-111-33484-2

Ⅰ. ①3… Ⅱ. ①许… Ⅲ. ①三维－动画－图形软件，3ds max－高等学校：技术学校－教材 Ⅳ. ①TP391.41

中国版本图书馆 CIP 数据核字（2011）第 025873 号

机械工业出版社（北京市百万庄大街 22 号 邮政编码 100037）

责任编辑：鹿 征

责任印制：李 妍

中国农业出版社印刷厂印刷

2011 年 4 月第 1 版 · 第 1 次印刷

184mm×260mm · 14. 25 印张 · 351 千字

0001－3000 册

标准书号：ISBN 978-7-111-33484-2

定价：27.00 元

全国高等职业教育规划教材计算机专业
编委会成员名单

出 版 说 明

根据《教育部关于以就业为导向深化高等职业教育改革的若干意见》中提出的高等职业院校必须把培养学生动手能力、实践能力和可持续发展能力放在突出的地位，促进学生技能的培养，以及教材内容要紧密结合生产实际，并注意及时跟踪先进技术的发展等指导精神，机械工业出版社组织全国近60所高等职业院校的骨干教师对在2001年出版的“面向21世纪高职高专系列教材”进行了全面的修订和增补，并更名为“全国高等职业教育规划教材”。

本系列教材是由高职高专计算机专业、电子技术专业和机电专业教材编委会分别会同各高职高专院校的一线骨干教师，针对相关专业的课程设置，融合教学中的实践经验，同时吸收高等职业教育改革的成果而编写完成的，具有“定位准确、注重能力、内容创新、结构合理和叙述通俗”的编写特色。在几年的教学实践中，本系列教材获得了较高的评价，并有多个品种被评为普通高等教育“十一五”国家级规划教材。在修订和增补过程中，除了保持原有特色外，针对课程的不同性质采取了不同的优化措施。其中，核心基础课的教材在保持扎实的理论基础的同时，增加实训和习题；实践性较强的课程强调理论与实训紧密结合；涉及实用技术的课程则在教材中引入了最新的知识、技术、工艺和方法。同时，根据实际教学的需要对部分课程进行了整合。

归纳起来，本系列教材具有以下特点：

1）围绕培养学生的职业技能这条主线来设计教材的结构、内容和形式。

2）合理安排基础知识和实践知识的比例。基础知识以“必需、够用”为度，强调专业技术应用能力的训练，适当增加实训环节。

3）符合高职学生的学习特点和认知规律。对基本理论和方法的论述要容易理解、清晰简洁，多用图表来表达信息；增加相关技术在生产中的应用实例，引导学生主动学习。

4）教材内容紧随技术和经济的发展而更新，及时将新知识、新技术、新工艺和新案例等引入教材。同时注重吸收最新的教学理念，并积极支持新专业的教材建设。

5）注重立体化教材建设。通过主教材、电子教案、配套素材光盘、实训指导和习题及解答等教学资源的有机结合，提高教学服务水平，为高素质技能型人才的培养创造良好的条件。

由于我国高等职业教育改革和发展的速度很快，加之我们的水平和经验有限，因此在教材的编写和出版过程中难免出现问题和错误。我们恳请使用这套教材的师生及时向我们反馈质量信息，以利于我们今后不断提高教材的出版质量，为广大师生提供更多、更适用的教材。

机械工业出版社

前　言

3ds max 是 AutoDesk 公司旗下的 Discreet 分公司开发的一款功能强大的三维动画制作软件，是目前市场上最流行的三维造型和动画制作软件之一。3ds max 以其强大的功能，在广告、建筑、工业造型、动漫、游戏和影视特效等方面都得到了广泛的应用。本书以适应高职高专教学改革的需求为目标，结合作者多年的 3ds max 教学经验，从实用角度出发，以案例为载体介绍了运用 3ds max 进行三维设计的制作流程和方法。

本书属于实例教程类图书，采用案例驱动的教学方式，各个章节的内容都采用以实例讲解概念的方法，由实例引导并展开相关的知识点和操作技能介绍。全书共分为 10 章。第 1 章简要介绍 3ds max 的主要应用领域、3ds max 工作界面的构成和 3ds max 工作环境的定制；第 2～5 章分别从基础建模、二维建模、三维修改器应用、复合建模和多边形建模等方面介绍 3ds max 强大的建模功能；第 6 章介绍材质和贴图的应用，包括材质基本参数的设定、常用的材质类型以及贴图类型和贴图通道的应用；第 7 章介绍场景中灯光和摄影机的应用，包括灯光的类型、灯光的属性、灯光的布设方法以及摄影机的类型和摄影机动画的制作；第 8 章介绍渲染输出的设置、体积光和火效果等大气特效的应用以及光晕、光斑等镜头特效的应用；第 9 章介绍关键帧动画创建的基本方法、轨迹视图的使用方法和常用的动画控制器在动画制作中的应用；第 10 章介绍常用的粒子系统与空间扭曲的类型以及综合运用粒子系统与空间扭曲制作群组动画的方法。

本书集通俗性、实用性和技巧性为一体，由浅入深、循序渐进地讲解 3ds max 的各个功能模块。为了提高读者的学习兴趣和创造力，本书共提供了 30 个制作过程详尽的实例，每个实例都具有较强的针对性，读者可以按照步骤完成每个实例。此外，为了巩固和拓展各个知识点的理解和应用，每个章节后有上机实训项目供读者操作练习。

本书由许朝侠担任主编，除了封面署名的人员之外，参与本书编写工作的还有邵丽红、史岳鹏、李建荣和孔素真。

由于编写时间仓促以及作者的学识和水平有限，书中难免存在错误和疏漏之处，希望得到广大读者和同行的批评指正。

编　者

目　录

第1章　3ds max 基础知识

本章要点

本章主要介绍3ds max的工作界面、文件的打开、保存、导入和导出等基本操作、视图的操作与控制以及定制3ds max工作环境等内容。

1.1　3ds max 概述

3ds max是由著名Autodesk公司旗下的Discreet公司开发的三维动画制作软件。随着版本的逐步升级，3ds max的功能日益强大，应用范围也越来越广泛。3ds max与Maya、Softimage等其他专业三维制作软件相比，在画面表现和动画制作方面毫不逊色，同时具有操作简单、易学易用的特点。此外，3ds max还具有良好的开放性，许多专业技术公司为3ds max提供了大量的外部插件，使3ds max的功能更加完善。

3ds max是集建模、材质、灯光、渲染、动画、输出等于一体的全方位三维制作软件，可以为创作者提供多方面的选择，满足不同的需要。目前，3ds max在影视动画、游戏行业、建筑行业、工业制造行业以及军事仿真等领域得到了广泛的应用。图1-1至图1-4具体展示了3ds max在各行业领域中的实际应用效果。

图1-1　3ds max在影视制作中的应用效果

图 1-2　3ds max 在游戏行业中的应用效果

图 1-3　3ds max 在建筑行业中的应用效果

图 1-4　3ds max 在工业制造行业中的应用效果

1.2　3ds max 工作界面

启动 3ds max 后即进入 3ds max 的工作界面，如图 1-5 所示。

3ds max 的工作界面由菜单栏、主工具栏、视图区、命令面板、时间轴、动画控制区、视图控制区、状态栏和信息提示栏等几部分组成。

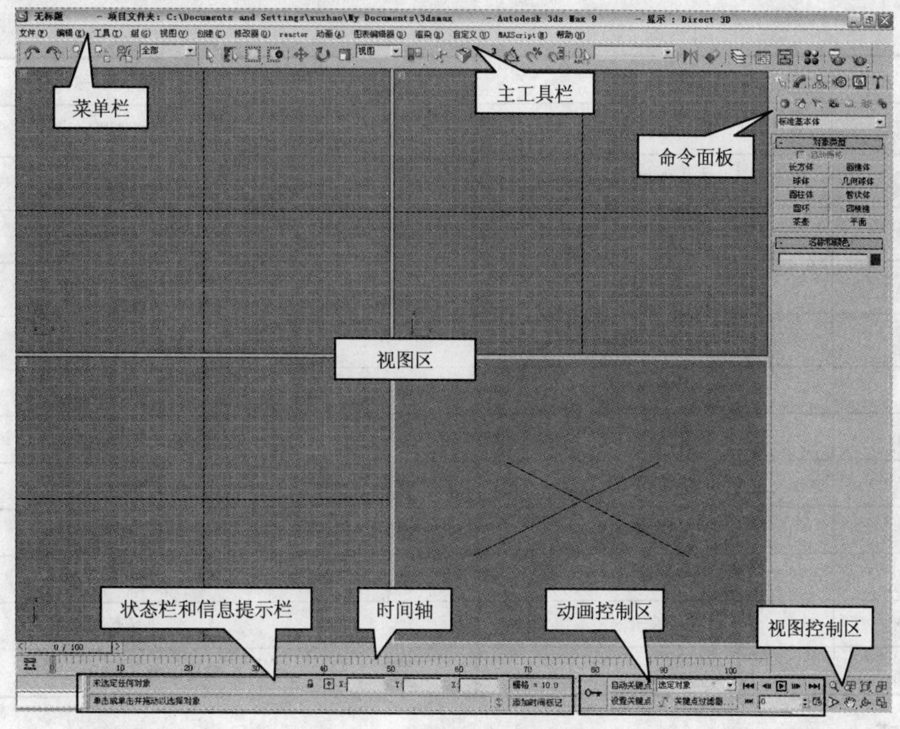

图 1-5　3ds max 的工作界面

1.2.1　菜单栏

3ds max 菜单栏完全采用标准 Window 风格，通过菜单栏可以实现 3ds max 的所有操作，但通常情况下，常用的操作都会通过调用命令面板和工具栏的按钮来实现。3ds max 的菜单栏包括“文件（File）”、“编辑（Edit）”、“工具（Tools）”、“组（Group）”、“视图（Views）”、“创建（Create）”、“修改器（Modifiers）”、“动画（Animation）”、“图形编辑器（Graph Editors）”、“渲染（Rendering）”、“自定义（Customize）”、“MaxScript”、“帮助（Help）”和“Tentacles”共 14 个菜单。

1.2.2　主工具栏

主工具栏位于菜单栏的下方，由多个图标和按钮组成。在主工具栏中，包含了用户在制作过程中经常使用到的工具。主工具栏包括的常用按钮简介如表 1-1 所示。

表 1-1　主工具栏常用按钮简介

图　标	名　称	图　标	名　称
	撤销		恢复
	选择并链接		断开当前选择的链接
	绑定到空间扭曲		选择对象
	按名称选择		矩形选择区域

（续）

图　标	名　称	图　标	名　称
	圆形选择区域		围栏选择区域
	套索选择区域		绘制选择区域
	交叉选择方式		窗口选择方式
	选择并移动		选择并旋转
	选择并均匀缩放		选择并非均匀缩放
	选择并挤压		使用轴点中心
	使用选择中心		使用变换坐标中心
	三维捕捉开关		角度捕捉开关
	百分比捕捉切换		镜像
	对齐		曲线编辑器
	材质编辑器		渲染场景对话框
	快速渲染（产品级）		快速渲染（Active shade）

☞小技巧

主工具栏的按钮较多，有一部分按钮未能在界面中显示出来。将光标放在主工具栏的空白处，在鼠标指针变成手形后，可以左右拖动查看显示按钮。

1.2.3　视图区

视图区是用户进行制作工作的主要显示区域，占据了工作界面的大部分空间。在默认状态下，视图区由顶视图、前视图、左视图和透视图 4 个视图组成，它们分别显示三维模型的顶面、正面、左侧面和透视效果，如图 1-6 所示。视图区中的多个视图只有一个视图处于激活状态，该视图的外框以黄色显示。

1.2.4　命令面板

命令面板位于工作界面的右侧。在 3ds max 的操作中，命令面板起着举足轻重的作用。调用命令、输入和修改参数等操作都需要在命令面板中进行。命令面板包括创建、修改、层次、运动、显示和工具 6 个面板。有些命令面板会按照功能分成多个子面板，例如，创建命令面板就包括 7 个图标按钮，分别代表一类子面板，如图 1-7 所示。

在命令面板的上部为功能按钮区。选择功能按钮后，在下面会出现多个卷展栏，将各种参数分类显示。单击卷展栏标题框左端的或按钮，就可以展开或卷起该卷展栏。

1.2.5　时间轴和动画控制区

时间轴和动画控制区主要用于动画的制作和播放。时间轴用来显示场景动画制作的总长度和当前所处的时间位置。动画控制区提供了制作和播放动画的各种功能按钮。

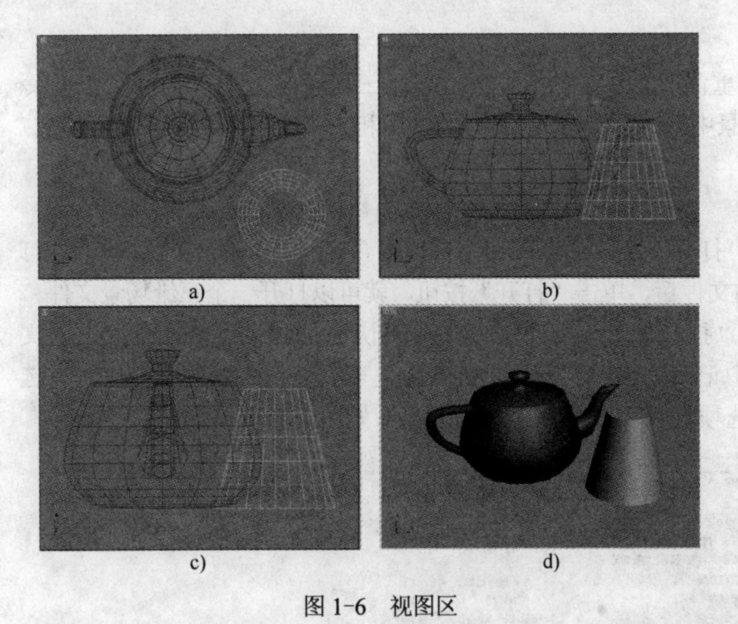

图 1-6　视图区

a) 顶视图　b) 前视图　c) 左视图　d) 透视图

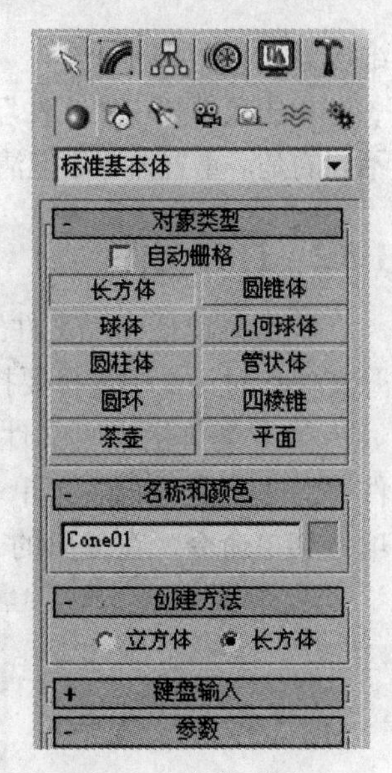

图 1-7　命令面板

1.2.6　视图控制区

视图控制区主要用于对视图区的各个视图进行灵活的显示控制。视图控制区中的按钮随视图区中当前激活视图的类型不同而不同。当前激活视图为顶视图、前视图或左视图等正视图时，视图控制区的按钮如图 1-8a 所示；当前激活视图为透视图时，视图控制区的按钮如图 1-8b 所示；当前激活视图为摄影机视图时，视图控制区的按钮如图 1-8c 所示。

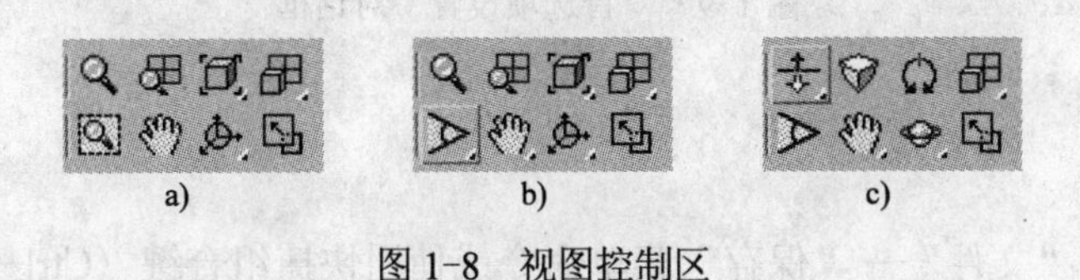

图 1-8　视图控制区

1.2.7　状态栏和信息提示栏

状态栏显示当前视图和鼠标指针的状态。在未选定视图中的对象时，坐标显示区显示视图中鼠标指针所在的位置；选定对象后，显示对象当前位置的坐标值。

信息提示栏用来提示当前操作的状态，主要显示当前选择的工具或命令的状态和操作提示。

1.3　文件的基本操作

1.3.1　新建文件

在启动 3ds max 后，软件会自动新建一个文件类型为 3ds Max（*.max）的三维场景文件。

单击菜单栏中“文件”→“新建”菜单命令或使用组合键〈Ctrl+N〉，可以新建一个三维场景文件。

单击菜单栏中“文件”→“重置”菜单命令，也可新建一个三维场景文件。与“新建”命令不同的是，重置命令不但清除场景中的所有对象，而且还将视图和各项参数都恢复到默认状态。

1.3.2 打开文件

单击菜单栏中“文件”→“打开”菜单命令或使用快捷组合键〈Ctrl+O〉，在弹出的“打开文件”对话框中选择要打开的文件后，单击“打开”按钮，就可以打开一个三维场景文件。

单击菜单栏中“文件”→“打开最近”菜单命令，可以快速打开最近曾经打开过的文件。对“打开最近”菜单命令中记录的最近打开文件的数量，可以使用“自定义”→“首选项”菜单命令，在弹出的“首选项设置”对话框中进行定义，如图 1-9 所示。

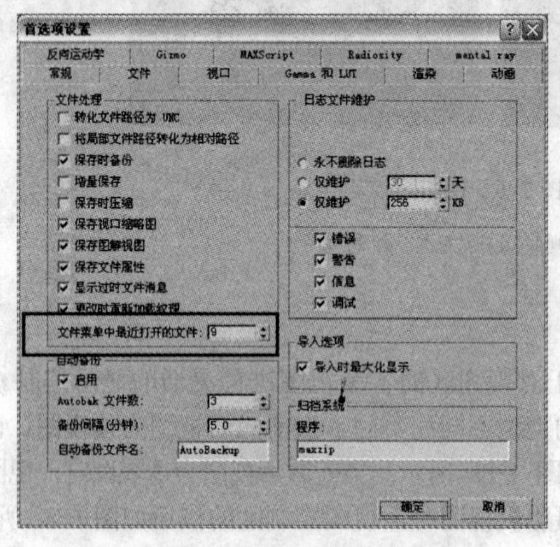

图 1-9 “首选项设置”对话框

1.3.3 保存文件

单击菜单栏中“文件”→“保存”菜单命令或使用快捷组合键〈Ctrl+S〉，就可以实现文件的保存操作。

单击菜单栏中“文件”→“另存为”菜单命令，弹出“文件另存为”对话框，如图 1-10 所示。选择要保存的文件夹，输入文件名，然后单击“保存”按钮，就可以将场景文件以新文件名进行保存。

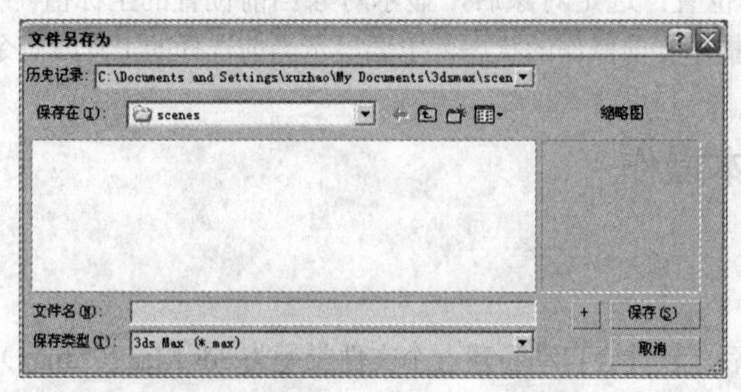

图 1-10 “文件另存为”对话框

☞小技巧

当对未命名的新场景文件使用“文件”→“保存”菜单命令保存时，也会弹出“文件另存为”对话框，以便为场景文件命名保存。

1.3.4 文件的合并

在 3ds max 中，可以使用“文件”→“合并”菜单命令将其他场景文件中的对象加入到当前场景中。

单击菜单栏中“文件”→“合并”菜单命令，弹出“合并文件”对话框，如图 1-11 所示，在选择要合并的场景文件后，单击“打开”按钮，在弹出的“合并”对话框中选择要合并的对象，单击“确定”按钮完成合并，如图 1-12 所示。

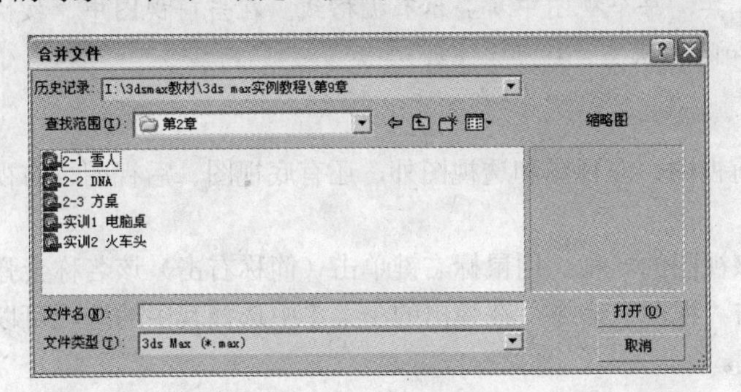

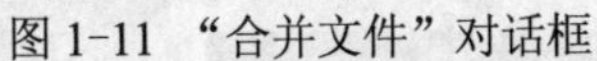

图 1-11 “合并文件”对话框

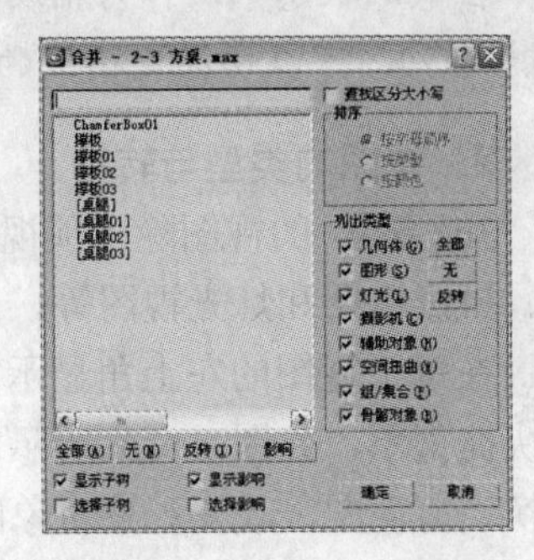

图 1-12 “合并—2-3 方桌.max”对话框

☞小技巧

当在“合并”对话框的列表中选择对象时，可以按住〈Ctrl〉键选择多个对象，或按住〈Alt〉键从选中的对象中移除对象。

1.3.5 文件的导入与导出

在 3ds max 中，可以将非 3ds max 标准格式（*.max）的场景文件导入到 3ds max 的场景中。3ds max 可导入的文件格式有 3DS、DWG、DXF、PRJ、AI、LS 等。单击菜单栏中“文件”→“导入”菜单命令，在弹出的“选择导入的文件”对话框中，选择要导入的文件格式和文件名，单击“打开”按钮即可将其他格式的场景文件导入到当前场景中。

同理，3ds max 的场景文件也可以导出非 3ds max 标准格式的文件。3ds.max 可以导出的文件格式有 3DS、DWG、DXF、PRJ、AI、ATR、BLK 等。单击菜单栏中“文件”→“导出”菜单命令，在弹出的“选择导出的文件”对话框中，选择要导出的文件格式和文件名，单击“打开”按钮即可将当前场景文件导出。

1.4 视图的操作与控制

在默认情况下，3ds max 采用 4 个等分视图的显示方式。这 4 个等分视图分别是顶视图、前视图、左视图和透视图，它们代表了观察对象的不同角度。为了便于观察和制作，在3ds max视图的布局和视图中对象的显示方式等都是可以由用户自行设置的。

1.4.1 视图的操作

1．视图的激活

在视图区的多个视图中，只有一个视图的四周有黄色的方框，表明该视图处于激活状态。只有被激活的视图才能进行场景对象的操作，其他视图只能显示对象操作的过程和结果。在任一视图上单击鼠标，就可以激活该视图。通常将激活的视图作为当前视图。

☞小技巧

在默认状态下，作为辅助建模工具，每个视图中都显示有栅格线。在当前视图中，按快捷键〈G〉，可以切换栅格线的显示和隐藏状态。

2．视图的类型与转换

3ds max 的视图除了顶视图、前视图、左视图和透视图外，还有底视图、后视图、右视图、摄影机图和灯光视图等。

在每个视图的左上角显示的是该视图的名称，用鼠标右键单击（简称右击）该名称会弹出快捷菜单，如图 1-13 所示。单击“视图”命令，在弹出的子菜单中选择其中的选项可以转换当前视图，改变观察对象的角度。

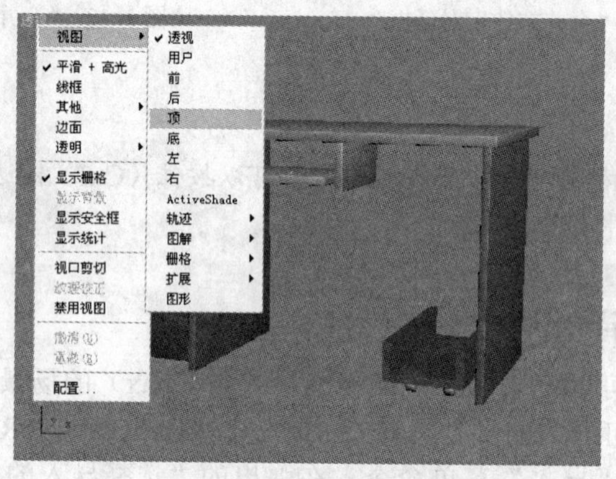

图 1-13　转换视图快捷菜单

☞小技巧

可以使用快捷键来转换视图。例如，要将当前视图转换为前视图，只需按〈F〉键即可。视图名称的快捷键有：〈T〉(顶视图)、〈F〉(前视图)、〈L〉(左视图)、〈P〉(透视图)、〈B〉(底视图)、〈C〉(摄影机视图)。

3．视图的显示方式

三维模型在视图中可以有多种方式显示。在默认情况下，顶视图、前视图和左视图中的三维模型以“线框”方式显示，透视图中三维模型以“平滑+高光”方式显示。显示方式决定了三维模型的显示品质，同时也影响显示性能。若显示品质提高，则显示性能降低。因此，显示方式应根据制作需要进行选择。

右击视图左上角视图的名称，在弹出的快捷菜单中就可以选择当前视图的显示方式，如图 1-14 所示。

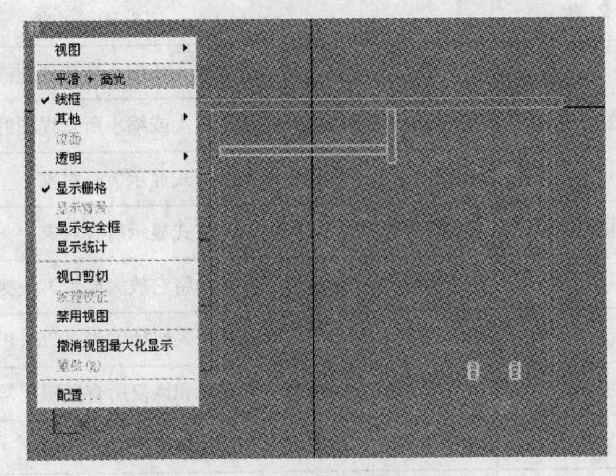

图 1-14　当前视图的显示方式

4．视图的布局

在 3ds max 中，视图的大小和视图的布局格式都是可以改变的。

将鼠标指针移动到两个视图之间的边界上，拖动变为双向箭头的鼠标指针，就可以任意改变视图的大小；将鼠标指针移动到 4 个视图的交接中心，拖动变为四向箭头的鼠标指针，就可以同时改变 4 个视图的大小；将鼠标移动到 4 个视图的交接中心，右击鼠标，弹出“重置布局”按钮，单击该按钮，就可以将 4 个视图大小恢复到默认状态。

使用菜单命令可以改变视图的布局格式。单击菜单栏中“自定义”→“视口配置”菜单命令，在打开的“视口配置”对话框中选择“布局”选项卡，单击预设的任一视图布局方案，就可以改变视图的个数和排列位置，如图 1-15 所示。

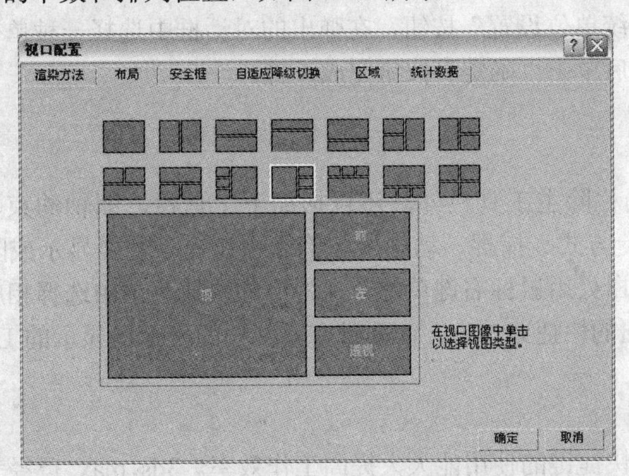

图 1-15　在“视口配置”对话框中选择“布局”选项卡

1.4.2　视图的控制

对视图的控制由视图控制区中的按钮来实现，主要是对视图中的场景进行缩放、移动和旋转等显示变化的操作。根据当前视图类型的不同，视图控制区中的控制图标按钮也会有所不同（见图 1-8）。常用的视图控制图标按钮及功能见表 1-2。

表 1-2 常用视图控制图标按钮及功能表

图标按钮	按钮名称	功能简介
	缩放	单击鼠标并上下拖动，可以放大或缩小当前视图的显示
	缩放所有视图	单击鼠标并上下拖动，可以放大或缩小所有视图的显示
	最大化显示	在当前视图中以尽可能大的方式显示所有对象
	所有视图最大化显示	在所有视图中以尽可能大的方式显示所有对象
	缩放区域	在当前视图中框选局部区域，将它放大显示，快捷键为〈Ctrl+W〉
	平移视图	拖动鼠标，可以平移当前视图，快捷键为〈Ctrl+P〉
	最大化视口切换	单击可以在当前视图全屏显示和恢复所有视图正常显示之间切换
	弧形旋转	单击并拖动，可以绕中心点旋转视图
	视野	只对透视图起作用，在透视图中拖动鼠标，可将透视图拉近或推远

1.5 定制工作环境

3ds max 允许用户根据制作需要和个人使用习惯来定制个性化的工作环境。

1.5.1 设置单位

在场景中创建对象时，有时为了便于衡量对象的实际大小，需要设置图形单位。单击菜单栏中“自定义”→“单位设置”菜单命令，弹出“单位设置”对话框，如图 1-16 所示。选中“公制”按钮，并在下拉列表中选择一种单位，它表示在 3ds max 的工作区域中实际显示的单位。单击“系统单位设置”按钮，在弹出的对话框中选择一种单位，它表示系统内部实际使用的单位。最后单击“确定”按钮完成设置。

1.5.2 设置工具栏

3ds max 的工具栏除主工具栏外，还包括如下工具栏，即轴约束、层、reactor（反应堆）、附加、渲染快捷方式、捕捉、动画层和笔刷预设等。若要显示或隐藏某个工具栏，则只需在主工具栏的空白处用鼠标右键单击，在弹出的快捷菜单中选择相应的工具栏即可，如图 1-17 所示。在弹出的快捷菜单中，前面带有“√”的表示已显示的工具栏。

1.5.3 设置快捷键

在执行操作时，快捷键的使用能大大提高工作效率。3ds max 已经为常用的命令分配了快捷键，除使用这些快捷键外，用户还可以根据实际需要和使用习惯来设置新的快捷键或改变已有的快捷键。

单击菜单栏中“自定义”→“自定义用户界面”菜单命令，在打开的“自定义用户界面”对话框中选择“键盘”选项卡，在左边的列表中选择要设置快捷键的命令，然后在“热键”文本框中输入快捷键字母，单击“指定”按钮即完成设置，如图 1-18 所示。

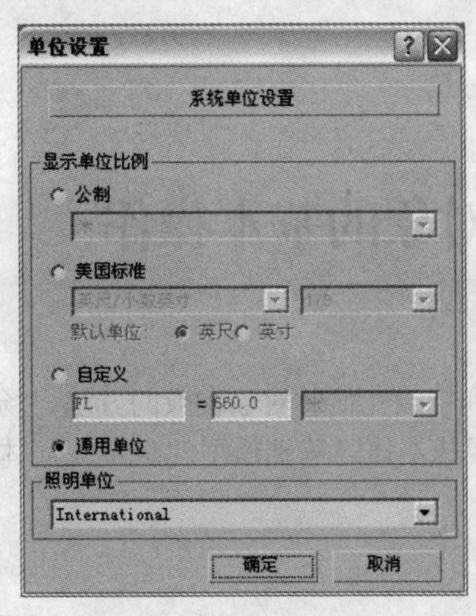

图 1-16 “单位设置”对话框

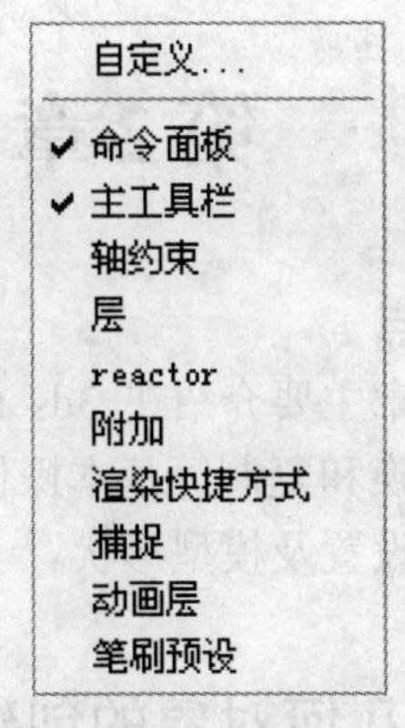

图 1-17 设置工具栏

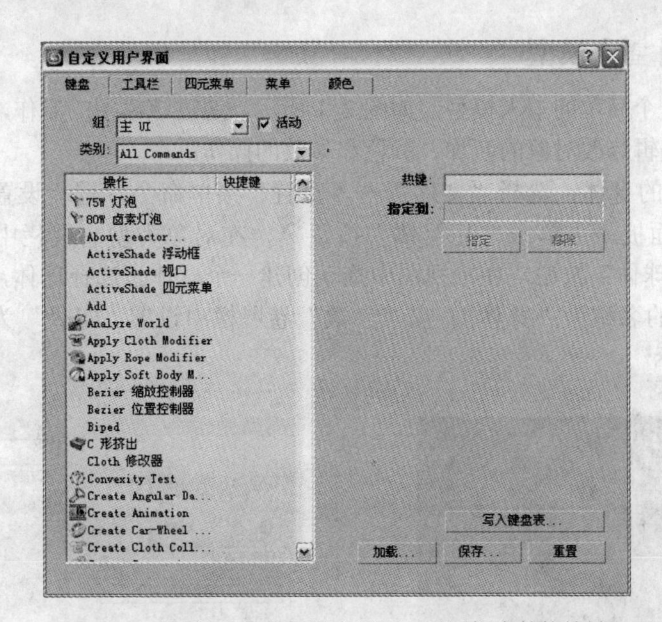

图 1-18 设置 “自定义用户界面”对话框中的快捷键

1.6 上机实训：定制 3ds max 工作环境

本实训要求定制 3ds max 的工作环境。将系统单位设置为毫米，将视图的背景颜色设置为白色，并隐藏视图中的栅格线，显示“轴约束”和“附加”工具栏。

第 2 章　基础建模与对象的基本操作

本章要点

本章主要介绍在 3ds max 中创建几何体对象和修改几何体对象参数的方法、场景中对象的变换和复制等基本操作以及标准基本体和扩展基本体等基础模型的参量几何体对象类型参数设置及模型形状。

2.1　几何对象的创建与编辑

【实例 2-1】制作雪人模型

本实例制作一个简单的雪人模型，如图 2-1 所示。通过该模型的制作，学习 3ds max 中对象的创建以及编辑修改对象的名称、颜色和参数的操作。

1）制作雪人的身体。选择“文件”→“重置”菜单命令，重新设置场景。激活顶视图，在“创建”面板上单击“几何体”按钮，在对象类型卷展栏中选择“标准基本体”，然后单击“球体”按钮，在顶视图中拖动创建一个球体。选择球体，单击“修改”面板，设置球体的名称为“身体”，在“参数”卷展栏中设置“半径”为 40、“半球”为 0.5，如图 2-2 所示。

图 2-1　雪人模型

图 2-2　设置“身体”参数

☞小技巧

在修改球体参数后，如果球体显示过大或小，就可以使用右下角视图控制区中的（视图最大化显示）或（所有视图最大化显示）按钮，调整球体在视图中的显示效果。利用视图控制区的按钮可以灵活地控制视图的显示效果，为建模和观察场景提供便利。

2）制作雪人的头。单击“创建”→“几何体”→“标准基本体”→“球体”，在顶视图中创建一个球体，选择球体，打开“修改”面板，设置球体的名称为“头”，“半径”为 20。

3）单击工具栏上“选择并移动”按钮，移动对象“头”到如图 2-3 所示的位置上。

☞小技巧

移动“头”对象时，可以先在顶视图中移至身体平面的中间，然后到前视图中将光标放到 Y 轴的移动控制轴上沿 Y 方向移动到身体的上方。移动对象时可根据移动方向选择在适当的视图中沿移动控制轴轴向移动。

4）制作雪人的眼睛。单击“创建”→“几何体”→“标准基本体”→“球体”，创建一个球体。选择球体，单击“修改”面板，设置球体的名称为“眼睛”，“颜色”为黑色，“半径”为 3。单击“选择并移动”按钮，移动对象“眼睛”到如图 2-4 所示的位置上。

5）复制雪人的眼睛。选择“眼睛”，单击“选择并移动”按钮，按住〈Shift〉键，在前视图中沿 X 轴移动控制轴方向拖动到如图 2-5 所示的位置上，松开鼠标，出现“克隆选项”对话框，在“对象”选区选中“实例”按钮，单击“确定”按钮。

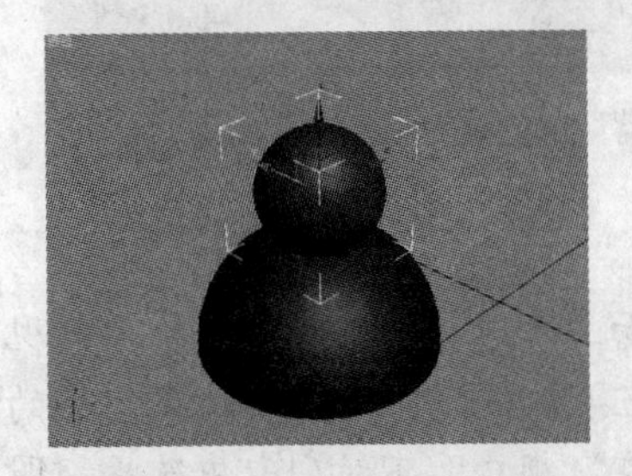

图 2-3　移动“头”的位置

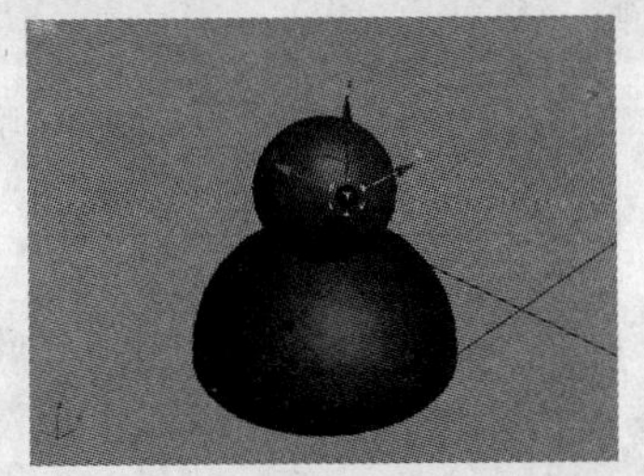

图 2-4　创建并移动“眼睛”

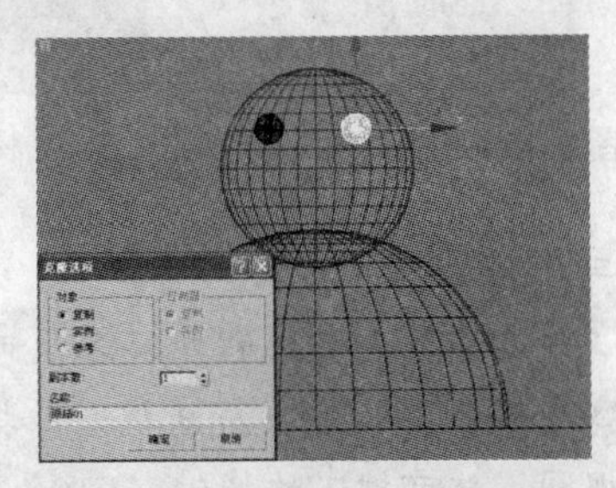

图 2-5　复制另一只“眼睛”

6）制作雪人的鼻子。单击“创建”→“几何体”→“标准基本体”→“圆锥体”，在前视图中创建一个圆锥体。单击“修改”面板，设置圆锥体的名称为“鼻子”，“半径 1”为 4，“半径 2”为 0，“高度”为 20，如图 2-6 所示。单击“选择并移动”按钮，移动“鼻子”到如图 2-6 所示的位置上。单击“选择并旋转”按钮，在左视图中绕 Z 轴旋转至如图 2-7 所示的位置上。

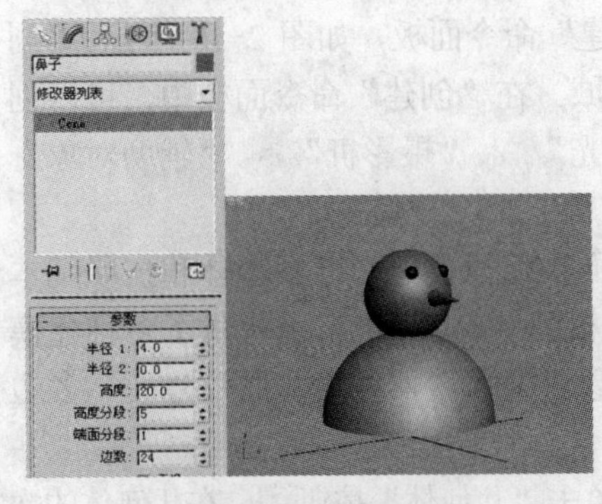

图 2-6　设置“鼻子”参数和位置

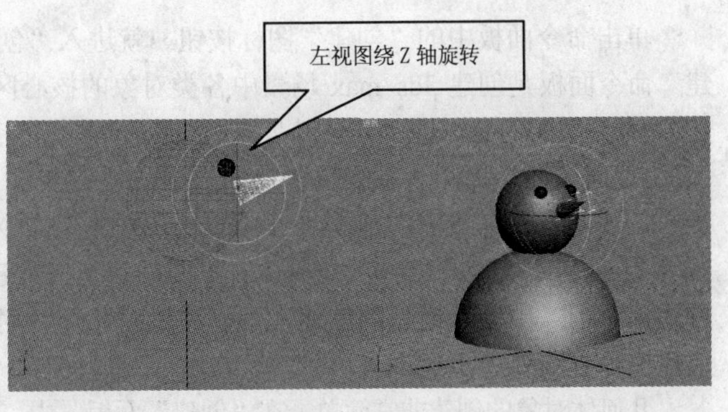

图 2-7　旋转“鼻子”

7）制作雪人的嘴巴。单击“创建”→“几何体”→“标准基本体”→“圆环”，在顶视图中创建一个圆环。单击“修改”面板，设置圆环的名称为“嘴”，“半径 1”为 18，“半径 2”为 1.5，选取“切片启用”复选框，设置“切片从”为 210，“切片到”为 150，如图 2-8 所示。单击“选择并移动”按钮，移动“嘴”到如图 2-9 所示的位置上。

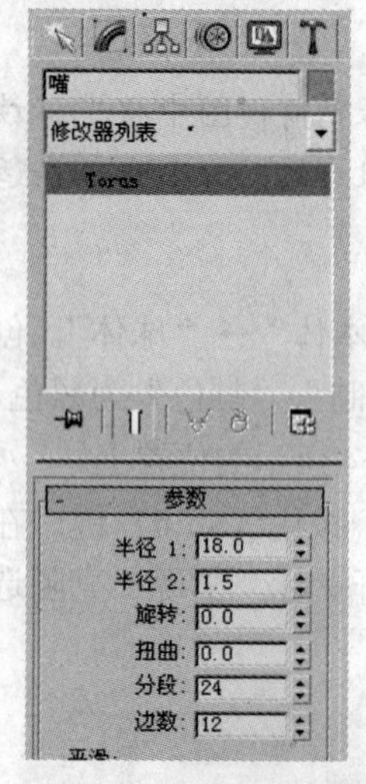

图 2-8 设置“嘴”的参数

图 2-9 移动“嘴”的位置

☞小技巧

在场景制作过程中，不仅可以在视图中观察制作效果，而且可以将场景进行渲染，以观察最终输出效果。激活视图，按下快捷键〈F9〉，即可快速渲染该视图。如果要改变渲染的视图，就可按下快捷键〈F10〉，打开“渲染场景”对话框，在“视口”下拉列表中选择视图名称，然后单击“渲染”命令按钮进行渲染。

至此，一个简单的雪人模型就完成了。本实例创建了球体、圆锥体和圆环等几何体对象，修改了几何体对象的名称、颜色以及形状参数，并对几何体对象进行了移动、旋转等基本操作。

2.1.1 几何体对象的创建

单击命令面板中的“创建”图标按钮就进入“创建”命令面板，如图 2-10 所示。“创建”命令面板是创建 3ds max 场景中各类对象的核心区域。在“创建”命令面板中，可以创建 7 大类型的对象，即“几何体”、“图形”、“灯光”、“摄影机”、“辅助对象”、“空间扭曲”和“系统”。

三维模型是场景中的基本对象，通过“创建”命令面板可以创建标准基本体和扩展基本体等 11 种基本类型几何体。几何体对象的创建是三维建模的基础，3ds max 提供了多种建模方式，对场景中复杂模型的创建，可以通过对几何体对象进行修改器编辑、面片建模、多边形建模等方法处理实现。

几何体对象的创建非常简单。在“创建”面板中，单击“几何体”按钮，在几何体的次级分类项目下拉菜单中选择适当的次级分类项目，在“对象类型”卷展栏中单击要创建的几何体类型按钮，然后在合适的视图中拖动即可完成。有的几何体对象只需拖动一次鼠标就能完成创建，如球体；有的几何体对象则需要多次拖动鼠标才能完成创建，如长方体、圆柱体等。

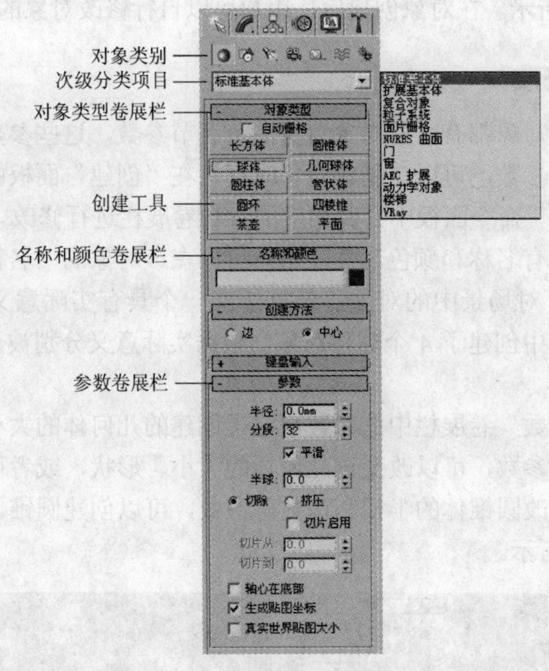

图 2-10　创建命令面板

如果想创建精确参数的几何体对象，则可以在“键盘输入”卷展栏中，通过键盘输入几何体对象的精确参数值及对象的位置坐标 X、Y、Z 的值，然后单击“创建”按钮，在当前视图中创建该几何体对象。

在创建几何对象时，要根据几何对象在场景中的空间位置，选择创建对象的当前视图。不同的视图中创建的相同几何对象空间的方位会不同。如图 2-11 所示的 3 个圆柱体分别是在顶视图、前视图和左视图中创建的。

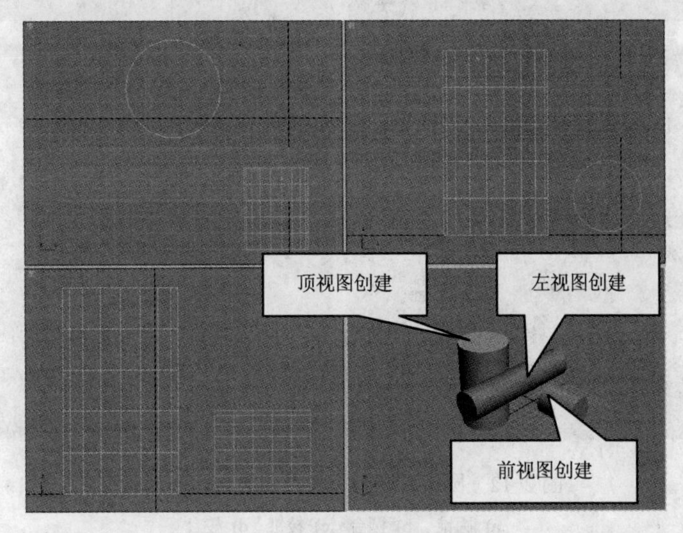

图 2-11　圆柱体创建的空间位置

在“名称和颜色”卷展栏中，对场景中创建的任意对象，系统都会自动赋予一个表示自身类型的名称，如 Box01、Sphere01 等，同时为该对象随机指定一种颜色，这就是对象的名称和颜色，如图 2-10 所示。在对象创建后，用户可以自行修改对象的名称和颜色。

2.1.2 对象的参数修改

场景中创建的任何对象都有一些对象自身的可调节参数，这些参数分别被放在不同的参数卷展栏中。对于这些参数，可以在创建对象时直接在“创建”面板中进行修改，也可以随时选择对象，在“修改”命令面板中打开相应的参数卷展栏进行修改。

场景中的对象都具有名称和颜色属性，用户可以在该对象的“名称和颜色”卷展栏中修改对象的名称和颜色。对场景中的对象，最好定义一个具有实际意义的名称以便于快速查找。例如，在实例 2-1 中创建了 4 个球体对象，根据实际意义分别被命名为“身体”、“头”、“眼睛”和“眼睛 01”。

几何体对象的“参数”卷展栏中的参数决定了创建的几何体的大小、具体形状以及几何体的精细度。修改这些参数，可以改变该几何体的大小、形状，或者可以调整该几何体的精细程度。例如，通过修改圆锥体的半径和边数等参数，可以创建圆锥、圆台、棱锥和棱台等几何形状，如图 2-12 所示。

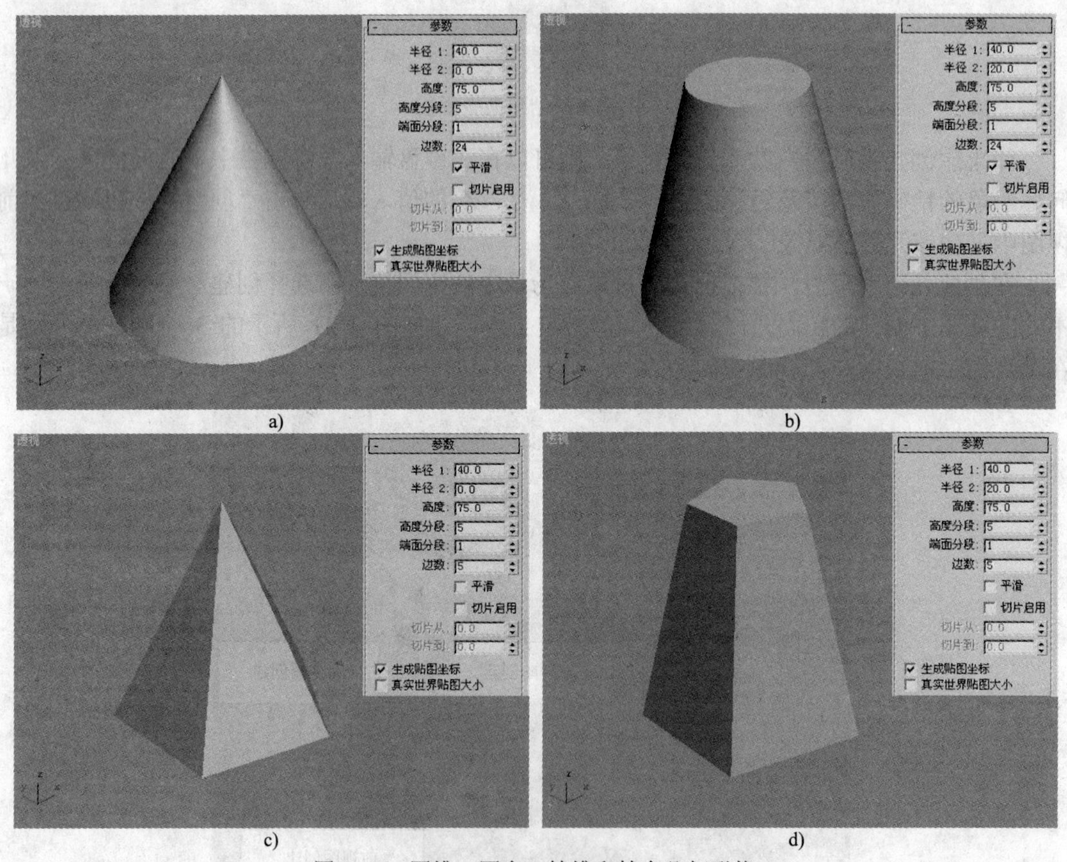

图 2-12　圆锥、圆台、棱锥和棱台几何形状

a) 圆锥　b) 圆台　c) 棱锥　d) 棱台

2.2 对象的基本操作

【实例 2-2】制作 DNA 链模型

本实例制作一组 DNA（基因）链的模型，如图 2-13 所示。通过模型的制作，学习对象的变换、复制、对齐等基本操作。

1）选择“文件”→“重置”菜单命令，重新设置场景。单击“创建”→“几何体”→“标准基本体”→“球体”，在前视图中拖动创建一个球体，将其命名为“基因球”，在“参数”卷展栏中设置“半径”为 8，如图 2-14 所示。

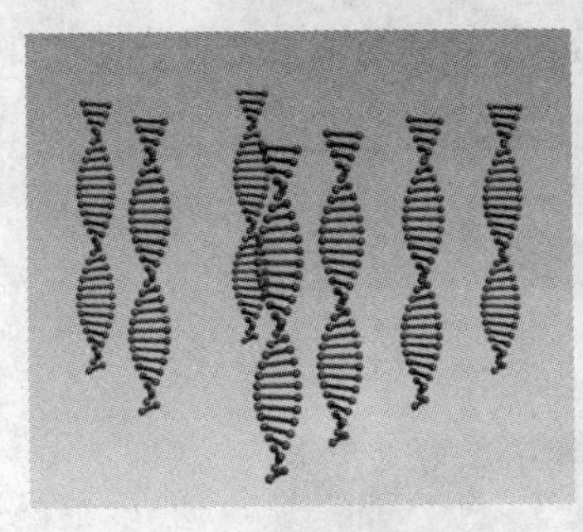

图 2-13 DNA 链模型

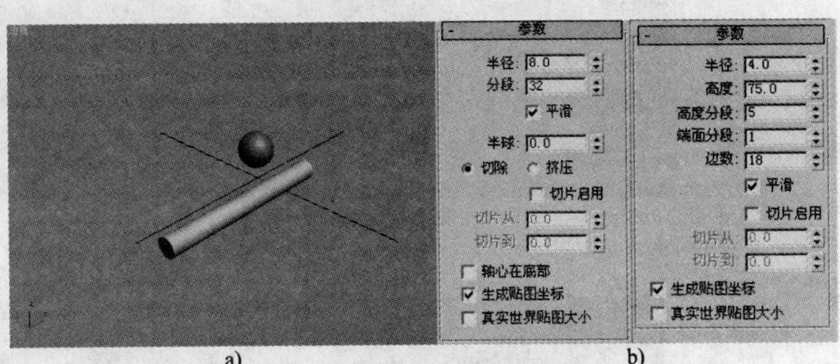

a) b)

图 2-14 创建基因球和基因杆

a) 效果图 b) 参数设置

2）单击“创建”→“几何体”→“标准基本体”→“圆柱体”，在左视图中拖动创建一个圆柱体，将其命名为“基因杆”，在“参数”卷展栏中设置“半径”为 4，“高度”为 75，如图 2-14 所示。

3）确认“基因杆”处于选择状态，单击工具栏中的“对齐”按钮，然后在透视图中选择“基因球”，作为目标对象，在弹出的“对齐当前”对话框中，勾选“Y 位置”和“Z 位置”复选框，单选当前对象和目标对象的中心，单击“应用”按钮，使“基因杆”的截面与“基因球”居中对齐。接着勾选“X 位置”复选框，单选当前对象的最小和目标对象的中心，单击“应用”按钮，使“基因杆”插入“基因球”中，单击“确定”按钮。“基因杆”与“基因球”的对齐效果如图 2-15 所示。

☞小技巧

当进行对象的对齐操作时，在“对齐当前”对话框中，X、Y、Z 位置是指定当前对象与目标对象的对齐方向，X、Y、Z 代表哪个方向由当前视图决定，当前对象上的轴心坐标显示了对齐操作时 X、Y、Z 表示的方向。

4）选择“基因球”，单击工具栏中的“镜像”按钮，在弹出的“镜像”对话框中，设置“镜像轴”为 X，“偏移”值为 75，并在“克隆当前选择”中勾选“实例”单选项，单击“确定”按钮，完成一组基因的制作，效果如图 2-16 所示。

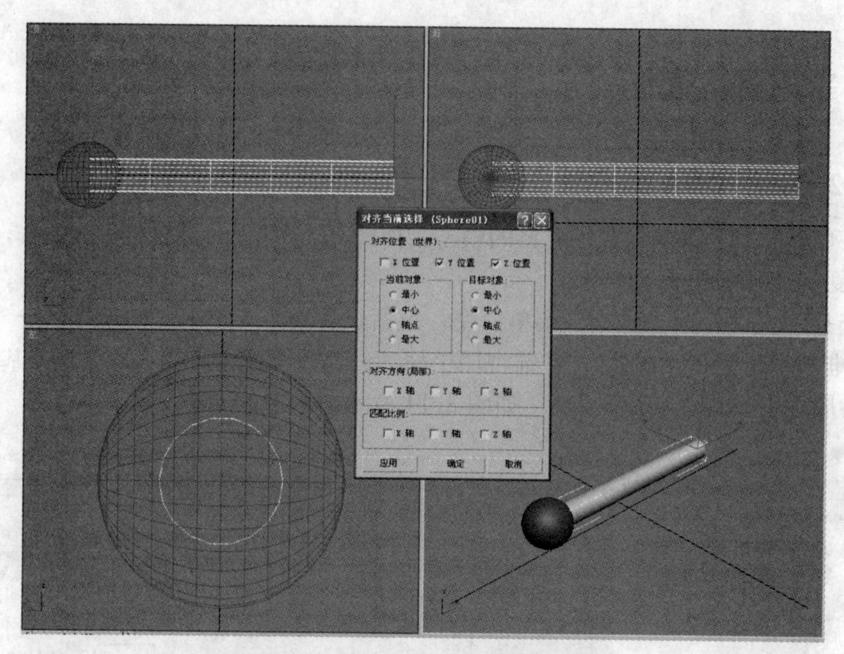

图 2-15　基因杆对齐基因球

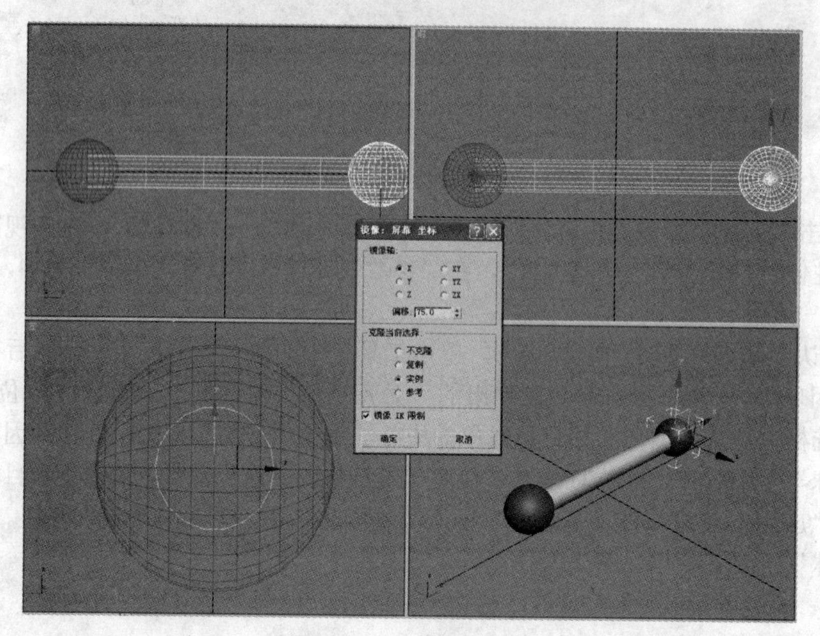

图 2-16　复制基因球

5）选择全部对象，单击“组”→“成组”菜单命令，在弹出的“组”对话框中，设置组名为“DNA”，将选择的物体组合为一组，如图 2-17 所示。

6）选择“DNA”，在工具栏中右击，在弹出的快捷菜单中，勾选“附加”工具栏。在“附加”工具栏中，单击“阵列”按钮，在弹出的“阵列”对话框中，设置“阵列维度”选项区中“1D”数量为 24，Z 轴的移动“增量”为 30，Z 轴的旋转“增量”为 15，如图 2-18 所示。单击“预览”按钮，观察阵列效果，单击“确定”按钮，完成一条基因链的制作，效果如图 2-19 所示。

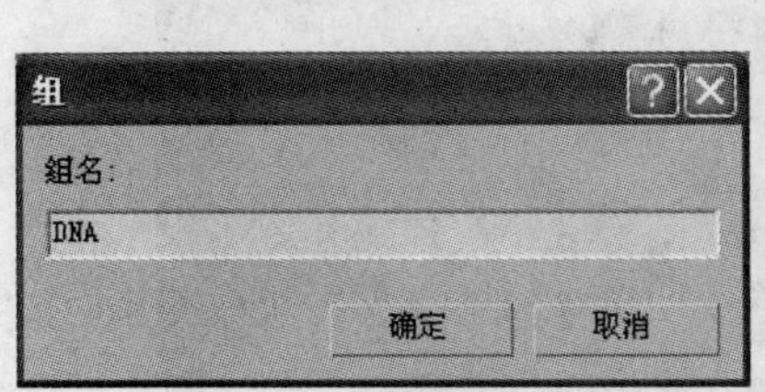

图 2-17　成组“DNA”

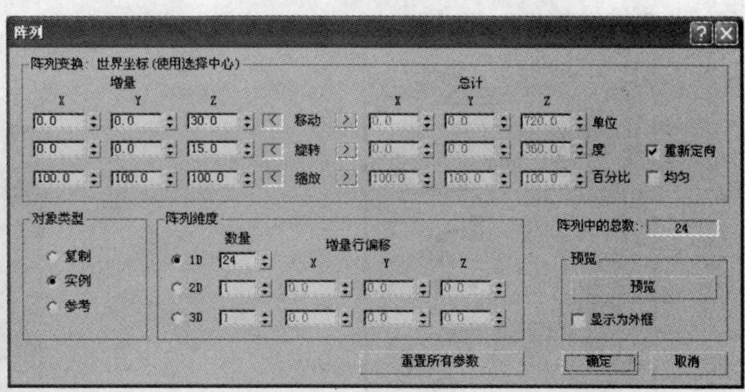

图 2-18　设置阵列参数

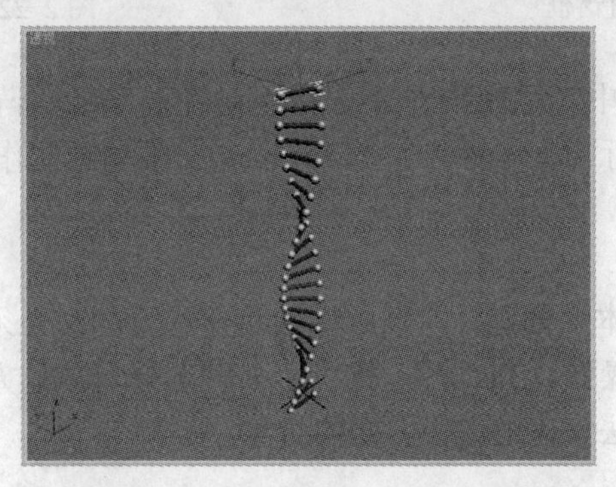

图 2-19　一条基因链的制作效果

☞小技巧

阵列时，因当前活动视图的不同，阵列参数设置所选择的增量轴向可能会有所不同。在设置参数后，可以单击“预览”按钮观察阵列效果，如果不是预期的效果，就改变阵列的增量轴，直到达到预期效果为止。

7）拖动鼠标框选视图中的所有对象，单击菜单栏中的“组”→“成组”命令，在弹出的“组”对话框中，设置组名为“基因链”，将选择的物体组合为一组。

8）在“创建”面板上单击“图形”按钮，在对象类型卷展栏中单击“线”按钮，在顶视图中拖动绘制一条曲线，如图 2-20 所示。

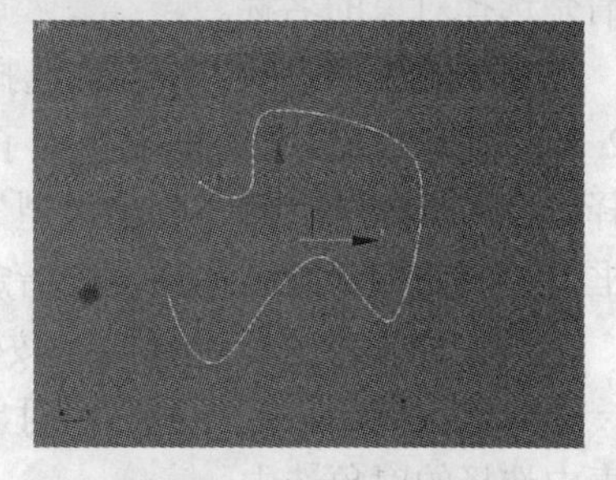

图 2-20　绘制一条曲线

☞小技巧

当绘制线时，单击并拖动鼠标可以绘制曲线并调整曲线的弯曲度。

9）选择“基因链”，在“附加”工具栏中，单击并按住“阵列”按钮，在随后弹出的下拉菜单中单击“间隔工具”按钮，打开“间隔工具”对话框，如图 2-21 所示。单击“拾取路径”按钮，并在视图中拾取绘制的曲线，将“计数”设置为 8，并在“对象类型”中勾选“实例”单选项，单击“应用”按钮，完成沿路径的复制，间隔复制效果如图 2-22 所示。单击“关闭”按钮，完成基因链模型的制作。

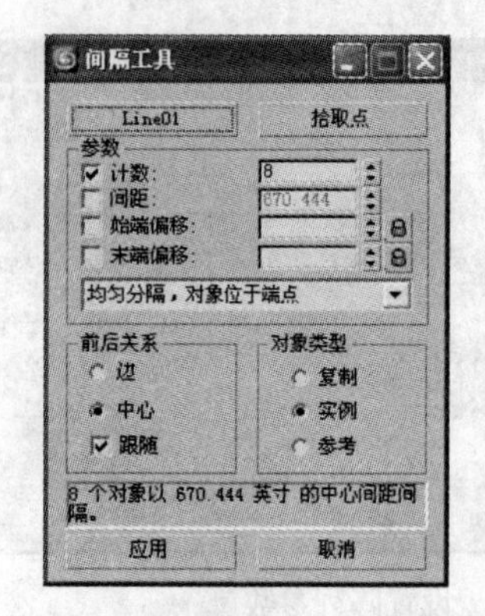

图 2-21 “间隔工具”对话框

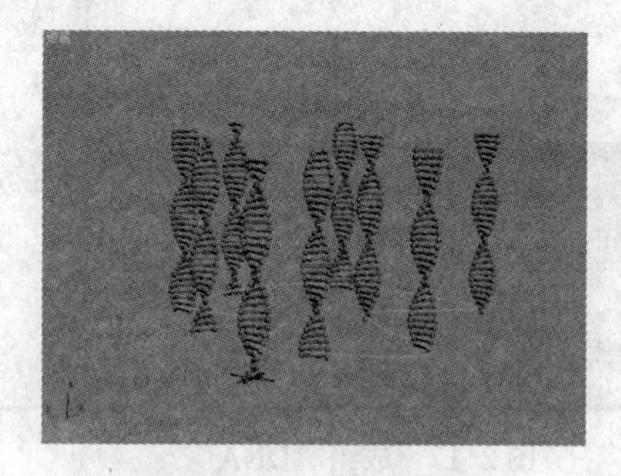

图 2-22 间隔复制效果

在本实例的制作过程中，运用的对象选择、对齐及镜像、阵列等复制操作是创建 3ds max 场景时对场景对象进行的基本操作，是 3ds max 三维动画制作中经常使用的操作。

2.2.1 对象的选择

3ds max 中的操作基本上都是针对场景中的对象进行的，必须先在视图中选择要操作的对象，然后才能进行各种操作。3ds max 提供了多种选择对象的方法，可以根据选择对象的不同，采用合适的选择方法快速地选择需要的对象。

1．直接选择

直接选择是指用鼠标单击对象的方式来选择对象，这是一种最简单的常用方法。

单击工具栏中的“选择对象”按钮或按下〈Q〉键，在视图中直接用鼠标单击要选择的对象。对象被选中后，将以白色线框方式显示。

2．按名称选择

按名称选择是指可以根据对象的类型和名称灵活地选择对象。按名称选择的前提是必须清楚选择对象的名称。

单击工具栏中的“按名称选择”按钮或按下〈H〉键，弹出“选择对象”对话框，如图 2-23 所示。在该对话框中显示了场景中所有对象的名称，可以通过各种方式进行对象的选择。在对话框的右侧“列出类型”选项组中，可以勾选“几何体”、“图形”、“灯光”等复选框，控制左侧对象名称列表按指定的类型显示。

当在列表中进行选择时，按住〈Ctrl〉键可以选择多个对象；按住〈Shift〉键，先选中一个对象，然后再选择另一个对象，可以连续选择多个对象，单击“选择”按钮，即可将列表中选择的对象选中。

3．区域选择

区域选择是指用鼠标拖动出一个区域，然后选择该区域内的对象。区域选择工具有矩形、圆形、围栏、套索和绘制 5 种选择区域方式。在工具栏上“矩形选择区域”是默认的区域选择方式，按住区域选择方式按钮，将会弹出选择区域类型的下拉菜单，拖动鼠标到一种区域选择方式，即可切换到该种区域选择方式。图 2-24 所示为采用矩形选择区域方式进行对象的选择。

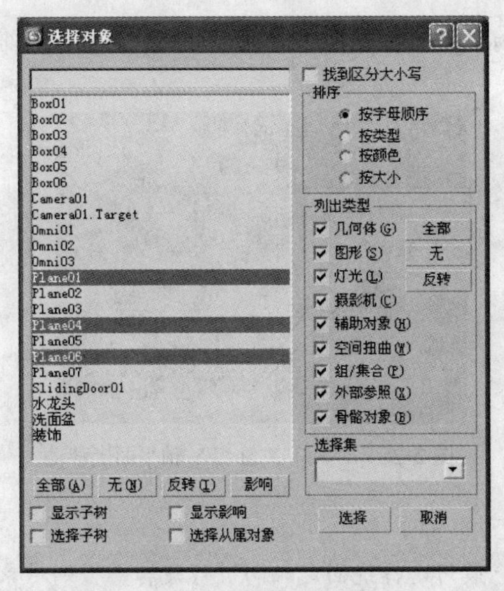

图 2-23　按名称选择对象

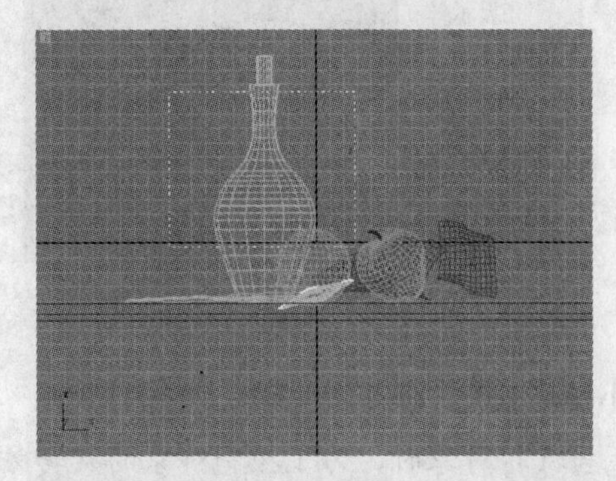

图 2-24　采用矩形选择区域方式选择对象

当采用区域选择方式选择对象时，区域内的对象是否被选中还与选择模式有关。在工具栏上选择模式为交叉模式时，对象的一部分位于选择区域内，该对象即可被选中；选择模式为窗口模式时，对象必须全部位于选择区域内才可以被选中。交叉模式为默认的选择模式，单击选择模式按钮，可以在交叉模式和窗口模式之间进行切换。

4．增加/减去对象

按住〈Ctrl〉键，在视图中进行对象的选择时，可以加入选择对象。

按住〈Alt〉键，在视图中选择对象时，可以从已选中的对象中减去选中的对象。

2.2.2　对象的变换

在选择了对象后，就可以进行编辑操作了。其中对象的变换指的是三维空间内对象的移动、旋转和缩放等操作。对于对象变换，使用工具栏上的按钮就可以实现。选择对象后单击鼠标右键，在弹出的四元菜单中也可以选择相应的变换操作选项。下面主要介绍如何使用工具栏进行对象的变换操作。

1．对象的移动

对象的移动是指将对象沿着指定的轴或指定的平面进行移动。在选择了对象后，单击“选择并移动”按钮或按下〈W〉键，在对象上就会出现以红、绿、蓝三色显示的 X、Y、Z3 个移动轴。将光标放在任意轴上，该轴呈黄色高亮显示时，拖动鼠标即可控制对象沿该轴向方向移动，如图 2-25 所示。将光标放在两个轴间，两个轴都呈黄色高亮显示时，拖动鼠标即可控制对象在两个轴所确定的平面上任意移动，如图 2-26 所示。

2．对象的旋转

对象的旋转是指对象在三维空间内绕指定的轴心点旋转。在选择了对象后，单击“选择并旋转”按钮或按下〈E〉键，对象上会出现红、绿、蓝三色显示的圆或轴，分别代表 X、Y、Z3 个旋转轴，将光标放在任意轴上，当该轴呈黄色高亮显示时，拖动鼠标即可控制对象绕该轴向旋转，如图 2-27 所示。将光标放在轴间，拖动鼠标即可控制对象在三维空间同时绕 X、Y、Z3 个旋转轴任意旋转。

图 2-25　对象沿 X 轴移动

图 2-26　对象在 X 轴和 Y 轴平面上移动

☞小技巧

当旋转对象时，为了控制对象的旋转方向，最好选择绕固定轴向进行旋转，否则对象会在三维空间内分别以 X、Y、Z 轴为旋转轴任意旋转，不容易控制对象的空间方向。

对象上 X、Y、Z3 个旋转轴的交点就是对象的轴心点，对象旋转时就是绕该点进行的。对象的轴心点是可以改变的（本节后面将介绍改变轴心点的方法）。

3．对象的缩放

对象的缩放有 3 种方式，分别是等比缩放、非等比缩放和挤压缩放。在选择了对象后，单击“选择并均匀缩放”按钮或按下〈R〉键，在对象上 X、Y、Z3 个缩放轴向分别以红、绿、蓝三色显示。将光标放在任意轴上，该轴呈黄色高亮显示时，拖动鼠标即可控制对象沿该轴向方向缩放，如图 2-28 所示；将光标放在两个轴间，两个轴呈黄色高亮显示时，拖动鼠标即可控制对象沿两个轴向缩放；将光标放在 3 个轴中，3 个轴都呈黄色高亮显示时，拖动鼠标即可控制对象在三维空间内等比例缩放，如图 2-29 所示。当时缩放操作进行等比例缩放时，缩放光标呈闭合的三角形；当进行非等比缩放时，缩放光标呈断开的三角形。挤压缩放是一种特殊的缩放，在保持体积不变的前提下缩放，当沿指定的轴向缩放时，其他轴向将进行反比例缩放。

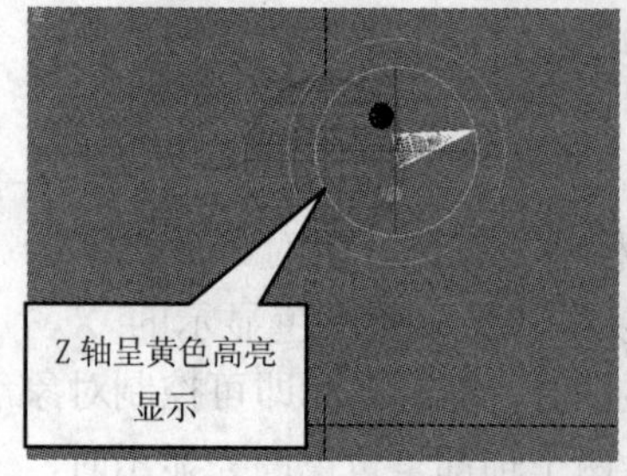

图 2-27　对象绕 Z 轴旋转

图 2-28　对象沿 Y 轴缩放

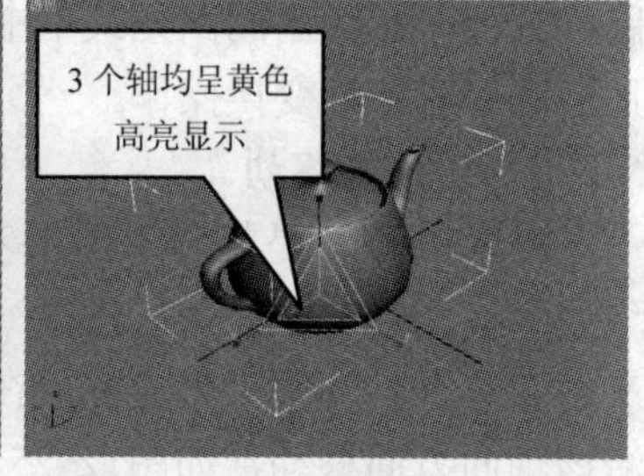

图 2-29　对象等比缩放

对象上 X、Y、Z3 个缩放轴的交点就是对象的轴心点，对象缩放时就是以该点为基准进行的。对象的轴心点是可以改变的。

4．对象的精确变换

对象的变换操作不仅可以使用鼠标拖动完成，而且可以通过输入具体的变换值实现精确变换。在选择对象后，右击工具栏中的“移动”、“旋转”或“缩放”按钮，或者在单击了、或按钮后，按〈F12〉键，即可弹出各自的变换输入对话框，如图 2-30 所示，在其中输入数值来完成精确变换。对话框内有两个选项组，对于移动和旋转，左侧的绝对坐标选项组输入的变换值是相对于当前坐标系原点发生的变化，右侧的相对坐标选项组输入的变换值是相对于对象当前的状态发生的变换；对于缩放，左侧的数值可以分别控制对象在 X、Y、Z 轴上的缩放，右侧的数值控制该对象的等比例缩放。

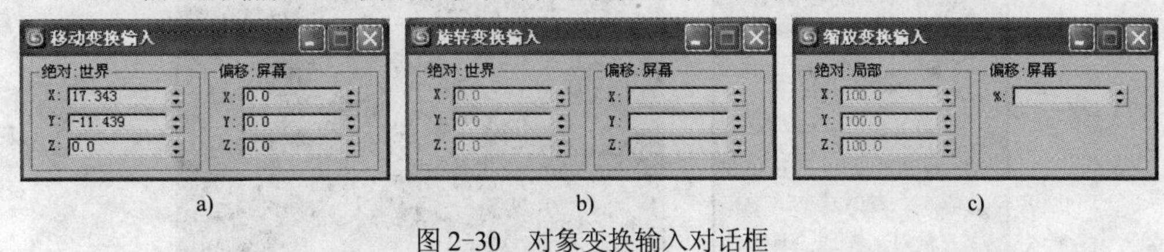

图 2-30　对象变换输入对话框

a)“移动变换输入”对话框　b)“旋转变换输入”对话框　c)“缩放变换输入”对话框

当对象进行旋转和缩放等变换操作时，利用工具栏上的“捕捉”工具也可以进行精确控制。在打开“角度捕捉切换”后，拖动对象进行旋转，对象旋转角度将按固定的增量增加，在默认状态下，旋转角度以 5° 递增，如图 2-3 所示。打开“百分比捕捉切换”后，拖动对象进行缩放，对象缩放比例将按固定的间隔变换，在默认状态下，缩放比例以 10%间隔变换。

当拖动对象进行变换操作时，对象的具体变换的值在状态行上都会实时显示出来。例如，打开“角度捕捉切换”，将选择的对象绕 Z 轴旋转-15°，拖动旋转时状态行就会显示目前旋转的角度，如图 2-31 所示。

5．对象的对齐

场景中某个对象的位置有时需要相对于其他对象确定，工具栏上的“对齐”按钮就可以实现这样的操作。在选择要进行对齐的对象后，单击“对齐”按钮，然后再选择目标对象，会弹出“对齐当前选择”对话框，如图 2-32 所示，在“对齐位置”选项组中设置对齐的轴向、当前对象和目标对象的对齐控制点，单击“确定”或“应用”按钮，即可参照目标对象的边界框移动当前对象，达到对齐的目的。单击“应用”按钮，完成一次对齐操作后，还可以重新设置“对齐位置”选项组，进行再次的对齐操作。

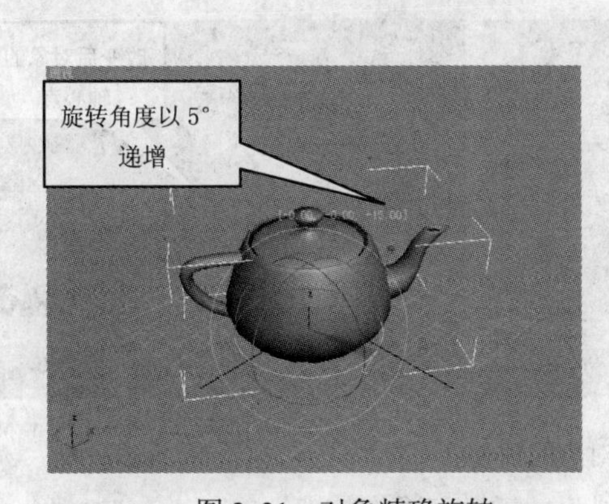

图 2-31　对象精确旋转

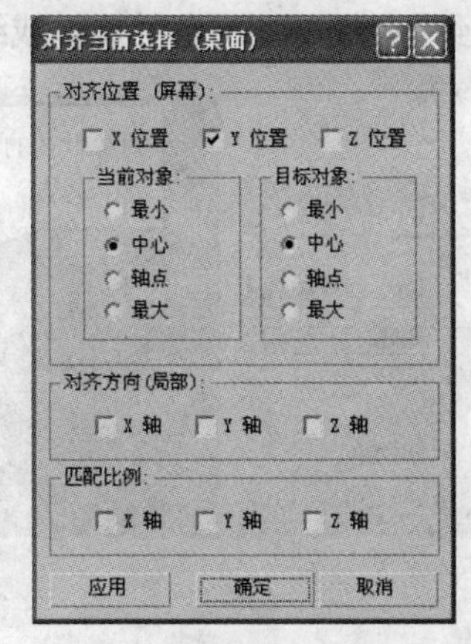

图 2-32　“对齐当前选择”对话框

在“对齐位置”选项组中，可设置当前对象与目标对象的对齐控制点和对齐的轴向，对当前对象和目标对象可以设置不同的控制点。例如，将茶壶放置到桌面的中心，可以在 X 位置和Y位置上将当前对象茶壶的中心点与目标对象桌面的中心点对齐，参数设置和效果图如图2-33所示。

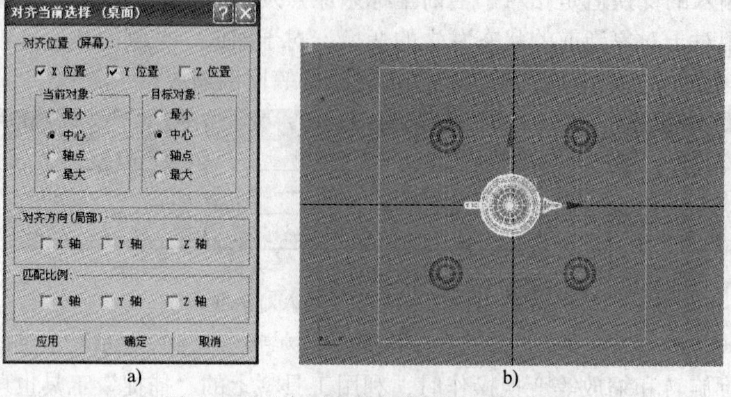

a)　b)

图2-33　对齐对象的参数设置和效果图

a) 参数设置　b) 效果图

对齐的控制点有下列几种。

1）最大/最小：对象边界框上X、Y或Z轴的最大值或最小值。

2）中心：对象边界框的中点X、Y或Z轴的值。

3）轴点：对象的轴心点X、Y或Z轴的值。

6．改变对象的轴心点

场景中的对象都有各自的轴心点，轴心点的位置在创建对象时由系统自动确定。对象的旋转、缩放等变换操作都是基于轴心点进行的。根据对象旋转或缩放的需要，对象的轴心点是可以改变的。

使用“层次”面板可以改变轴心点的位置。在选择对象后，单击“层次”命令面板，在“调整轴”卷展栏中单击“仅影响轴”按钮，在视图中对象的轴心点就会显示出来。使用移动工具或对齐工具改变轴心点的位置，然后单击“仅影响轴”按钮。此时对象的轴心点就改变到新的位置，对象的旋转或缩放就会基于新设置的轴新点进行，如图2-34所示。

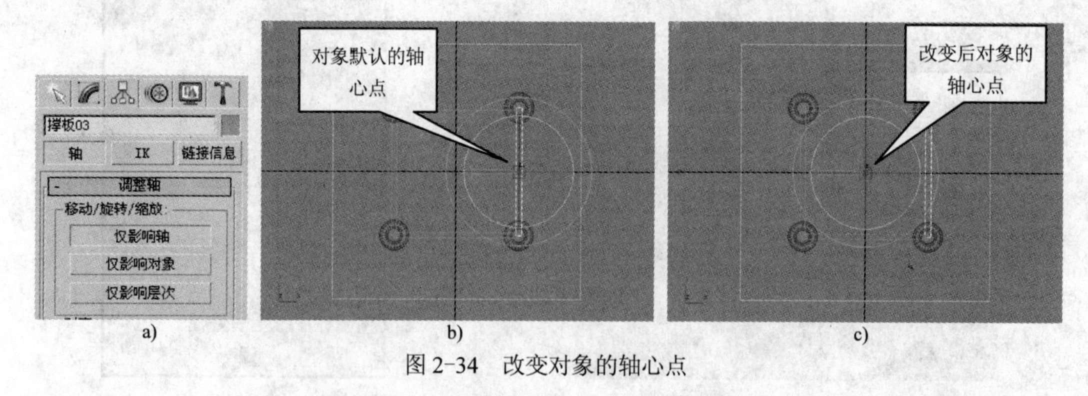

a)　b)　c)

图2-34　改变对象的轴心点

a) 参数设置　b) 对象默认的轴心点　c) 改变后对象的轴心点

若选择多个对象进行旋转或缩放操作，则既可以让对象基于各自的轴心点，又可以让对象基于选择对象的公共中心点，或者基于变换坐标的中心点。在默认状态下，多个对象的旋转或缩放变换都是基于各自的轴心点进行的。在选择对象后，进行旋转或缩放前，在工具栏上按住“使用轴点中心”按钮，在弹出的菜单中，可以选择“使用选择中心”按钮或者选择“使用变换坐标中心”按钮来改变旋转或缩放的基准点，如图 2-35 所示。

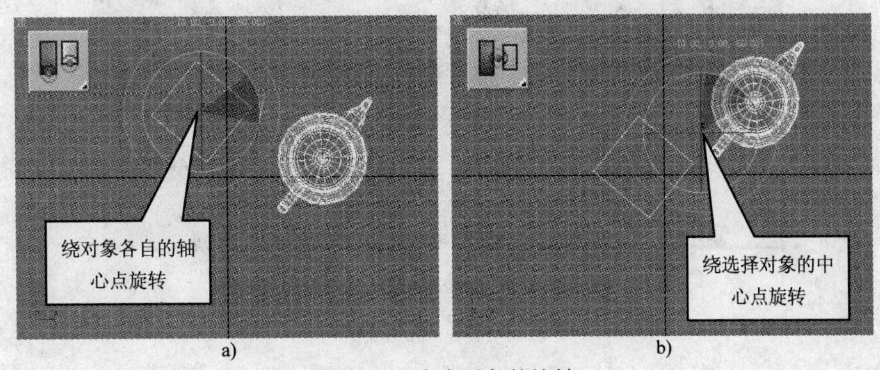

图 2-35　多个对象的旋转

a) 使用轴点中心　b) 使用选择中心

2.2.3　对象的复制

在创建场景时，往往需要创建许多相同或相似的对象，对象的各种复制操作提供了快速创建的方法。

3ds max 不仅提供了多种复制对象的方法，而且在进行对象的复制操作时，还提供了 3 种对象的复制方式。复制方式选项组在所有复制对象操作打开的对话框内均有显示。复制方式决定了复制对象与原始对象之间的关系。

1）复制。复制的对象继承了原始对象的属性，但与原始对象完全独立，对复制对象或原始对象的修改都不会影响另外的对象。

2）实例。以原始对象为模板进行复制，复制对象与原始对象之间相互关联，修改其中一个对象，另一个对象也会发生同样的变化。

3）参考。以单向实例方式对原始对象进行复制，复制对象与原始对象之间存在单向关联。改变原始对象，参考对象就会发生相应变化；反之，不变化。

下面介绍对象的各种复制操作

1. 进行变换操作时复制对象

在对选择对象进行移动、旋转或缩放等变换操作时，可以实现对象的复制。移动、旋转或缩放时复制对象的操作方法是相同的。下面以移动操作时复制对象为例介绍操作方法。

在任意视图中选择需要复制的对象，单击移动按钮，按住〈Shift〉键，拖动对象，释放鼠标后打开“克隆选项”对话框，在“对象”选项组中设定复制方式，在“副本数”中设定复制对象的数量，在“名称”中设定复制对象的名称，然后单击“确定”按钮，即可按拖动给定的间距均匀地复制指定数量的对象。移动复制对象的参数设置和效果如图 2-36 所示。

2. 使用“镜像”复制对象

采用镜像方法复制对象将创建一个与原始对象轴对称的复制对象。在选择要镜像的对象后，单击工具栏上的“镜像”按钮或者选择“工具”→“镜像”菜单命令，弹出“镜像”对话框。在对话框的“镜像轴”选项组中，指定镜像的轴向以及在镜像轴向上原始对象与镜像对象之间的距离；在“克隆当前选择”选项组中设置是否复制和复制对象的方式，然后单击“确定”按钮，即可实现镜像复制。镜像复制对象的参数设置和效果如图 2-37 所示。

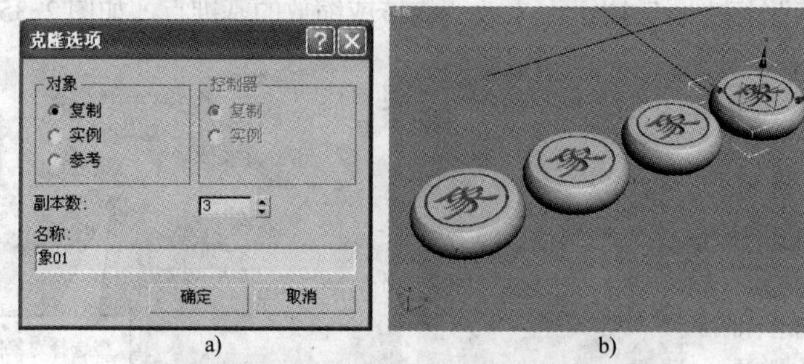

a) b)

图 2-36　移动复制对象的参数设置和效果图

a) 参数设置　b) 效果图

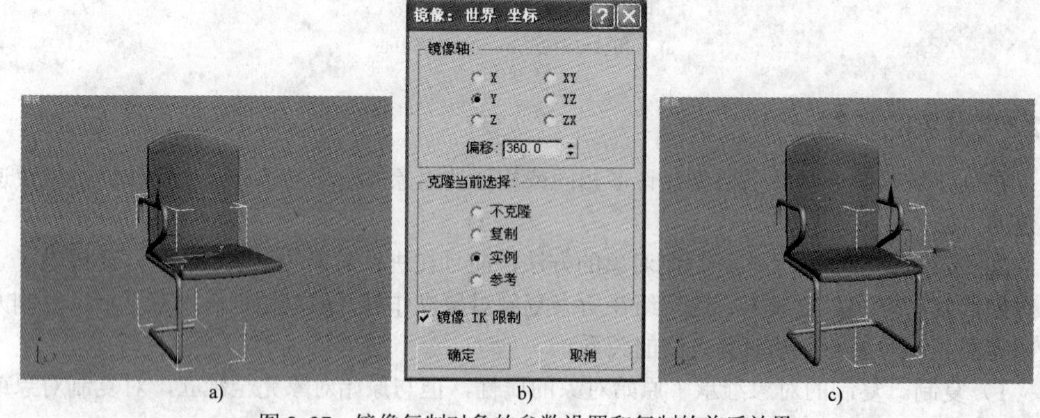

a) b) c)

图 2-37　镜像复制对象的参数设置和复制的前后效果

a) 原始对象　b) 参数设置　c) 镜像对象

3．使用“克隆”复制对象

“克隆”复制是指在原始对象的位置上复制一个与原始对象完全重叠的对象。在选择需要复制的对象后，单击“编辑”→“克隆”菜单命令或按〈Ctrl+V〉组合键，打开“克隆选项”对话框，设置参数后单击“确定”按钮，即可实现克隆复制。

☞小技巧

克隆复制与移动复制打开的对话框相同，如图 2-36 所示。克隆复制完成后复制的对象与原始对象在同一位置，因此在场景中看不到变化，但实际已经有新对象被创建。

4．使用“阵列”复制对象

阵列复制是一种比较复杂的复制对象方法，使用阵列复制命令可以一次性复制出多个对象，并使对象以某种形式和顺序进行排列。阵列复制包括一维阵列、二维阵列和三维阵列，在阵列的过程中还可以对对象进行旋转、缩放等变换操作。

在选择需要阵列的对象后，单击“工具”→“阵列”菜单命令，或者在工具栏的空白处右击，在弹出的快捷菜单中打开“附加”工具栏，然后单击“附加”工具栏中的“阵列”按钮，弹出“阵列”对话框，如图 2-38 所示。在设置阵列的参数后，单击“预览”按钮，观察阵列效果，达到满意效果后，单击“确定”按钮完成阵列操作。

在“阵列”对话框中，“阵列变换”选项组用来设置一维阵列时阵列对象间的距离、旋转角度和缩放比例等变换值，左侧是以“增量”值输入，右侧是以变换的“总计”值输入，“增量”和“总计”值是相互关联的，输入任意一个，另一个就会发生相应的改变。当以增量方式设置一维阵列的变换值时，则选择“移动”、“旋转”或“缩放”左侧的箭头按钮，然后设置变换的增值量；反之则选中“移动”、“旋转”或“缩放”右侧的箭头按钮，再设置对象变换的总计值。例如，“1D”数量为 10，“Z”轴的旋转“增量”设为 36，则 Z 轴的旋转“总计”自动显示为 360。“阵列维度”选项组用来设置阵列是一维、二维还是三维，并指定二维及三维阵列时二维或三维方向上阵列对象间的间隔距离。在图 2-39 中，一组基因进行了二维阵列，在 Z 轴方向上间隔 30 向上复制 15 个，复制对象同时绕 Z 轴增量旋转 15°，然后再沿 X 轴间隔 120 复制 3 组。阵列复制对象的效果如图 2-39 所示。

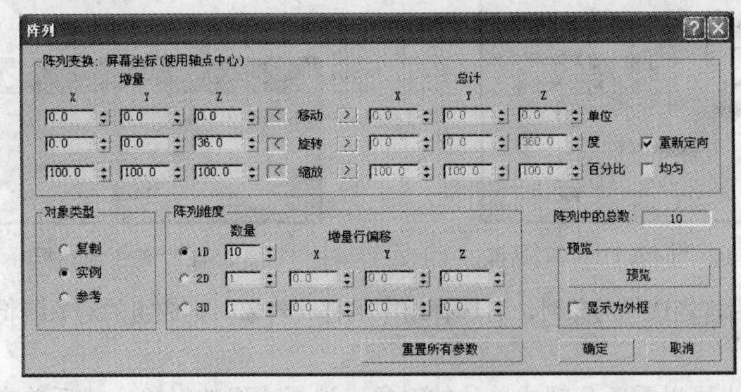

图 2-38 “阵列”对话框

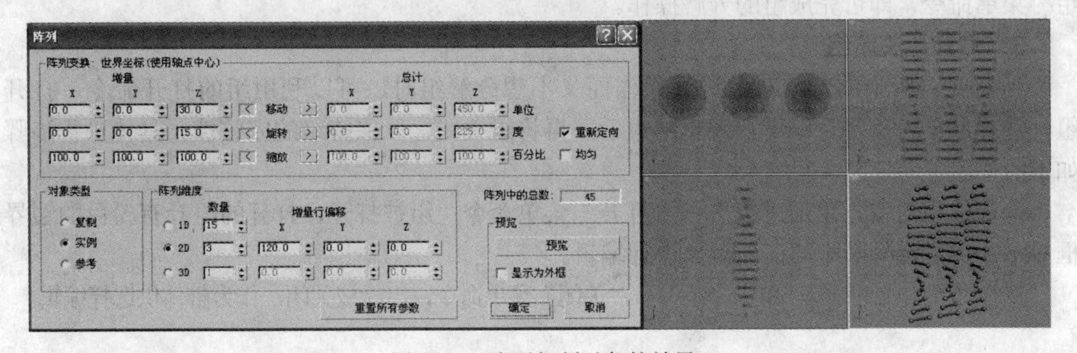

图 2-39 阵列复制对象的效果

5. 使用“间隔工具”复制对象

间隔工具可以复制多个对象，并将它们沿指定路径均匀地分布。在选择需要复制的对象后，按住“附加”工具栏中的“阵列”按钮，在弹出的快捷菜单中选择“间隔工具”按钮，或者单击“工具”→“间隔工具”菜单命令，弹出“间隔工具”对话框，如图 2-40 所示。在对话框中，单击“拾取路径”按钮，在视图中选取复制对象排列的路径，在“计数”中设置复制对象的数量，单击“应用”按钮即可，然后单击“关闭”按钮结束间隔工具的操作。实例 2-2 就是采用间隔工具将基因链沿曲线均匀地复制了 8 组。

2.2.4 对象的成组

当场景中对象太多时，对象的选择难度会加大。有时需要选择具有共同特性的物体进行操作，此时，就可以按照选择的需要将一些对象组合在一起形成一个相对完整的几何体组合。

1. 创建组

在选择需要成组的对象（也可以是组对象）后，单击“组”→“成组”菜单命令，弹出“组”对话框，如图 2-41 所示。在对话框中，输入组的名称，然后单击“确定”按钮完成组的创建操作。

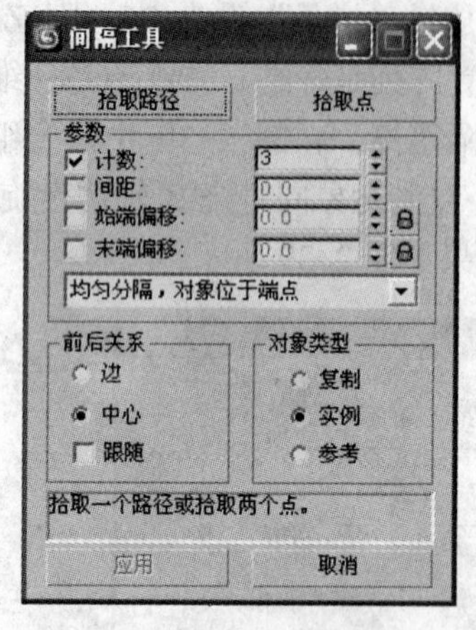

图 2-40 “间隔工具”对话框

图 2-41 “组”对话框

在对象成组后，当选择对象时，若选择组中的任一对象，则成组的对象就将全部被选中。

2. 分解组

成组的对象也可以重新分解成单独的对象。选择成组的对象，然后单击“组”→“解组”菜单命令，即可完成组的分解操作。

3. 打开 / 关闭组

当需要对组中的部分对象进行操作而又不想分解组时，可以利用组的打开命令，打开组，选择部分对象进行编辑，编辑结束后，再将组关闭，以保持组的完整性。具体操作步骤如下所述。

选择成组对象，单击“组”→“打开”菜单命令，组被打开，打开的组会有粉色的边界框显示，可以选择其中的任一对象进行编辑。

选择打开的成组对象，单击“组”→“关闭”菜单命令，组就被关闭，作为整体供选择编辑。

2.3 标准基本体和扩展基本体的创建

【实例 2-3】制作玻璃餐桌模型

本实例制作一张玻璃餐桌模型，如图 2-42 所示。通过模型的制作，学习标准基本体和扩展基本体的形状和参数的设置。

1）选择“文件”→“重置”菜单命令，重新设置场景。单击“创建”→“几何体”→“扩展基本体”→“切角长方体”，在顶视图中拖动创建一个切角长方体，将其命名为

"桌面"。在"参数"卷展栏中设置"长度"为 700，"宽度"为 700，"高度"为 15，"圆角"为 2，"圆角分段"为 2，如图 2-43 所示。

图 2-42　餐桌模型

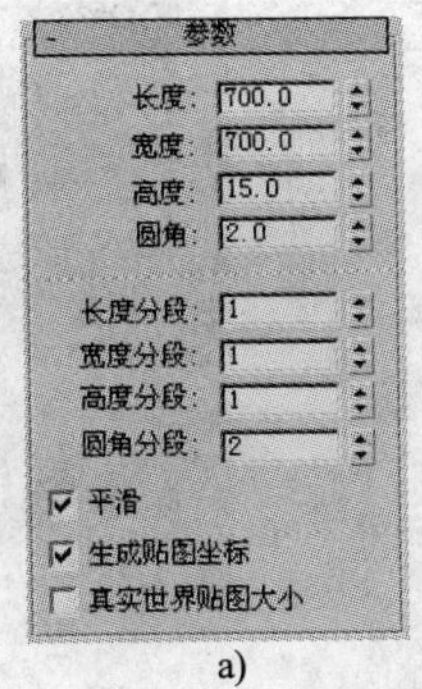

a)

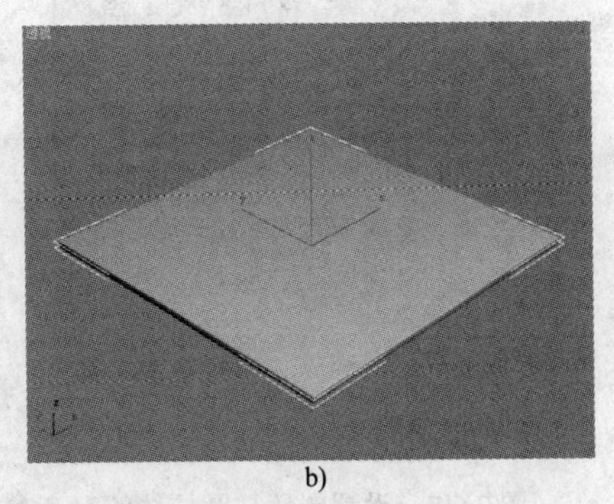

b)

图 2-43　创建"桌面"

a) 参数设置　b) 效果图

2）选择"桌面"，右击工具栏中的"移动"按钮，在弹出的"移动变换输入"对话框中，输入坐标参数如图 2-44 所示，关闭对话框，将"桌面"移动到坐标原点。

☞**小技巧**

将桌面移动到坐标原点是为了方便后面创建的桌腿等对象定位。

3）单击"创建"→"几何体"→"标准基本体"→"圆柱体"，在顶视图中拖动创建一个圆柱体，在"参数"卷展栏中设置"半径"为 30，"高度"为-450，如图 2-45 所示。

4）单击"创建"→"几何体"→"标准基本体"→"圆环"，在顶视图中拖动创建一个圆环，在"参数"卷展栏中设置"半径 1"为 30，"半径 2"为 12，如图 2-46 所示。

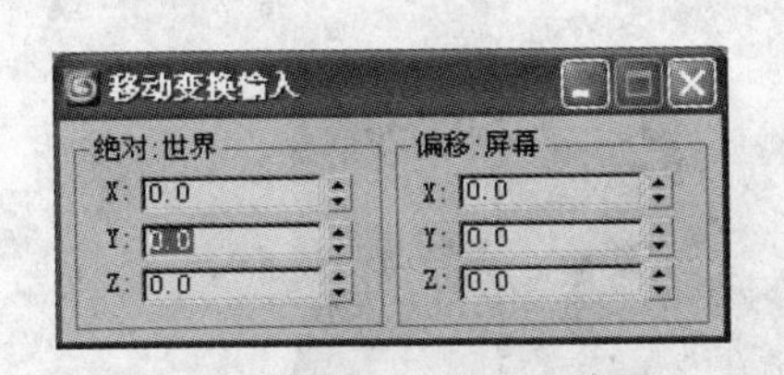

图 2-44　输入坐标参数

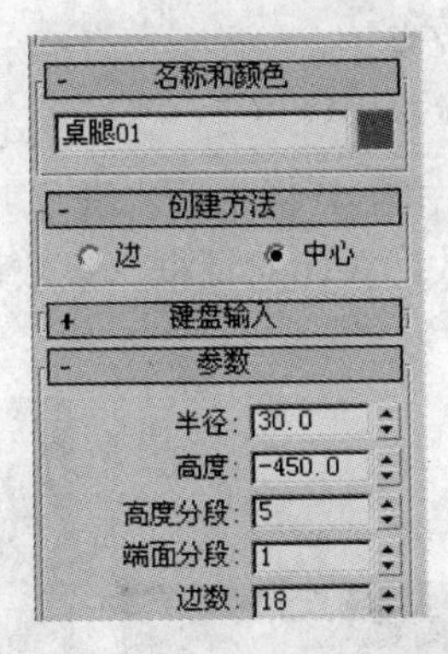

图 2-45　圆柱体的参数设置

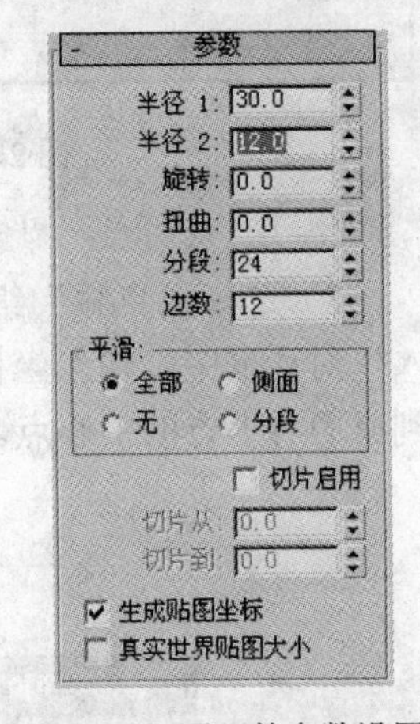

图 2-46　圆环的参数设置

5）选择圆环，单击工具栏上对齐按钮，在顶视图中选择圆柱体，弹出"对齐当前选择"对话框，设置圆环与圆柱体的对齐参数，如图 2-47 所示。单击"确定"按钮，使圆环与圆柱体在顶视图中居中对齐。在前视图中选择圆环，单击"选择并移动"按钮，沿 Y 轴拖动圆环到适当位置，效果如图 2-48 所示。

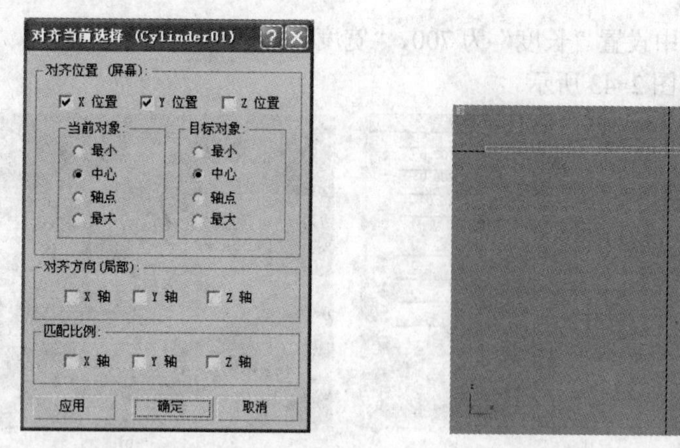

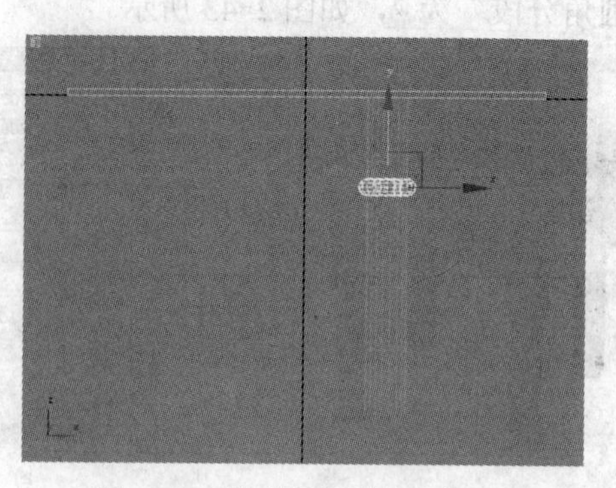

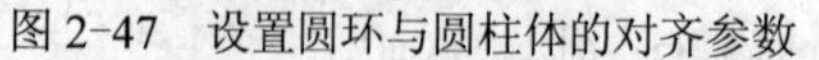

图 2-47　设置圆环与圆柱体的对齐参数　　　　图 2-48　拖动圆环到适当位置

6）在前视图中选择圆环，单击“选择并移动”按钮，按住〈Shift〉键，沿 Y 轴向下拖动圆环，使复制的圆环上边界与原来的圆环下边界对齐，松开〈Shift〉键，弹出“克隆选项”对话框，设置参数后，单击“确定”按钮，如图 2-49 所示。

7）选择圆柱体和所有的圆环，单击“组”→“成组”菜单命令，弹出“组”对话框，设置组名为“桌腿”，如图 2-50 所示，单击“确定”按钮，将桌腿的所有对象成组。

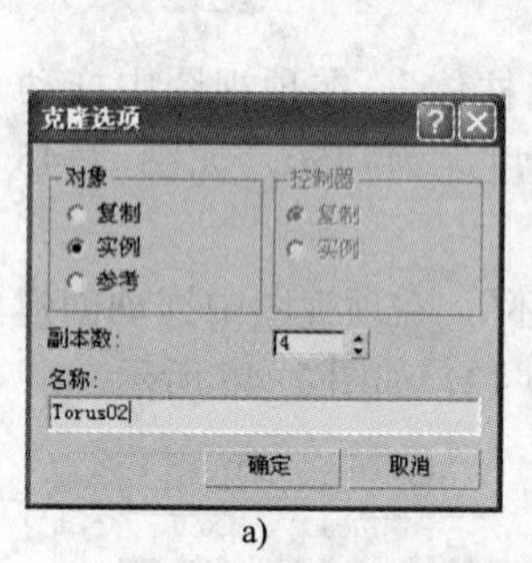

a)

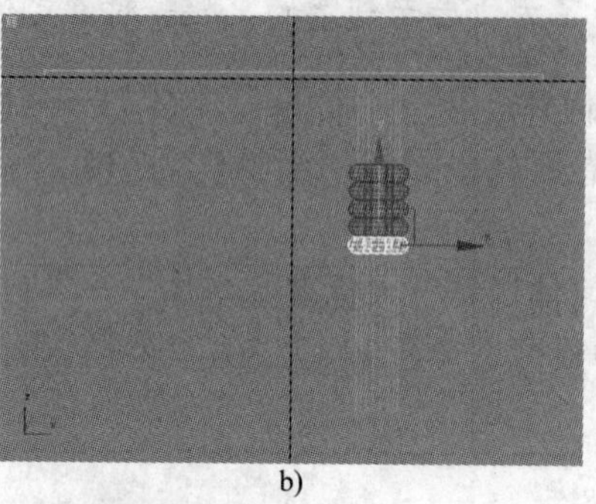

b)

图 2-49　克隆复制圆环

a) 参数设置　b) 效果图

图 2-50　设置组名为“桌腿”

8）选择“桌腿”组，右击工具栏中的“选择并移动”按钮，在弹出的“移动变换输入”对话框中，输入坐标参数，关闭对话框。参数设置和效果如图 2-51 所示，将桌腿移动到桌面右上方的中心点。

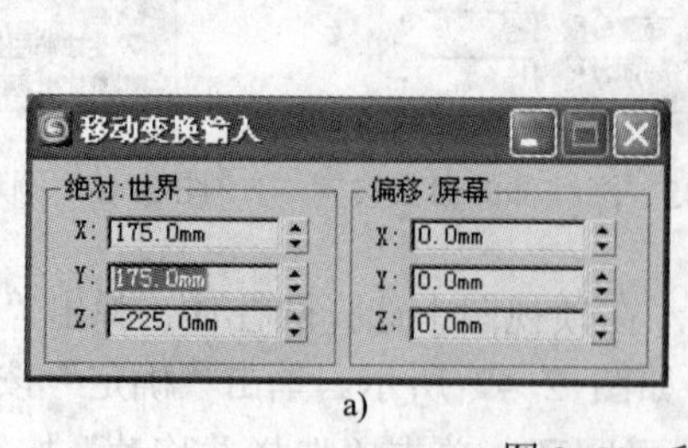

a)

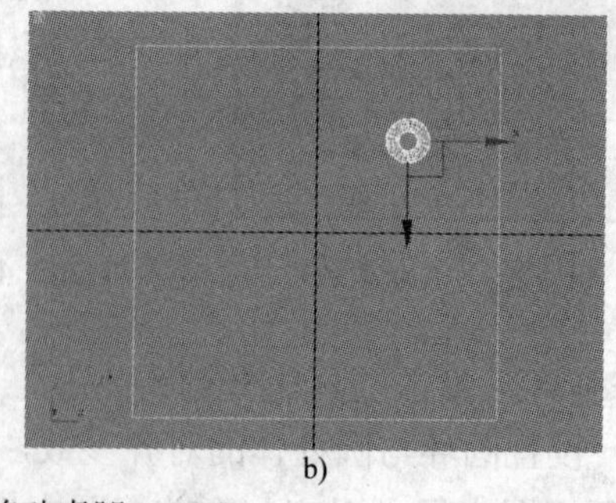

b)

图 2-51　移动桌腿

a) 参数设置　b) 效果图

9）在顶视图中选择“桌腿”组，单击“阵列”按钮，弹出“阵列”对话框，设置阵列的参数，单击“预览”按钮观察效果。参数设置与效果如图 2-52 所示。单击“确定”按钮，完成 4 条桌腿的阵列操作。

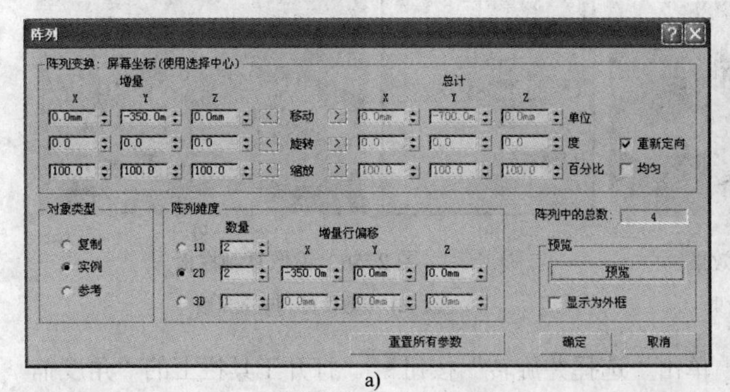

a)

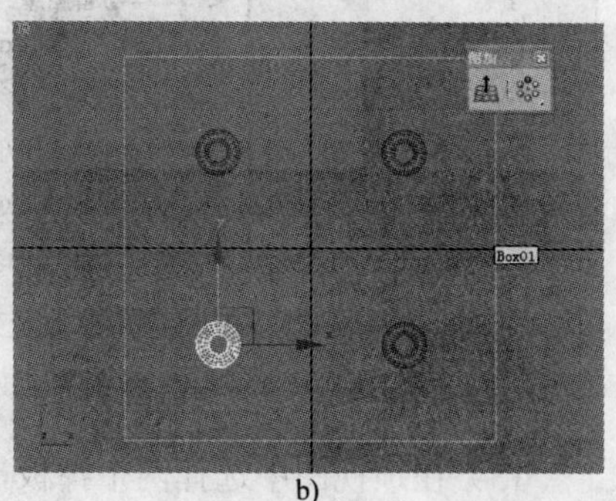

b)

图 2-52 阵列复制桌腿

a）“阵列”对话框 b）效果图

10）单击“创建”→“几何体”→“标准基本体”→“长方体”，在顶视图中拖动创建一个长方体，将其命名为“撑板”，在“参数”卷展栏中设置“长度”为 15，“宽度”为 350，“高度”为 60，如图 2-53 所示。

11）选择“撑板”，单击工具栏上“对齐”按钮，在前视图中选择“桌面”，弹出“对齐当前选择”对话框，设置对齐参数，单击“应用”按钮；再次设置对齐参数，单击“确定”按钮，对齐参数如图 2-54 所示。保持选择“撑板”，单击工具栏上“对齐”按钮，在顶视图中选择“桌腿”，弹出“对齐当前选择”对话框，设置对齐参数如图 2-55a 所示，单击“确定”按钮。撑板与桌面对齐后的效果如图 2-55b 所示。

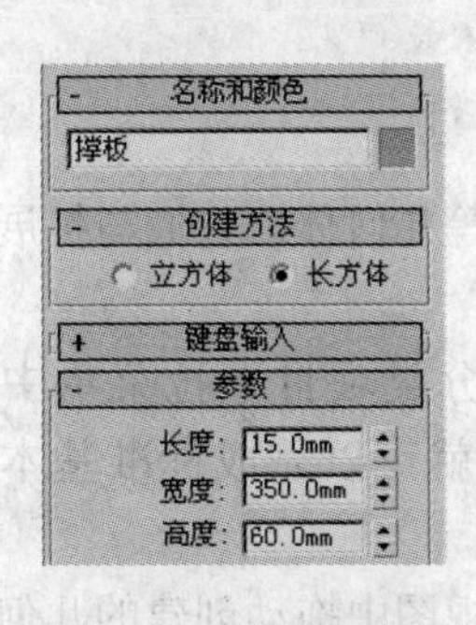

图 2-53 撑板参数设置

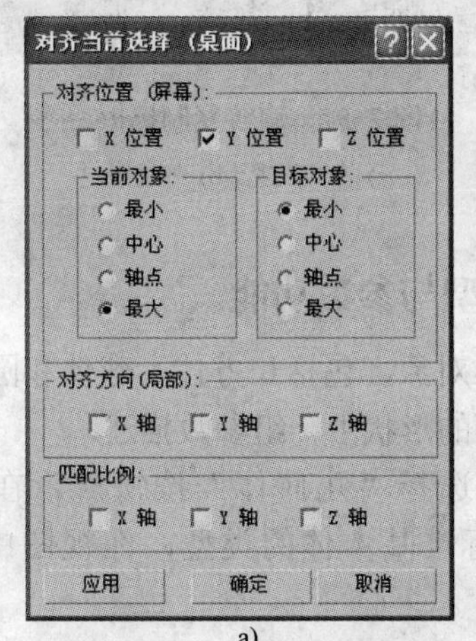

a)

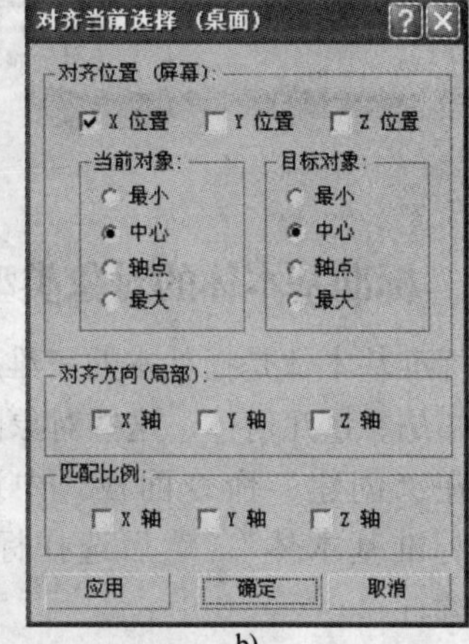

b)

图 2-54 撑板与桌面对齐参数设置

a）参数设置 1 b）参数设置 2

12）在顶视图中选择“撑板”，单击工具栏上“镜像”按钮，弹出“镜像”对话框，设置参数，单击“确定”按钮复制对面的撑板，如图 2-56 所示。

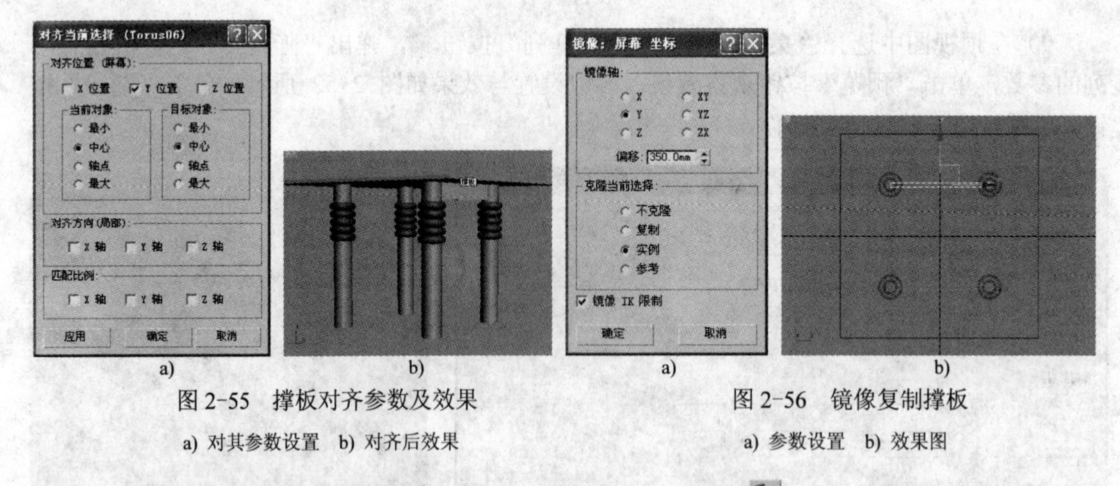

a) b) a) b)

图 2-55 撑板对齐参数及效果

a) 对其参数设置 b) 对齐后效果

图 2-56 镜像复制撑板

a) 参数设置 b) 效果图

13）在顶视图中选择两个撑板，单击“选择并旋转”按钮，打开工具栏上的“角度捕捉切换”按钮，按住〈Shift〉键，拖动绕 Z 轴旋转 90° 复制撑板，如图 2-57 所示，松开〈Shift〉键，弹出“克隆选项”对话框，单击“确定”按钮。

至此，方桌的模型就制作完成了。本实例中创建的几何体对象都是通过参数的设置来决定其形状和大小，这些几何体是最基本的三维几何体对象。

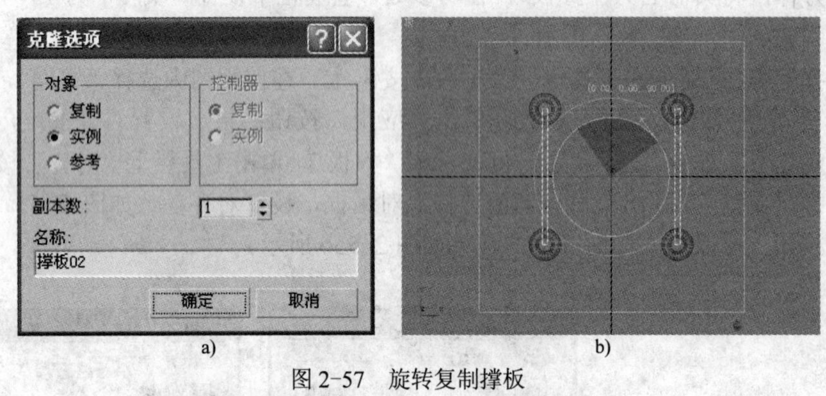

a) b)

图 2-57 旋转复制撑板

a) 参数设置 b) 效果图

2.3.1 标准基本体的对象类型与参数功能

标准基本体是指基本的三维对象，包括长方体、球体和圆柱体等几何体，它们与扩展基本体都是参量几何体，这些对象的形状由一组参数描述。

在“创建”命令面板中选择“几何体”按钮，在次级分类项目下拉菜单中选择“标准基本体”，然后选择标准基本体的类型，在视图中拖动就可以完成标准基本体的创建。

创建几何体时要根据场景创建的需要选择合适的视图，不同的视图中拖动创建的几何体空间位置不同。创建后的几何体可以立即在“创建”面板中修改参数，也可以随时选择，进入“修改”面板修改参数。参量几何体的参数在“参数”卷展栏中显示，参数因几何体类型的不同而不同，但有些参数的名称或作用是相似的，例如，“分段”都是设置对象一个方向上片段划分的数量，决定对象在相应方向上可编辑的自由度。分段越多，模型表面越光滑，但模型复制度越高，渲染越慢。

标准基本体的对象类型及形状如图 2-58 所示。下面介绍各种标准基本体主要参数的功能。

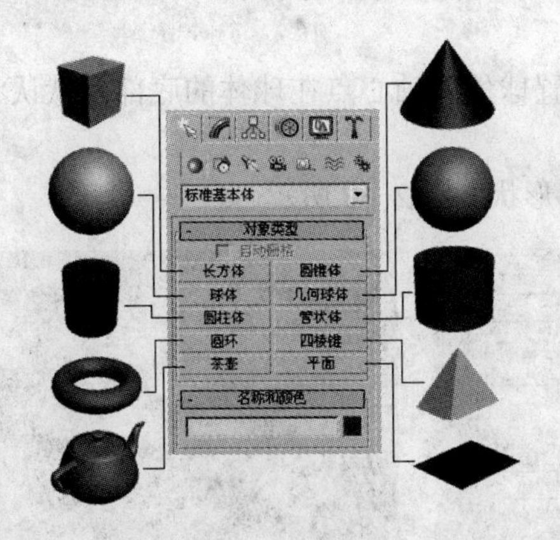

图 2-58　标准基本体的对象类型及形状

1. 长方体

长方体的“参数”卷展栏中主要参数的功能如下。

1）“长度/宽度/高度”：设置长方体的长、宽、高的值，当前视图中垂直方向数值为长度，水平方向的值为宽度，垂直该平面的方向值为高度。

2）“长度/宽度/高度分段”：设置长、宽、高三边的片段划分数。分段数控制对象的复杂度，同时影响修改器对对象的作用，分段数越多，修改器作用越平滑。设置时既要考虑修改器对对象的作用，又要尽量降低对象的复杂度。

长方体的参数设置与模型形状如图 2-59 所示。

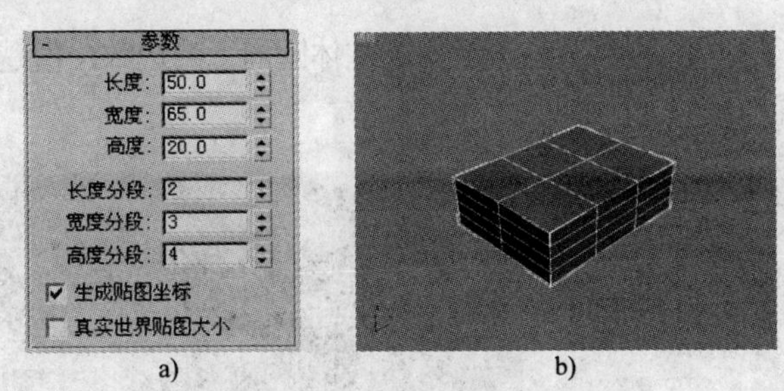

图 2-59　长方体的参数设置及模型形状

a) 参数设置　b) 模型形状

2. 球体

球体的“参数”卷展栏中主要参数功能如下。

1）“半径”：设置球体的半径。

2）“分段”：设置球体表面的分段数。值越大，表面越光滑，对象复杂度也越高。

3）“平滑”：设置是否对球体表面做平滑处理。默认为开启状态。

4）“半球”：设置球体在垂直方向的完整程度。取值范围在 0～1 之间，当值为 0 时，创建完整的球体；当值为 0.5 时，创建半球；当值为 1 时，创建空球（只有球体的名称，但看不到球体的大小）。

5）“切片启用”：设置是否对球体进行纵向切割。

6）“切片从/切片到”：设置切割的起始角度和终止角度。“切片启用”开启后，该组参数才可用。

7）“轴心在底部”：设置球体的轴心点在球体的底部。默认状态下球体轴心点位于球体的中心。

球体的参数设置与模型形状如图 2-60 所示。

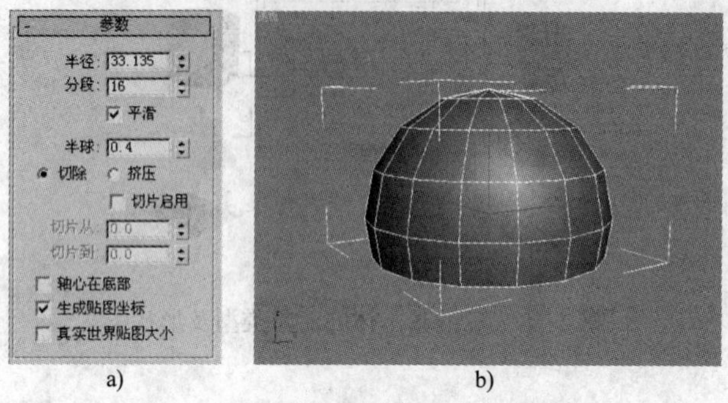

a)　　b)

图 2-60　球体的参数设置及模型形状

a) 参数设置　b) 模型形状

3．圆柱体

圆柱体的“参数”卷展栏中主要参数功能如下。

1）“半径”：设置圆柱体底面的半径。

2）“高度”：设置圆柱体的高度。

3）“端面分段”：设置圆柱体底面的分段数。该分段数指圆柱体两个底面从圆心到圆周的分段数。

4）“边数”：设置圆柱体的边数。该边数指圆柱体圆周上的边数，值越大，圆柱体越平滑。

圆柱体的参数设置与模型形状如图 2-61 所示。

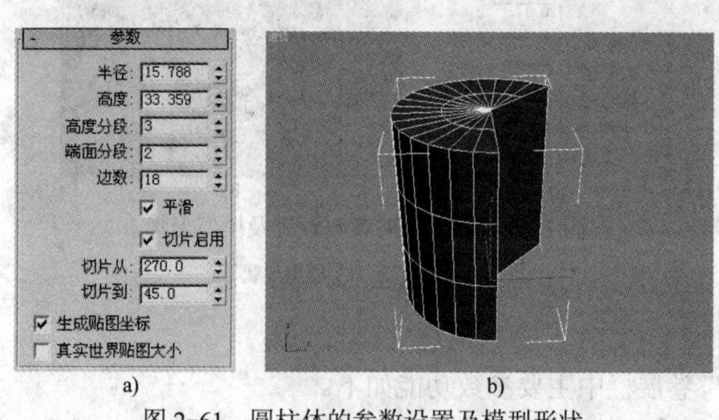

a)　　b)

图 2-61　圆柱体的参数设置及模型形状

a) 参数设置　b) 模型形状

4．圆环

圆环的“参数”卷展栏中主要参数功能如下。

1）“半径 1”：设置圆环中心到环形中心的距离。

2）“半径 2”：设置圆环横截面圆形的半径。

3）“平滑”选项组：设置圆环的平滑程度。“全部”将平滑所有的棱角；“侧面”将平滑各侧面之间的棱角；“无”将所有的棱角都不做平滑处理；“分段”将平滑分段之间的棱角。

圆环的参数设置与模型形状如图 2-62 所示。

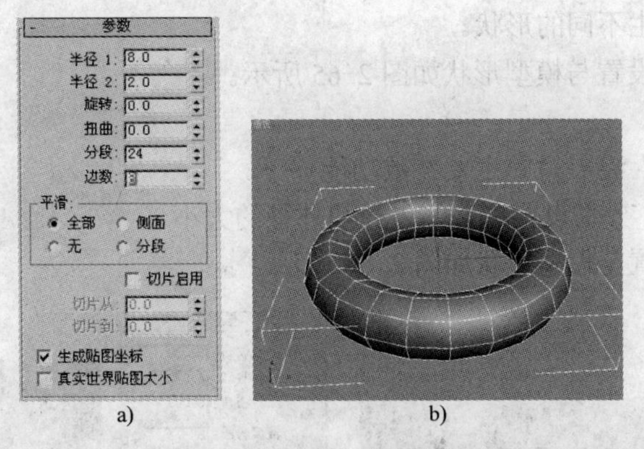

a) b)

图 2-62 圆环的参数设置及模型形状

a) 参数设置 b) 模型形状

5. 茶壶

茶壶是比较特殊的几何体，它是计算机图形中的经典示例。其“参数”卷展栏中主要参数功能如下。

1）“半径”：设置茶壶的大小。

2）“茶壶组件”选项组：设置启动茶壶的哪些组件。默认状态下启用所有的组件。

茶壶的参数设置与模型形状如图 2-63 所示。

6. 圆锥体

圆锥体不仅可以创建圆锥体，而且可以创建圆台、棱锥或棱台。圆锥体的“参数”卷展栏中主要参数功能如下。

1）“半径 1”：设置圆锥体的下底面半径。

2）“半径 2”：设置圆锥体的上底面半径。

3）“边数”：设置圆锥体底面圆周的边数。

4）“平滑”：设置圆锥体是否光滑处理。如果不做光滑处理，则创建的是棱锥或棱台。

圆锥体的参数设置与模型形状如图 2-64 所示。

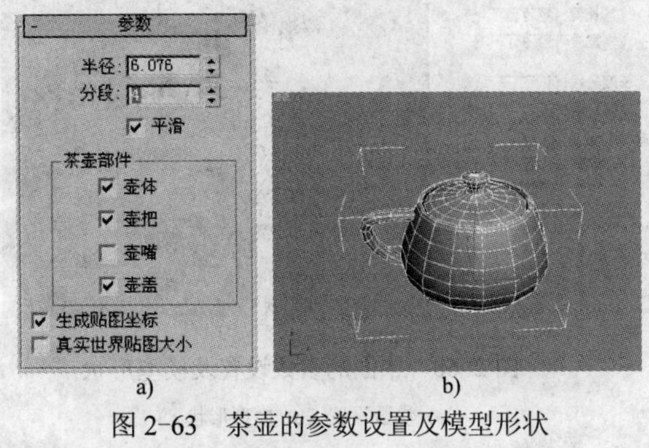

a) b)

图 2-63 茶壶的参数设置及模型形状

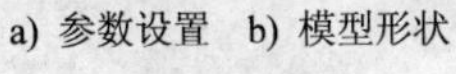
a) 参数设置 b) 模型形状

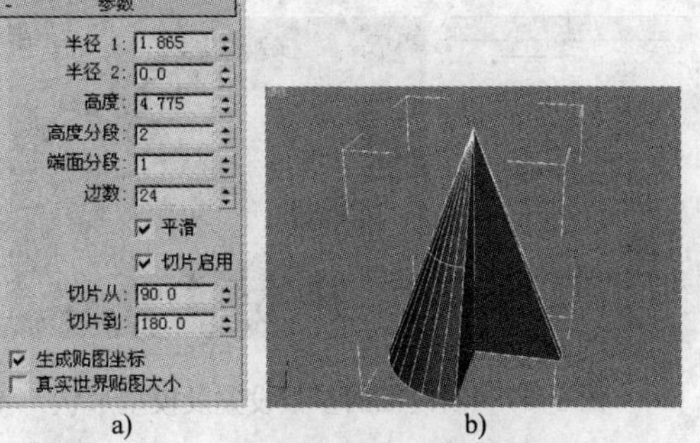

a) b)

图 2-64 圆锥体的参数设置及模型形状

a) 参数设置 b) 模型形状

7. 几何球体

几何球体和球体的表面构成不同，球体的表面由四边形构成，而几何球体的表面由三角形构成。在几何球体的参数中多了“基点面类型”选项组，如图 2-65 所示，通过选择不同的单选按钮，可以产生不同的形状。

几何球体的参数设置与模型形状如图 2-65 所示。

8. 管状体

管状体的“参数”卷展栏中主要参数功能如下。

“半径 1/半径 2”：分别设置圆管的内径和外径的大小。

管状体的参数设置与模型形状如图 2-66 所示。

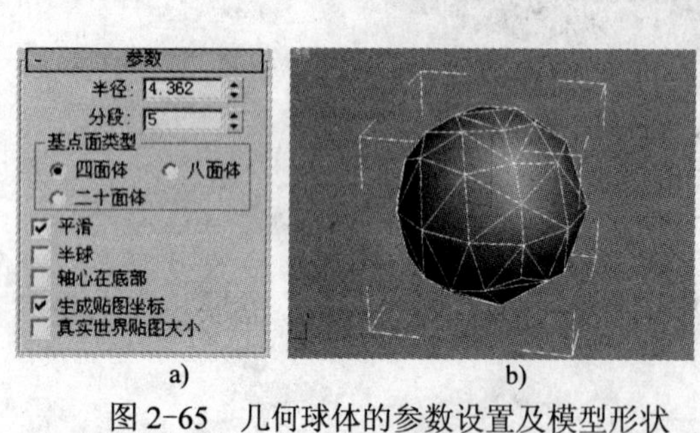

图 2-65　几何球体的参数设置及模型形状

a) 参数设置　b) 模型形状

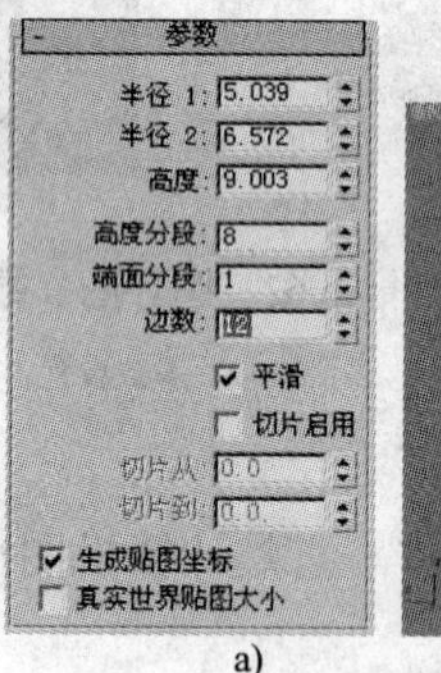

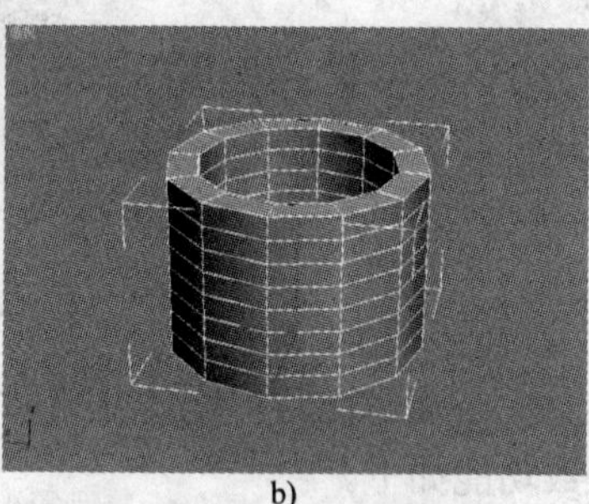

a)　b)

图 2-66　管状体的参数设置及模型形状

a) 参数设置　b) 模型形状

9. 四棱锥

四棱锥是底面为长方形的棱锥，其“参数”卷展栏中主要参数功能如下。

1）“宽度/深度”：设置四棱锥底面的宽度和深度。

2）“高度”设置四棱锥底面的高度

四棱锥的参数设置与模型形状如图 2-67 所示。

10. 平面

平面是只有正面的单面对象，参数功能与其他标准基本体相似。

平面的参数设置与模型形状如图 2-68 所示。

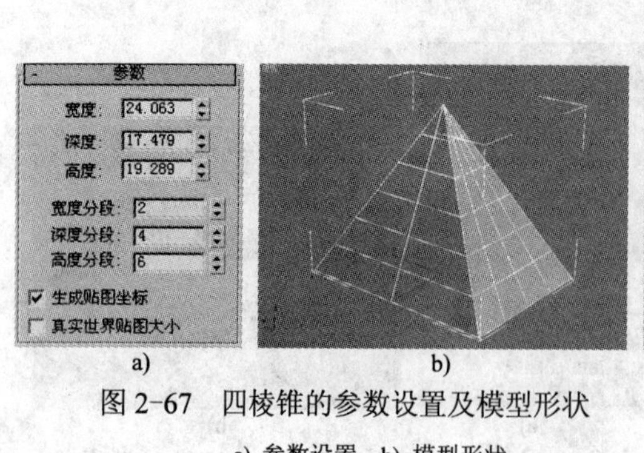

图 2-67　四棱锥的参数设置及模型形状

a) 参数设置　b) 模型形状

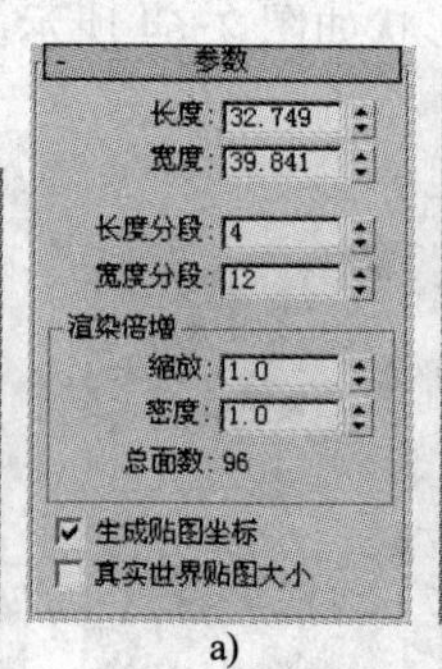

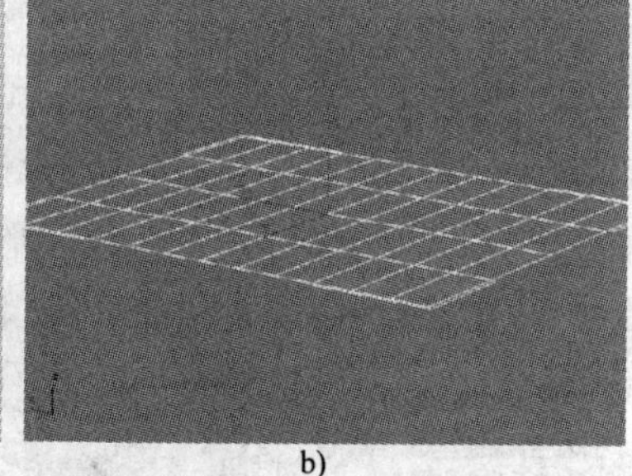

a)　b)

图 2-68　平面的参数设置及模型形状

a) 参数设置　b) 模型形状

2.3.2 扩展基本体的对象类型与参数功能

扩展基本体包括切角长方体、切角圆柱体、胶囊、异面体等形体，它们的形状和参数比标准基本体要复杂一些。扩展基本体的创建方法和标准基本体相似，在“创建”命令面板中选择“几何体”按钮，在次级分类项目下拉菜单中选择“扩展基本体”，然后选择扩展基本体的类型，在视图中拖动就可以完成扩展基本体的创建。

扩展基本体的对象类型及形状如图 2-69 所示。下面介绍主要扩展基本体的主要参数的功能。

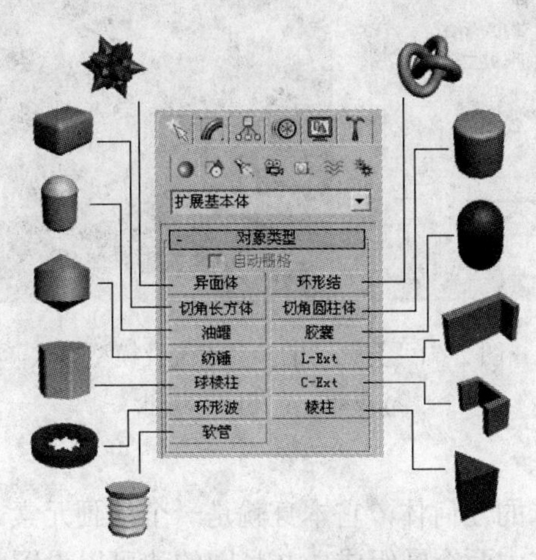

图 2-69　扩展基本体的对象类型及形状

1. 切角长方体和切角圆柱体

切角长方体和切角圆柱体是可以进行圆角控制的长方体和圆柱体，切角长方体和切角圆柱体的参数设置与长方体和圆柱体的设置基本相同，只是多了“圆角”和“圆角分段”参数，它们用来设置圆角的大小和圆角片段划分数，决定对象边面的平滑程度。切角长方体和切角圆柱体的参数设置与模型形状如图 2-70 所示。

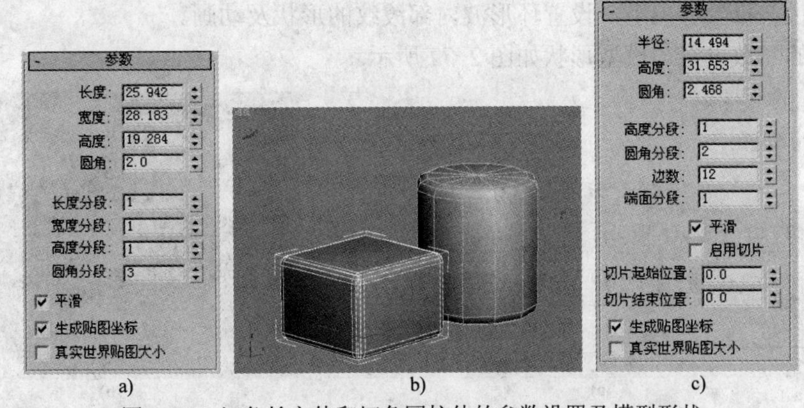

a)　　b)　　c)

图 2-70　切角长方体和切角圆柱体的参数设置及模型形状

a) 切角长方体参数设置　b) 模型形状　c) 切角圆柱体参数设置

2. 异面体

利用异面体可以创建四面体、八面体、十二面体和星形等多面体。异面体的“参数”卷展栏中参数功能如下。

1）“系列”选项组：提供了“四面体”、“八面体”、“十二面体”、“星形 1”和“星形 2”等 5 种异面体的表面形状。

2）“系列参数”选项组：设置异面体的点与面相互转换的两个关联参数。

异面体的参数设置与模型形状如图 2-71 所示。

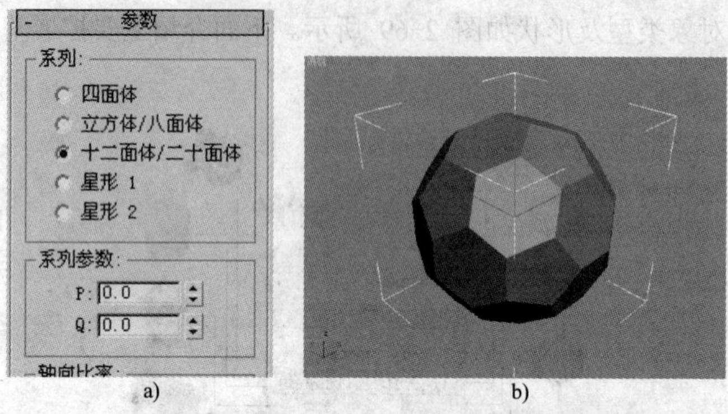

图 2-71　异面体的参数设置及模型形状

a) 参数设置　b) 模型形状

3．环形波

环形波是一种比较特殊的几何体，它本身就是一个动画元素。环形波常用于创建简单的齿轮或发出光芒的太阳。它由两个圆组成，并且圆的边可以设置成波浪形。环形波创建后就可以形成动画效果，单击动画控制区中的播放按钮，就可以看到环形波的波形在不断变化。环形波的“参数”卷展栏中主要参数功能如下。

1）“环形波大小”选项组：设置环形波的基本参数。“半径”用来设置环形波的外半径；“径向分段”用来设置内圆与外圆之间的分段数；“环形宽度”用来设置从外半径到内半径宽度的平均值。

2）“外边波折”选项组：设置环形波外边缘的形状及动画。

3）“内边波折”选项组：设置环形波内部波纹的形状及动画。

环形波的参数设置与模型形状如图 2-72 所示。

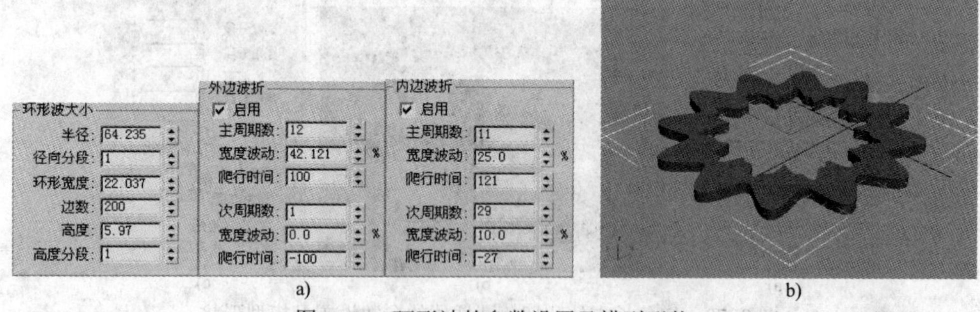

图 2-72　环形波的参数设置及模型形状

a) 参数设置　b) 模型形状

4．软管

软管是一个能连接两个对象的弹性对象。在软管的参数卷展栏中可以设置将软管与其他物体连接起来。软管的“参数”卷展栏中主要参数功能如下。

1）“端点方法”选项组：设置软管是否与其他对象连接。“自由软管”是与其他对象无连接的独立对象；“绑定到对象轴”的软管是连接到其他对象上的软管。

2）“绑定对象”选项组：设置软管与其他对象的连接方法。

3）“自由软管参数”选项组：设置自由软管的长度。

4）“公共软管参数”选项组：设置两类软管的公共参数。

5）“软管形状”选项组：设置软管截面的形状及大小。

软管有自由软管和绑定列对象两种类型。“断点方法”选项组用于设置软管的类型，“公共软管参数”、“软管形状”选项组设置软管的形状和复杂度等相同参数，“自由软管参数”选项组设置自由软管的参数，“绑定对象”选项组设置绑定软管的参数。软管的参数设置与模型形状如图 2-73 所示。

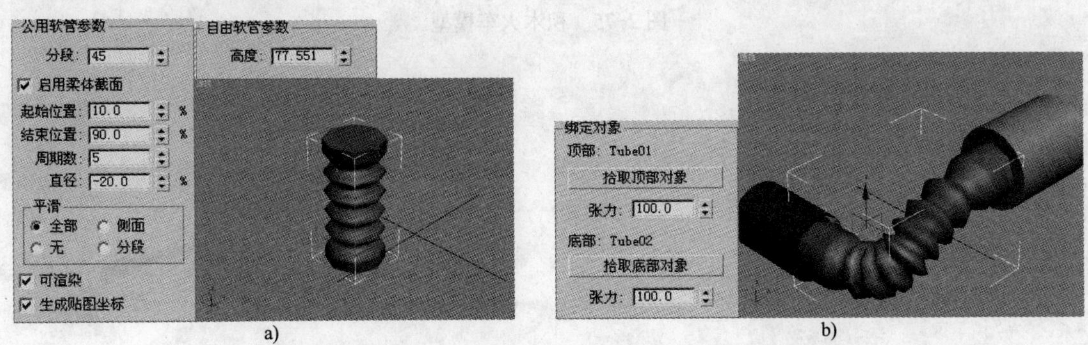

a)　　b)

图 2-73　软管的参数设置及模型形状

a）“公用软管参数”和“自由软管参数”参数设置及模型形状　b）“绑定对象”参数设置及模型形状

2.4　上机实训

【实训 2-1】制作电脑桌模型

本实训要求制作电脑桌模型，如图 2-74 所示。要求电脑桌采用真实尺寸，以毫米为单位，电脑桌的各个组成对象要设置具有实际意义的对象名称，对象之间的位置要精确对齐。通过本实训，练习并掌握标准基本体和扩展基本体对象的创建以及移动、阵列等对象的基本操作方法。

图 2-74　电脑桌模型

【实训 2-2】 制作积木火车模型

本实训要求制作积木火车的模型，如图 2-75 所示。通过本实训，掌握参数几何体对象的创建、对象的成组、旋转、复制等基本操作方法。

图 2-75　积木火车模型

第 3 章　二维图形与二维图形建模

本章要点

本章主要介绍二维图形的创建和编辑方法以及在二维图形的基础上通过添加二维模型修改器创建三维模型的方法。

3.1　二维图形的创建

【实例 3-1】制作中式镂空窗模型

本实例制作中国古典园林中常用的中式镂空窗模型，如图 3-1 所示。通过该模型的制作，学习 3ds max 中二维图形的创建和编辑方法。

1）设置场景和背景图片。选择“文件”→“重置”菜单命令，重新设置场景。激活前视图，选择“视图”→“视口背景”菜单命令，在弹出的“视口背景”对话框中，勾选“匹配位图”单选项，勾选“显示背景”和“锁定缩放/平移”复选框，再单击“文件...”按钮，如图 3-2 所示。在随后弹出的“选择背景图像”对话框中，选择配套素材中\Maps\镂空窗.jpg 文件，最后单击“确定”按钮。

图 3-1　中式镂空窗模型

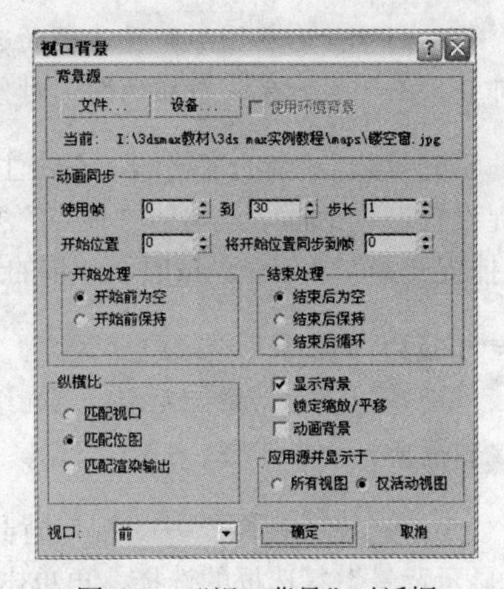

图 3-2　“视口背景”对话框

☞小技巧

为了便于对象定位，视图中显示有栅格线，可以使用快捷键〈G〉启用或禁用当前视图中的栅格显示。要在前视图中按背景图像描出镂空窗的形状，可以使用视图控制区的“最大化视口切换”按钮将当前视图（即前视图）最大化。

2）绘制窗框。单击“创建”→“图形”→“样条线”→“矩形”，在前视图中按照背景图像上镂空窗的外边框的大小绘制矩形图形，并将矩形命名为“窗框”，如图 3-3 所示。

3）绘制中间窗格。再次单击“矩形”按钮，在前视图中按照背景图像上镂空窗的内部矩形窗格大小绘制矩形图形，并将其命名为“窗格”。

4）绘制周围的窗格。保持“窗格”的选中状态，单击“创建”→“图形”→“样条线”→“线”，取消“开始新图形”复选框的选中状态，沿着背景图像上镂空窗的形状绘制一条样条线，如图 3-4 所示。

图 3-3　绘制矩形窗框

图 3-4　绘制窗格线

☞小技巧

取消“开始新图形”复选框的选中状态后，绘制的“线”图形成为“窗格”对象的组成部分，而不再产生一个新的图形对象。

5）绘制其余的窗格线。右击主工具栏上的“捕捉开关”按钮，在打开的“栅格和捕捉设置”对话框中只勾选“顶点”复选框，如图 3-5 所示。然后关闭该对话框再单击选取“捕捉开关”按钮。按照上一步的过程，使用“线”命令，依次描出所有的窗格线。

☞小技巧

设置“顶点”捕捉方式后，在绘制图形时，当光标接近已绘制图形的顶点时，会自动捕捉到该顶点。

6）选择“视图”→“视口背景”菜单命令，在弹出的“视口背景”对话框中，取消“显示背景”复选框的选择，再单击“确定”按钮。在取消背景图片的显示后，绘制的镂空窗二维图形如图 3-6 所示。

7）绘制镂空窗的墙面。单击“创建”→“图形”→“样条线”→“矩形”，在镂空窗框的外部绘制一个较大的代表墙体的矩形。然后按下快捷键〈H〉，在弹出的“选择对象”对话框中，选择“窗框”对象，单击“确定”按钮。选择“编辑”→“克隆”菜单命令，在弹出的“克隆选项”对话框，选择“复制”单选项，并将名称设为“墙体”，单击“确定”按钮。

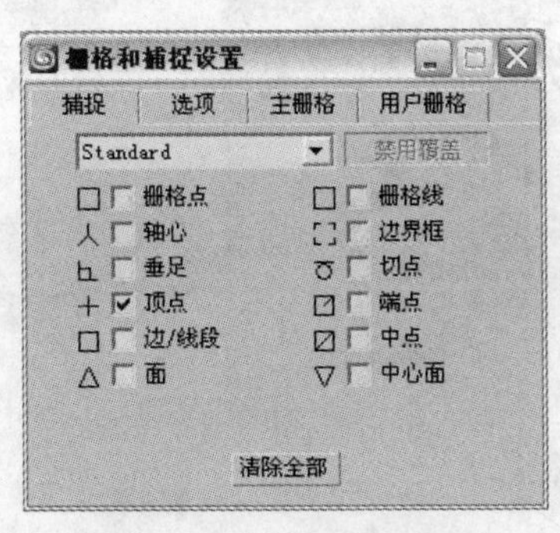

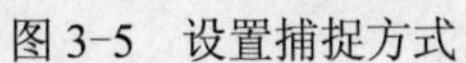
图 3-5　设置捕捉方式

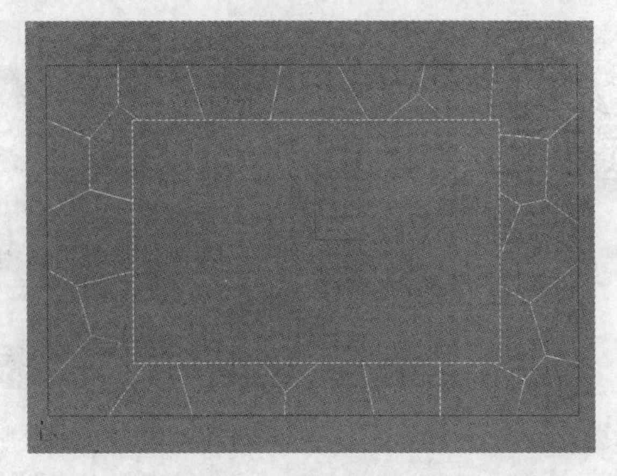
图 3-6　镂空窗的二维图形

8）保持“墙体”的选中状态，在“修改”面板中单击鼠标右键，在弹出的快捷菜单中选择“可编辑样条线”，如图 3-7 所示。接着在“修改”面板的“几何体”卷展栏中，单击“附加”按钮，在视图中单击代表墙体的大矩形，再单击“附加”按钮，取消该按钮的选中状态。

9）设置窗框和窗格的渲染属性。选择“窗框”对象，单击“修改”面板，打开“渲染”卷展栏，勾选“在渲染中启用”和“在视口中启用”复选框，选中“矩形”单选框，并设置“宽度”值为 16，如图 3-8 所示。选择“窗格”对象，在“渲染”卷展栏中做相同的修改，设置“宽度”为 6。修改后具有渲染属性的图形效果如图 3-9 所示。

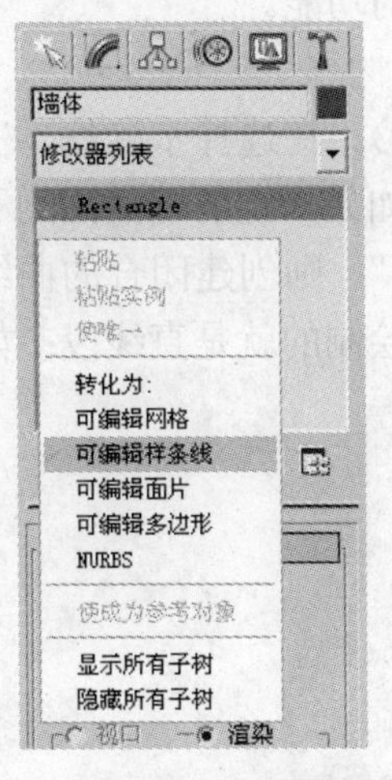

图 3-7　选择“可编辑样条线”

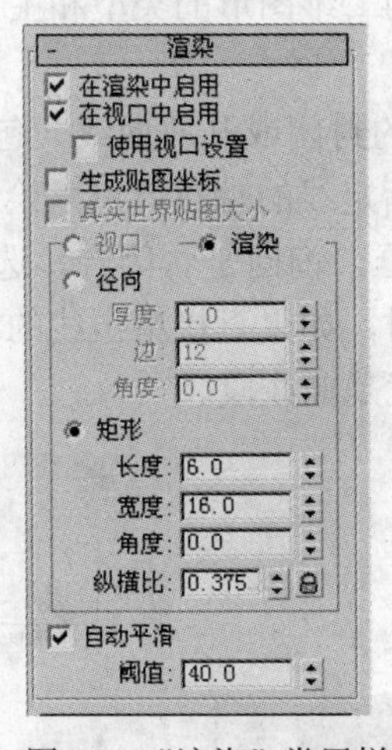

图 3-8　“渲染”卷展栏

图 3-9　具有渲染属性的图形

10）挤出墙体厚度。选择“墙体”对象，单击“修改”面板，在“修改器列表”中选择“挤出”修改器，在“参数”卷展栏中设置“数量”为 12，如图 3-10 所示。

11）为场景中的墙体和镂空窗指定合适的材质，并设置环境贴图后，渲染输出得到如图 3-1 所示的效果。

通过本实例的制作，可以看出 3ds max 提供了绘制矩形、线条等基本二维图形的功能。通过编辑样条线的操作，可以将基本图形转化为复杂的样条线，修改图形的渲染属性或施加二维图形修改器就可以产生三维模型。

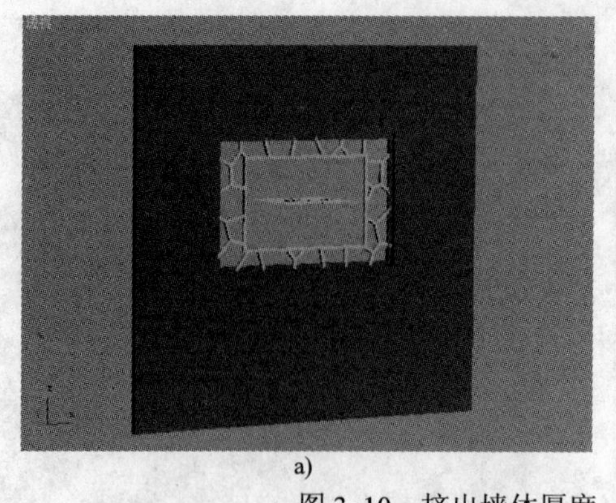

a) b)

图 3-10 挤出墙体厚度

a) 效果图 b) 参数设置

3.1.1 二维图形的类型与参数

在 3ds max 的建模和动画制作中，二维图形起着非常重要的作用。它既可以通过施加修改器或进行放样产生三维模型，又可以在动画制作中作为对象的运动轨迹，使对象沿它进行运动。

二维图形是由一条或多条曲线组成的平面图形，在 3ds max 中二维图形的创建由“创建”命令面板中的“图形”子面板实现。在“创建”命令面板中选择“图形”按钮，在次级分类项目下拉菜单中选择“样条线”，然后选择样条线的类型，在视图中拖动就可以完成二维图形的创建。下面介绍各种常用的二维图形的类型和主要参数的功能。

1．线

使用“线”工具可以绘制任何形状的封闭或开放曲线（包括直线）。在选择了“线”工具后，在适当的视图中依次单击鼠标，指定线的端点就可以绘制线。如果指定的端点回到了线的起始点，就会弹出“样条线”对话框，询问是否闭合，选择“是”，则创建闭合的曲线（或直线），如图 3-11 所示。当绘制线时，如果直接单击线的端点，绘制的就是直线段；如果拖动鼠标后再单击线的端点，绘制的就是曲线段。

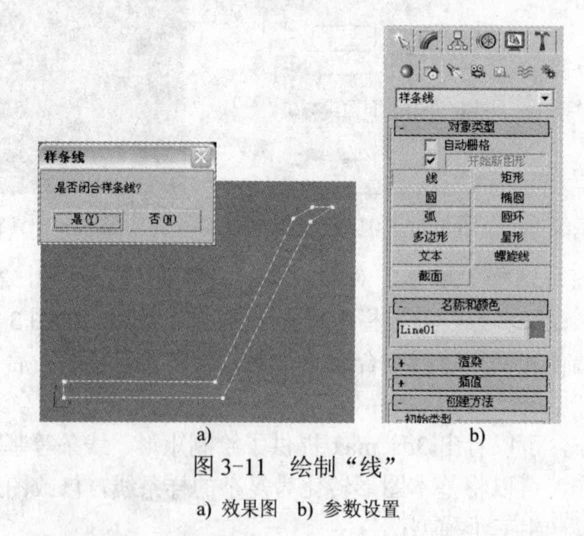

a) b)

图 3-11 绘制“线”

a) 效果图 b) 参数设置

☞小技巧

一般在正交视图（顶视图、前视图和左视图等）中绘制二维图形，这样能准确反映二维图形的本来形状。绘制线时按住〈Shift〉键，可以绘制水平或垂直的线段。

2．矩形

使用“矩形”工具可以绘制矩形，并设置矩形的圆角大小，如图 3-12 所示。矩形的“参数”卷展栏中主要参数功能如下。

1）“长度/宽度”：设置矩形的长和宽的值。

2）“角半径”：设置矩形四角的圆弧半径，当值为 0 时，创建直角矩形。

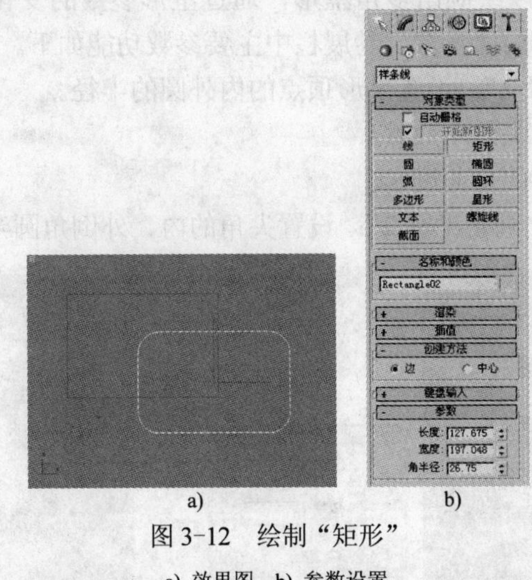

a)　　b)

图 3-12　绘制“矩形”

a) 效果图　b) 参数设置

3．圆

使用“圆”工具可以绘制圆形，该工具的参数比较简单，“半径”值用来设置圆的半径。

4．椭圆

使用“椭圆”工具在视图中拖动就可以完成椭圆的绘制。椭圆的参数如下：“长度”用来指定椭圆的长轴半径；“宽度”用来指定椭圆的长轴半径。

5．弧

使用“弧”工具在视图中拖动就可以完成圆弧的绘制。在默认状态下绘制圆弧时，可依次指定圆弧的起点、中点和圆弧的中间点。选择“创建方法”卷展栏中的“中间-端点-端点”单选项，可以通过指定圆弧的圆心、起点和终点的方法绘制圆弧。弧的“参数”卷展栏中主要参数功能如下。

1）“半径”：设置圆弧的半径。

2）“从”和“到”：设置圆弧的起始角度和终止角度。

3）“饼形切片”：选中后，在圆弧的基础上形成扇形。

4）“反转”：调换弧的起始点和终止点的位置。

6．圆环

使用“圆环”工具在视图中拖动就可以完成同心圆环的绘制，该工具的参数比较简单，“半径 1”和“半径 2”的值用来设置圆环的两个半径。

7．多边形

使用“多边形”工具可以绘制任意边数的正多边形，如图 3-13 所示。在默认状态下绘制的是正六边形。多边形的“参数”卷展栏中主要参数功能如下。

1）“半径”：设置多边形所参考圆的半径。

2）“内接”/“外接”：控制绘制内接圆或者外切圆的多边形。

3）“边数”：设置多边形的边数。

4）“角半径”：设置多边形圆角的半径。

8．星形

使用“星形”工具可以绘制出多角星形，通过星形参数的变化可以产生各种奇特的效果，如图 3-14 所示。星形的“参数”卷展栏中主要参数功能如下。

1）“半径 1”和“半径 2”：设置星形顶点的内外圆的半径。

2）“点”：设置星形的尖角个数。

3）“扭曲”：设置尖角的扭曲度。

4）“圆角半径 1”和“圆角半径 2”：设置尖角的内、外倒角圆半径。

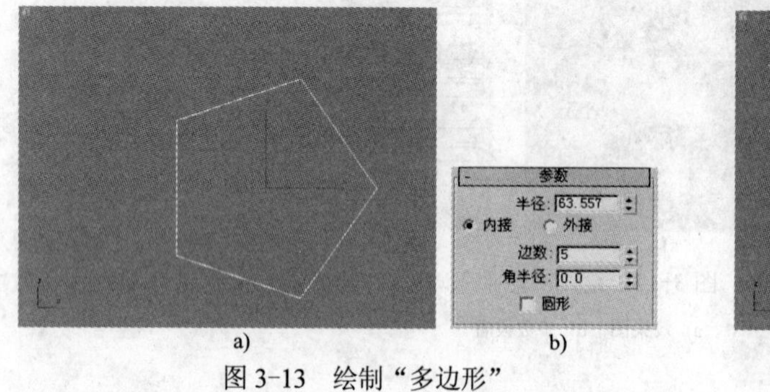

a)　　b)

图 3-13　绘制“多边形”

a) 多边形效果　b) 参数设置

图 3-14　各种形状的星形效果

9．文本

单击“创建”→“图形”→“样条线”→“文本”，在视图中单击就可以完成文本的创建，然后在命令面板的“参数”卷展栏修改文本的字体、大小和文本内容等，如图 3-15 所示。文本的“参数”卷展栏中主要参数功能如下。

1）“大小”：设置文本的大小尺寸。

2）“字间距”：设置文字之间的间隔距离。

3）“行间距”：设置多行文本行与行之间的间隔距离。

4）“文本”：输入文本的内容。

此外，在“参数”卷展栏中的字体下拉列表，可以选择文本使用的字体，还可单击命令按钮设置文本的对齐方式、倾斜和下画线等文字效果。

10．螺旋线

使用“螺旋线”工具在视图中拖动可以绘制出 3ds max 中比较特殊的二维图形——螺旋线，它是 3ds max 中唯一不在同一平面上的二维线，如图 3-16 所示。螺旋线的“参数”卷展栏中主要参数功能如下。

1）“半径 1/半径 2”：设置螺旋线的内、外半径。

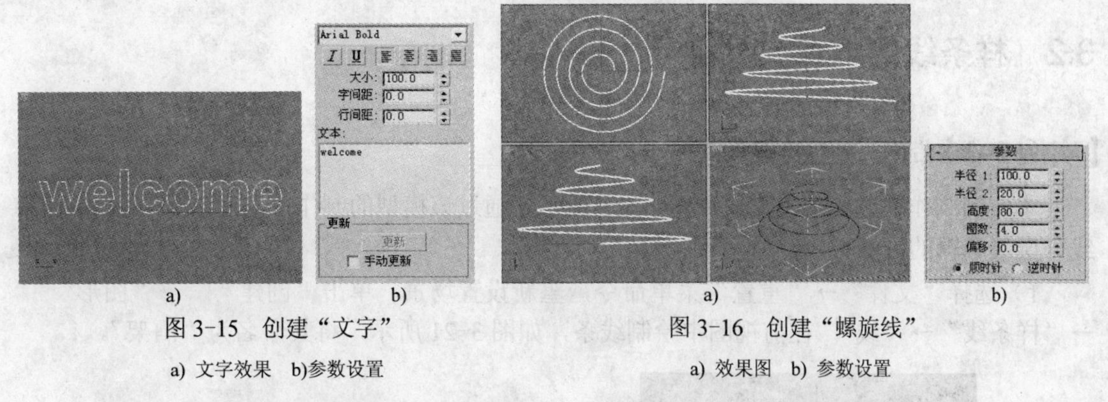

a) b)

图 3-15 创建“文字”

a) 文字效果 b)参数设置

a) b)

图 3-16 创建“螺旋线”

a) 效果图 b) 参数设置

2）“高度”：设置螺旋线的高度，当数值为 0 时，创建一个平面螺旋线。

3）“圈数”：设置螺旋线旋转的圈数。

4）“偏移”：设置在螺旋线高度上螺旋圈数的偏向强度。

5）“顺时针/逆时针”：设置螺旋线的旋转方向。

3.1.2 渲染二维图形

绘制的二维图形虽然可以在场景中看到，但是在渲染输出时，由于不能对二维图形进行渲染输出，所以在渲染效果中看不到二维图形。如果希望绘制的二维图形在场景中具有三维几何体一样的特性，能够渲染输出，那么可以通过二维图形的“渲染”卷展栏中参数的设置来实现。实例 3-1 中名为“窗框”和“窗格”的图形就是在设置“渲染”卷展栏中的参数后作为三维网格对象进行渲染的。

当绘制二维图形时，所创建图形的参数栏都有“渲染”卷展栏，如图 3-17 所示。勾选“渲染”卷展栏中的“在渲染中启用”复选框后，可将二维图形当做三维网格对象渲染输出；勾选“在视口中启用”复选框后，可将二维图形作为三维网格显示在视口中。

勾选“径向”单选项后，二维图形将当做具有环形横截面的三维网格对象渲染输出，如图 3-18 所示，“厚度”的值决定横截面的直径，“边”的数量决定形成环形横截面的边数。

勾选“矩形”单选框后，二维图形将当做具有矩形横截面的三维网格对象渲染输出，如图 3-19 所示，“长度”和“宽度”的值分别决定矩形横截面的长和宽。

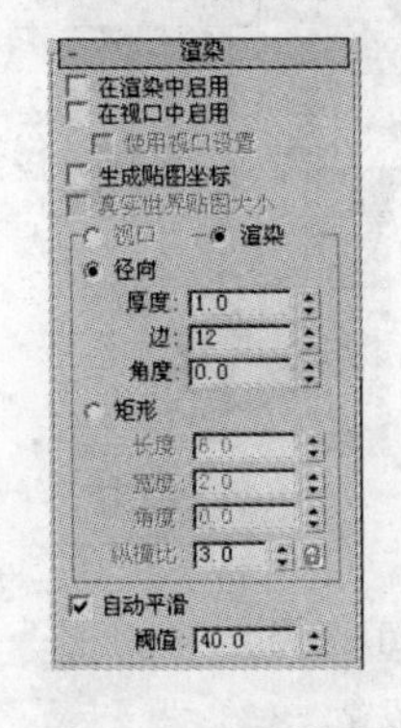

图 3-17 “渲染”卷展栏

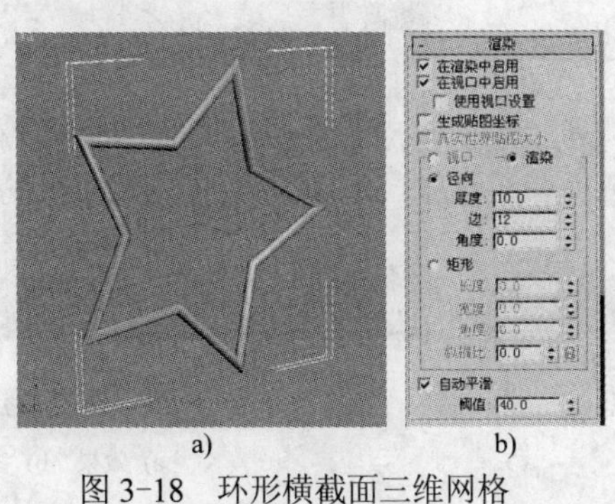

a) b)

图 3-18 环形横截面三维网格对象渲染输出

a) 效果图 b) 参数设置

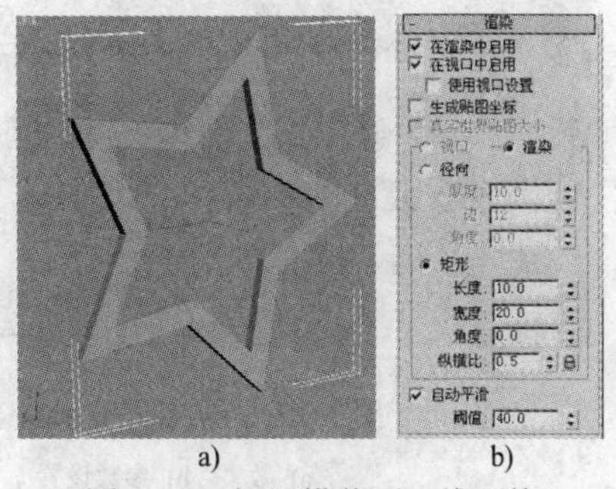

a) b)

图 3-19 矩形横截面三维网格对象渲染输出

a) 效果图 b) 参数设置

3.2 样条线的编辑

【实例 3-2】制作铁艺酒架模型

本实例制作铁艺酒架模型，如图 3-20 所示。通过该模型的制作，学习 3ds max 中样条线分层级编辑的方法。

1）选择“文件”→“重置”菜单命令，重新设置场景。单击“创建”→“图形”→“样条线”→“线”，在前视图中绘制线条，如图 3-21 所示，将其命名为“酒架”。

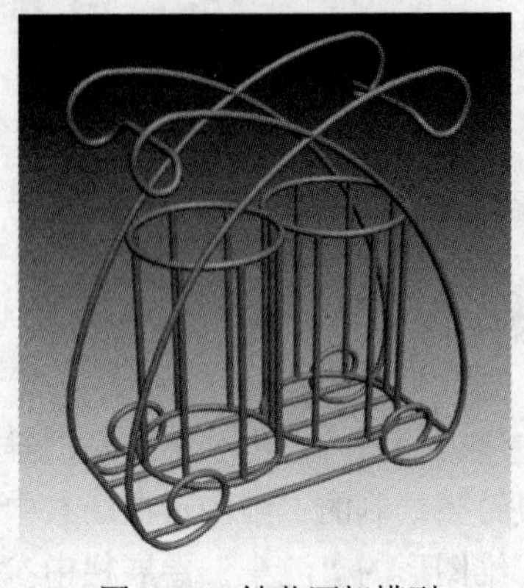

图 3-20 铁艺酒架模型

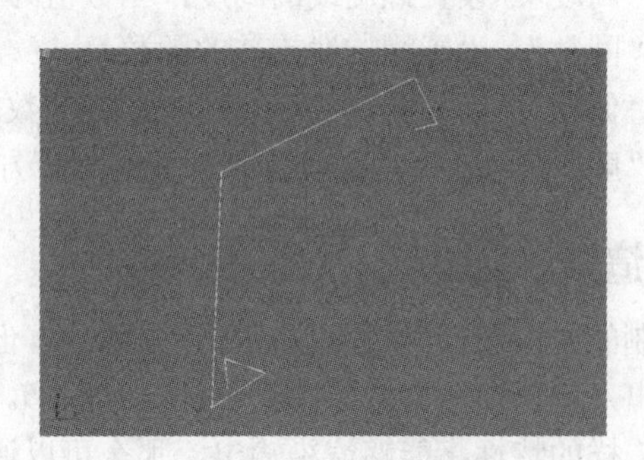

图 3-21 绘制线条

2）确定“酒架”为选中状态，单击“修改”面板，在修改器堆栈中单击“Line”前面的“+”，在显示的“顶点”、“线段”和“样条线”子对象级别中选择“顶点”，进入线的顶点编辑状态，如图 3-22 所示。

3）选择所有的顶点，右击鼠标，在弹出的快捷菜单中选择“Bezier”，直线变成了曲线，并且所有的顶点上都显示出两个操作控制手柄，如图 3-23 所示。

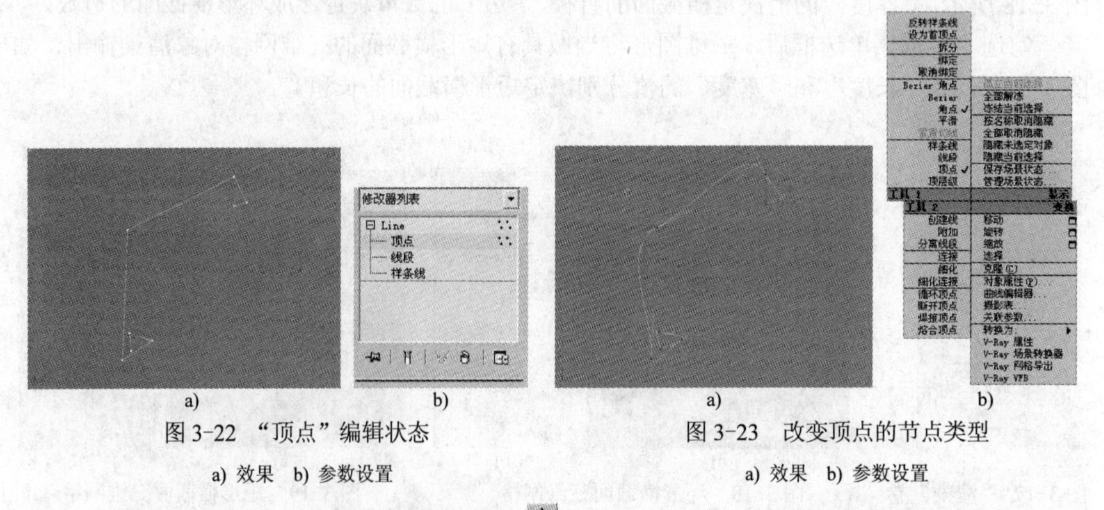

a) b) a) b)

图 3-22 “顶点”编辑状态
a) 效果 b) 参数设置

图 3-23 改变顶点的节点类型
a) 效果 b) 参数设置

4）单击工具栏上“选择并移动”按钮，依次移动各顶点上操作控制手柄的绿色方框，调整曲线的平滑度和形状，效果如图 3-24 所示。

☞小技巧

Bezier 类型的顶点都有两个带绿色方框的操作控制手柄，单击顶点一侧的绿色方框并移动，另一侧的手柄也相应地移动，顶点位置不变，两侧的曲线弧度均发生变化。如要改变顶点的位置，就可单击顶点使顶点以红色显示，再使用按钮移动顶点。当移动顶点和控制手柄时，同样可以利用移动控制轴，将移动控制在黄色高亮显示的移动轴或移动平面上。

5）在修改器堆栈中，选择“样条线”子对象级别，进入线的样条线编辑状态，选择变为曲线的样条线，在“几何体”卷展栏中，勾选“镜像”命令按钮下面的“复制”复选框，然后再单击“镜像”命令按钮，镜像复制样条线如图 3-25 所示。

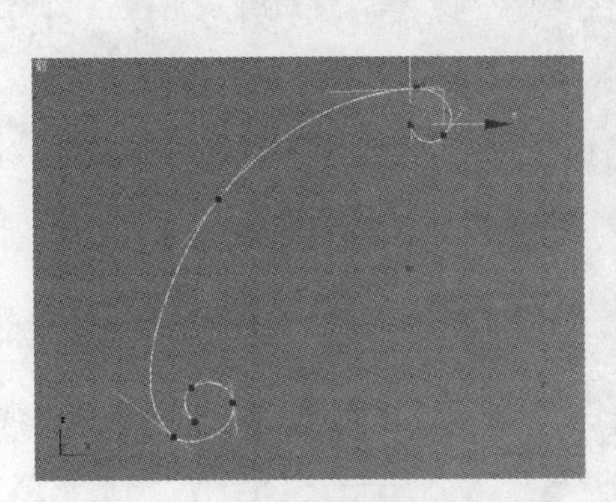

图 3-24　调整曲线的平滑度和形状

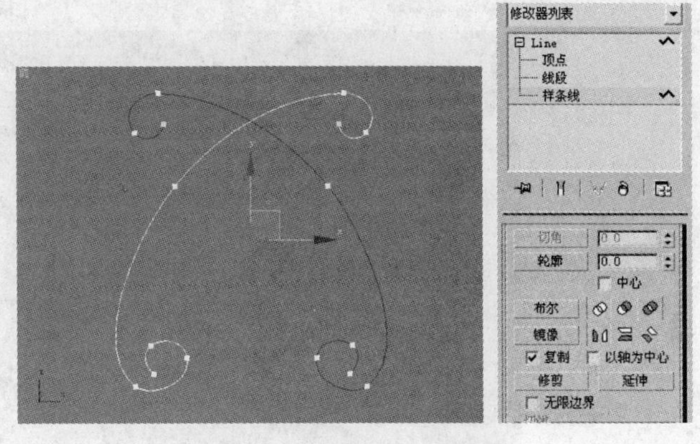

图 3-25　镜像复制样条线

☞小技巧

在“样条线”子对象级别上进行样条线的镜像复制，可以保证复制的样条线与原样条线属于同一对象的两个子对象，而不是两个独立的对象。

6）确定“样条线”子对象级别处于选择状态，选择已制作的两条样条线。在顶视图中，单击工具栏上“选择并移动”按钮，按住〈Shift〉键，沿 Y 轴垂直拖动样条线到图 3-26 所示的位置上。

7）在修改器堆栈中，选择“顶点”子对象级别，进入线的顶点编辑状态，在“几何体”卷展栏中单击“连接”命令按钮，在透视图中，单击并拖动连接样条线顶点，效果如图 3-27 所示。

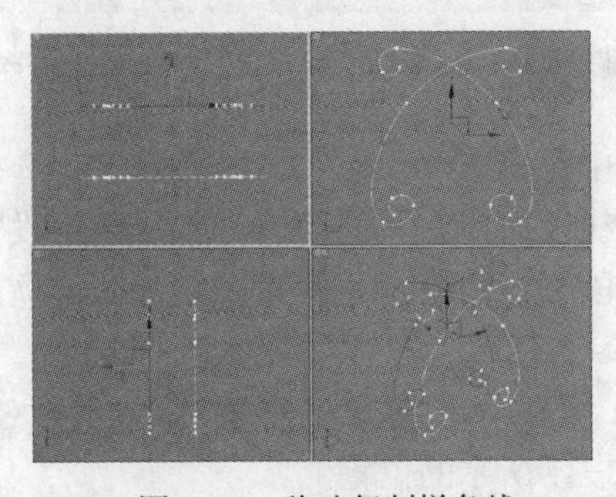

图 3-26　移动复制样条线

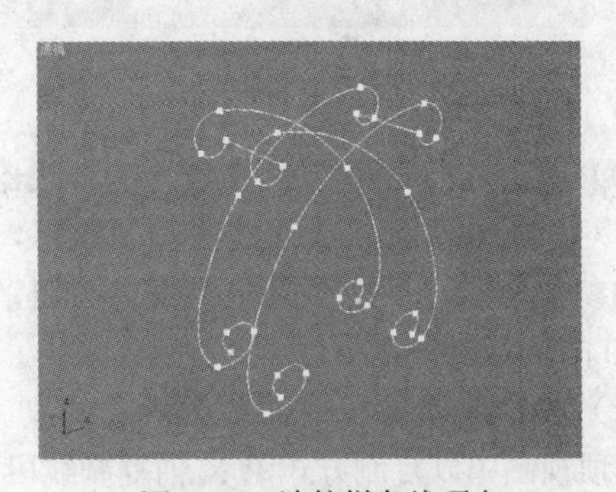

图 3-27　连接样条线顶点

8）确定“顶点”子对象级别处于选择状态，选择刚完成连接的 4 个顶点，在“几何体”卷展栏中设置 “圆角”的参数为 8，单击“圆角”命令按钮，对连接的顶点进行圆角操作，如图 3-28 所示。

9）单击“创建”→“图形”→“样条线”→“线”，在顶视图中绘制垂直线段，并使用“选择并移动”按钮调整线段到图 3-29 所示的位置上。

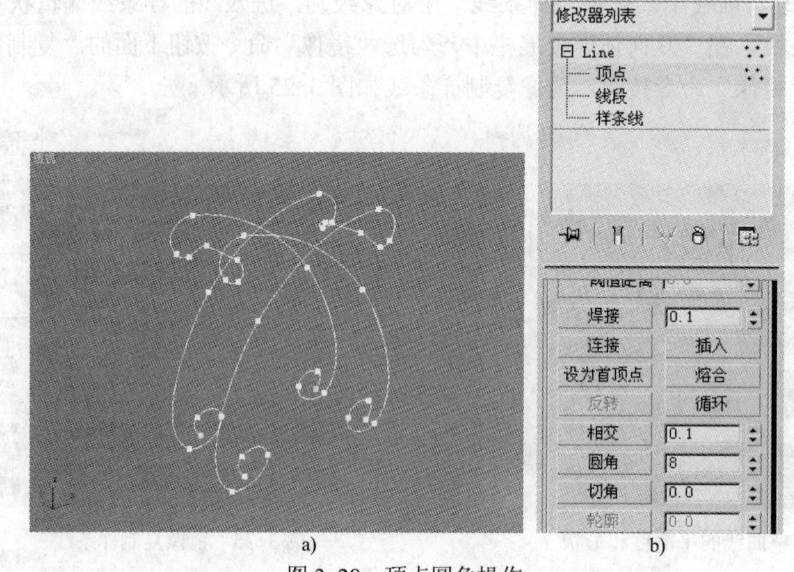

a) b)

图 3-28 顶点圆角操作

a) 效果图 b) 参数设置

图 3-29 绘制并调整线段

10）确定线段处于选中状态，在修改器堆栈中，单击“Line”前面的“+”，选择“线段”子对象级别，进入线的线段编辑状态，选择线段后，在“几何体”卷展栏中设置“拆分”的参数为 2，单击“拆分”命令按钮，将线段拆分两次，并等距离添加两个顶点，如图 3-30 的所示。

11）在修改器堆栈中，单击对象级别“Line”，返回到对象编辑状态，按住〈Shift〉键，在顶视图中以复制方式沿 X 轴复制线段至图 3-31 所示的位置上。

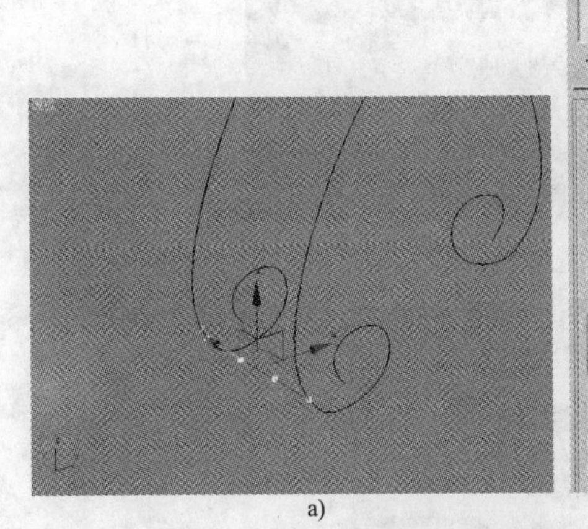

a)

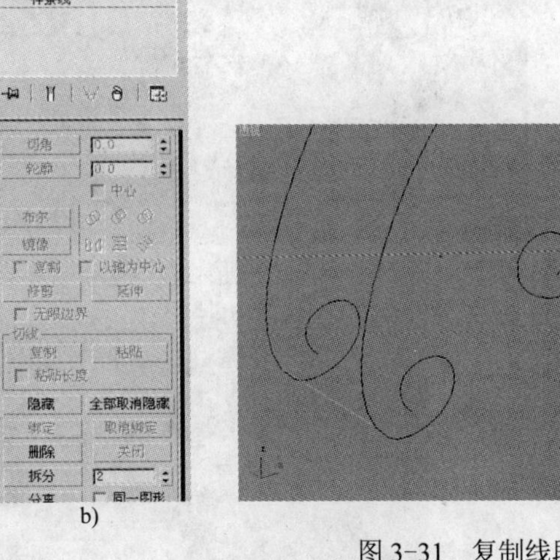

b)

图 3-30　拆分线段操作

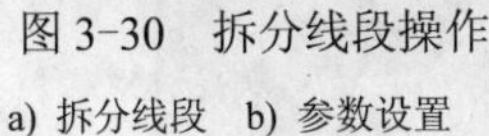

a) 拆分线段　b) 参数设置

图 3-31　复制线段

12）选择“酒架”对象，在“修改”面板的“几何体”卷展栏中，单击“附加”命令按钮，然后单击新创建的两条线段，将它们作为子对象加入到“酒架”对象中。在“几何体”卷展栏中单击“横截面”命令按钮，依次单击两条直线段，在两线段的对应顶点间产生连线，效果如图 3-32 所示。

13）单击“创建”→“图形”→“样条线”→“圆”，在顶视图中绘制半径为 20 的圆，单击“选择并移动”按钮，按住〈Shift〉键，以复制方式沿 X 轴水平复制一个圆。使用“选择并移动”按钮，移动两圆至图 3-33 所示的位置上。

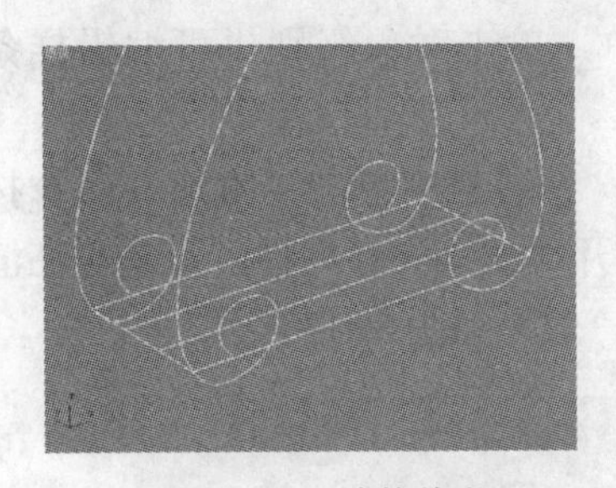

图 3-32　连接线段

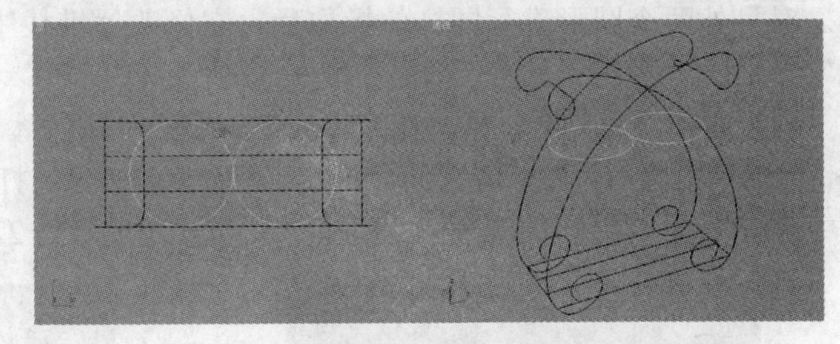

图 3-33　绘制并复制圆

14）确定两圆处于选定状态，单击“选择并移动”按钮，按住〈Shift〉键，在前视图中以复制方式沿 Y 轴垂直复制两圆至图 3-34 所示的位置上。

15）选择一个圆形，单击鼠标右键，在弹出的快捷菜单中，选择“转换为:”→“转换为可编辑样条线”，如图 3-35 所示。进入“修改”面板，修改器堆栈中对象“圆”已变成了“可编辑样条线”。在“修改”面板的“几何体”卷展栏中单击“附加”命令按钮，依次选择其余的 3 个圆，将它们合并成一个可编辑样条线。

16）在修改器堆栈中，单击“可编辑样条线”前面的“+”，选择“线段”子对象级别，进入线段编辑状态。在选择所有的线段后，在“几何体”卷展栏中设置“拆分”的参数为 1，单击“拆分”命令按钮。

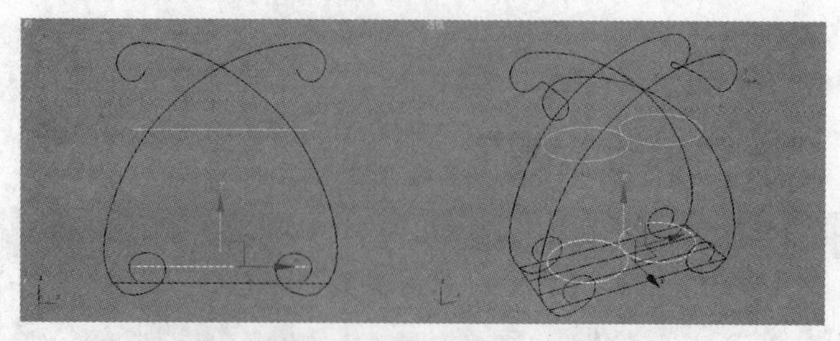

图 3-34　垂直复制两圆

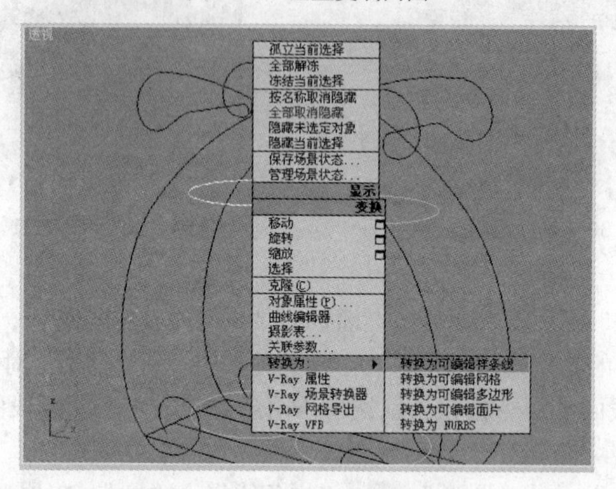

图 3-35　转换为可编辑样条线

17）确定“线段”子对象级别处于选中状态，在“几何体”卷展栏中单击“横截面”命令按钮，依次单击上、下对应的两个圆形，然后单击鼠标右键，完成两个圆形的横截面的连接。对另外两个圆形进行同样的操作后，在修改器堆栈中，单击对象级别“可编辑样条线”，返回到对象编辑状态，效果如图 3-36 所示。

18）选择“酒架”对象，在“修改”面板的“几何体”卷展栏中单击“附加”命令按钮，然后单击圆形对象，将它们合并成一个完整的对象。打开“渲染”卷展栏，勾选“在渲染中启用”和“在视口中启用”复选框，设置“厚度”为 2，效果如图 3-37 所示。

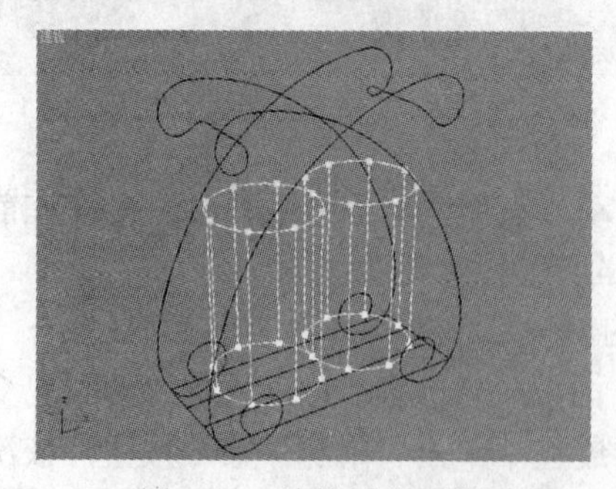

图 3-36　连接拆分后的圆形

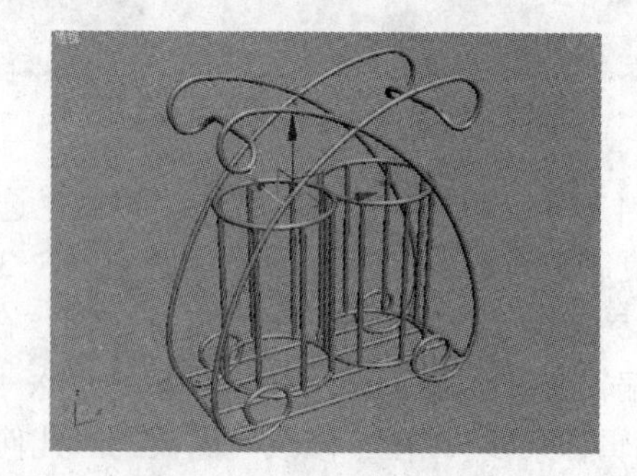

图 3-37　酒架模型效果

本实例主要介绍了通过将简单二维图形转换为可编辑样条线，然后对可编辑样条线在不同子对象级别上进行编辑产生复杂的二维图形，从而最终得到由二维图形修改渲染属性创建的三维模型的过程。

3.2.1 将二维图形转换为可编辑样条线

在创建面板中只能创建简单规则的二维图形，若想得到不同形状的二维图形，则必须对基本的二维图形进行编辑，而编辑基本二维图形的前提是要将基本图形转换为可编辑样条线。

得到可编辑样条线的方法有两种，方法一是在选择基本二维图像后，单击鼠标右键，在弹出的快捷菜单中选择“转换为：”→“转换为可编辑样条线”命令，实例 3-2 中的圆就是采用该方法转换为可编辑样条线的；方法二是在选择基本二维图像后，打开“修改”面板，在“修改器列表”中选择“编辑样条线”修改器。图 3-38 显示的是采用这两种方法将二维图形转换为可编辑样条线后修改器堆栈中的记录情况。

☞小技巧

当对“线”工具绘制的图形进行编辑时，不必转换为可编辑样条线，因为它本身就具备与编辑样条线相同的参数和命令，所以可以直接进行编辑。

在选择可编辑样条线后，打开“修改”面板，在“几何体”卷展栏中有多个工具按钮处于可操作状态，此时，可以使用这些工具对可编辑样条线进行整体编辑，如图 3-39 所示。常用的工具按钮功能如下。

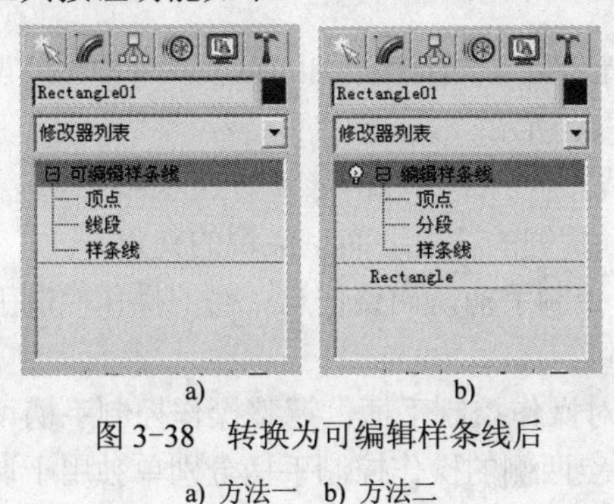

a) b)

图 3-38 转换为可编辑样条线后

a) 方法一 b) 方法二

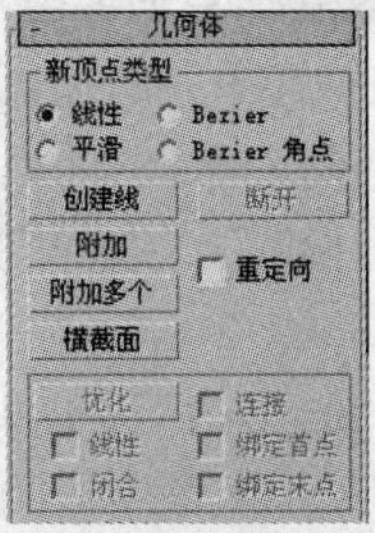

图 3-39 “几何体”卷展栏

1）“附加”和“附加多个”：将一个或多个二维图形合并到当前的可编辑样条线中，成为可编辑样条线的组成部分。

2）“横截面”：连接可编辑样条线的样条线子对象的各顶点，在样条线子对象之间形成横截面。在图 3-40 中，当前可编辑样条线由 3 个矩形图形组成，如图 3-40a 所示，进行横截面操作后效果如图 3-40b 所示。

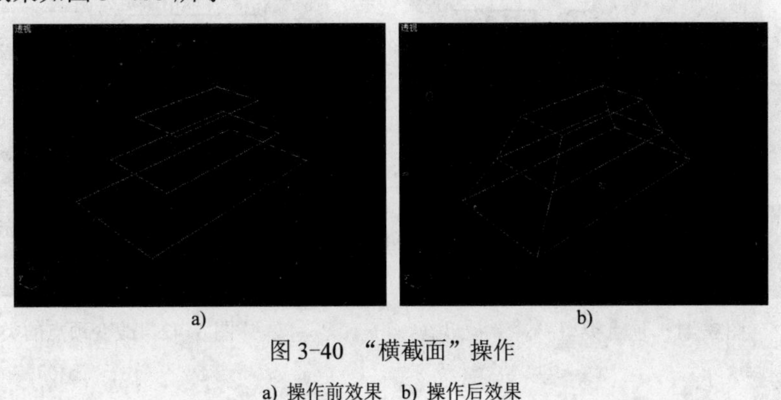

a) b)

图 3-40 “横截面”操作

a) 操作前效果 b) 操作后效果

可编辑样条线对象具有“顶点”、“线段”和“样条线”3 个子对象层级。选择可编辑样条线后，在修改器堆栈中单击可编辑样条线左面的“+”，堆栈中显示出可编辑样条线包含的子对象层级——“顶点”、“线段”和“样条线”。其中：顶点用于定义点和曲线切线，两个顶点之间的连线为线段，样条线是一个或多个相连的线段的组合。对可编辑样条线的编辑就是调整顶点、线段及改变曲线的曲率等操作。

在可编辑样条线的子对象层级展开显示后，单击某个子对象层级，以黄色高亮显示该层级，就可以对该子对象层级进行编辑，分层级编辑样条线的工具主要在“几何体”卷展栏中，“几何体”卷展栏可使用的工具按钮随选择的编辑层级不同而不同。

3.2.2 编辑“顶点”子对象层级

选择可编辑样条线，单击可编辑样条线左面的“+”，在展开的子对象层级中单击“顶点”，进入顶点子对象层级的编辑状态，样条线上的顶点以方框的形式显示，在视图中选择样条线的顶点，就可以对其进行操作。

顶点的操作包括两类，一类是在视图中对选择的顶点进行操作，改变顶点的类型，调整顶点两侧线段的曲率等；另一类是使用“修改”面板上“几何体”卷展栏中的工具按钮进行编辑。

1．改变顶点的类型

可编辑样条线的顶点有 4 种类型，即平滑、角点、Bezier 和 Bezier 角点。顶点的类型决定了与顶点相连的两条线段的曲率，如图 3-41 所示。

1）“平滑”：顶点两侧的线段为圆滑的曲线。

2）“角点”：顶点两侧的线段曲率为直线，两侧的线段之间呈尖锐的夹角。

3）“Bezier”：该类型的顶点上有一对操作控制手柄，调整任意一侧的操作控制手柄可以同时改变顶点两侧曲线的曲率。

4）“Bezier 角点”：该类型的顶点上有一对操作控制手柄，调整操作控制手柄可以改变曲线的曲率。与“Bezier 顶点”不同的是，顶点两侧的操作控制手柄分别单独用于调整两侧的曲线曲率。

在选择的顶点上单击鼠标右键，在打开的快捷菜单上可以看到 4 种顶点类型，单击某种顶点类型就可以改变当前顶点的类型，如图 3-42 所示。

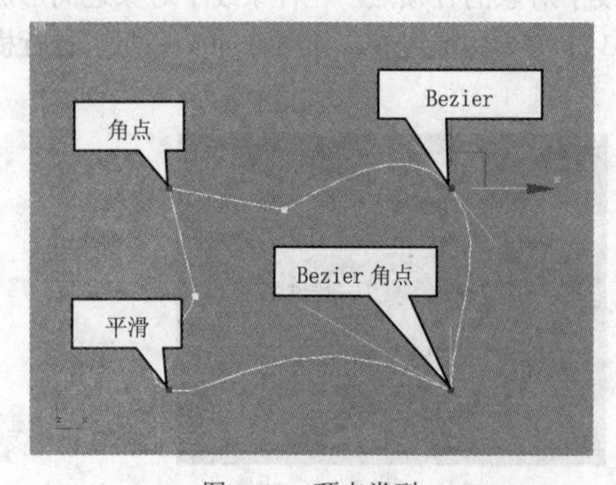

图 3-41　顶点类型

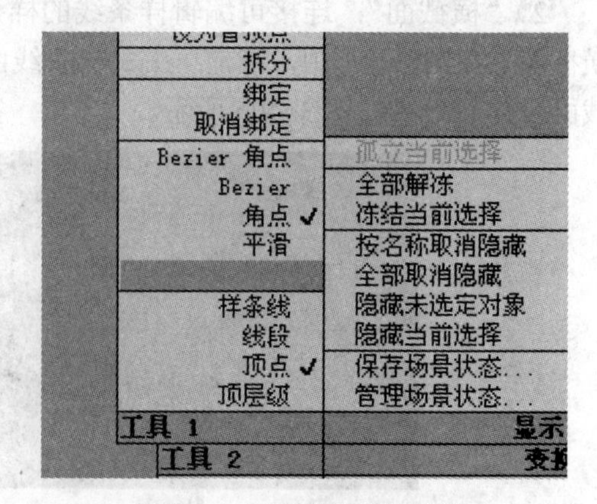

图 3-42　改变顶点的类型

☞小技巧

如果要同时对一组顶点进行类似的调整，就可以选择多个顶点，然后勾选“选择”卷展栏中的“锁定控制柄”复选框，再利用鼠标在视图中进行调整。此时，所有选择的顶点都会发生变化。

2. 使用“几何体”卷展栏中的工具

在“顶点”子对象层级上，“几何体”卷展栏中的常用工具按钮如下。

1）“优化”：在样条线上增加顶点，但不改变样条线的曲率。

2）“连接”：连接两个断开的顶点，如图 3-43 所示。

3）“断开”：将选择的顶点分裂成两个顶点，顶点两侧的线段被打断。

4）“焊接”：将多个顶点合并为一个顶点，是否合并为一个顶点由焊接命令按钮后设置的焊接距离决定，如图 3-44 所示。

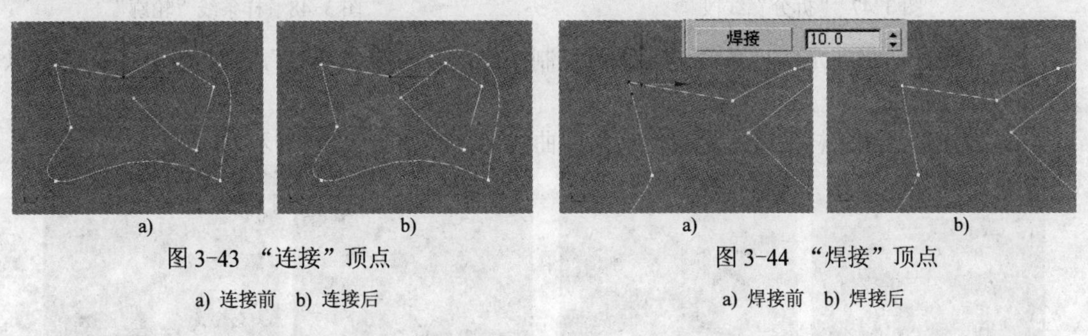

a) b)

图 3-43 “连接”顶点

a) 连接前 b) 连接后

a) b)

图 3-44 “焊接”顶点

a) 焊接前 b) 焊接后

5）“圆角”：在选择的顶点上添加圆角，如图 3-45 所示。

6）“切角”：在选择的顶点上添加切角，如图 3-46 所示。

7）“设为首顶点”：将选择的顶点设置为样条线的起始顶点。起始顶点在视图中以黄色方框显示。

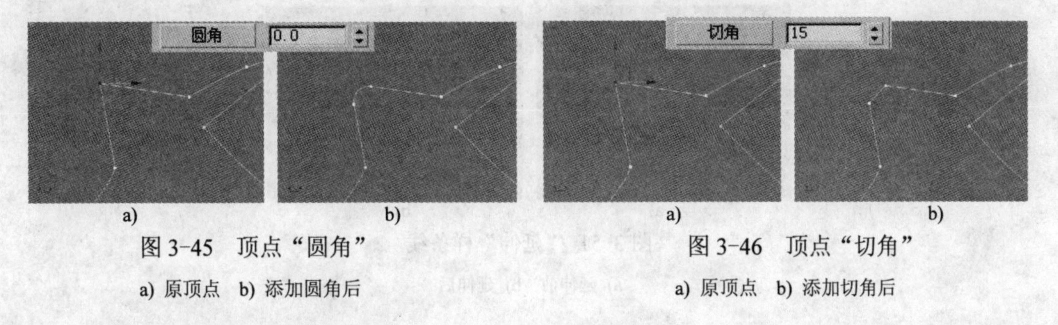

a) b)

图 3-45 顶点“圆角”

a) 原顶点 b) 添加圆角后

a) b)

图 3-46 顶点“切角”

a) 原顶点 b) 添加切角后

3.2.3 编辑“线段”子对象层级

在可编辑样条线展开的子对象层级中单击“线段”，就进入线段子对象层级的编辑状态。在线段子对象层级的编辑状态下，操作相对简单，“几何体”卷展栏中常用的工具按钮如下。

1）“拆分”：通过在线段上增加顶点来等分线段，在“拆分”工具按钮后的文本框中设置拆分的数量，如图 3-47 所示。

2）“分离”：将选择的线段进行分离。若勾选“同一图形”，则将选择的线段在样条线中断开，但不生成独立的图形；若勾选“复制”，则将选择的线段以复制的方式再分离出来。

3.2.4 编辑“样条线”子对象层级

在可编辑样条线展开的子对象层级中单击“样条线”，就进入样条线子对象层级的编辑状态。由相连接的线段组成一条样条线子对象，可编辑样条线可以由一条或多条样条线子对象组成。在“样条线”子对象层级上，“几何体”卷展栏中常用的工具按钮如下。

1）“轮廓”：给选择的样条线制作一条轮廓线，轮廓线的偏移距离由“轮廓”工具按钮后的文本框设置，如图 3-48 所示。

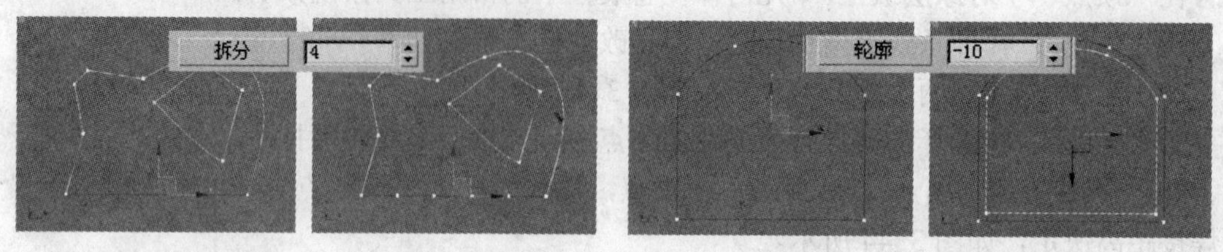

图 3-47 “拆分”线段　　图 3-48 样条线“轮廓”

2）“镜像”：将选定的样条线进行镜像复制操作，若勾选“复制”，则将选择的样条线以复制的方式进行镜像，如图 3-49 所示。

3）“修剪”：删除样条线上选择的交叉的曲线部分，如图 3-50 所示。

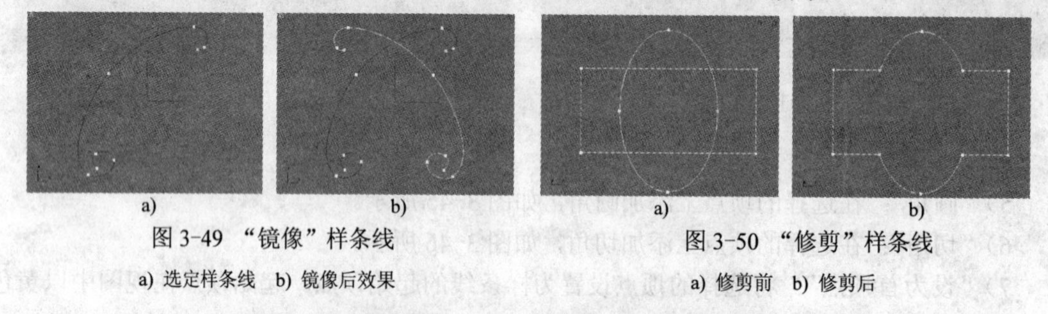

a)　b)　a)　b)

图 3-49 “镜像”样条线

a) 选定样条线　b) 镜像后效果

图 3-50 “修剪”样条线

a) 修剪前　b) 修剪后

4）“延伸”：将选择的开放的样条线延伸至与前方的样条线相接，如图 3-51 所示。

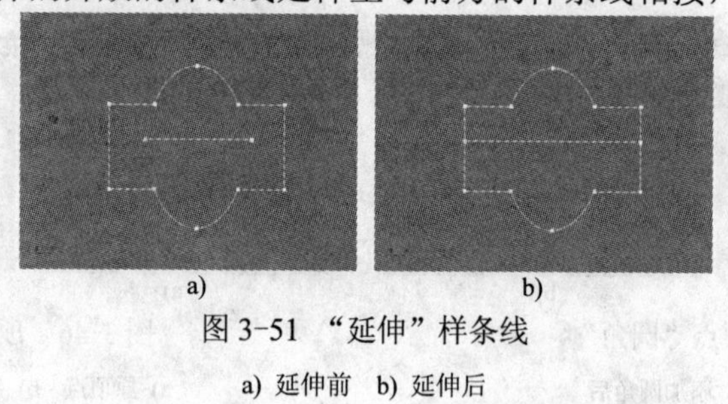

a)　b)

图 3-51 “延伸”样条线

a) 延伸前　b) 延伸后

3.3 挤出、倒角和倒角剖面修改器

【实例 3-3】制作匾额模型

本实例制作一幅匾额模型，如图 3-52 所示。通过该模型的制作，学习使用“挤出”、“倒角”和“倒角剖面”修改器将二维图形转换为三维模型的建模方法。

1）创建匾额背板。选择“文件”→“重置”菜单命令，重新设置场景。单击“创建”

→“图形”→“样条线”→“矩形”，在前视图中创建一个矩形，设置“长度”为 400，“宽度”为 1 000，将其命名为“背板”，如图 3-53 所示。

图 3-52　匾额模型

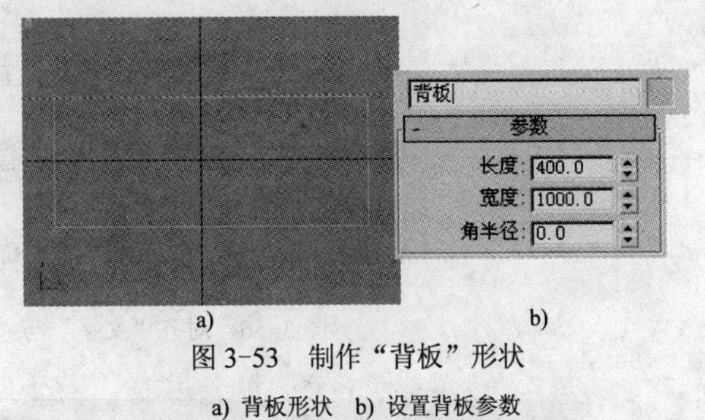

a)　b)

图 3-53　制作“背板”形状

a) 背板形状　b) 设置背板参数

2）确定“背板”为选定状态，单击“修改”面板，在“修改器列表”中选择“挤出”修改器，在“参数”卷展栏中设置“数量”为 20，如图 3-54 所示。

☞小技巧

直接使用长方体也可以制作“背板”模型，本例通过对“矩形”图形施加“挤出”修改器制作长方体，学习“挤出”修改器的用法。

3）创建文本。单击“创建”→“图形”→“样条线”→“文本”，在“参数”卷展栏中选择魏碑体，设置“大小”为 200，“字间距”为 10，在“文本”文本框中输入“宁静致远”，在前视图中单击创建文本，并将其命名为“文字”，如图 3-55 所示。单击工具栏上的“对齐”按钮，然后选择“背板”，在弹出的对话框中，设置参数如图 3-56 所示。

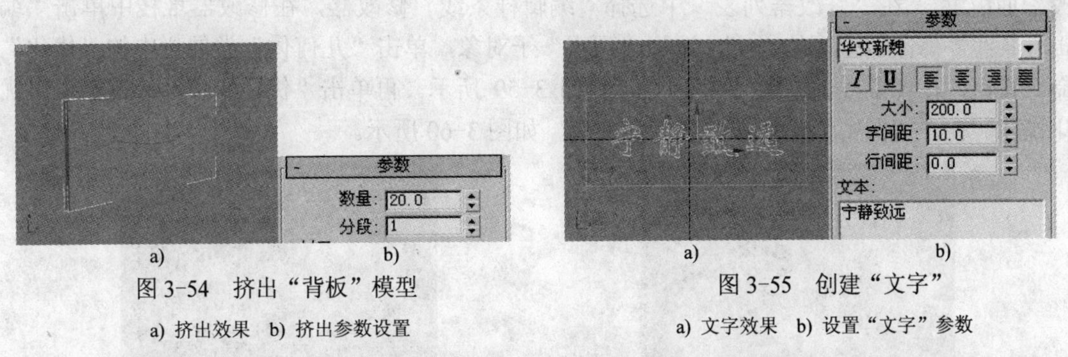

a)　b)

图 3-54　挤出“背板”模型

a) 挤出效果　b) 挤出参数设置

a)　b)

图 3-55　创建“文字”

a) 文字效果　b) 设置“文字”参数

4）文字倒角。确定“文字”为选定状态，单击“修改”面板，在“修改器列表”中选择“倒角”修改器，在“倒角值”卷展栏中设置倒角参数，如图 3-57 所示。

5）创建匾额边框倒角路径。选择“背板”，按下〈Ctrl+V〉组合键，在弹出的对话框中选择“复制”选项，在“名称”文本框中输入“外框”，单击“确定”按钮。单击“修改”面板，在修改器堆栈中选择“挤出”修改器，单击下面的按钮，将“挤出”修改器删除，如图 3-58 所示，仅保留原来创建的矩形图形。

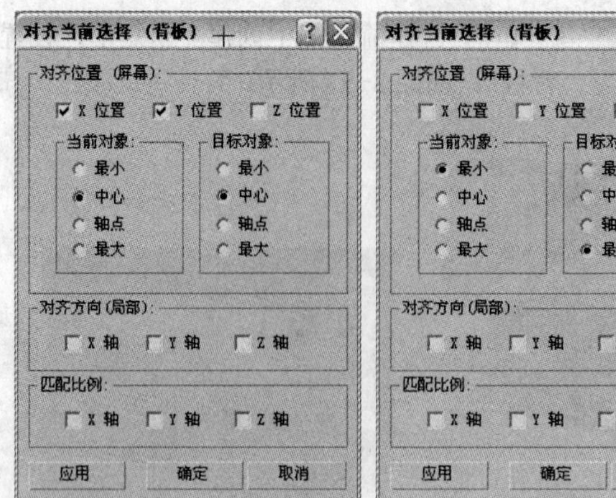

图 3-56　对齐“文字”与“背板”的参数设置

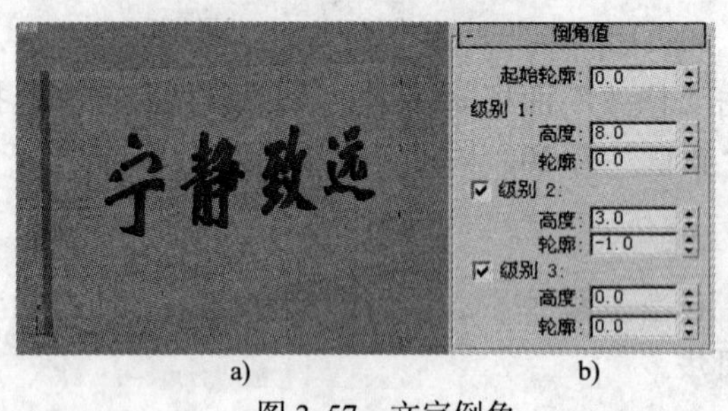

图 3-57　文字倒角

a) 文字倒角效果　b) 设置倒角参数

图 3-58　删除“挤出”修改器

6）创建匾额倒角剖面图形。单击“创建”→“图形”→“样条线”→“矩形”，在左视图中创建一个“长度”为 30，“宽度”为 20 的矩形，将其命名为“剖面”。单击“修改”面板，在“修改器列表”中选择“编辑样条线”修改器，在修改器堆栈中单击“编辑样条线”修改器左面的“+”，选择“顶点”子对象，单击“几何体”卷展栏中的“优化”命令按钮，在样条线上添加 3 个顶点，如图 3-59 所示。再单击“优化”命令按钮，退出优化操作。在左视图中调整顶点的位置和曲率，如图 3-60 所示。

图 3-59　“优化”顶点

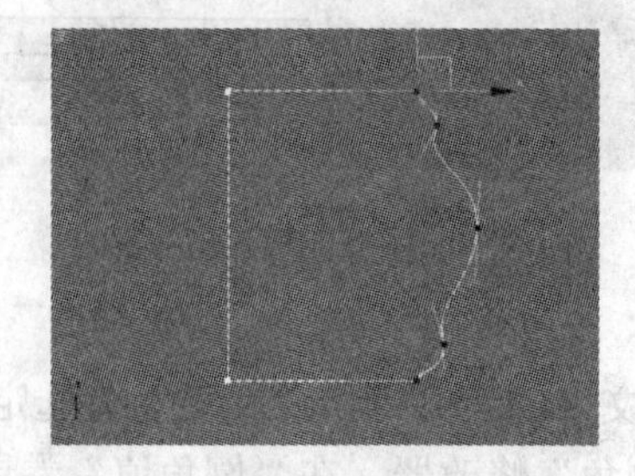

图 3-60　调整顶点的位置和曲率

7）创建匾额外框。选择“外框”对象，单击“修改”面板，在“修改器列表”中选择“倒角剖面”修改器，单击“参数”卷展栏中的“拾取剖面”命令按钮，在视图中选择“剖面”对象，如图 3-61 所示。单击修改器堆栈中“倒角剖面”修改器前面的“+”，选择“剖面 Gizmo”，单击“选择并旋转”按钮，单击工具栏上“角度捕捉切换”按钮，在左视图中绕 Y 轴旋转-90°，如图 3-62 所示。

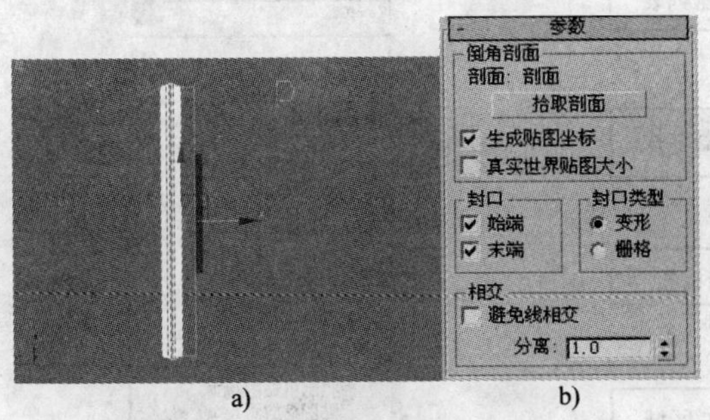

a)　　b)

图 3-61 “倒角剖面”修改器

a) 效果图　b) 参数设置

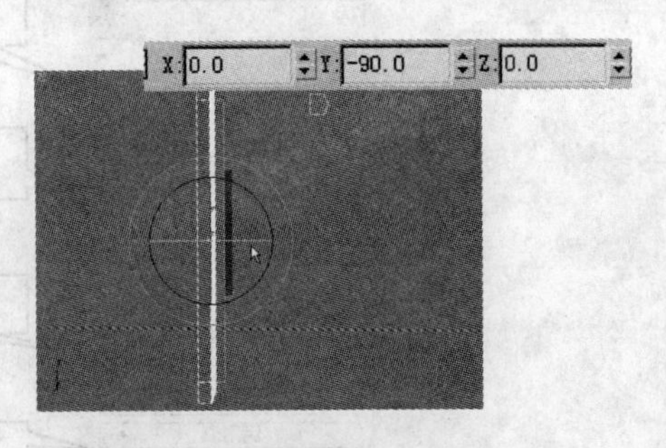

图 3-62　旋转“剖面 Gizmo”

8）确定“外框”对象处于选择状态，单击“对齐”按钮，选择“背板”对象，在弹出的对话框中，设置参数如图 3-63 所示。

☞小技巧

如果在视图中选择对象有困难，就可以按下〈H〉键，在弹出的“选择对象”对话框中按名称选择对象。

本实例主要介绍了 3 个二维图形修改器（“挤出”修改器、“倒角”修改器和“倒角剖面”修改器）的具体应用。

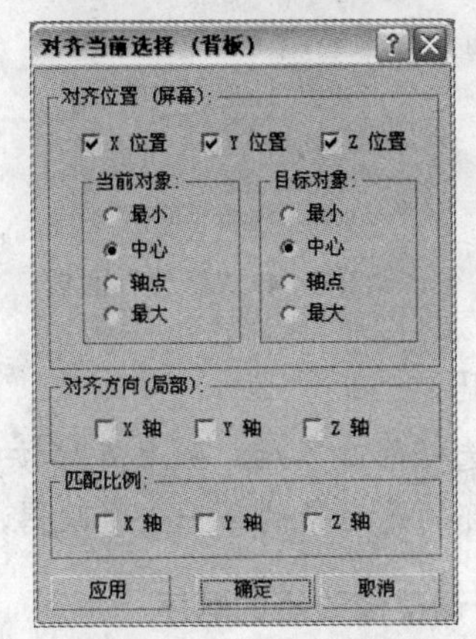

图 3-63　对齐“外框”与“背板”的参数设置

3.3.1　修改器堆栈的使用

在选择一个对象后，单击“修改”面板，就进入如图 3-64 所示的修改面板。单击“修改器列表”，就会显示修改器列表，如图 3-65 所示。选择的修改器将作用于当前选择的对象上，并在修改器堆栈中列于最上层。

修改器堆栈是用来管理应用到对象上的各类修改器的，应用到对象上的修改器都会依次存放在修改器堆栈中。修改器堆栈的功能相当强大，在堆栈中，不仅可以添加或删除修改器，而且可以调整修改器的顺序、打开或关闭修改器以及塌陷修改器堆栈等。此外，作用在一个对象上的修改可以通过复制、粘贴的方式以相同的参数运用到另一个对象上。

1．添加或删除修改器

添加修改器的操作比较简单，在视图中选择要添加修改器的对象后，切换到“修改”面板，在修改器堆栈中选择一个修改器，打开“修改器列表”，选择相应的修改器，然后在“修改”面板的卷展栏中设置相应的参数，即可在选定的修改器上面添加一个新的修改器。对象上添加的修改器，按照添加的顺序在堆栈中从下到上依次排列，按照同样的顺序依次作用到对象上。

若要删除作用于对象上的修改器，则可在选择对象后，切换到“修改”面板，选择要删除的修改器，然后单击修改器堆栈下面的功能按钮“从堆栈中移除修改器”按钮即可，或者在选择的修改器上用鼠标右键单击，在弹出的快捷菜单中单击“删除”命令。

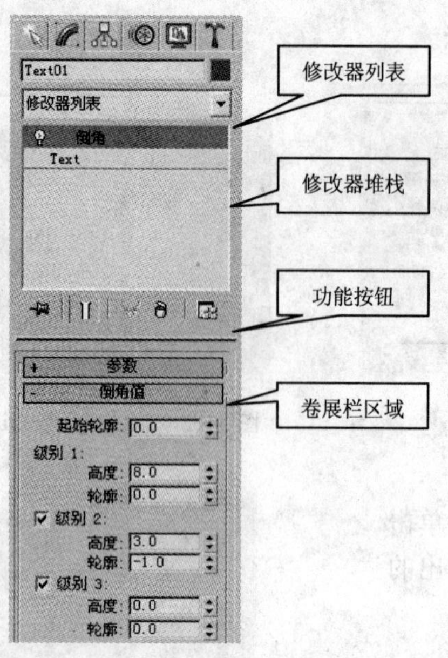

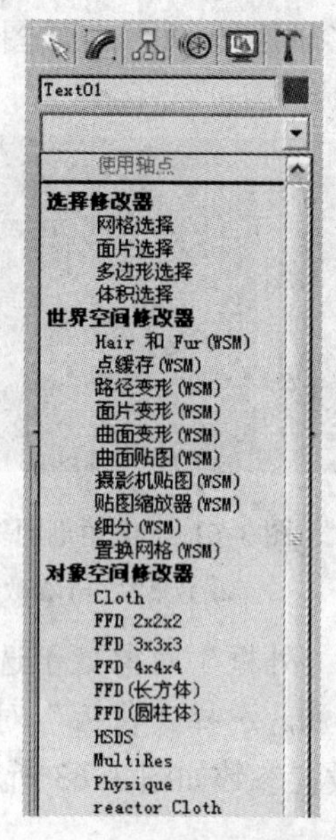

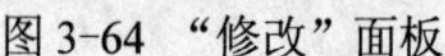

图 3-64 “修改”面板　　　　图 3-65 “修改器列表”

☞小技巧

在选择修改器后，如果直接按〈Delete〉键，实现的就是删除对象的操作。位于修改器堆栈底部的是对象的第一个修改器，这是对象的最初状态，是不能被删除的。

2. 调整修改器的顺序

对象上修改器的排列顺序对结果有很大的影响，同样的修改器按不同的顺序排列将产生不同的效果，如图 3-66 所示。

调整修改器顺序的方法是：在修改器堆栈中选择要调整顺序的修改器，按住鼠标左键，拖动鼠标，此时出现一条蓝线表示该修改器的位置，拖动蓝线到另一个修改器的上面或下面，松开鼠标即可。

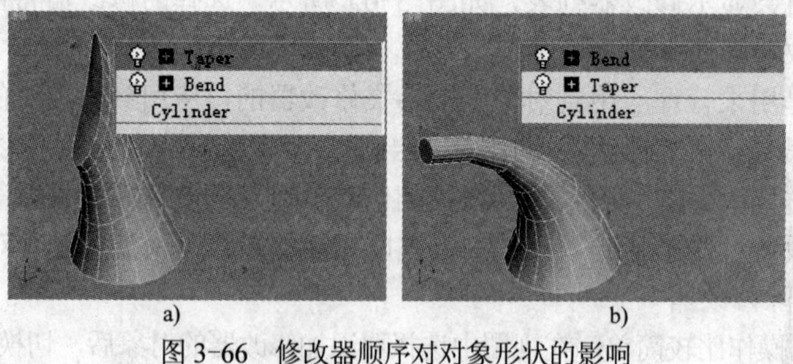

图 3-66　修改器顺序对对象形状的影响

a) 以 Taper 在前、Bend 在后的顺序效果　b) 以 Bend 在前、Taper 在后的顺序效果

3. 打开或关闭修改器

在修改器堆栈中，除了位于最底层的修改器外，其余的修改器的左面都有一个灯泡状的图标 ，它表示该修改器目前是打开的状态，正常作用于对象上。单击此按钮，则图标 变成图标 ，表示该修改器变成关闭状态。该修改器虽然依旧在修改器堆栈中排列，但暂时不能作用到对象上。

在选择修改器后，用鼠标右键单击，在弹出的快捷菜单中，勾选“打开”或“关闭”选项，也可以切换修改器的状态。

4．塌陷修改器堆栈

修改器堆栈的功能十分强大，操作也非常灵活，但同时要占用大量的系统资源，降低计算机的处理速度。为了提高计算机的性能，可以将不需要再进行修改的堆栈进行塌陷。

塌陷堆栈的方法是：在修改器堆栈中，选择需要塌陷的修改器，单击鼠标右键，在弹出的快捷菜单中选择塌陷类型。若选择“塌陷到”命令，则将当前选择的修改器以下的修改器进行塌陷；若选择“塌陷全部”命令，则将修改器堆栈中的所有修改器进行塌陷。在塌陷操作完成后，原来的一系列修改器被一个“可编辑网格”替代。

☞小技巧

进行塌陷操作时一定要慎重，因为塌陷后的堆栈是不能恢复的。通常塌陷操作是在建模完全完成后并不在需要修改时进行。

3.3.2 挤出修改器

挤出修改器通过在二维图形的垂直方向上增加高度而生成三维实体。图 3-67 所示的三维对象就是运用“挤出”修改器生成的。

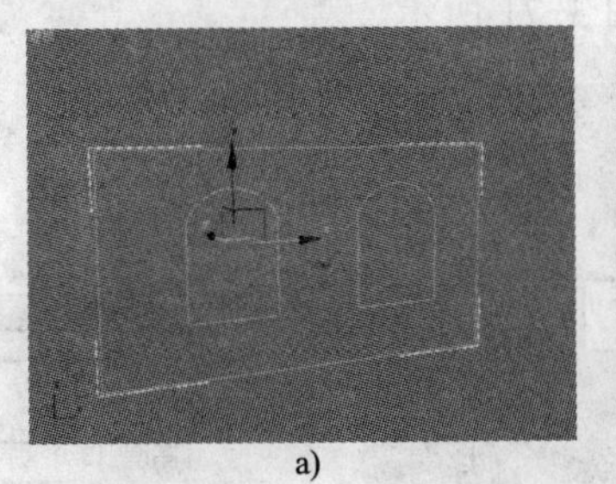

a)

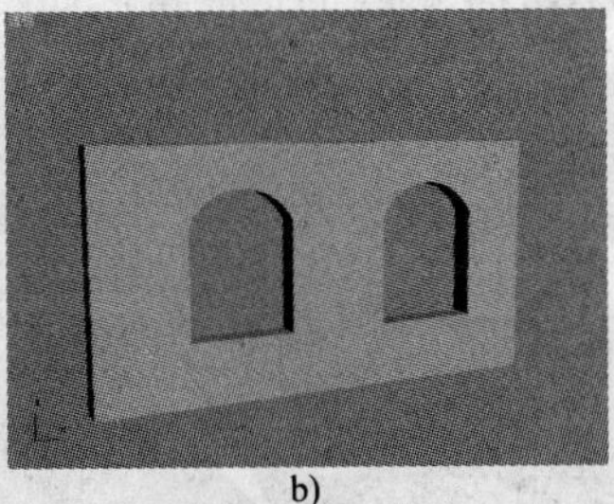

b)

图 3-67 应用“挤出”修改器

a) 二维图形 b) 生成三维图形

挤出修改器的参数比较简单，如图 3-68 所示。

常用参数的意义如下。

1）“数量”：设置二维图形在垂直方向上挤出的高度值。

2）“分段”：设置挤出高度上的分段数。

3）“封口始端”和“封口末端”：设置是否对挤出的三维实体的起始端面和终止端面进行封口处理。

☞小技巧

若挤出的对象还要进一步编辑，添加弯曲、噪波等变形修改器，则需要设置较高的分段数，增加对象的复杂度。

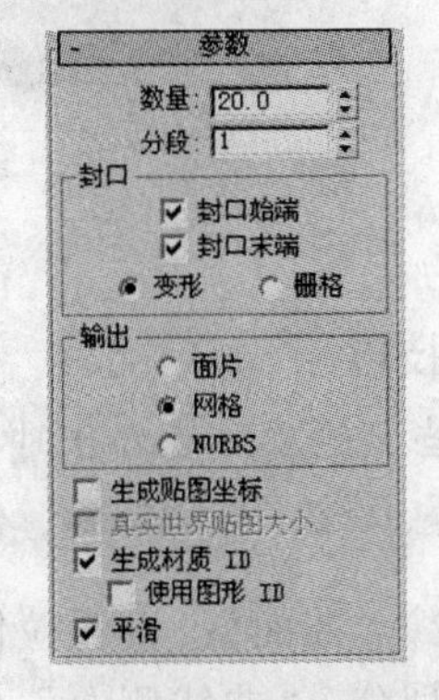

图 3-68 “挤出”修改器的参数设置

3.3.3 倒角修改器

倒角修改器是用来制作二维图形倒角的工具，它与挤出修改器的功能相似，但倒角修改器的功能更强大，当拉伸二维图形高度时，产生对象的边缘更富于变化。倒角修改器在拉伸二维图形的高度生成三维对象时，可以将拉伸高度分为 3 个层次调整拉伸截面的大小，使边界产生直线或圆形倒角。倒角修改器经常用来制作立体文字，在文字的边缘产生倒角效果，如图 3-69 所示。

倒角修改器的参数如图 3-70 所示。

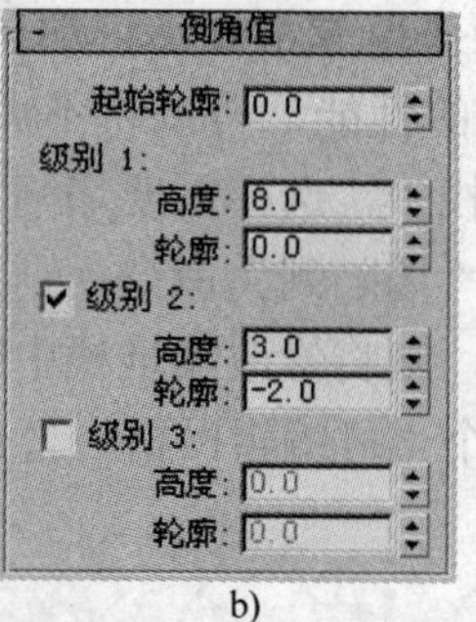

a)　　b)

图 3-69　文字倒角效果及参数设置

a) 立体文字效果　b) 倒角值参数设置

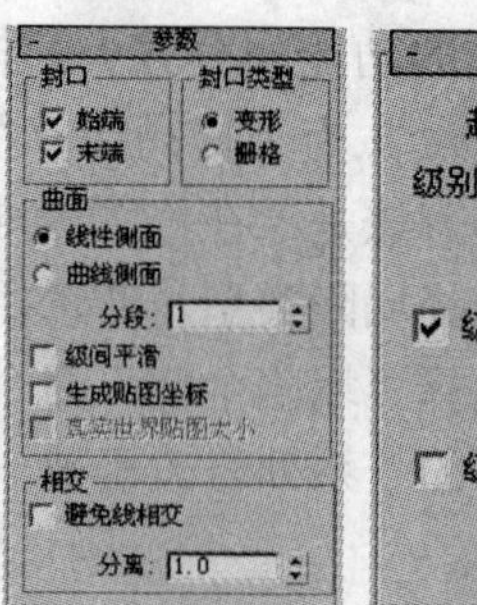

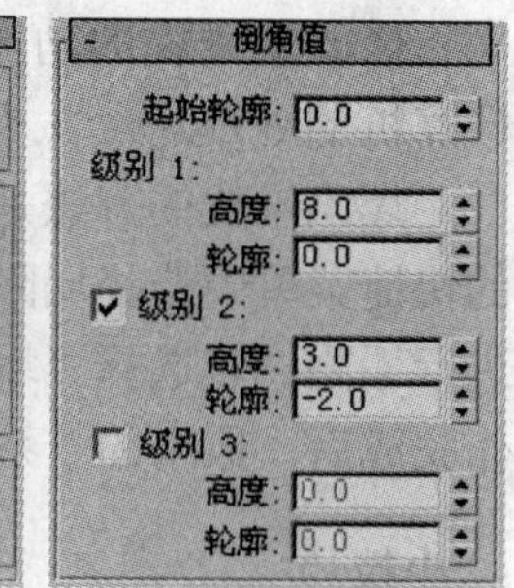

图 3-70 “倒角”修改器的参数设置

常用参数的意义如下。

1）“倒角值”卷展栏：设置倒角对象的倒角值。倒角值由 3 层参数组成，每层都有两个参数，“高度”决定图形在该层上的拉伸高度，“轮廓”决定顶面轮廓线的扩展量。“起始轮廓”决定原始二维图形轮廓线的扩展量，如图 3-71 所示。

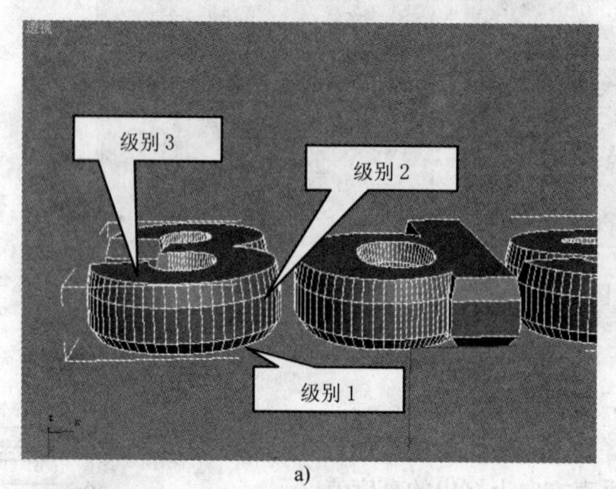

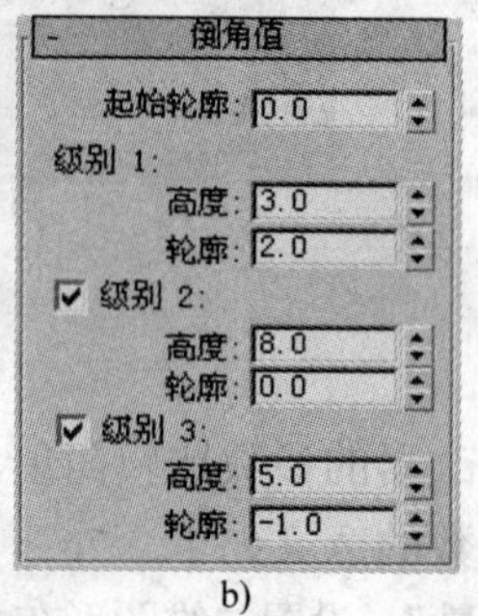

a)　　b)

图 3-71 “倒角值”效果及卷展栏

a) 效果图　b) 设置“倒角值”参数

☞小技巧

当“轮廓”值为 0 时，在该层上轮廓线不扩展；当“轮廓”值小于 0 时，在该层上轮廓线向内收缩；当“轮廓”值大于 0 时，在该层上轮廓线向外扩张。

2）“曲面”：设置拉伸出的三维对象的表面曲度。“线性侧面”使生成的倒角以直线方式划分，“曲线侧面”使生成的倒角以弧形方式划分。“级间平滑”设置层间的交叉面进行平滑处理。

3）“避免线相交”：当对象进行倒角时，可能会出现倒角曲面相互交叉的现象，影响倒角的效果，勾选“避免线相交”复选框可以消除这种情况。

3.3.4 倒角剖面修改器

倒角剖面修改器也是一种利用二维样条线来生成三维对象的重要方式。使用倒角剖面修改器需要一个二维图形作为横截面的轮廓线，另一个二维图形作为路径，横截面按照路径延伸从而生成三维对象。

倒角剖面修改器的执行过程如下：先选择作为路径的二维图形，然后单击“修改”面板，在“修改器列表”中选择“倒角剖面”修改器，在“参数”卷展栏中单击“拾取剖面”命令按钮，在视图中单击作为横截面的二维图形，这样就完成了运用倒角剖面修改器创建三维对象的操作，如图 3-72 所示。

倒角剖面修改器的参数设置比较简单，如图 3-73 所示，除“拾取剖面”命令按钮外，“封口”和“相交”参数与倒角修改器类似，可以参考倒角修改器的介绍。

如果使用倒角剖面修改器创建的三维对象的横截面与需要的方向相反，就可以在修改器堆栈中，单击倒角剖面修改器左面的“+”，展开倒角剖面修改器，单击“剖面 Gizmo”层级，利用“选择并旋转”按钮改变横截面沿路径放置的方向。实例 3-3 中倒角剖面对象“外框”的横截面就进行了上述的旋转操作。

图 3-72 “倒角剖面”效果

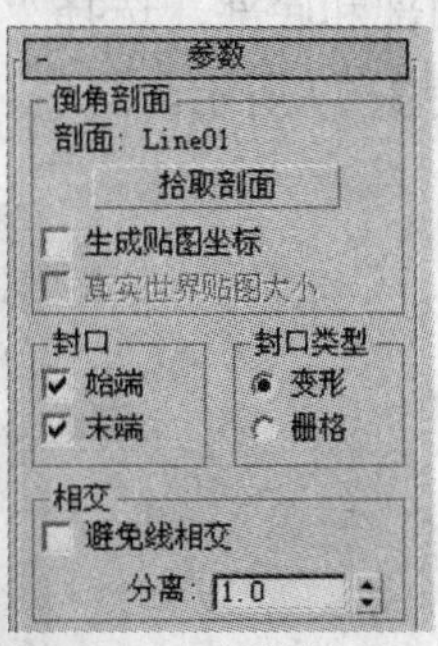

图 3-73 “倒角剖面”参数设置对话框

☞小技巧

在倒角剖面制作完成后，作为横截面的二维图形不能删除，当编辑该图形时，倒角模型的横截面会发生相应的改变。

3.4 车削修改器

【实例 3-4】制作酒瓶模型

图 3-74 酒瓶模型

本实例制作酒瓶模型，如图 3-74 所示。通过该模型的制作，学习运用二维图形修改器“车削”修改器创建三维模型的方法。

1）选择“文件”→“重置”菜单命令，重新设置场景。单击“创建”→“图形”→“样条线”→“矩形”，在前视图中创建一个矩形，设置“长度”为 130，“宽度”为 19，将其命名为“酒瓶”。

2）确定“酒瓶”为选择状态，单击“修改”面板，在“修改器列表”中选择“编辑样条线”修改器，选择“分段”子对象，选择右侧线段，按〈Delete〉键删除之，如图 3-75 所示。选择“顶点”子对象，在“几何体”卷展栏中选择“优化”按钮，添加顶点，然后关闭“优化”按钮，调节顶点的类型和位置，效果如图 3-76 所示。

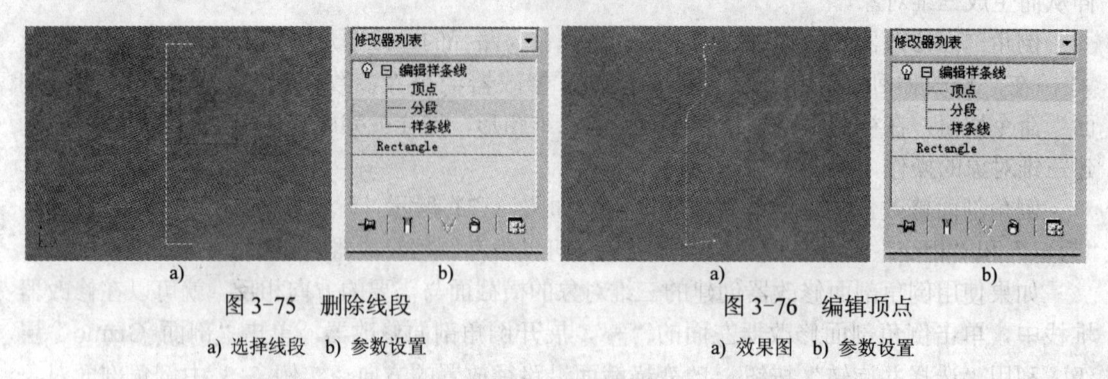

图 3-75　删除线段

a) 选择线段　b) 参数设置

图 3-76　编辑顶点

a) 效果图　b) 参数设置

3）使用视图控制区的“缩放”按钮、“最大化显示”按钮，分别放大“酒瓶”对象顶部和底部，选择“顶点”子对象，使用“几何体”卷展栏中的“圆角”按钮，圆角顶点如图 3-77 所示。

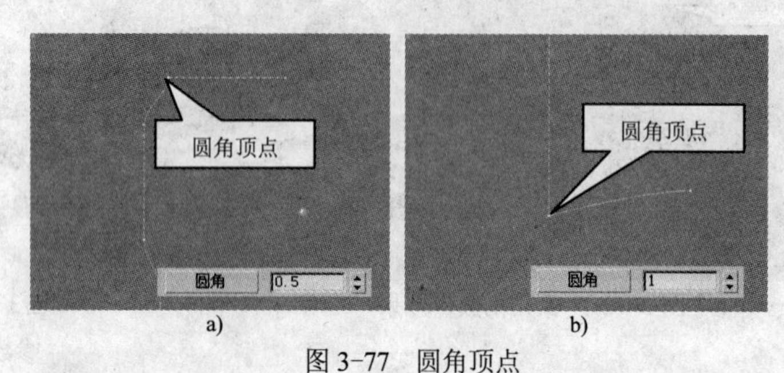

图 3-77　圆角顶点

a) 圆角顶部顶点　b) 圆角底部顶点

4）给“酒瓶”对象添加“车削”效果。确定“酒瓶”为选择状态，在修改器堆栈中选择“编辑样条线”修改器，返回主对象层级，在“修改器列表”中选择“车削”修改器，设置“参数”卷展栏中“分段”值为 24，单击“对齐”选项组中的“最大”按钮，效果如图 3-78 所示。

☞小技巧

如果车削后形成的酒瓶模型上出现漏洞，就可以勾选“焊接内核”复选框补洞。

通过本实例的制作可以看出，“车削”修改器适用于制作中心轴对称的物体，例如花瓶、酒杯和机器零件等。

车削修改器通过绕一个轴旋转二维截面图形来产生三维模型。当使用车削修改器创建三维模型时，需先在视图中创建用于旋转的截面图形，然后在“修改器列表”中选择“车削”修改器，最后在“参数”卷展栏中调整旋转参数即可。

车削修改器的参数如图 3-79 所示，常用参数的意义如下。

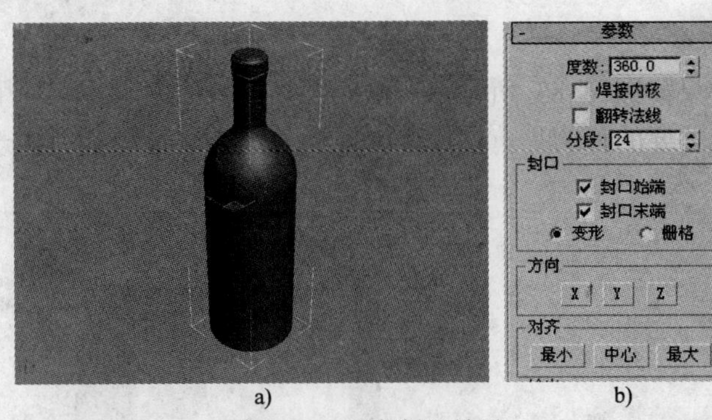

a) b)

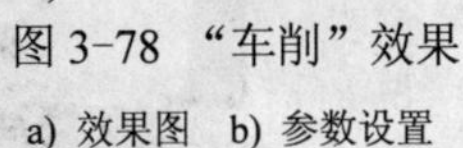

图 3-78 “车削”效果

a) 效果图 b) 参数设置

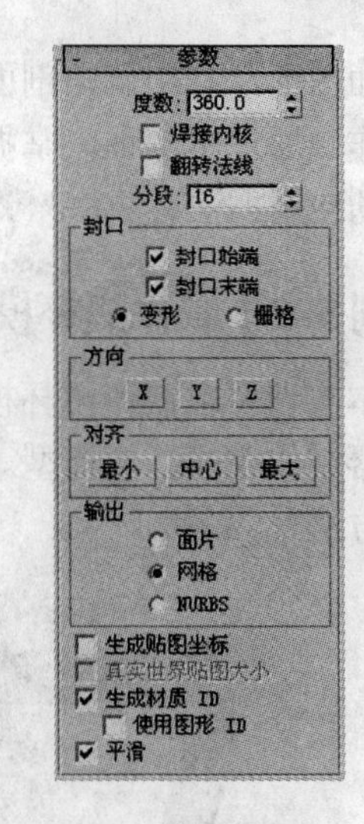

图 3-79 “车削”参数

1）“度数”：设置截面图形绕轴旋转的角度。默认值为 360，产生闭合的三维模型；小于 360，则旋转成不完整的扇形，图 3-80 所示为截面图形旋转 270° 产生的三维模型。

2）“焊接内核”：决定是否将模型中心轴附近重叠的点焊接起来。

3）“翻转法线”：决定是否翻转对象的表面法线。

4）“分段”：设置旋转圆周上的分段数。分段数值越大，对象表面越光滑，如图 3-81 所示。

5）“方向”：用于设置截面图形的旋转轴。

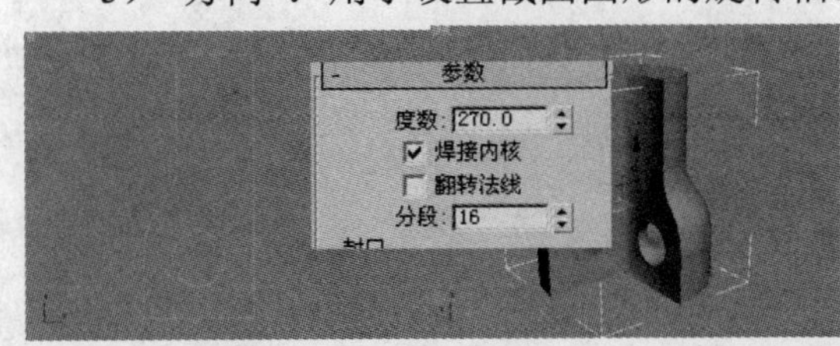

图 3-80 车削度数

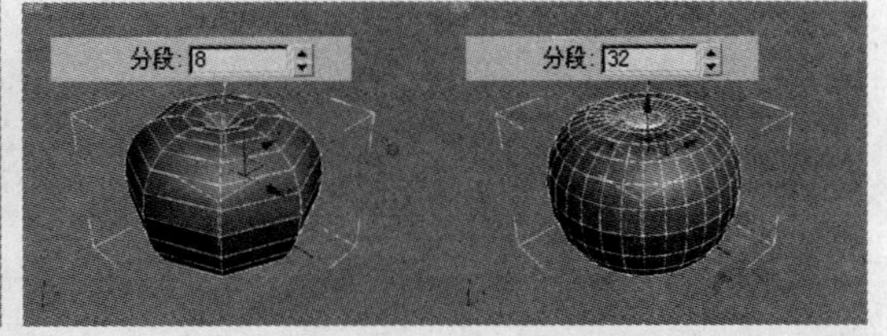

图 3-81 车削分段数

6）“对齐”：用于设置旋转轴的位置。该选项组有“最小值”、“中心”和“最大值” 3 个选项。旋转轴分别定位在截面图形的最小边、中心点和最大边上。

☞小技巧

法线是与对象表面垂直的线。在 3ds max 中，对象表面是有方向性的，只有沿着对象表面法线方向才能够看见对象。通过标准几何体创建的几何体的法线方向都是向外的，因此看到的是几何体的外表面，而几何体内部是看不见的。

3.5 上机实训

【实训 3-1】制作相框模型

本实训要求制作相框模型，效果如图 3-82 所示。在本实训中，相框通过为矩形路径指定剖面图形，利用倒角剖面修改器制作，支架和相片可以先绘制平面图形，再利用挤出修改器制作。通过本实训，掌握二维图形的创建和样条线编辑以及挤出、倒角剖面等二维图形修改器的应用方法。

【实例 3-2】制作酒杯模型

本实训要求制作酒杯模型，效果如图 3-83 所示。在绘制酒杯的截面图形后，利用车削修改器制作完成酒杯模型。本实训主要的目的是，使读者掌握样条线的编辑和车削修改器的应用方法。

图 3-82 相框模型

图 3-83 酒杯模型

第 4 章　三维模型常用修改器

本章要点

三维模型修改器是对三维模型进行进一步加工制作的工具。本章主要介绍常用的三维模型修改器的使用方法和参数设置。

4.1　扭曲、锥化和壳修改器

【实例 4-1】制作冰激凌模型

本实例制作冰激凌模型，如图 4-1 所示。通过该模型的制作，学习扭曲修改器和锥化修改器的应用。

1）选择“文件”→“重置”菜单命令，重新设置场景。然后选择“自定义”→“单位设置”菜单命令，弹出“单位设置”对话框，设置系统单位为毫米，如 4-2 所示。

图 4-1　冰激凌模型

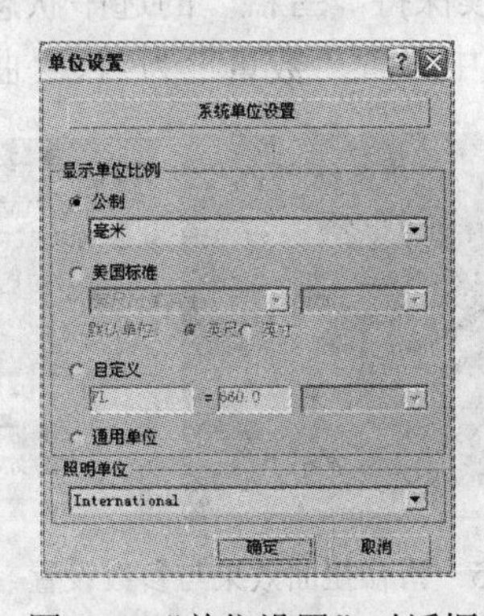

图 4-2 “单位设置”对话框

2）单击“创建”→“图形”→“样条线”→“星形”，在顶视图中绘制星形，如图 4-3a 所示，将其命名为“雪糕”。参数设置如图 4-3b 所示。

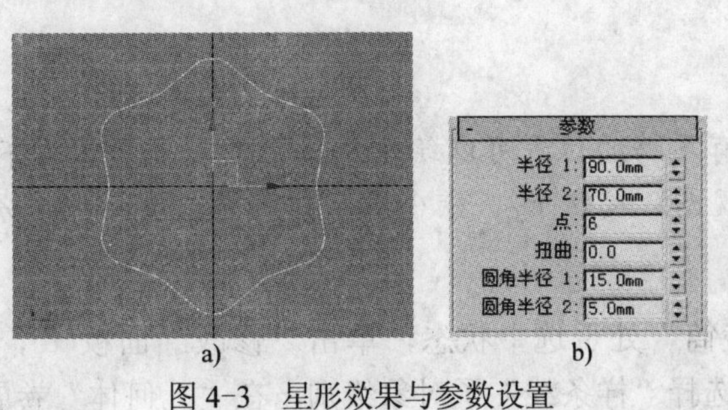

图 4-3　星形效果与参数设置

a) 绘制星形　b) 参数设置

3）确定“雪糕”处于选中状态，单击“修改”面板，在“修改器列表”中选择“挤出”修改器，在“参数”卷展栏中设置“数量”为 160，“分段”为 16，效果如图 4-4 所示。

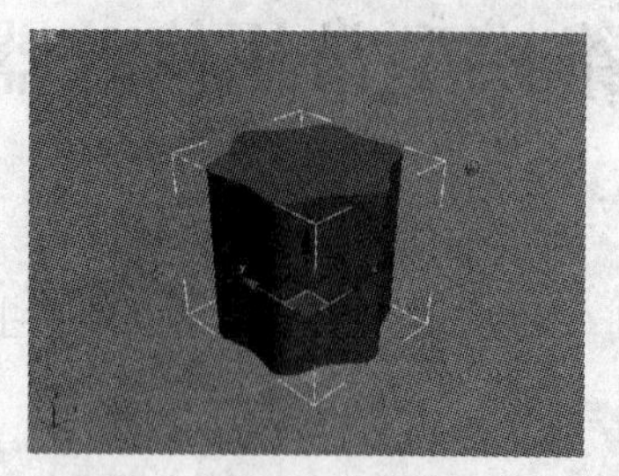

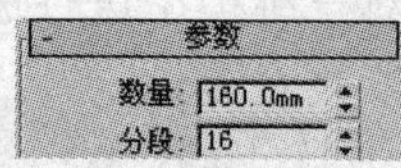

图 4-4 雪糕挤出效果与参数设置

☞小技巧

将“分段”数值设置为 16，增加了模型的复杂程度，以便后面添加的“扭曲”修改器可以到达预期的效果。分段值设置得越大，扭曲作用的效果越平滑。

4）保持“雪糕”的选中状态，展开“修改器列表”，选择“扭曲”修改器，在“参数”卷展栏中设置“角度”为 180，“偏移”为 50，效果如图 4-5 所示。

5）继续保持“雪糕”的选中状态，展开“修改器列表”，选择“锥化”修改器，在“参数”卷展栏中设置“数量”为-1、“曲线”为 1，效果如图 4-6 所示。

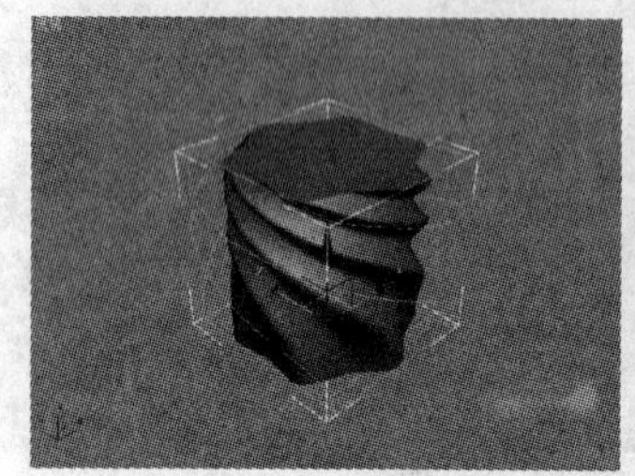

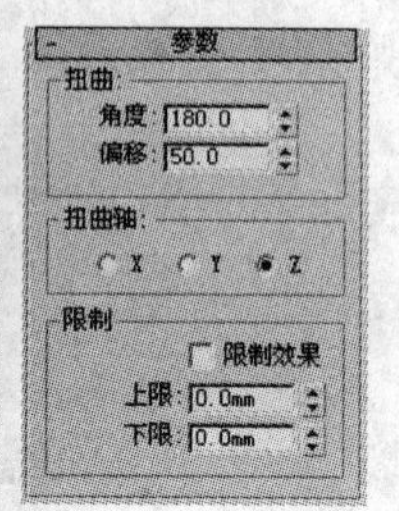

图 4-5 雪糕扭曲效果与参数设置

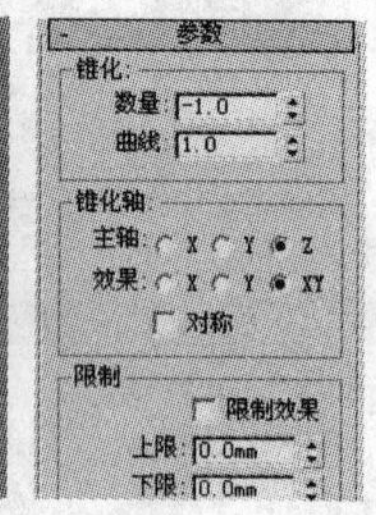

图 4-6 雪糕锥化效果与参数设置

6）选择前视图，单击“最大化视口切换”按钮，将前视图以最大化显示，单击“创建”→“图形”→“样条线”→“线”，在前视图中创建一条直线，将其命名为“冰激凌筒”，如图 4-7 所示。

☞小技巧

如果前视图中没有足够的位置可以绘制线段，此时就使用右下角视图控制区的“缩放”按钮和“平移视图”按钮，缩小显示并将冰激凌上半部分的位置调整到前视图的上方。

7）确定“冰激凌筒”处于选中状态，单击“修改”面板，在修改器堆栈中单击“Line”前面的加号，选择“样条线”子对象级别，在“几何体”卷展栏中，在“轮廓”命令右边的文本框中输入“4”，然后按〈Enter〉键，效果如图 4-8 所示。

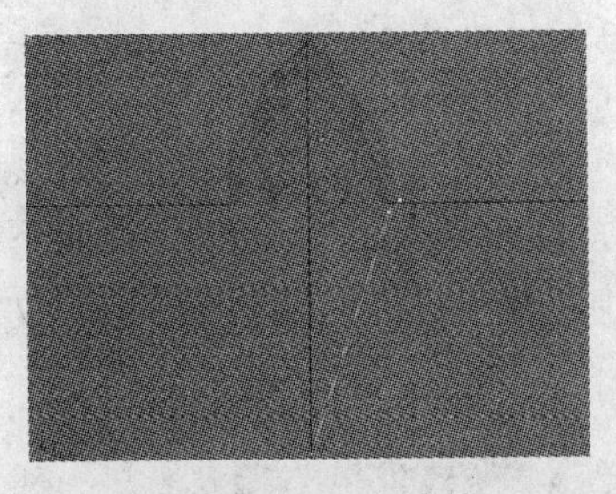

图 4-7　绘制一条直线

图 4-8　直线添加轮廓

8）保持“冰激凌筒”的选中状态，在修改器堆栈中选择“顶点”子对象级别，选择上部两个顶点，单击鼠标右键，在弹出的快捷菜单中选择“Bezier”，将其转化为 Bezier 顶点，使用“选择并移动”按钮，调整顶点的位置和曲线的曲率至图 4-9 所示的效果。选择左下方顶点，按〈Delete〉键，删除该顶点，最终效果如图 4-10 所示。

图 4-9　调整冰激凌筒轮廓的顶点

图 4-10　冰激凌筒的截面轮廓

☞小技巧

可以观察现实中冰激凌筒的外观，调整出更符合真实效果的截面形状。

9）单击修改器堆栈中“Line”，退出子对象级别，展开“修改器列表”，选择“车削”修改器，在“参数”卷展栏中设置“分段”为 36，单击“对齐”面板中的“最小”按钮，在视图中观察模型，当出现效果不清楚时，可勾选“焊接内核”和“翻转法线”复选项，最终预览效果如图 4-11 所示。

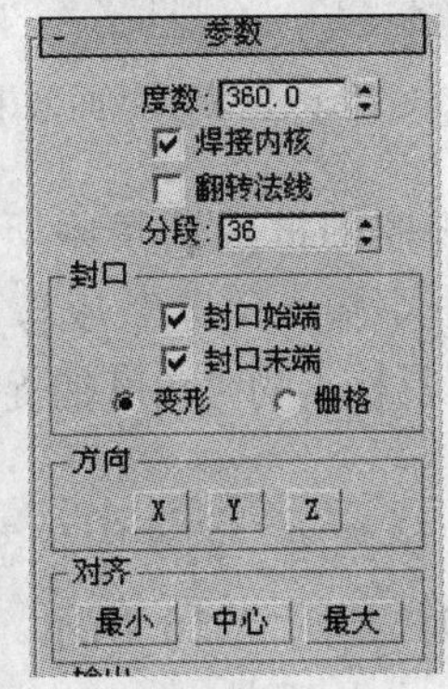

图 4-11　冰激凌筒的效果与参数设置

☞小技巧

在各视图中观察“雪糕”和“冰激凌筒”模型，通过对齐和移动操作调整模型的位置，使雪糕装在冰激凌筒内。

10）选择“冰激凌筒”模型，按住〈Shift〉键，在前视图中，沿 Y 轴向下拖动一段距离，在随后弹出的“克隆选项”对话框中，选择“复制”单选项，在“名称”文本框中输入“包装纸”，单击“确定”按钮，如图 4-12 所示。

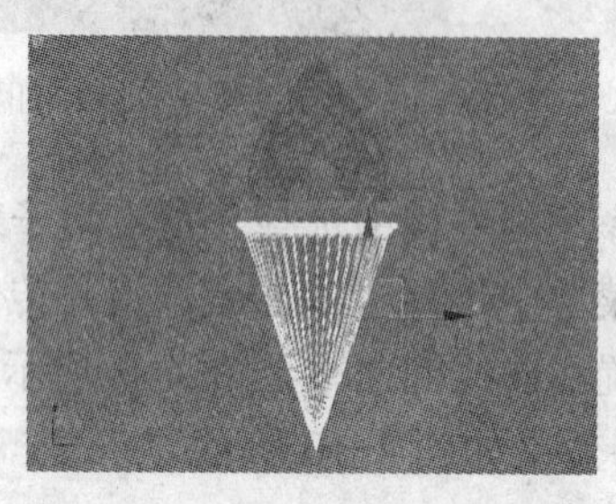

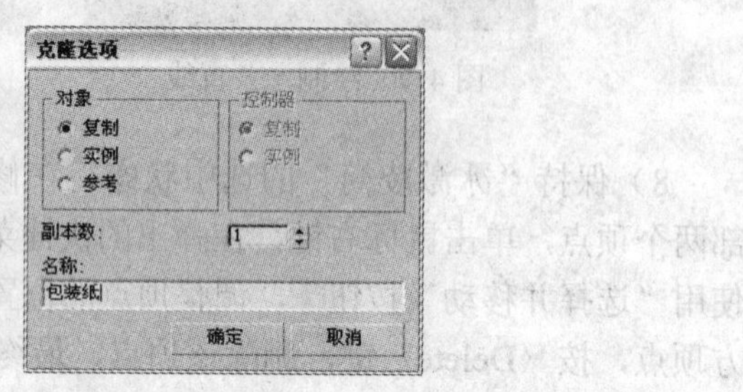

图 4-12　复制包装纸效果与参数设置

11）选择“包装纸”模型，单击“修改”面板，在修改器堆栈中单击“Line”前面的加号，选择“线段”子对象级别，选择线段并删除，然后选择“顶点”子对象级别，移动顶点位置，修改后效果如图 4-13 所示。

12）在修改器堆栈中单击“车削”修改器，观察包装纸的车削效果，如果效果不清楚，就勾选“翻转法线”复选项，修改“包装纸”模型的颜色，使其与“冰激凌筒”的颜色不同。

13）保持“包装纸”的选中状态，在“修改器列表”中选择“壳”修改器，在“参数”卷展栏中分别设置“内部量”和“外部量”为 0.5，效果如图 4-14 所示。

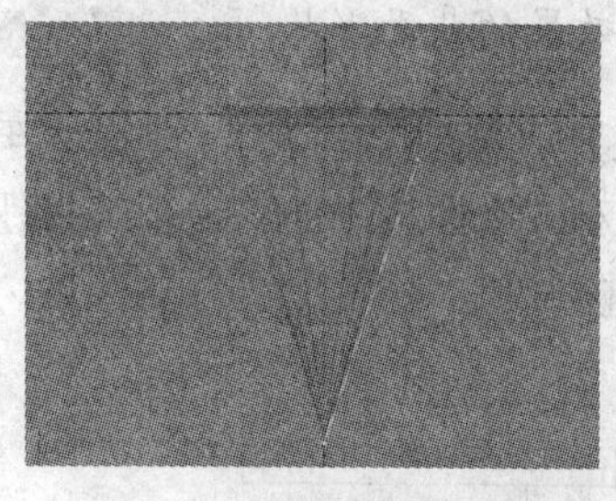

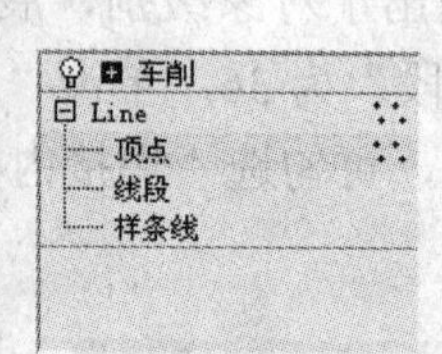

图 4-13　修改包装纸截面效果与参数设置

图 4-14　一个冰激凌效果

14）在前视图中框选场景中所有的模型，选择“组”→“成组”菜单命令，在弹出的“组”对话框中输入“冰激凌”，将组成冰激凌的 3 个模型成组。保持“冰激凌”的选中状态，单击工具栏上的“角度捕捉切换”按钮，在前视图中绕 Z 轴旋转 30°，如图 4-15 所示。

15）保持“冰激凌”的选中状态，单击工具栏上“镜像”按钮，在弹出的“镜像”对话框中设置参数，如图 4-16 所示。使用“选择并移动”按钮，将复制的冰激凌移动到合适位置，效果如图 4-17 所示。

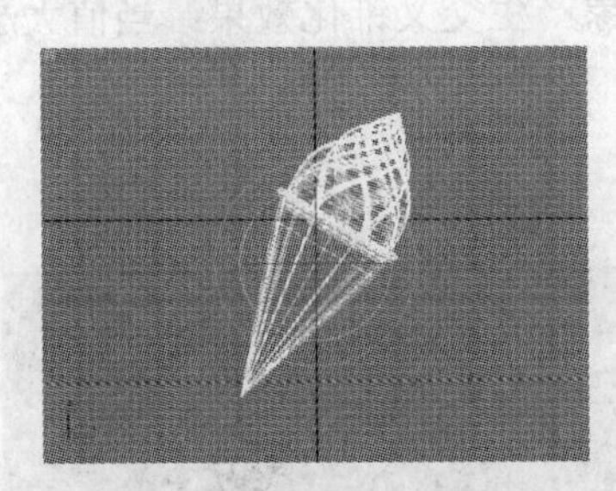

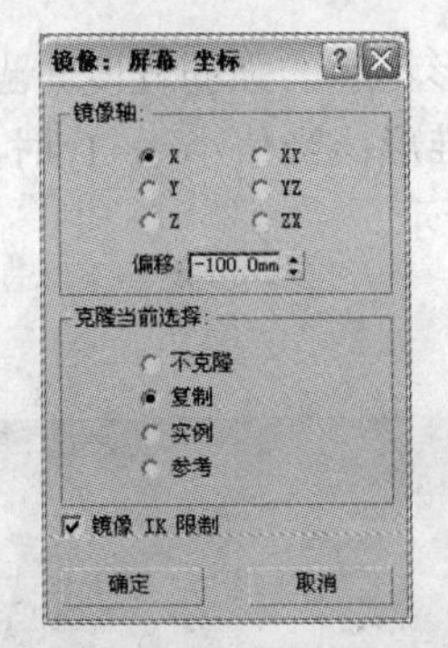

图 4-15　旋转冰激凌效果　　图 4-16　镜像复制冰激凌的参数设置　　图 4-17　一对冰激凌效果

至此，一对冰激凌模型制作完成，给冰激凌模型指定材质后，就可以渲染出具有真实质感的冰激凌效果。在本实例中，冰激凌筒和包装纸模型是运用上一章介绍的车削修改器制作完成的，冰激凌模型的制作则运用了扭曲和锥化两个三维模型修改器。

4.1.1　扭曲修改器

扭曲修改器能够使对象按指定的坐标轴产生扭曲效果，并可以控制扭曲产生的区域，允许限制对象的局部受到扭曲作用。

扭曲修改器的参数设置如图 4-18 所示。常用参数的意义如下。

1）“角度”：设置扭曲的角度值。

2）“偏移”：设置扭曲向上或向下的偏向度。

3）“扭曲轴”：设置对象产生扭曲效果的坐标轴方向。

4）“限制”选项组：选择“限制效果”复选框后，可以在“上限”和“下限”参数框中设置扭曲产生的区域，扭曲仅在上限和下限之间的区域内产生。

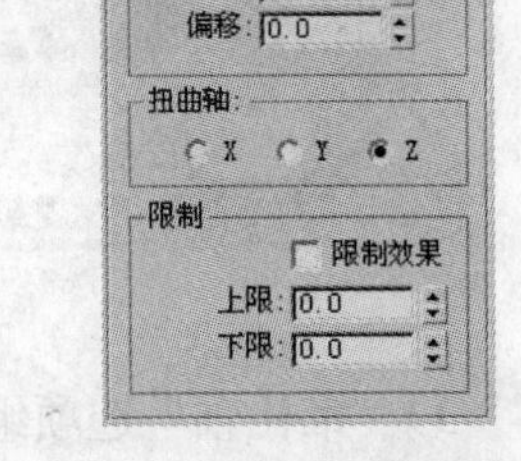

图 4-18 “扭曲”参数设置

当扭曲修改器应用到横截面为多边形的对象上时，扭曲效果比较明显。图 4-19 是扭曲修改器应用到四棱锥上，不同的参数设置所产生的对应扭曲效果。

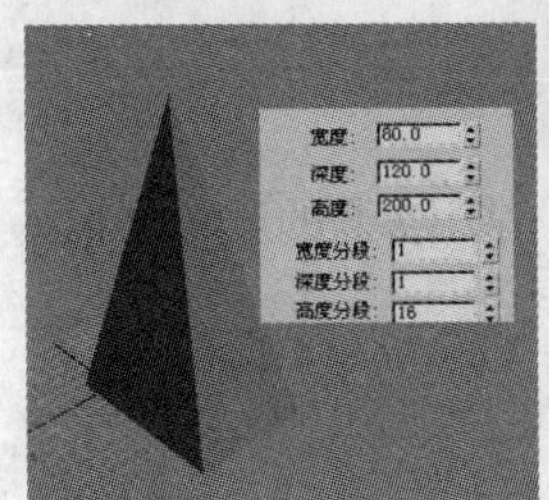

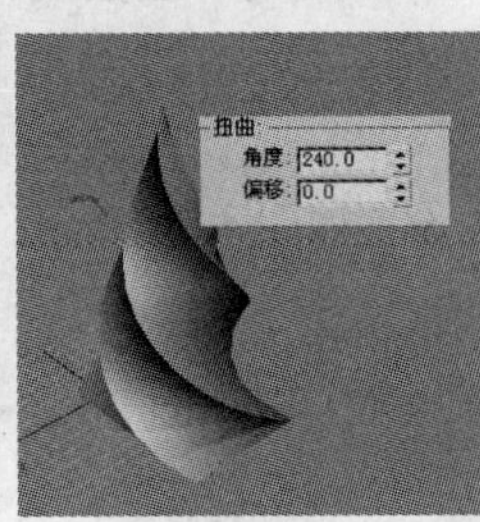

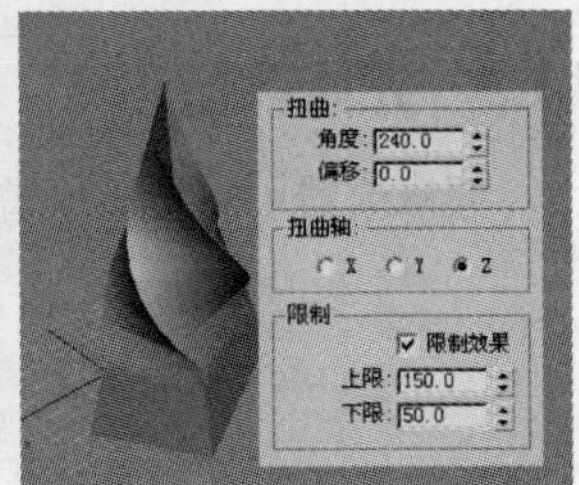

图 4-19 “扭曲”参数设置与相对应的扭曲效果

4.1.2　锥化修改器

锥化修改器是通过缩放对象的两端而产生锥形轮廓的，并可以控制以光滑的曲线变形产生锥化效果，同时还可以控制锥化产生在限定的区域内。

锥化修改器的参数设置与扭曲修改器非常相似，其参数如图 4-20 所示。常用参数的意义如下。

1）“数量”：设置对象产生锥形轮廓的强弱程度。当值小于 0 时，对象的顶端缩小；当值为-1 时，对象的顶端形成尖角锥形；当值小于-1 时，对象产生交叉锥化效果；当值大于 0 时，对象顶端变大，如图 4-21 所示。

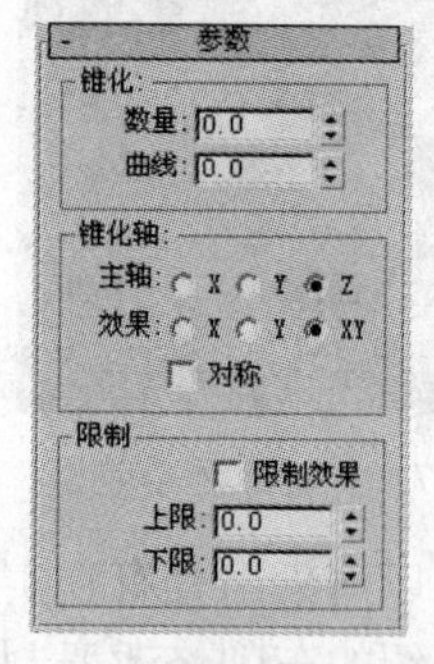

图 4-20 “锥化”参数设置

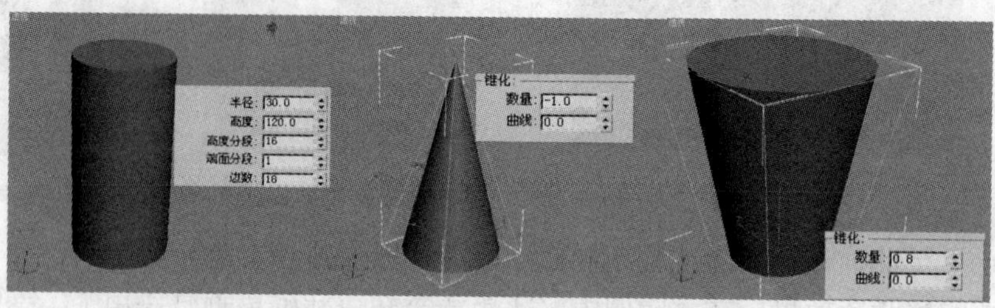

图 4-21 “数量”参数设置与相对应的效果

2）“曲线”：设置对象表面向外弯曲的程度。当值大于 0 时，对象向外凸出；当值小于 0 时，对象向内凹陷，如图 4-22 所示。

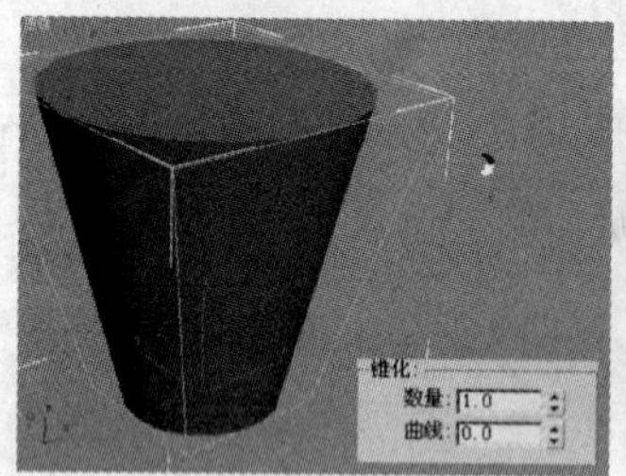

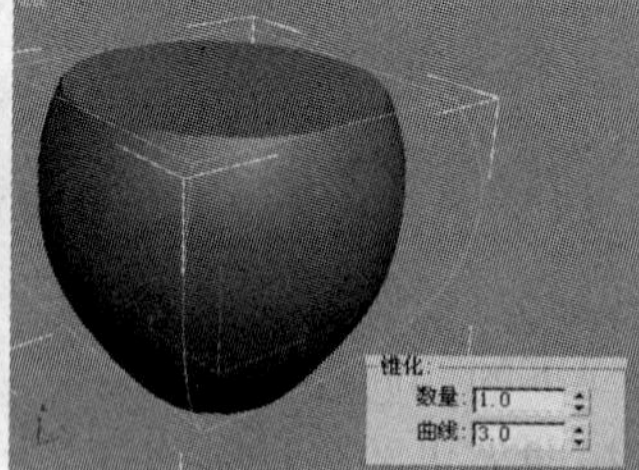

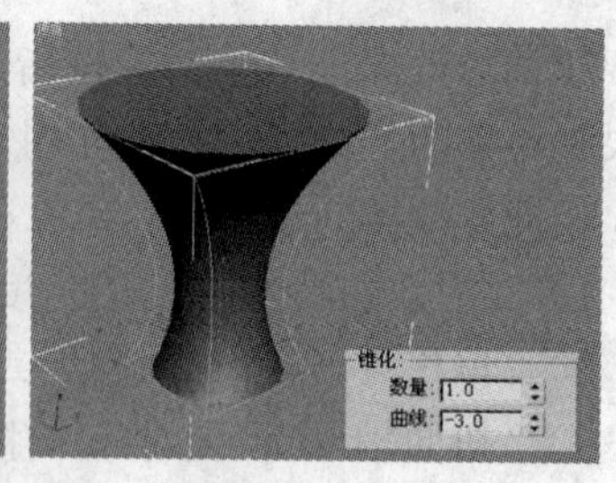

图 4-22 “曲线”参数设置与相对应的效果

3）“锥化轴”选项组：设置锥化效果影响的坐标轴向。其中“主轴”设置锥化的基本轴向；“效果”设置影响效果的轴向，一般选择 XY、YZ 或 XZ 轴向，产生匀称锥化。

4）“限制”选项组：与扭曲修改器的限制相似，在选择“限制效果”复选框后，可以在“上限”和“下限”参数框中设置锥化产生的区域，锥化仅产生在上、下限之间的区域内。

4.1.3 壳修改器

壳修改器用来为对象增加厚度。壳修改器的参数设置如图 4-23 所示。常用参数的意义如下。

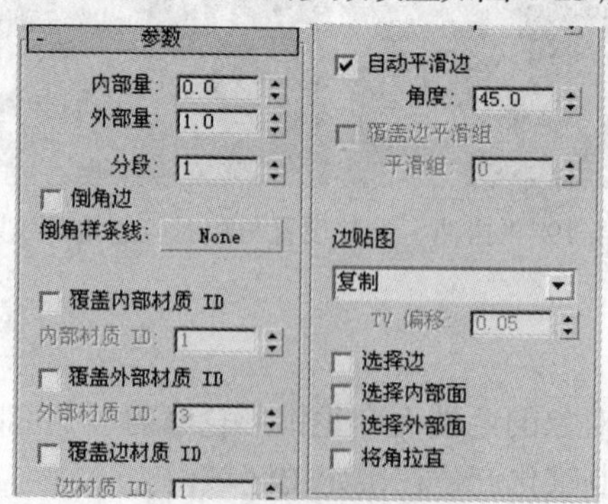

图 4-23 壳修改器的参数设置

1）“内部量”：向内挤压的厚度。

2）“外部量”：向外挤压的厚度。

4.2　弯曲、噪波、晶格和法线修改器

【实例 4-2】制作洞穴模型

本实例制作游戏场景中的洞穴模型，效果如图 4-24 所示。通过该模型的制作，学习弯曲修改器、噪波修改器和晶格修改器的应用。

1）选择“文件”→“重置”菜单命令，重新设置场景。选择“自定义”→“视口配置”菜单命令，设置默认照明方式，如图 4-25 所示。

图 4-24　洞穴模型

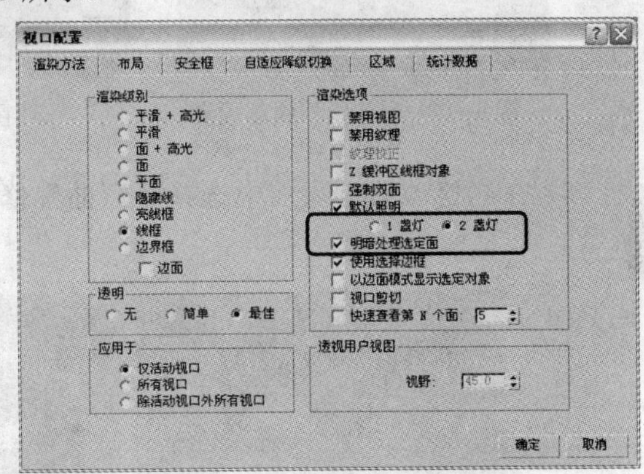

图 4-25　设置默认照明方式

2）单击“创建”→“图形”→“样条线”→“圆”，在前视图中绘制圆形，设置“半径”为 60，将其命名为“洞壁”。在视图中单击鼠标右键，在弹出的快捷菜单中选择“转换为可编辑样条线”命令，将圆形转换为可编辑样条线对象，如图 4-26 所示。

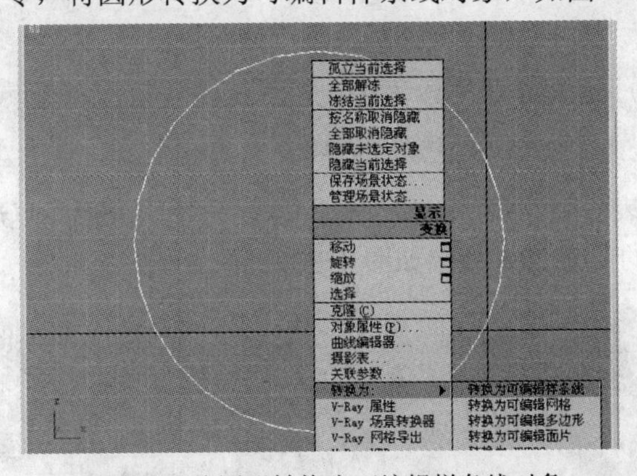

图 4-26　将图形转换为可编辑样条线对象

☞小技巧

在将圆形转换为可编辑样条线后，将丢失圆形的创建参数。如果想保留圆形的创建参数，就可以对圆形应用“编辑样条线”修改器。

3）确定“洞壁”处于选中状态，单击“修改”面板，在修改器堆栈中单击“可编辑样条线”前面的“+”，选择“顶点”子对象级别，在前视图中选择并删除圆形底部的顶点，效果如图 4-27 所示。

4）单击修改器堆栈中“可编辑样条线”，退出子对象级别，展开“修改器列表”，选择“挤出”修改器，设置“数量”为 220，“分段”为 20，取消“封口始端”和“封口末端”复选项的选取，效果如图 4-28 所示。

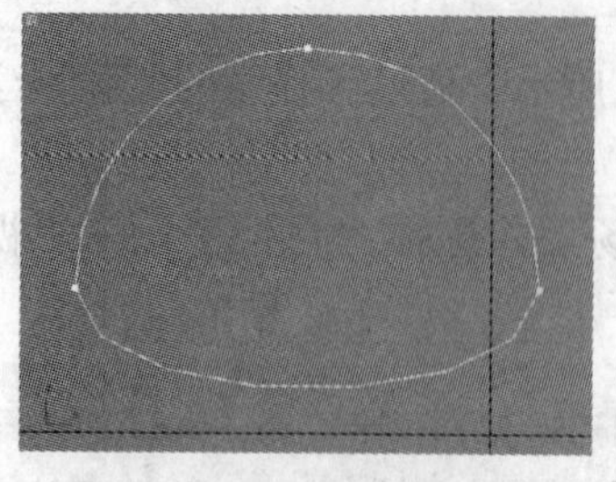

图 4-27　删除圆形底部顶点

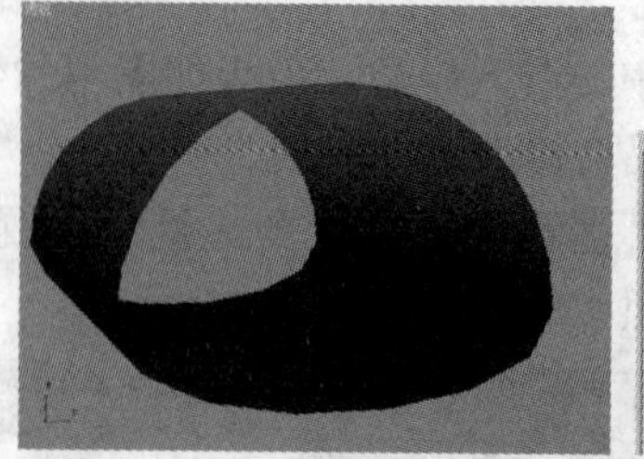

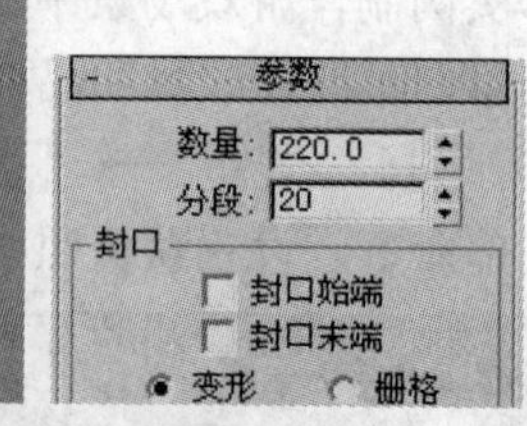

图 4-28　挤出洞壁效果与参数设置

5）在“修改器列表”中选择“弯曲”修改器，设置“角度”为 50，效果如图 4-29 所示。

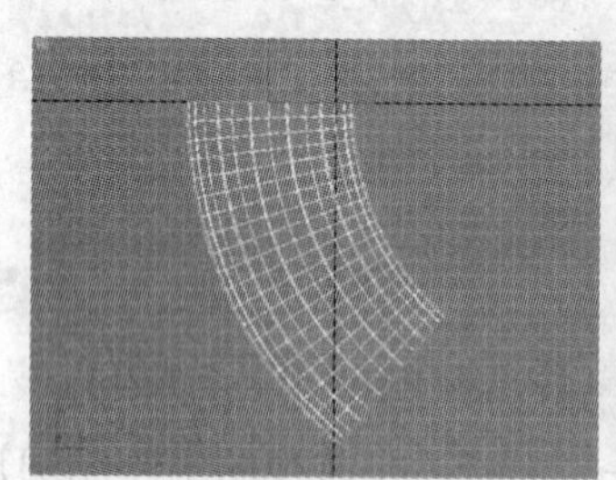

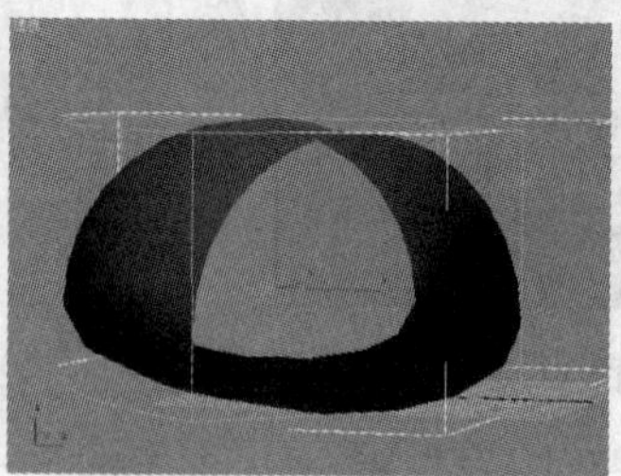

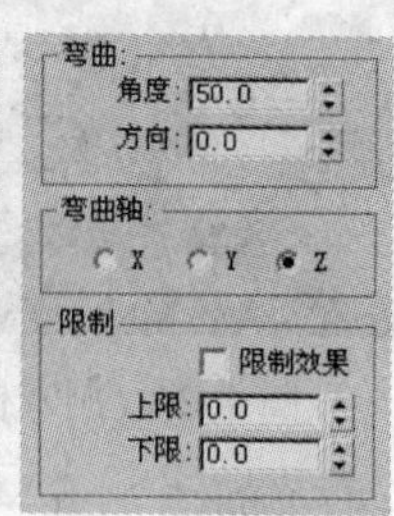

图 4-29　弯曲洞壁效果与参数设置

☞小技巧

为了更好地观察场景的效果，可以在透视图中运用视图控制区中的“弧形旋转”按钮和“视野”按钮来旋转视图和调整视野范围。

6）在“修改器列表”中选择“噪波”修改器，勾选“分形”复选框，设置“强度”选项组中“X”和“Y”的值为 20，效果如图 4-30 所示。

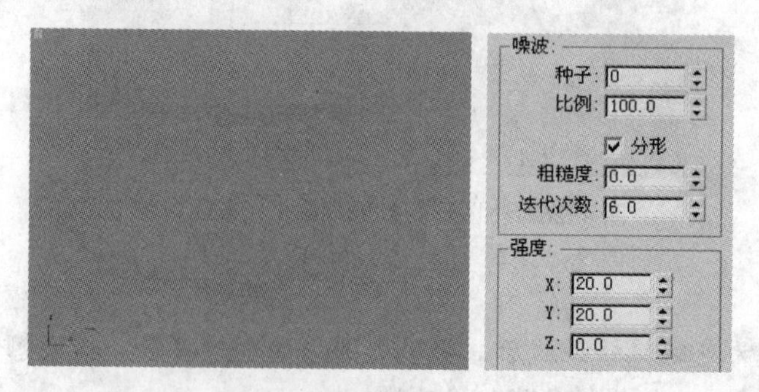

图 4-30　洞壁应用噪波修改器效果与参数设置

7）单击“创建”→“摄影机”→“目标”，在顶视图中单击拖动创建摄影机，使用“选择并移动”按钮在各视图中移动摄影机和摄影机目标点的位置，右击透视图左上角的视图名称，在弹出的快捷菜单中单击“视图”→“Camera01”，将透视图转换为摄影机视图，如图 4-31 所示。

图 4-31　创建并调整摄影机

☞小技巧

创建摄影机会产生摄影机本身和摄影机目标点两个对象，例如，创建 Camera01，同时会有 Camera01.Target 对象产生。当移动摄影机时，可以单独移动摄影机本身或摄影机目标点，也可以同时移动。

8）激活摄影机视图，按〈F9〉键进行快速渲染，发现渲染效果不理想。选择“洞壁”对象，单击“修改”面板，在“修改器列表”中选择“法线”修改器，勾选“翻转法线”复选框。再按下〈F9〉键进行快速渲染，洞壁效果基本显示出来，如图 4-32 所示。

9）保持“洞壁”的选中状态，在前视图中，单击“镜像”按钮，在弹出的对话框中勾选“Z”轴和“复制”单选项，单击“确定”按钮，镜像效果如图 4-33 所示。

图 4-32　洞壁效果初现

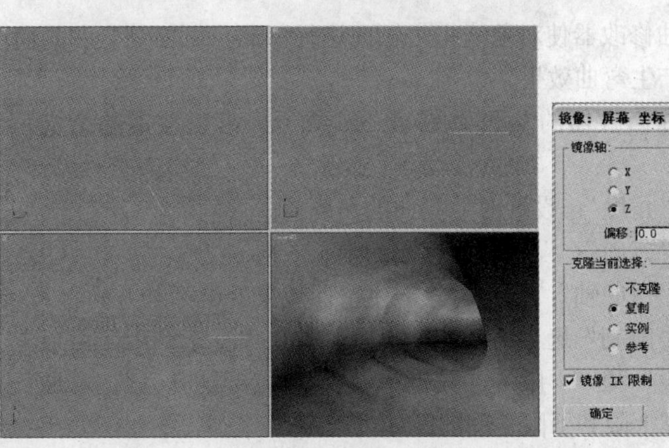

图 4-33　镜像洞壁效果与参数设置

10）单击“创建”→“几何体”→“标准基本体”→“平面”，在顶视图中拖动绘制覆盖全部洞壁的平面，设置“长度分段”和“宽度分段”为1，将其命名为“水面”，在前视图中使用“选择并移动”按钮，将“水面”移动至适当位置，如图4-34所示。

11）单击“创建”→“几何体”→“标准基本体”→“平面”，在前视图中再创建一个平面。设置“长度”为110，“宽度”为140，“长度分段”和“宽度分段”为10，并命名为“栅栏”。使用“选择并移动”按钮，将“栅栏”移动至适当位置，如图4-35所示。

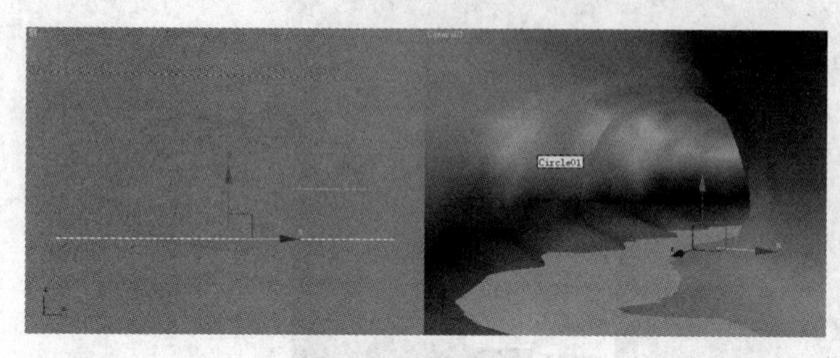

图4-34　创建水面

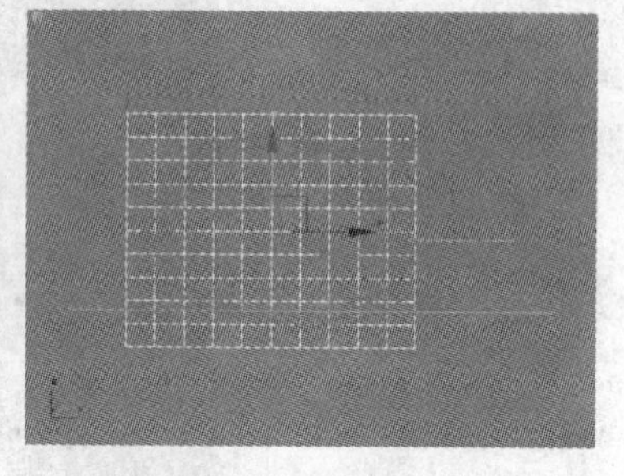

图4-35　创建栅栏

12）保持“栅栏”的选中状态，单击“修改”面板，在“修改器列表”中选择“晶格”修改器，设置“支柱”选项组中“半径”为1，勾选“平滑”复选框，设置“节点”选项组中的“半径”为3，效果如图4-36所示。

图4-36　栅栏晶格效果

洞穴场景的模型制作基本完成，给场景中的对象指定适当的材质并创建灯光后，就可以进行场景渲染输出。有关该场景的材质和灯光的编辑创建将分别在第6章和第7章进行详细讲解。下面介绍在本实例中运用到的几个常用的三维模型修改器。

4.2.1　弯曲修改器

弯曲修改器使对象绕指定轴向进行弯曲，可控制弯曲的角度和方向，并可以限制在局部区域内产生弯曲效果。

弯曲修改器的参数如图4-37所示。常用参数的意义如下。

1）“角度”：设置对象弯曲的角度值。

2）“方向”：设置对象弯曲的水平方向。

3）“扭曲轴”：设置对象产生弯曲效果的坐标轴方向。

4）“限制”选项组：选择“限制效果”复选框后，可以在“上限”和“下限”参数框中设置弯曲产生的区域，弯曲效果仅在上限和下限之间的区域内产生。

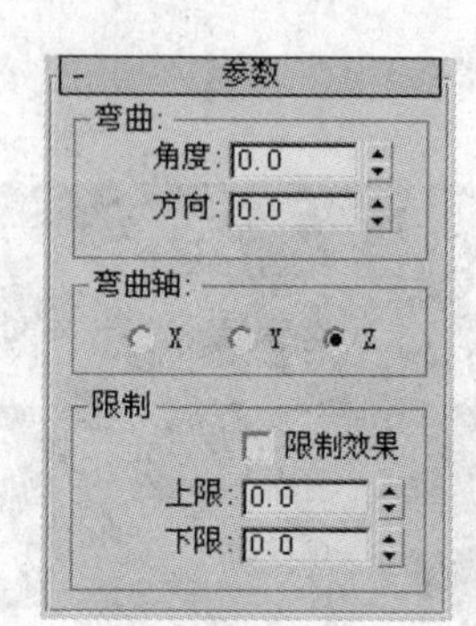

图4-37　弯曲修改器的参数设置

弯曲参数设置与弯曲产生的效果如图4-38所示。

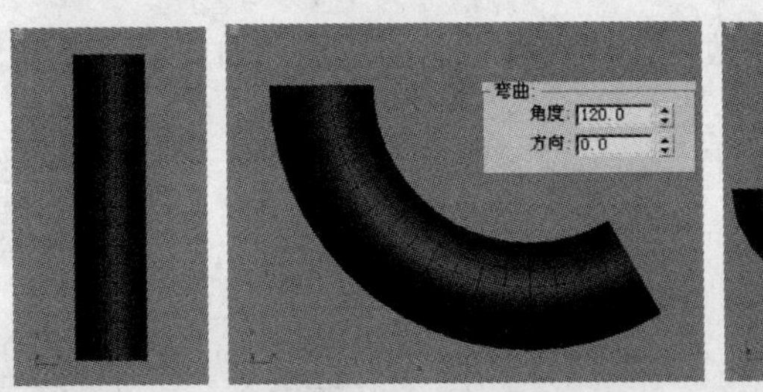

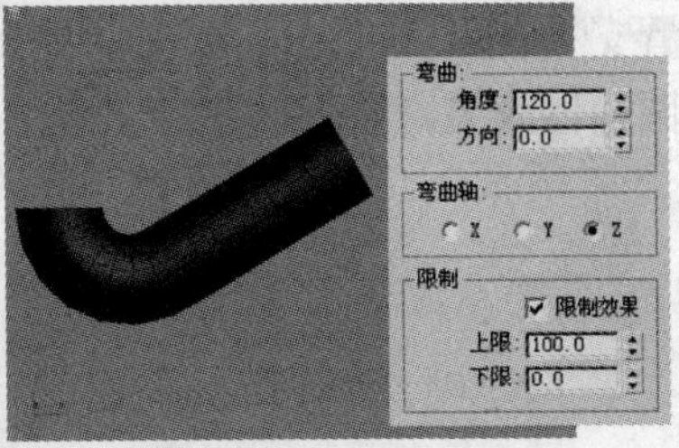

图 4-38　弯曲参数设置与弯曲产生的效果

4.2.2　噪波修改器

噪波修改器是对对象表面的点进行随机变动，使对象表面产生不规则起伏的效果。噪波修改器一般用来制作地形、山脉、起伏的沙漠、水面等对象。噪波产生的效果与对象的复杂程度有关，对象越复杂，包含的点面越多，噪波的起伏效果越明显。

噪波修改器的参数设置如图 4-39 所示，常用参数的意义如下。

1）“种子”：设置噪波产生的随机效果，相同设置下不同的种子数会产生不同的效果。

2）“比例”：设置噪波对对象的影响大小。其值越大，产生的影响越平缓；其值越小，产生的影响越尖锐。

3）“分形”：选中此项，噪波的效果更复杂，更适合于制作地形。

4）“强度”选项组：分别控制 X、Y 和 Z 3 个轴向上对象产生起伏的程度。其值越大，起伏越剧烈。

通常情况下，采用对平面对象应用噪波修改器来实现起伏不平的地形和水面等的制作。图 4-40 所示为平面对象应用噪波修改器后产生的效果与参数设置。

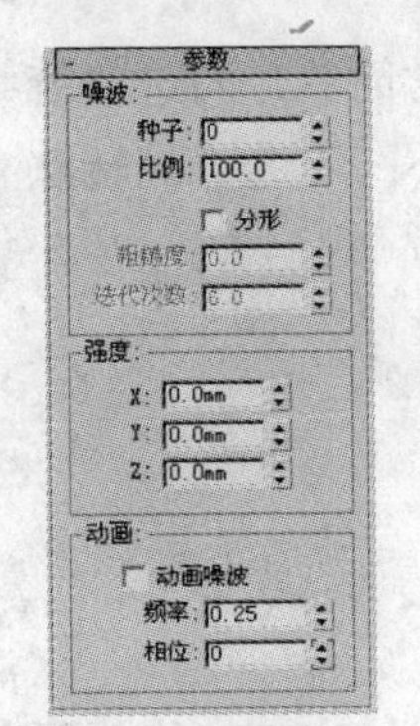

图 4-39　噪波修改器的参数设置

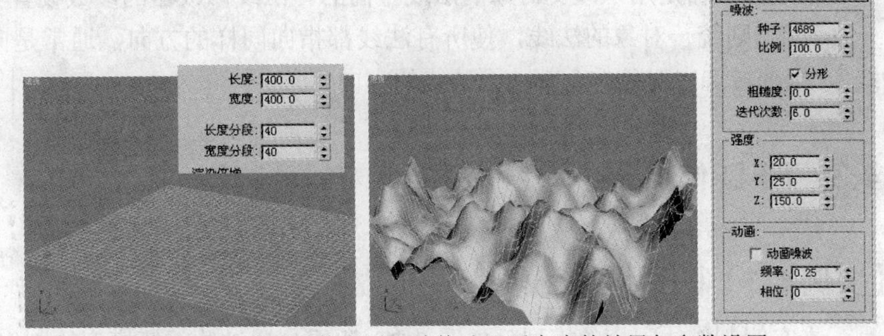

图 4-40　平面对象应用噪波修改器后产生的效果与参数设置

4.2.3　晶格修改器

晶格修改器能够将网格对象表现为线框造型，线框转化为连接的支柱，交叉点转化为节点。晶格修改器一般用来制作框架结构的对象，如图 4-41 所示。

晶格修改器的参数设置如图 4-42 所示。常用参数的意义如下。

1）“支柱”选项组：设置支柱的各种参数。“半径”用来设置支柱的半径大小；“分段”

用来设置支柱长度上的分段数量；“边数”设置支柱截面的边数；勾选“平滑”，则支柱具有光滑的圆柱体效果。

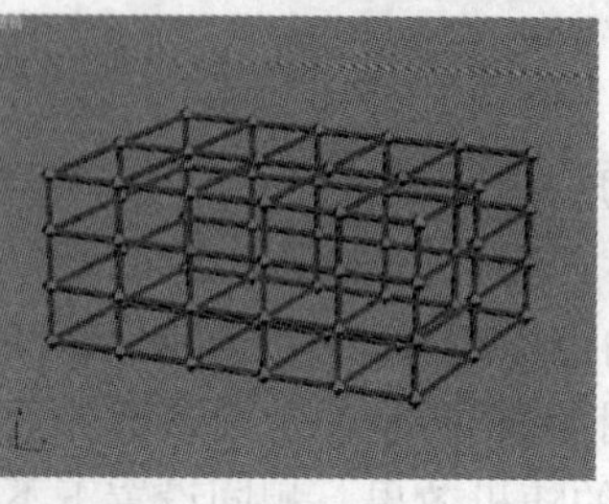

图 4-41　应用晶格修改器后的效果

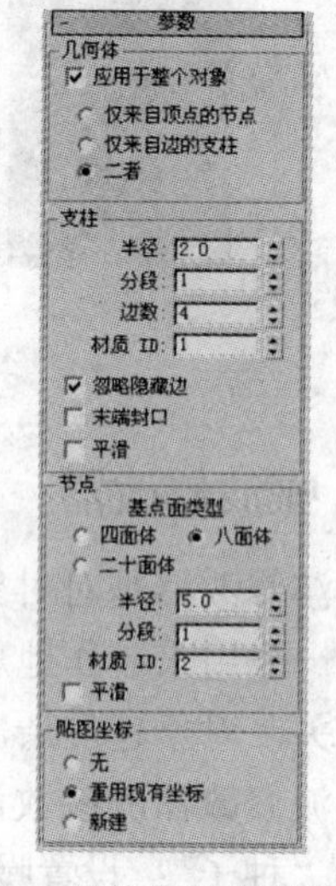

图 4-42　晶格修改器的参数设置

2）“节点”选项组：设置节点的各种参数。节点有“四面体”、“八面体”和“二十面体”3 种类型。“半径”和“平滑”等参数与“支柱”选项组相似。

4.2.4　法线修改器

在 3ds max 中，对象的各个面都是有方向性的，只有法线方向的面是可见的，而该面的背面在渲染时是不可见的。通常创建的三维模型的法线方向是向外的面，因而外面是可见的面。

法线修改器是用来改变对象的法线方向的。法线修改器的参数设置非常简单，勾选“统一法线”，则统一对象的法线，使所有法线都指向同样的方向，通常是向外；勾选“翻转法线”，则翻转选中对象的全部曲面法线的方向。

4.3　FFD 修改器

【实例 4-3】制作休闲椅模型

本实例制作休闲椅的模型，如图 4-43 所示。通过休闲椅模型的制作，学习 FFD 修改器的应用。FFD 是 Free Form Deformation （自由变形）的缩写。

1）选择“文件”→“重置”菜单命令，重新设置场景。然后选择“自定义”→“单位设置”菜单命令，弹出“单位设置”对话框，设置系统单位为毫米。

2）单击“创建”→“几何体”→“扩展基本体”→“切角长方体”，在顶视图中创建一个切角长方体，设置“长度”为 360，“宽度”为 360，“高度”为 30，“圆角”为 8，“长度分段”和“宽度分段”为 10，“高度分段”为 2，“圆角分段”为 3，命名为“坐垫”。效果与创建的坐垫的参数设置如图 4-44 所示。

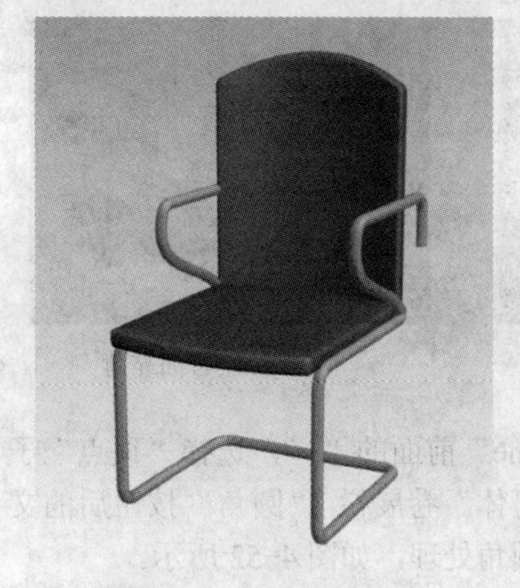

图 4-43　休闲椅模型

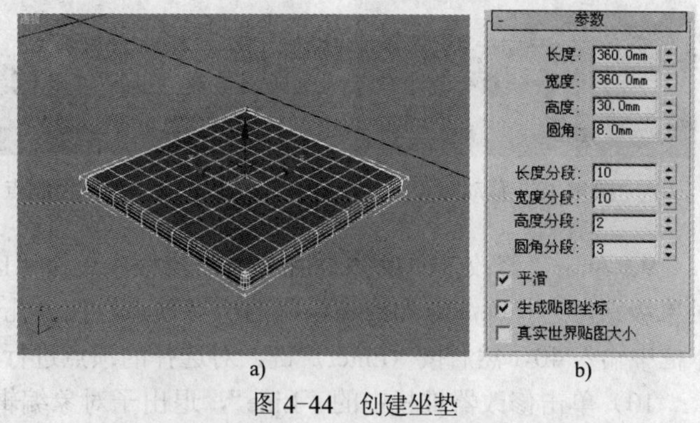

图 4-44　创建坐垫

a) “坐垫”效果　b) 参数设置

3）单击“修改”面板，在“修改器列表”中选择“FFD 4×4×4”修改器，单击修改器堆栈中“FFD 4×4×4”前面的“+”，选择展开的“控制点”子对象，如图 4-45 所示。在顶视图中分别选择上边和下边中间的两组控制点，使用“选择并移动”按钮移动至适当位置，如图 4-46 所示。

4）在顶视图中选择如图 4-47 所示的控制点，在左视图中向下移动至适当位置，形成坐垫中间凹陷的效果。

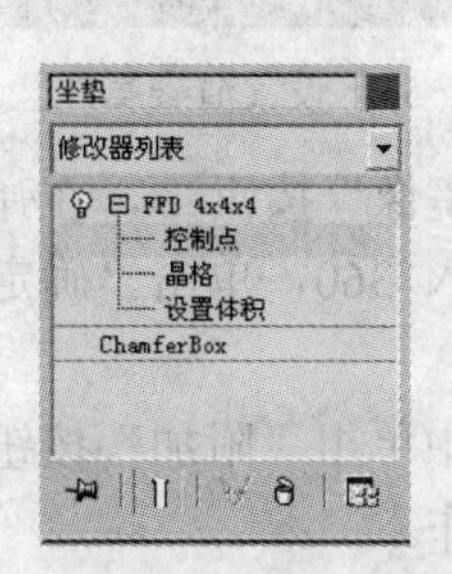

图 4-45　“控制点”子对象

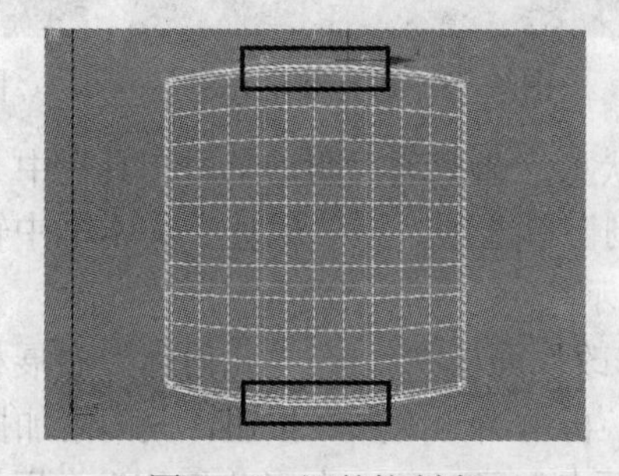

图 4-46　调整控制点

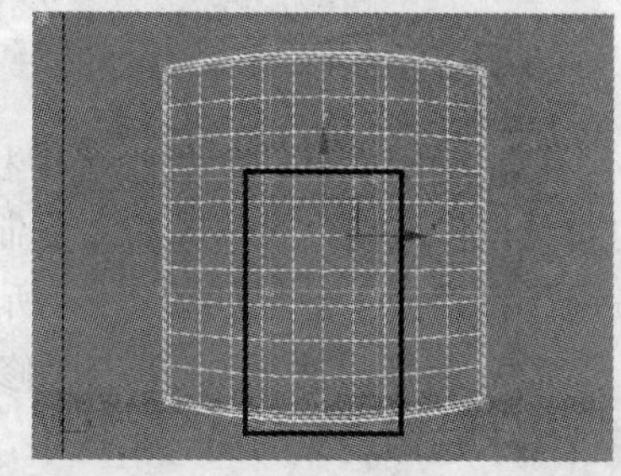

图 4-47　调整控制点

5）单击“切角长方体”按钮，在前视图中创建一个切角长方体，设置“长度”为 400，“宽度”为 380，“高度”为 30，“圆角”为 8，“长度分段”和“宽度分段”为 10，“高度分段”为 2，“圆角分段”为 3，命名为“靠背”。使用移动和对齐工具将“靠背”移动至如图 4-48 所示的位置。

6）确定“靠背”处于选中状态，单击“修改”面板，在“修改器列表”中选择“FFD 4×4×4”修改器，选择“控制点”子对象，在前视图中选择上边中间的两组控制点，移动到如图 4-49 所示的位置。

7）在“修改器列表”中选择“弯曲”修改器，在“参数”卷展栏中设置“角度”为 –40，选择“X”为弯曲轴，效果如图 4-50 所示。

8）单击“创建”→“图形”→“样条线”→“线”，在左视图中绘制一条样条线，命名为“扶手”，形状如图 4-51 所示。

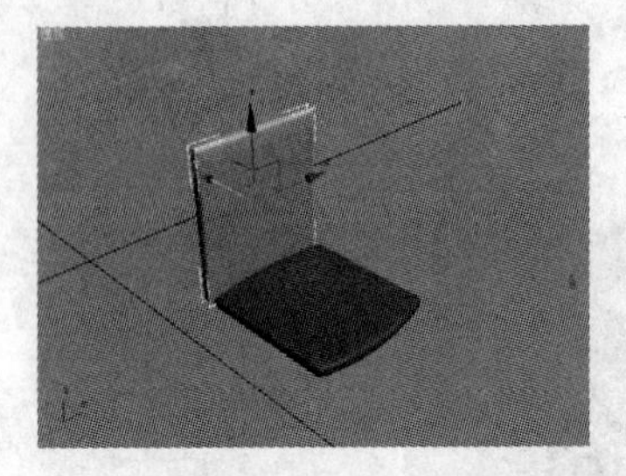

图 4-48　移动靠背

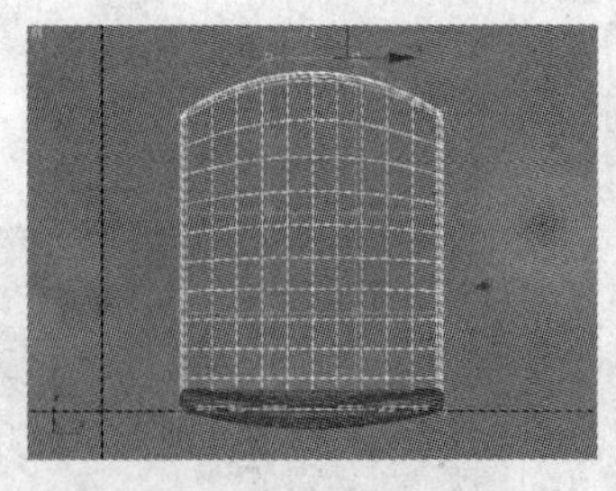

图 4-49　调整控制点

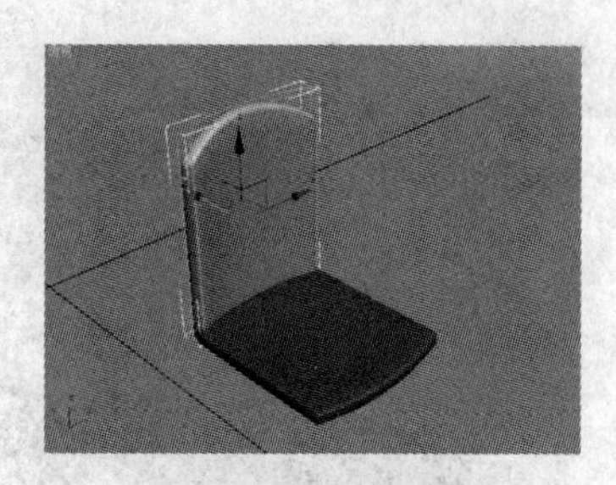

图 4-50　弯曲靠背

9）单击“修改”面板，在修改器堆栈中单击“Line”前面的“+”，选择“顶点”子对象级别，选择除起点和终点以外的所有顶点，在“几何体”卷展栏 “圆角”按钮后的文本框中输入 40，然后按〈Enter〉键，对选择的顶点进行圆角处理，如图 4-52 所示。

10）单击修改器堆栈中的“Line”，退出子对象编辑状态，单击“渲染”卷展栏，勾选“在视口中显示”和“在渲染中显示”复选框，设置“径向”选项组中“厚度”为 15，效果如图 4-53 所示。

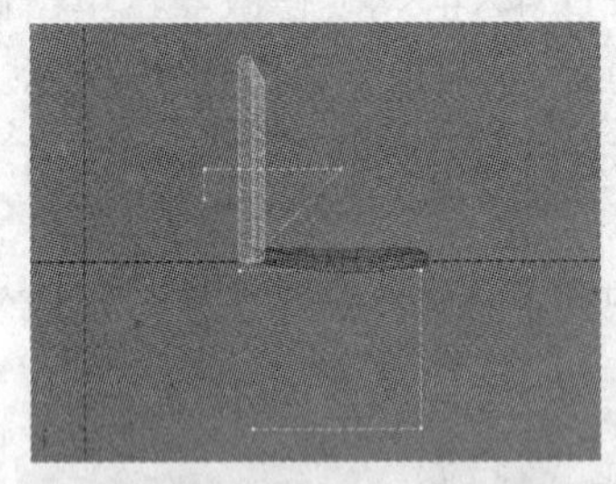

图 4-51　创建扶手样条线

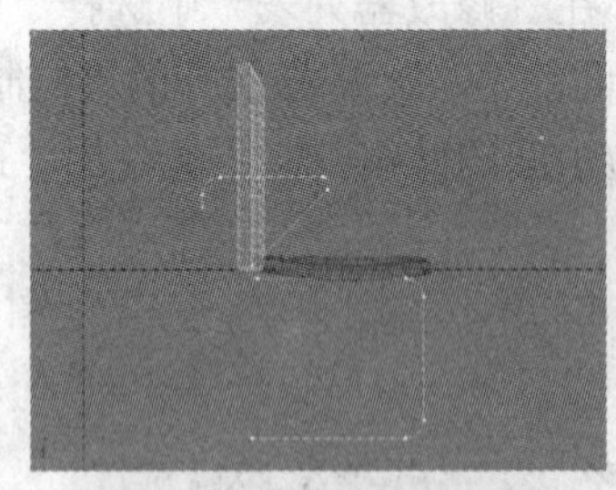

图 4-52　进行圆角处理

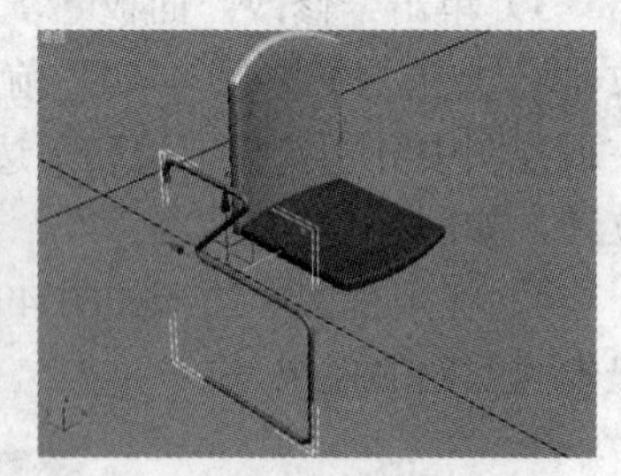

图 4-53　设置渲染属性

11）确定“扶手”处于选中状态，选择顶视图，单击工具栏中“镜像”按钮，在弹出的对话框中勾选“X”轴和“复制”单选项，在“偏移”文本框中输入 360，单击“确定”按钮，镜像扶手效果如图 4-54 所示。

12）选择“扶手”，单击“修改”面板，在“几何体”卷展栏中单击“附加”按钮，在视图中选择镜像的另一半扶手，再单击“附加”按钮，关闭附加操作。

13）在修改器堆栈中选择“顶点”子对象，在“几何体”卷展栏中单击“连接”按钮，依次单击扶手对象底部的两个断开的顶点，将扶手连接成一体，再单击“连接”按钮，关闭连接操作，效果如图 4-55 所示。

14）在视图中选择刚连接的两个顶点，在“几何体”卷展栏“圆角”按钮后的文本框中输入 40，然后按〈Enter〉键，对选择的顶点进行圆角处理。使用“选择并移动”按钮，将扶手移动至适当位置，效果如图 4-56 所示。

图 4-54　镜像扶手效果

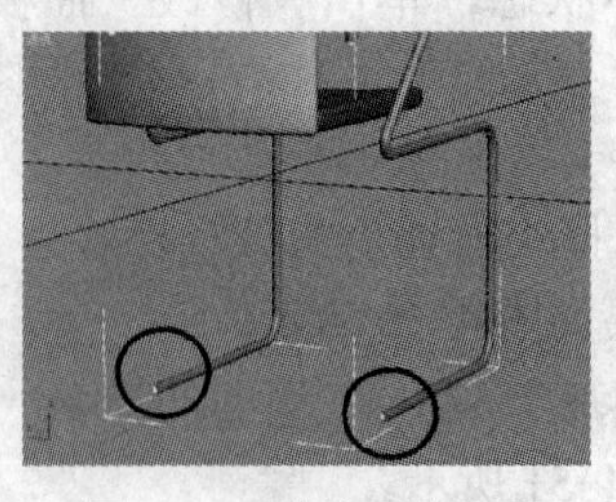

图 4-55　连接顶点效果

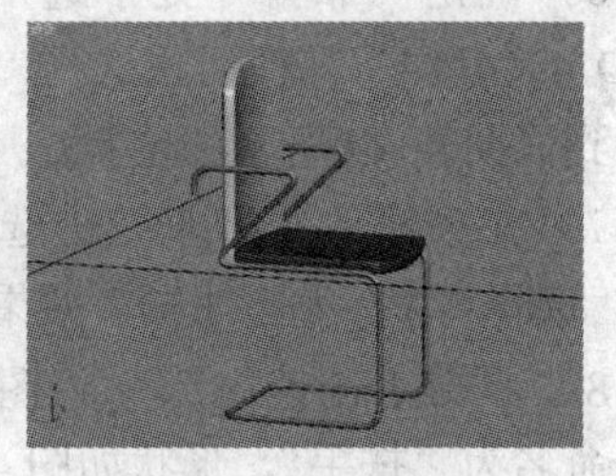

图 4-56　移动扶手

本实例中主要运用了 FFD 修改器来柔和地改变对象的外形，以制作休闲椅的坐垫和靠背。休闲椅的框架则是利用第 3.1.2 节中介绍的二维图形的可渲染属性创建的。

4.3.1 FFD 修改器的类型

FFD 修改器是通过少量的控制点的移动来改变对象表面的形状，产生柔和平滑的变形效果。

FFD 修改器包括 FFD 2×2×2、FFD 3×3×3、FFD 4×4×4、FFD （长方体）和 FFD（圆柱体）共 5 种类型。前 4 种类型都是长方体形状的控制晶格，前 3 种中的 3 个数字分别表示 X、Y、Z 轴上控制点的数量，而 FFD（长方体）中 X、Y、Z 轴上控制点的数量可以在修改面板中自行设置；FFD（圆柱体）是以圆柱的形式排列控制点，控制点的数量可以自行设置。这组 FFD 修改器的功能和使用方法基本相同，在具体应用中可根据使用该修改器对象的外形加以选择，前 4 种比较适合应用于长方体形状的模型，而后者适合应用于圆柱体形状的模型。下面以 FFD（长方体）为例介绍 FFD 修改器的参数设置和使用方法。

4.3.2 FFD（长方体）修改器

FFD（长方体）修改器的参数面板如图 4-57 所示。常用参数的功能如下。

1）“尺寸”选项组：单击“设置点数”按钮，在弹出的“设置 FFD 尺寸”对话框中可设置 FFD（长方体）修改器长、宽、高方向上的控制点数，如图 4-58 所示。

☞小技巧

在“设置 FFD 尺寸”对话框中若设置长、宽、高均为 3，则与 FFD 3×3×3 修改器一致。若为 FFD（圆柱体）修改器，则在“设置 FFD 尺寸”的对话框中分别设置边、半径和高方向上的控制点数。

2）“变形”选项组：选择“仅在体内”，则对象在结构线框内的部分受到变形影响；选择“所有顶点”，则对象和全部节点都受到变形的影响。

3）“选择”选项组：用于控制选择沿着 X、Y、Z 轴方向排列的所有控制点。

4）“控制点”选项组：单击“重置”按钮，可以将全部控制点恢复到初始状态。“与图形一致”可以将所有控制点沿模型表面重新排列。

FFD（长方体）修改器有 3 个子对象层级，即控制点、晶格和设置体积，如图 4-59 所示。对模型的修改是在“控制点”层级下进行的，通过控制点位置的改变来影响对象的形状。

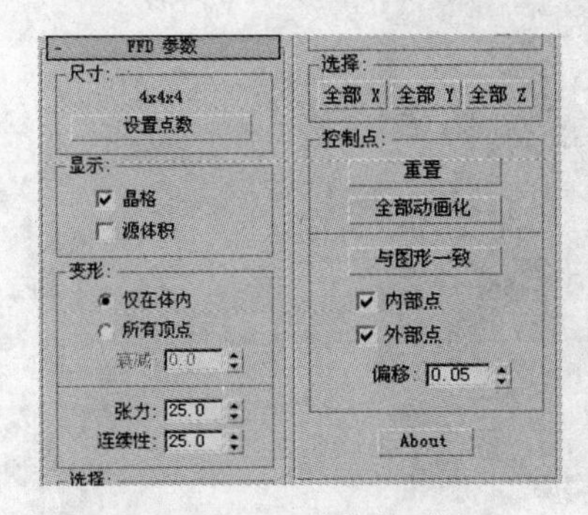

图 4-57 FFD 参数面板

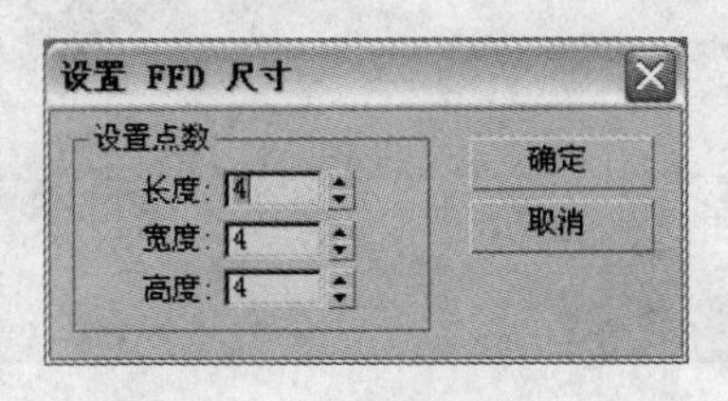

图 4-58 设置 FFD 尺寸

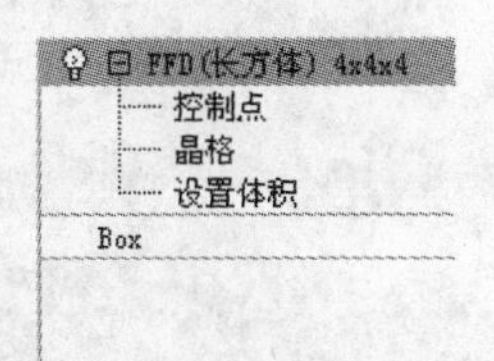

图 4-59 子对象层级

下面以哑铃模型的制作为例，具体介绍 FFD（长方体）修改器的应用。

1）单击“创建”→“几何体”→“扩展基本体”→“切角长方体”，在顶视图创建切角长方体，如图 4-60 所示。

2）单击“修改”面板，在“修改器列表”中选择“FFD（长方体）”修改器，单击“设置点数”按钮，在“设置 FFD 尺寸”的对话框中设置参数，参数值和效果如图 4-61 所示。

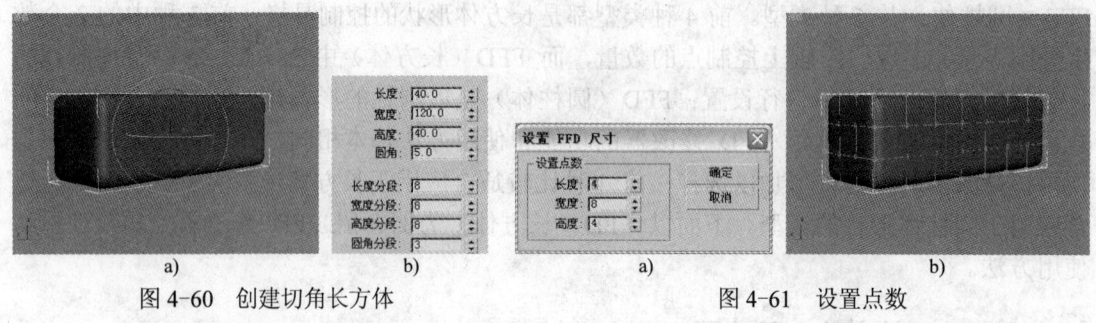

a) b) a) b)

图 4-60 创建切角长方体
a) 切角长方体效果 b) 参数设置

图 4-61 设置点数
a) 设置参数值 b) 效果图

3）在修改器堆栈中，单击“FFD（长方体）”修改器前面的“+”，选择“控制点”子对象，在顶视图中选择中间四组控制点，如图 4-62 所示。切换到左视图，在工具栏上单击“选择并缩放”按钮，将缩放光标放置到如图 4-63 所示的位置，在 XY 平面上压缩，再切换到前视图，在 X 轴上放大，效果如图 4-64 所示。

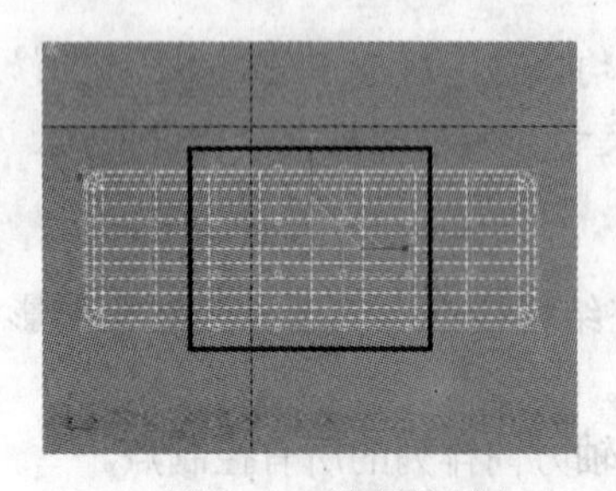

图 4-62 选择控制点

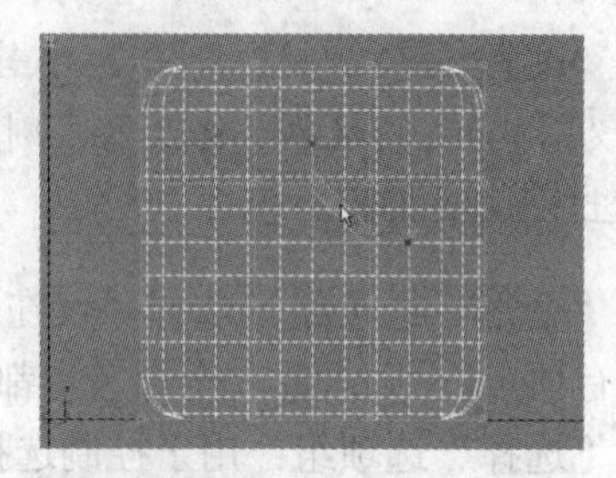

图 4-63 压缩控制点

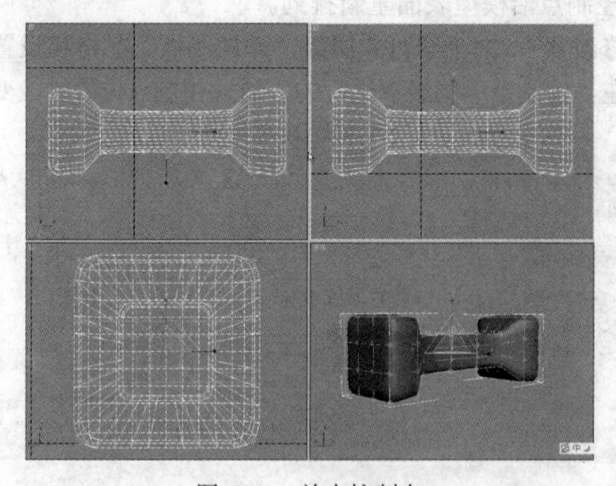

图 4-64 放大控制点

☞小技巧

当在顶视图中选择控制点后再切换到另一视图时，右击要切换的视图，然后进行操作。若单击要切换的视图，则选择的控制点将被取消。

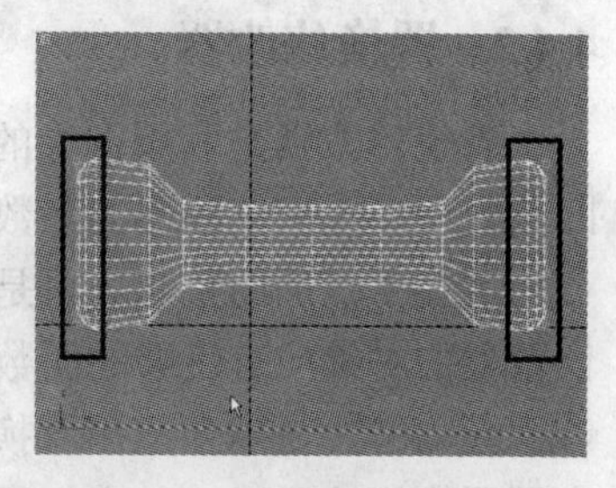
图 4-65　选择两端的控制点

4）在前视图中使用鼠标和〈Ctrl〉键选择如图 4-65 所示控制点，切换至左视图，按住〈Alt〉键去除如图 4-66 所示的控制点，这样就选择了哑铃两端的中间控制点。再切换到前视图，在 X 轴上放大控制点，效果如图 4-67 所示。

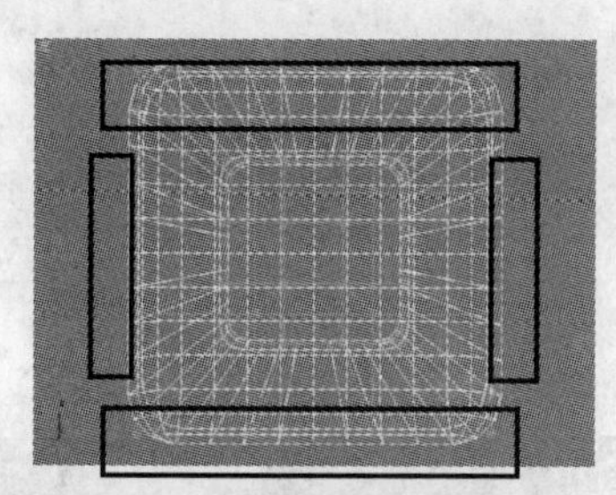
图 4-66　保留两端中间的控制点

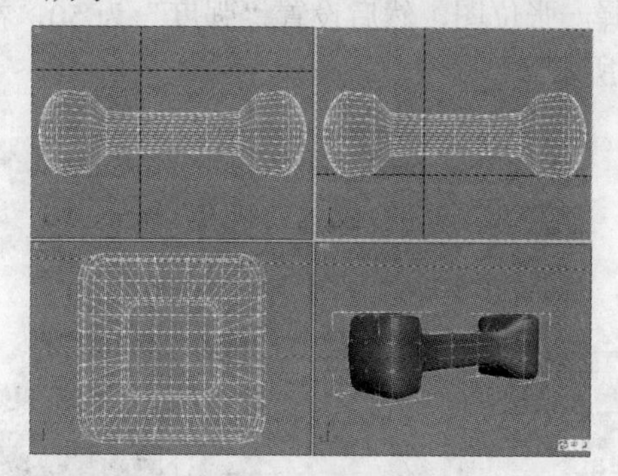
图 4-67　放大两端中间的控制点

4.4　其他常用修改器

4.4.1　拉伸修改器

拉伸修改器是在保持体积不变的前提下，将对象沿指定的轴向进行拉伸或挤压。

拉伸修改器的参数设置如图 4-68 所示，常用参数的意义如下。

1）“拉伸”：设置拉伸的强度大小。

2）“放大”：设置拉伸中部扩大变形的程度。

3）“拉伸轴”选项组：设置拉伸依据的坐标轴向。

4）“限制”选项组：在选择“限制效果”复选框后，可以在“上限”和“下限”参数框中设置拉伸产生的区域，拉伸效果将作用于上限和下限之间的区域内。

图 4-69 所示是拉伸修改器应用到茶壶上时，设置不同参数产生的相应拉伸效果。

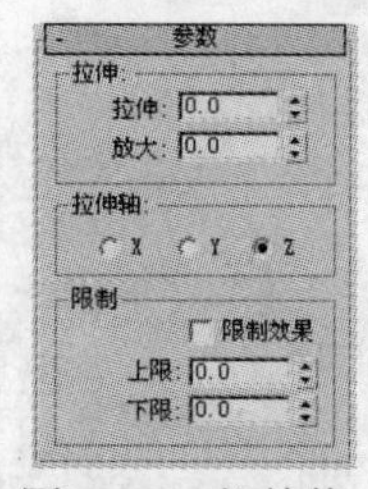

图 4-68　拉伸修改器的参数设置

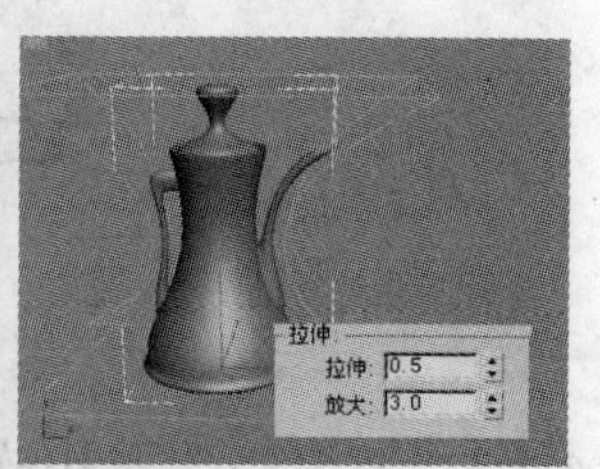

图 4-69　拉伸修改器参数设置与相对应的拉伸效果

4.4.2 置换修改器

置换修改器是利用图像的灰度变化来改变对象表面的结构，根据图像灰度值对表面进行凹凸处理。置换修改器的参数设置如图 4-70 所示。

置换所使用的贴图可以是一张位图图片，也可以是 3ds max 提供的任意贴图。应用置换修改器的对象应有足够的面数，否则不能得到细腻柔和的变化效果。

图 4-71 是球体应用置换修改器后产生的效果。该置换效果的参数设置如下：选择球体应用置换修改器后，单击“图像”选项组中的位图下的“无”按钮，在打开的文件选择窗口中选择一张位图，然后设置“强度”为 50，在“贴图”选项组中选中“球形”单选项，如图 4-72 所示。

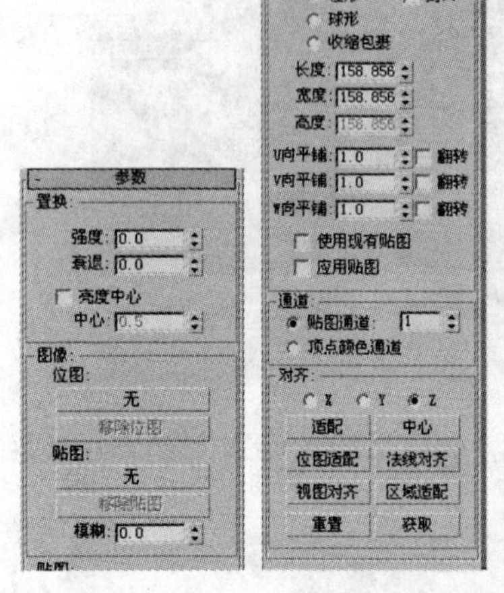

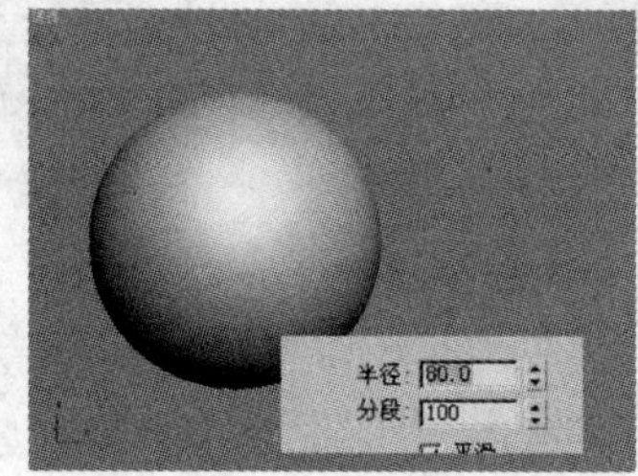

图 4-70　置换修改器参数设置

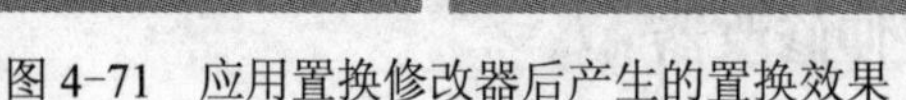

图 4-71　应用置换修改器后产生的置换效果

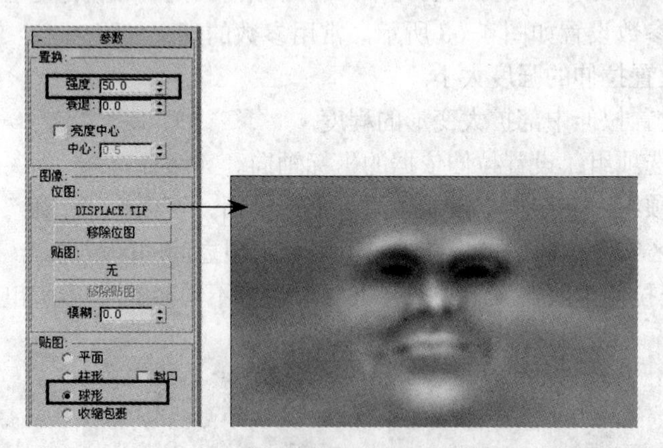

图 4-72　置换修改器的参数设置与位图图像

4.4.3 波浪修改器和涟漪修改器

波浪修改器能够使对象表面产生波浪起伏的效果。涟漪修改器与波浪修改器功能相似，它可以在对象表面产生同心波纹的效果。

两个修改器的参数设置相同，如图 4-73 所示。常用参数的功能如下。

1）“振幅 1”：设置 X 轴方向上波浪（或涟漪）的振动幅度。

2）“振幅 2”：设置 Y 轴方向上波浪（或涟漪）的振动幅度。

3）“波长”：设置每个波浪（或涟漪）的长度。

4）“相位”：设置波浪（或涟漪）的动画时间。

5）“衰退”：设置波浪（或涟漪）振幅衰减的快慢。

图 4-74 是采用相同参数的波浪修改器和涟漪修改器在平面上产生的效果。

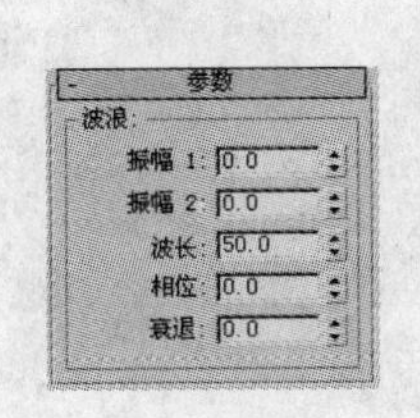

图 4-73　波浪修改器参数设置

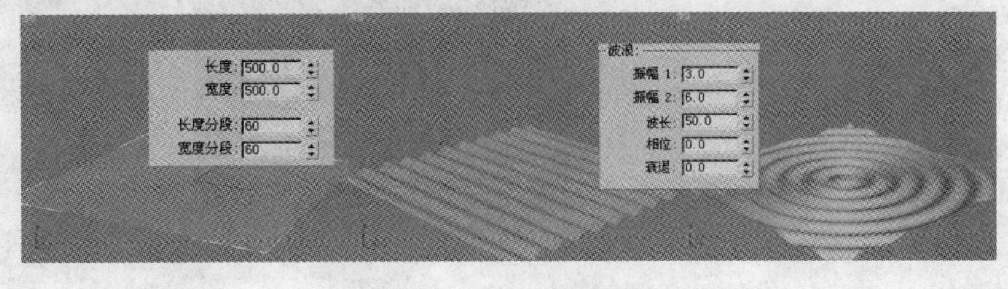

图 4-74　波浪与涟漪效果

4.5　上机实训

【实训 4-1】制作凳子模型

本实训要求制作凳子模型，效果如图 4-75 所示。在本实训中，对切角长方体运用弯曲修改器制作凳子腿。通过本实训，主要掌握弯曲修改器的参数设置和应用方法。

【实训 4-2】制作沙发模型

本实训要求制作欧式沙发模型，效果如图 4-76 所示。在本实训中，使用 FFD 修改器制作沙发的靠背、坐垫和靠垫，使用倒角剖面修改器制作沙发扶手。通过本实训的制作，掌握倒角剖面修改器、FFD 修改器和网格平滑修改器的综合应用方法。

图 4-75　凳子模型

图 4-76　沙发模型

【实训 4-3】制作水晶灯模型

本实训要求制作水晶灯模型，效果如图 4-77 所示。通过本实训的制作，掌握锥化、弯曲、晶格等三维模型修改器以及二维图形的编辑和车削修改器的应用方法。

图 4-77　水晶灯模型

第 5 章　复合建模和多边形建模

本章要点

本章主要介绍复合对象的概念、复合对象的基本类型——布尔对象和放样对象的创建方法以及网格编辑和多边形编辑两种常用高级建模的方法。

5.1　布尔运算

【实例 5-1】制作象棋模型

本实例将制作一颗象棋的模型，效果如图 5-1 所示。通过该模型的制作，学习复合对象中布尔运算的应用。

1）选择“文件”→“重置”菜单命令，重新设置场景。

2）单击“创建”→“几何体”→“标准基本体”→“圆柱体”，在顶视图中创建圆柱体，命名为“棋子”。其参数设置与效果如图 5-2 所示。

图 5-1　象棋模型

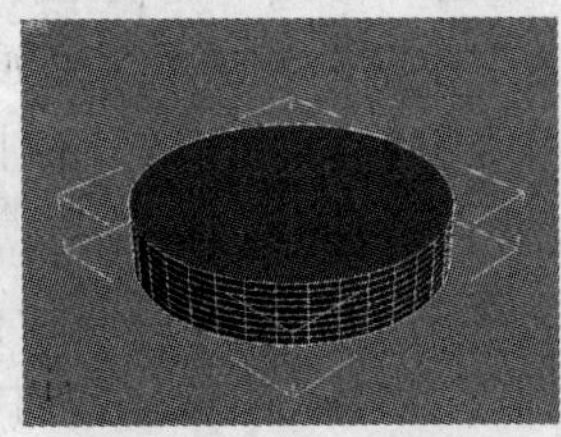

a)　　b)

图 5-2　创建圆柱体

a）效果图　b）参数设置

3）保持“棋子”的选中状态，单击“修改”面板，在“修改器列表”中选择“锥化”修改器，在“参数”卷展栏中设置“曲线”为 0.4，效果如图 5-3 所示。

4）单击“创建”→“几何体”→“标准基本体”→“管状体”，在顶视图中创建管状体，设置“半径 1”为 90，“半径 2”为 84，“高度”为 10，“边数”为 40。保持管状体的选中状态，单击“对齐”按钮，然后选择“棋子”，在弹出的“对齐当前选择”对话框中先设置平面对齐参数，如图 5-4 所示，单击“应用”按钮。然后设置高度对齐参数如图 5-5 所示，单击“应用”按钮，再单击“确定”按钮。将管状体对齐到棋子的上部中心位置，如图 5-6 所示。

5）选择棋子，单击“创建”→“几何体”→“复合对象”→“布尔”，在“操作”卷展栏中，选中“差集（A-B）”单选项，在“拾取布尔”卷展栏中，单击“拾取操作对象 B”按钮，在视图中单击管状体，参数设置和效果如图 5-7 所示。在视图中右击鼠标，退出布尔运算。

6）单击“创建”→“图形”→“样条线”→“文本”，在“参数”卷展栏中设置参数，如图 5-8 所示，在顶视图中单击创建文字，命名为“象”。

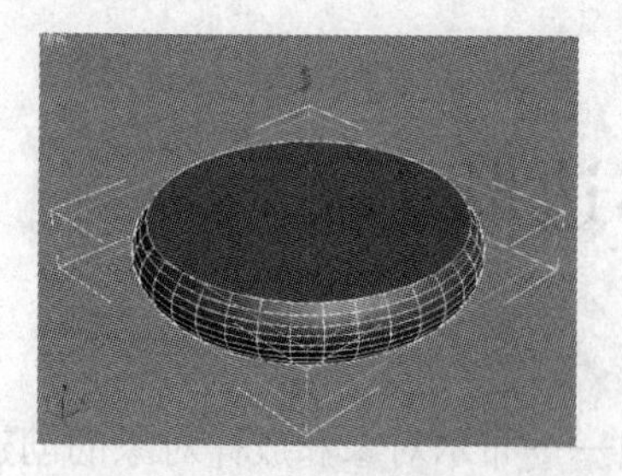

图 5-3　锥化圆柱体

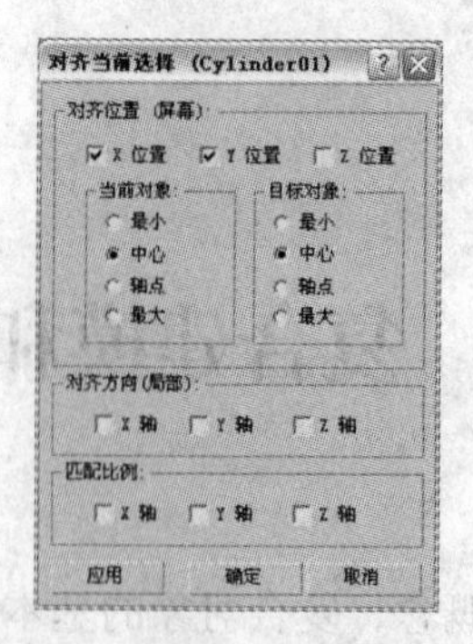

图 5-4　设置平面对齐参数

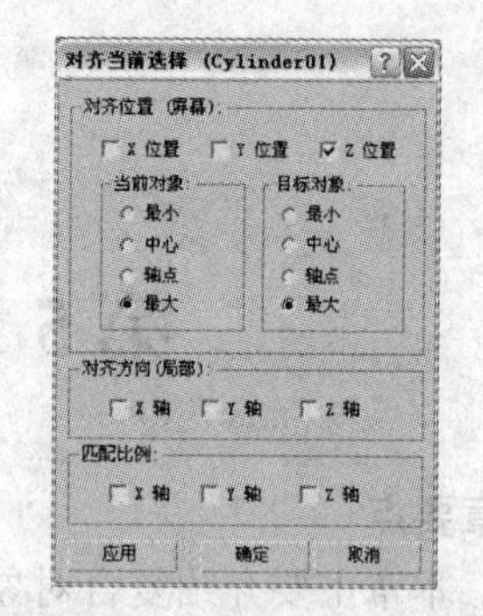

图 5-5　设置高度对齐参数

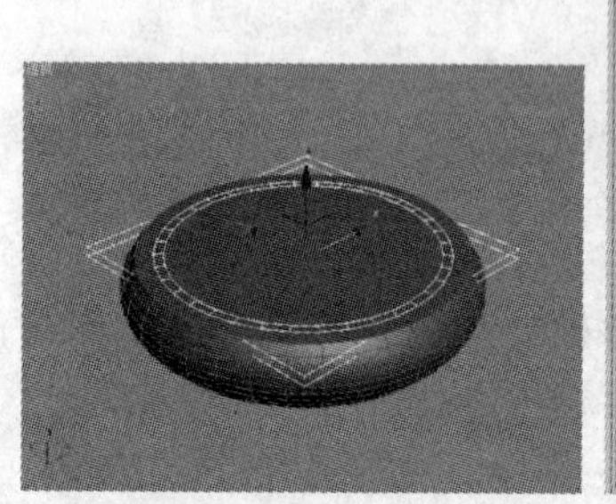

图 5-6　对齐效果

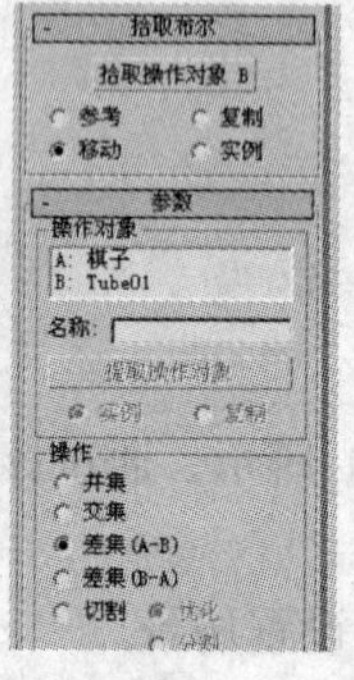

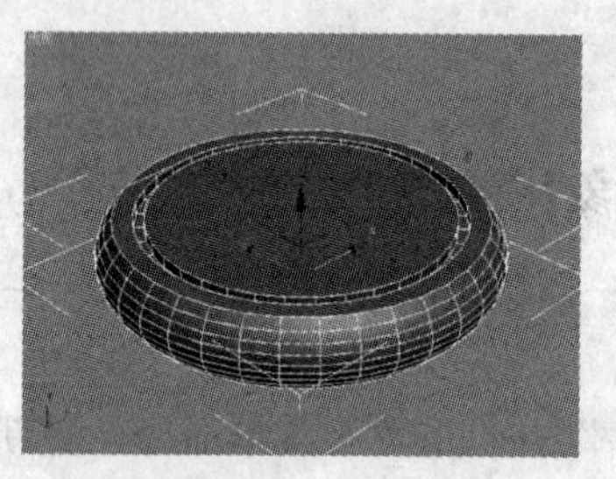

图 5-7　拾取布尔参数设置和运算效果

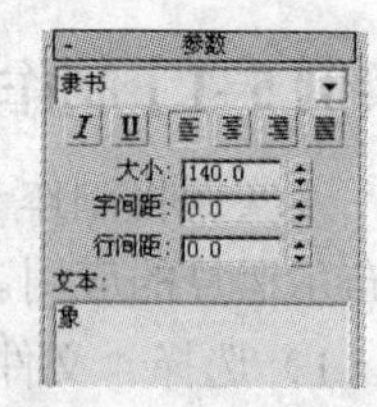

图 5-8　文字参数设置

7）保持“象”的选中状态，单击“修改”面板，在“修改器列表”中选择“挤出”修改器，在“参数”卷展栏中设置“数量”为 8，效果如图 5-9 所示。继续保持“象”的选中状态，使用“对齐”按钮，将“象”对齐到棋子的上部中心位置，如图 5-10 所示。对齐参数设置参考前面步骤 4）管状体对齐操作。

8）保持“象”的选中状态，单击“创建”→“几何体”→“复合对象”→“布尔”，在“拾取操作对象”卷展栏中，单击“拾取操作对象 B”按钮，选中“差集（B-A）”单选项，在视图中单击棋子，效果如图 5-11 所示。在视图中右击鼠标，退出布尔运算。

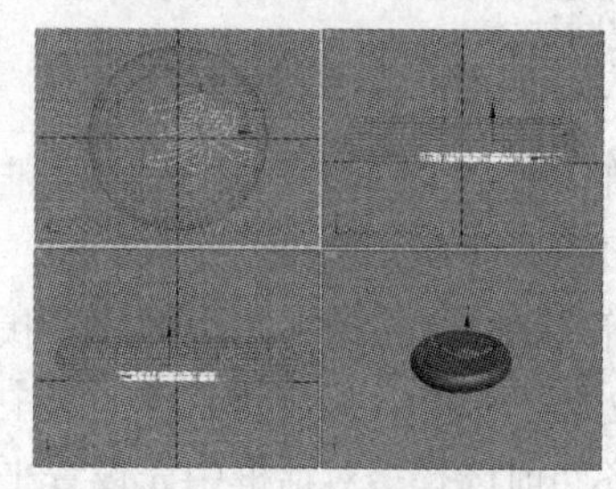

图 5-9　文字挤出效果

图 5-10　文字对齐效果

图 5-11　布尔运算最终效果

通过两次布尔运算，在圆柱体的棋子上抠出了一个环形凹槽和凹陷的文字，赋予“棋子”模型适当的材质，渲染后就可得到木质的象棋棋子的真实效果。

布尔对象是指在两个几何对象之间进行布尔运算，将它们组合成一个独立的对象。3ds max 中布尔运算包含有并集、交集、差集和切割运算，它们的具体含义如下。

① 并集：将两个几何对象合并成一个对象，并且重叠的部分相互结合。

② 交集：将两个对象相交的部分保留，组成一个新的对象。

③ 差集：将一个对象减去与另一个对象相交的部分，保留前一个对象剩余的部分。

④ 切割：将对象 B 与对象 A 相交部分的形状作为剪切面来切割对象 A。切割运算有 4 种切割方式。选中“优化”方式，则沿相交部分形状的剪切面在对象 A 上添加新的顶点和边；选中“分割”方式，则沿相交部分形状的剪切面在对象 A 上产生两组新的顶点和边；选中“移除内部”方式，则删除位于对象 B 内部的对象 A 上的所有面；选中“移除外部”方式，则删除位于对象 B 外部的对象 A 上的所有面。

执行布尔运算之前必须先创建两个对象作为布尔运算的操作对象。当执行布尔运算时，先选择一个对象，作为布尔运算的操作对象 A，然后单击“创建”→“几何体”→“复合对象”→“布尔”，在如图 5-12 所示的布尔参数面板中，单击“拾取操作对象 B”按钮，在视图中单击选择另一个对象，作为布尔运算的操作对象 B，然后在“操作”卷展栏中单选执行布尔运算的方式，确定布尔运算的结果。

在布尔运算的参数面板中，包含 3 个卷展栏，具体含义如下。

① “拾取布尔”卷展栏：主要用于指定参与布尔运算的操作对象 B 和运算后操作对象 B 的结果。单击“拾取操作对象 B”按钮可以在视图中选择布尔运算的对象 B。

② “参数”卷展栏：主要由“操作对象”和“操作”选项区组成。“操作对象”选项区中将显示进行布尔运算的两个对象的名称；“操作”选项区中可以选择布尔运算的方式，即“并集”、“交集”、“差集（A-B）”、“差集（A-B）”和“切割”。

③ “显示与更新”卷展栏：主要用于显示和更新执行布尔运算后对象之间的变化。

图 5-13 所示是创建的相交的长方体和球体，进行布尔运算时，先选择长方体作为对象 A，球体作为对象 B。图 5-14 所示为“并集”运算效果，图 5-15 所示为“交集”运算效果，图 5-16 所示为“差集（A-B）”运算效果，图 5-17 所示为“差集（B-A）”运算效果。

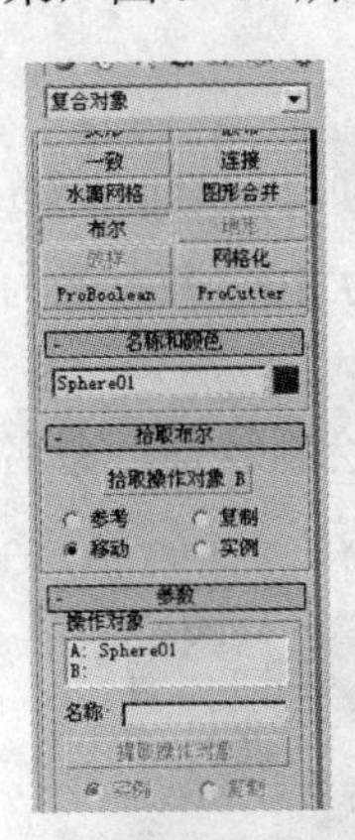

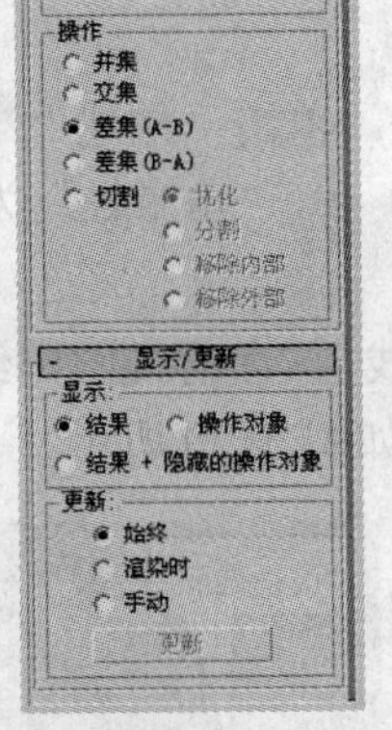

图 5-12　布尔参数面板

图 5-13　创建两个对象

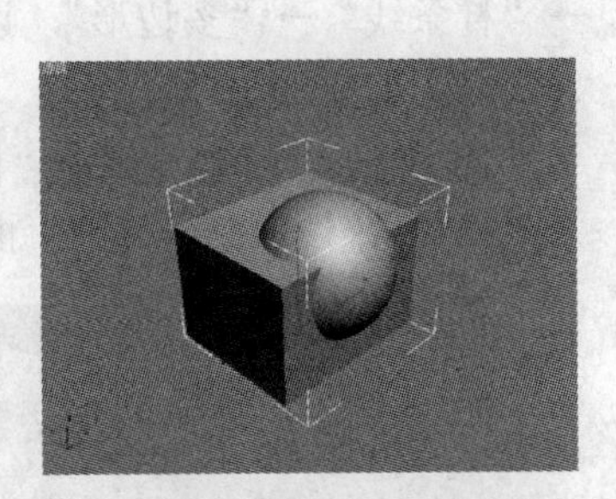

图 5-14　“并集”运算效果

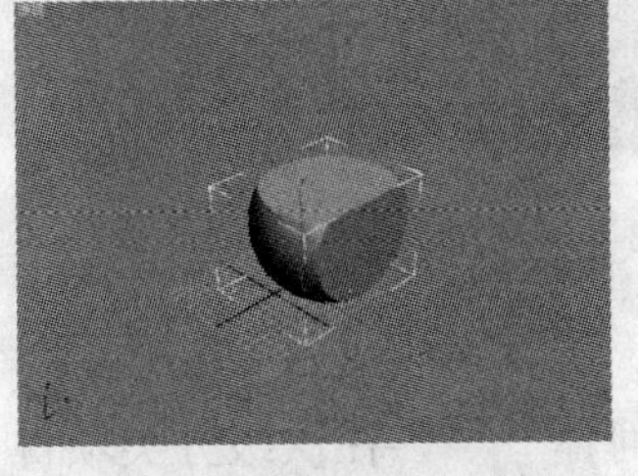

图 5-15　“交集”运算效果

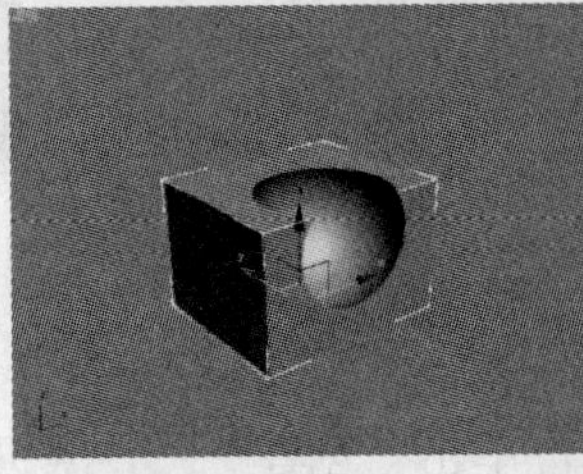
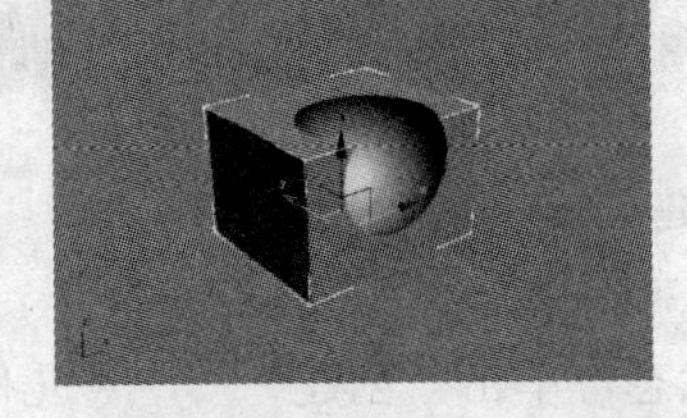

图 5-16　“差集（A-B）”运算效果　图 5-17　“差集（B-A）”运算效果

☞小技巧

在执行布尔运算时，要注意以下事项，否则可能会产生错误的效果。

1）参加布尔运算的两个操作对象的复杂度应尽量比较接近，这样布尔运算的效果最佳。

2）保持所有表面法线都是一致的。

3）确保操作对象是完全封闭的表面，即没有空洞、交叠面或未焊接的顶点。

4）当进行多次布尔运算时，在每次运算后应当在视图中右击鼠标，退出布尔运算，然后重新选择对象再进行下一次布尔运算。

5.2 放样建模

【实例 5-2】制作香蕉模型

本实例制作香蕉模型，效果如图 5-18 所示。通过该模型的制作，学习一种非常有效的二维图形建模方法——放样建模。

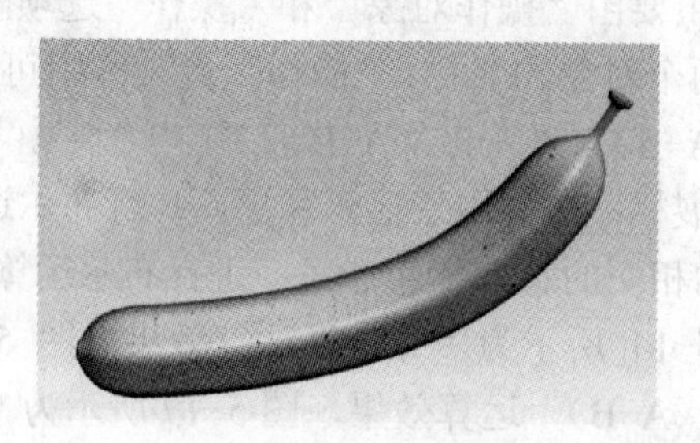

图 5-18 香蕉模型

1）选择“文件”→“重置”菜单命令，重新设置场景。单击“创建”→“图形”→“样条线”→“多边形”，设置“边数”为 6，“半径”为 40，“角半径”为 10，并命名为“截面”。如图 5-19 所示。

2）单击“创建”→“图形”→“样条线”→“线”，在前视图中绘制线条，命名为“路径”，切换到“修改”面板，调整“路径”的形状，如图 5-20 所示。

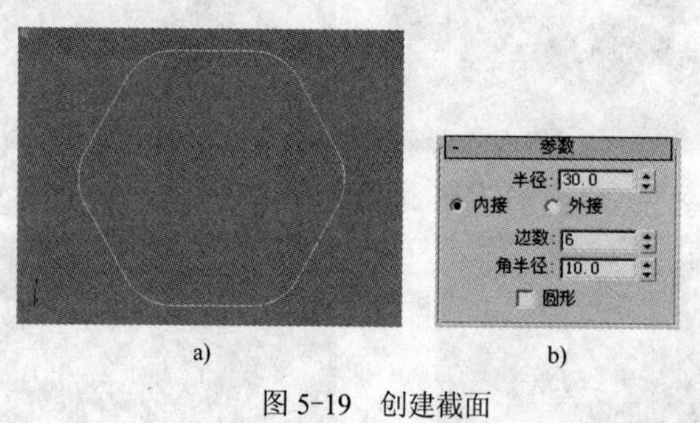

a) b)

图 5-19 创建截面

a) 多边形效果 b) 参数设置

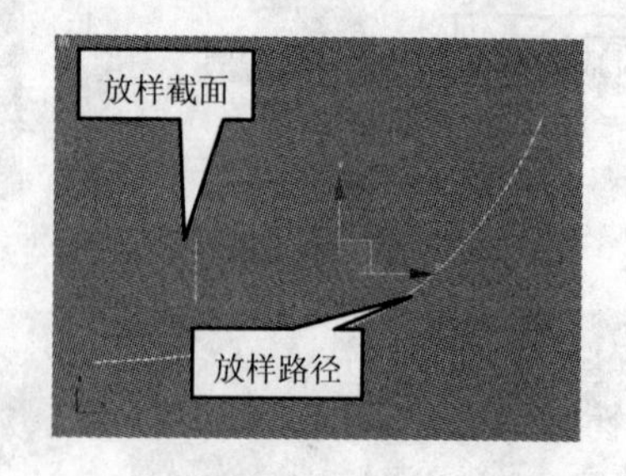

图 5-20 创建路径

3）确定“路径”处于选择状态，单击“创建”→“几何体”，在次级分类项目下拉菜单中选择“复合对象”，单击“放样”按钮，在“创建方法”卷展栏中单击“获取图形”按钮，在视图中选择“截面”对象，得到放样对象，命名为“香蕉”，如图 5-21 所示。

4）确定“香蕉”处于选择状态，单击“修改”面板，在“变形”卷展栏中单击“缩放”按钮，弹出“缩放变形”窗口，如图 5-22 所示。单击“缩放变形”窗口中的“插入角点”按钮，在“缩放变形”窗口中的红线（缩放曲线）上单击，添加 7 个控制点，如图 5-23 所示。

5）选择缩放曲线上的控制点，单击“缩放变形”窗口中的“移动控制点”按钮，调整控制点的位置，如图 5-24 所示。选择控制点，单击鼠标右键，在弹出的快捷菜单中选择控制点类型为 Bezier-平滑，然后调整控制点两侧的控制手柄，观察视图中“香蕉”的变化，调整至“香蕉”的效果如图 5-25 所示。

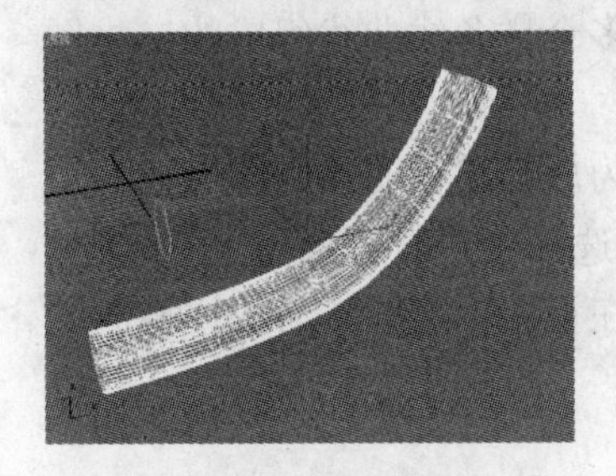

图 5-21　放样对象

a)

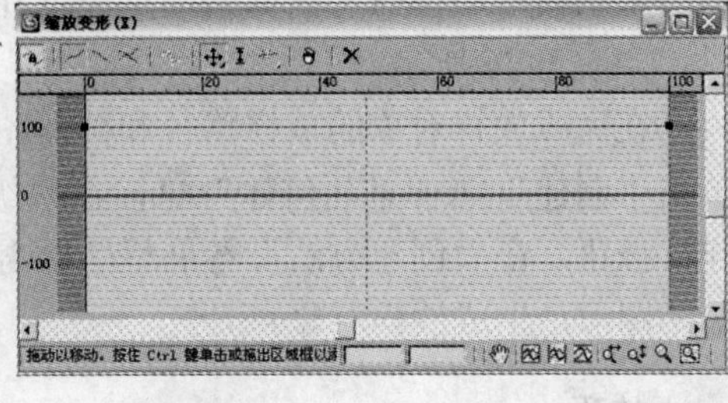

b)

图 5-22　“变形”卷展栏及“缩放变形”窗口

a)“变形”卷展栏　b)“缩放变形”窗口

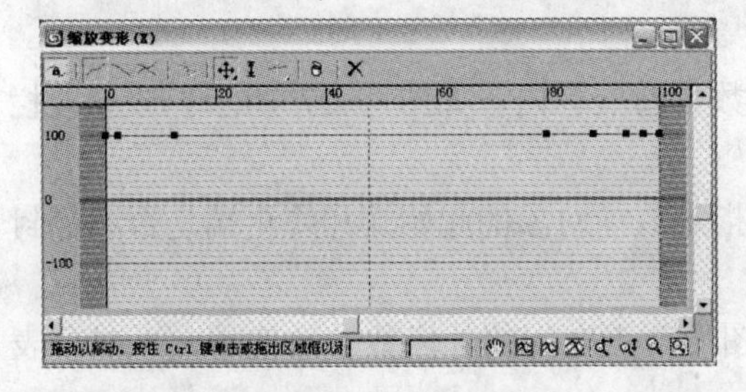

图 5-23　添加 7 个控制点

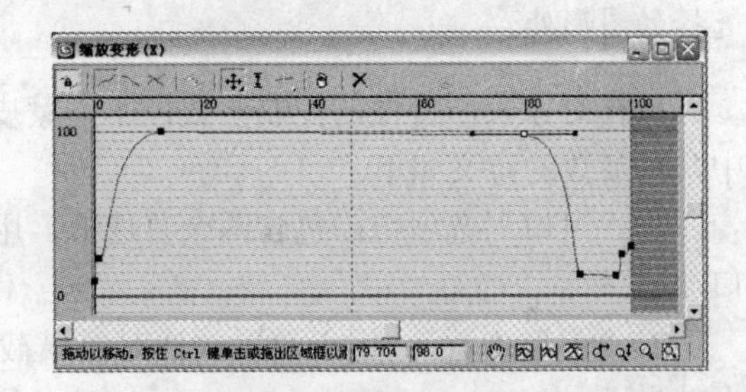

图 5-24　调整控制点位置

☞小技巧

当按照图示的形状调整缩放曲线时，可能得到的不是预期的效果，这是因为放样路径的绘制起始点与实例相反造成的。这时，只要把缩放变形曲线的形状水平翻转即可得到香蕉的外形效果。

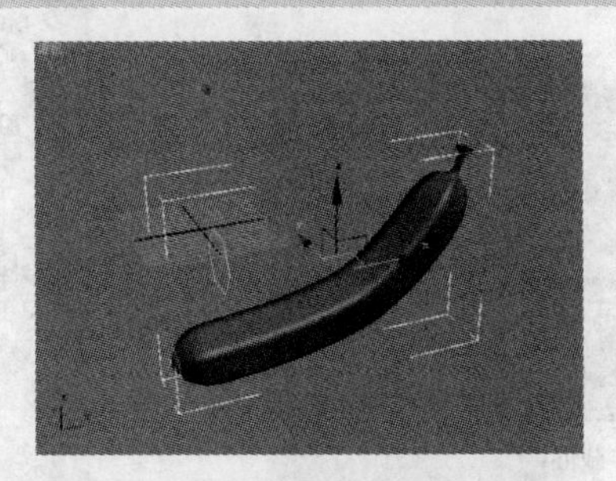

图 5-25　放样缩放变形后的效果

至此，通过放样建模完成了香蕉模型的创建，为“香蕉”模型编辑指定材质渲染后，就可得到真实效果的香蕉模型。

5.2.1 单截面放样

放样建模就是建立一个二维图形作为放样路径，然后在路径上指定一个或多个二维图形作为放样的横截面，横截面沿路径排列形成复杂的三维模型。单截面放样就是在放样路径上只有一个二维图形作为放样的横截面。

创建放样对象，首先要创建放样对象的放样路径和横截面图形。放样路径可以是封闭的，也可以是开放的，但必须是唯一的曲线，即路径曲线只能有一个起点和终点。横截面图形的限制相对要少些，横截面图形可以开放或封闭，也可以是多个样条线曲线组成的二维图形，如图 5-26 所示。

在完成放样对象的放样路径和截面图形的绘制后，选择作为放样路径的二维图形，然后单击“创建”→“几何体”，在次级分类项目下拉菜单中选择“复合对象”，单击“放样”按钮，在“创建方法”卷展栏中单击“获取图形”按钮，在视图中选取作为放样截面的二维图形，生成放样对象。

☞小技巧

当放样建模时，也可以先选择作为放样截面的二维图形，然后在“创建方法”卷展栏中单击“获取路径”按钮。无论先选路径还是先选横截面图形，生成的放样对象都会定位在先选择的图形处。

放样对象表面特性的控制参数位于“蒙皮参数”卷展栏内，如图 5-27 所示。该卷展栏中常用参数的意义如下。

1）“封口”选项组：包含两个复选框，用于指定放样对象的起始端和终止端是否添加封口端面。

2）“图形步数”：用于设置放样对象横截面图形节点之间的片段数。数值越大，对象表面越光滑。

3）“路径步数”：用于设置放样对象放样路径节点之间的片段数。同样，数值越大，对象表面越光滑。

4）“优化图形”和“优化路径”：用于删除不必要的边和顶点，降低放样对象的复杂程度。

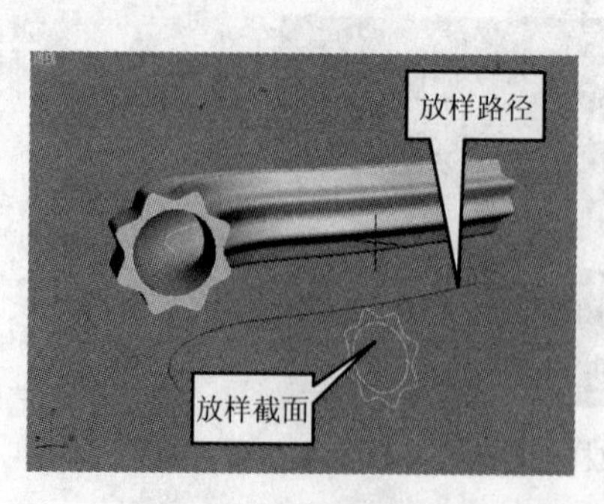

图 5-26 单截面放样

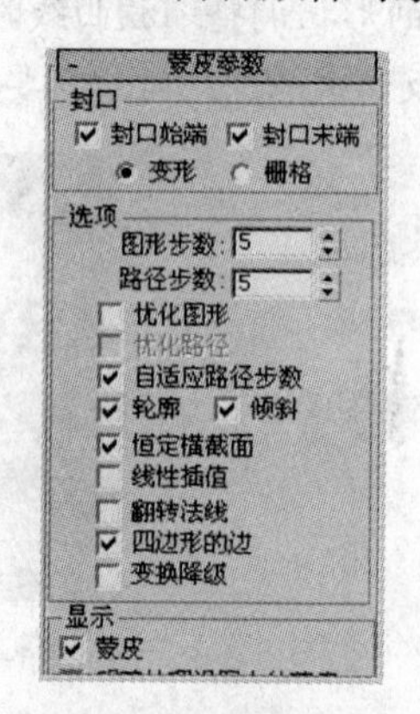

图 5-27 “蒙皮参数”卷展栏

5.2.2 放样变形

在放样对象创建后，还可以对它的截面图形进行变形控制，产生更复杂的造型。选择放样对象，切换到“修改”面板，在修改命令面板上出现了“变形”卷展栏，如图 5-28 所示。在该卷展栏中，主要有 5 种变形工具可以施加给放样对象。

1）“缩放”：通过改变截面图形的缩放比例使放样对象发生变形。

2）“扭曲”：通过使截面图形沿路径进行旋转形成扭曲的造型效果。

3）“倾斜”：使放样对象绕局部坐标轴旋转截面图形，产生倾斜效果。

4）“倒角”：通过在放样路径上缩放截面图形，使放样对象产生中心对称的倒角变形。

5）“拟合”：用于给放样物体施加适配变形效果。

在每个工具按钮的后面都有一个灯泡状的图标，单击该图标可以切换该变形工具是否发挥作用。单击每个变形工具按钮，都会弹出相应的变形控制窗口，在变形控制窗口中调整变形曲线，放样对象就会产生相应的变形效果。下面以“缩放”变形为例介绍变形工具的应用。

在选择放样对象后，在“变形”卷展栏中，单击“缩放”变形按钮，则弹出“缩放变形”窗口，如图 5-29 所示。

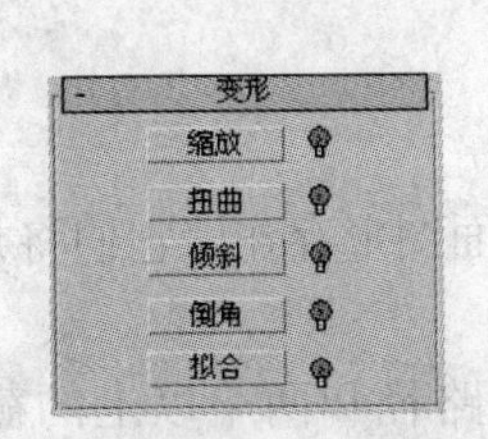

图 5-28 “变形”卷展栏

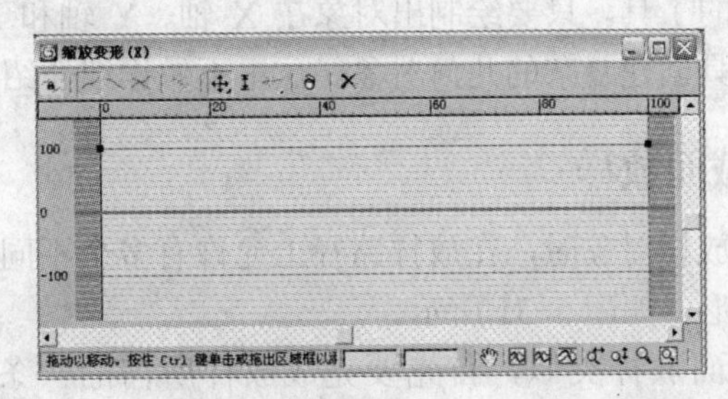

图 5-29 “缩放变形”窗口

在“缩放变形”窗口中，红色线段即缩放曲线，代表放样对象在放样路径上截面缩放的变化情况，它的初始状态为一条水平线，表示放样对象的截面保持原始大小，没有发生任何缩放。在窗口的顶部工具栏内有一组工具按钮，使用这组按钮可以调整缩放曲线的形状。缩放曲线的改变会相应地影响放样对象的形状。窗口的右下部有一组视窗调整按钮，用于“缩放变形”窗口的显示控制，与主界面下方的视图控制区按钮功能相似。

顶部工具栏中常用按钮的功能如下。

1）“插入角点”：在缩放曲线上插入一个新点。通过调整点的位置，可以控制截面图形在路径的任何位置上进行缩放。

2）“移动控制点”：移动控制点。控制点的水平位置表示放样路径上产生截面缩放的位置，控制点的垂直位置表示截面缩放的比例。

3）“删除控制点”：删除当前所选的控制点。

4）“重置曲线”：将缩放曲线恢复到未变化前的状态。

在缩放变形窗口中调整缩放曲线的方法与视图中在顶点子对象级别上调整样条线相似，不仅可以插入、删除控制点，而且可以选择控制点，单击鼠标右键，在弹出菜单中改变控制点的类型，利用控制点控制手柄调整缩放曲线的曲率。

对简单的放样对象，通过缩放变形的控制改变截面在路径上的大小，可以得到较复杂的放样对象。图 5-30a 所示为由圆环形状的截面图形沿直线放样得到的圆管对象，施加如图 5-30b 所示的缩放变形后，得到如图 5-30c 所示的花瓶模型。

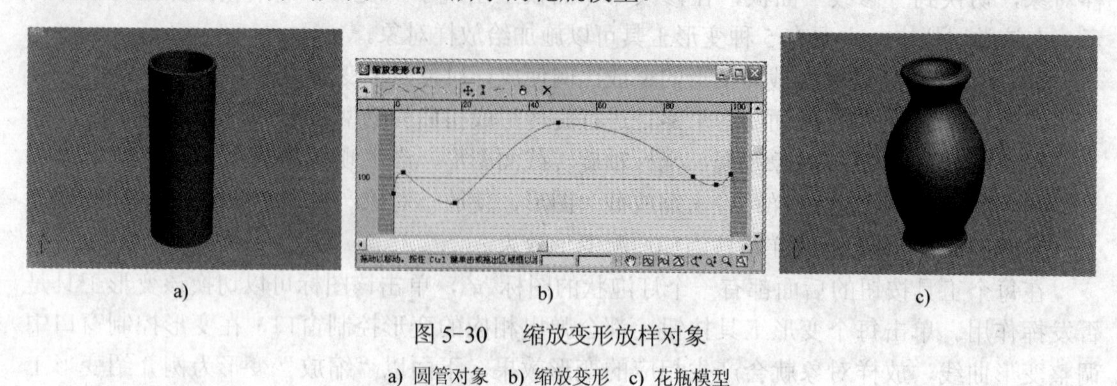

图 5-30　缩放变形放样对象

a) 圆管对象　b) 缩放变形　c) 花瓶模型

“扭曲”、“倾斜”和“倒角”变形工具的变形控制方法和缩放变形的控制方法类似，这 4 种变形工具可以同时施加到放样对象上共同产生变形效果。“拟合”变形工具是变形工具中功能最强大的工具。只要绘制出对象在 X 轴、Y 轴和 Z 轴 3 个正交方向上的截面，就可以使用拟合工具创建复杂的几何对象。这里不做详细介绍。

5.2.3　多截面放样

当创建放样对象时，在放样路径上允许有多个不同的截面图形存在，它们将共同控制放样对象的外形，如图 5-31 所示。

与单截面放样类似，首先要完成放样所需的一条放样路径和两个以上的截面图形，然后单击“创建” →“几何体” →“复合对象”→“放样”，在“创建方法”卷展栏中单击“获取图形”按钮，在视图中选择放样路径上的第一个截面图形。再展开“路径参数”卷展栏，依次调整“路径”参数，再单击“获取图形”按钮，在视图中选择相应位置上的截面图形，如图 5-32 所示。在“路径参数”卷展栏中，起始状态“路径”参数以百分比的数值表示当前获取截面图形在路径上的位置，例如设置“路径”为 30，获取的截面图形将放置在路径的 30%处。单击“距离”单选项，“路径”参数也可改为以距离的方式表示。

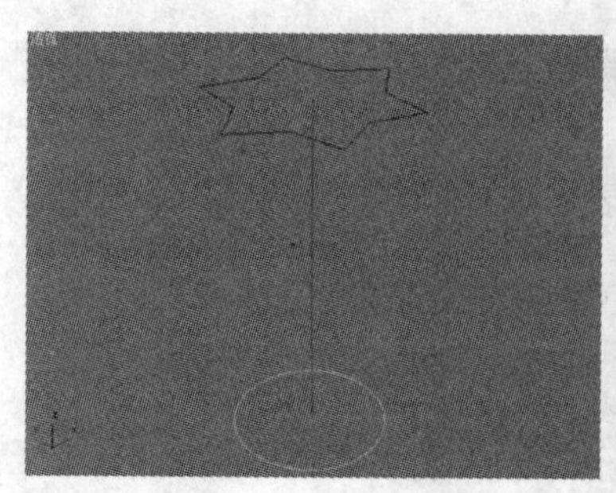

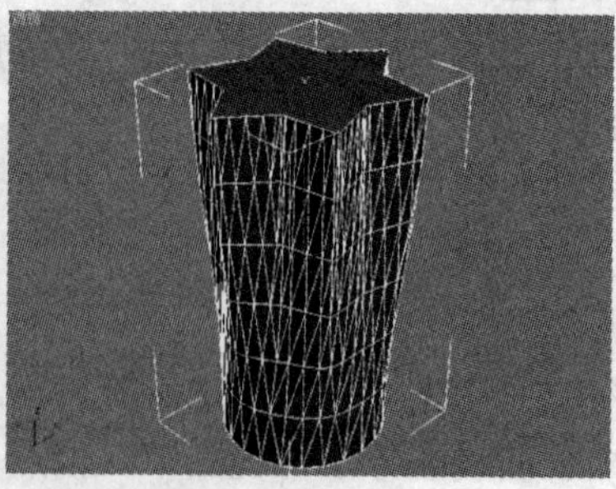

图 5-31　多截面放样

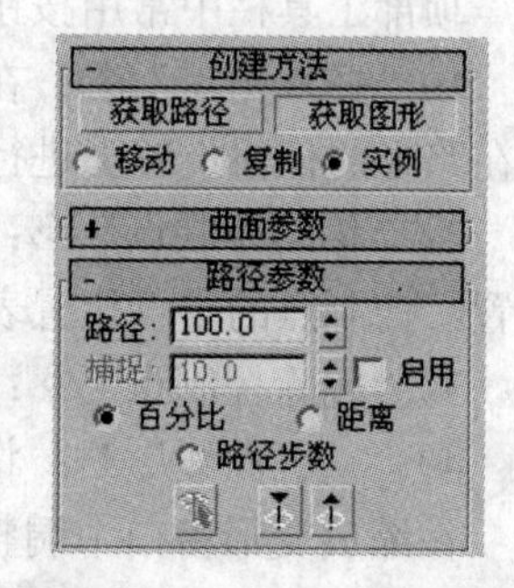

图 5-32　“路径参数”卷展栏

☞小技巧

作为放样路径的样条线是有方向性的，当“路径”参数为 0 时，表示的是路径的起始点，当“路径”参数为 100 时，表示的是路径的终止点。路径样条线的起点在编辑样条线时可以看到。在“顶点”子对象层级中，顶点以方框表示，其中黄色方框的顶点就是样条线的起始顶点。

5.3 编辑多边形

前面介绍的多种建模方法可以用来制作简单的或比较规则的模型，如果想要制作一些精细的、表面造型复杂的模型，就需要高级建模的方法来实现。多边形建模就是高级建模的方法之一。所谓多边形建模，是指在较简单的模型上，通过对组成模型的点、边、面等进行增减、位置调整等编辑操作来产生所需模型。多边形建模有编辑多边形和编辑网格两种方式。多边形建模具有强大的建模功能，熟练掌握这种建模方法，可以随心所欲地制作各种模型。

【实例 5–3】制作液晶显示器模型

本实例制作计算机显示器模型，如图 5–33 所示。通过该模型的制作，学习一种灵活高效的建模方法——多边形建模。

1）选择“文件”→“重置”菜单命令，重新设置场景。单击“创建”→“几何体”→“扩展基本体”→“切角长方体”，在顶视图中创建一个切角长方体，设置“长度”为 8，“宽度”为 90，“高度”为 60，“圆角”为 0.5，“长度分段”、“宽度分段”、和“高度分段”为 1，“圆角分段”为 3，命名为“显示器”。参数设置与效果如图 5–34 所示。

图 5–33　显示器模型

参数
长度: 8.0
宽度: 90.0
高度: 60.0
圆角: 0.5
长度分段: 1
宽度分段: 1
高度分段: 1
圆角分段: 3

图 5–34　效果与参数设置

2）单击“修改”面板，在“修改器列表”中选择“编辑多边形”修改器，单击修改器堆栈中“编辑多边形”前面的“+”，单击“多边形”子对象，然后在透视图中选择前面的多边形。在“编辑多边形”卷展栏中单击“倒角”按钮右侧的参数图标，设置参数后单击“确定”按钮，产生显示器边框，参数设置与效果如图 5–35 所示。再次单击“倒角”按钮右侧的参数图标，形成向内凹陷的屏幕，参数设置和效果如图 5–36 所示。

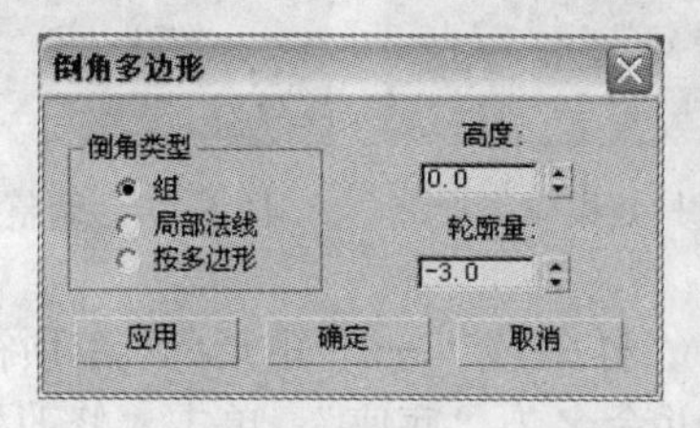

图 5–35　显示器边框的倒角参数设置与效果

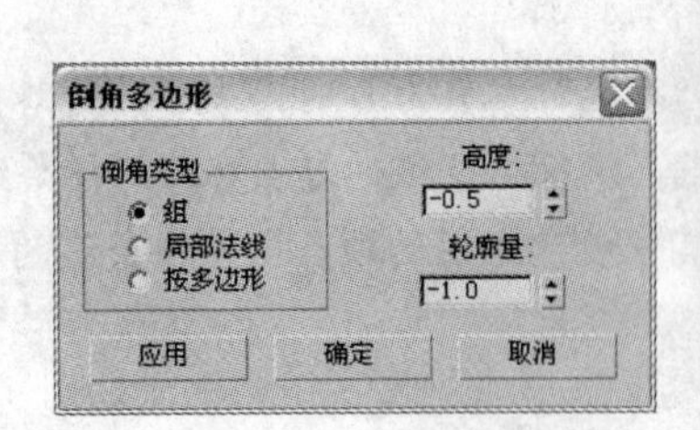

图 5-36　显示器形式向内凹陷的参数设置与屏幕效果

☞小技巧

在进行多边形建模时，为了方便观察可编辑多边形对象的边、面组成情况，并利于选择多边形对象中的边、面和多边形等子对象，通常会在透视图的左上角右击，在弹出的快捷菜单中开启视图的"边面"显示方式。

3）使用视图控制区中的"弧形旋转"按钮，将透视图旋转，显示显示器的背面。保持显示器的选中状态，进入"多边形"子对象编辑层级，选择显示器背面的多边形，同样执行两次倒角操作，参数设置及效果分别如图 5-37 和图 5-38 所示。

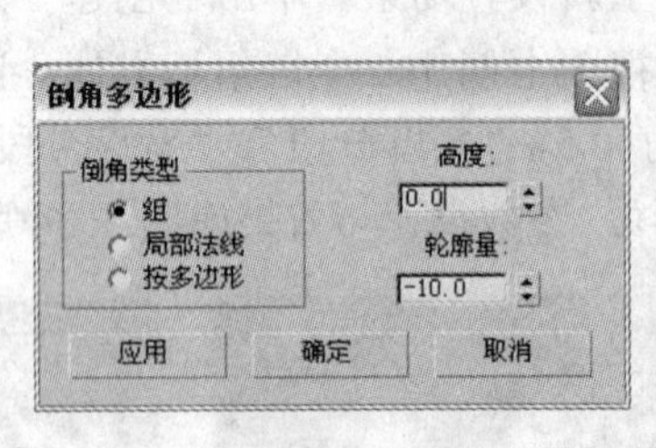

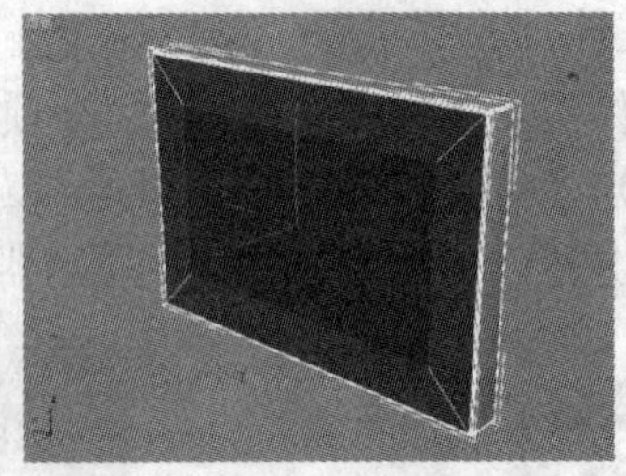

图 5-37　显示器背面边框的倒角参数设置与效果

4）保持背面中间多边形的选中状态，使用"选择并移动"按钮，在左视图中向下移动一段距离，然后使用"选择并旋转"按钮绕 X 轴做适当旋转，效果如图 5-39 所示。单击修改器堆栈中的"编辑多边形"，退出多边形子对象编辑层级。

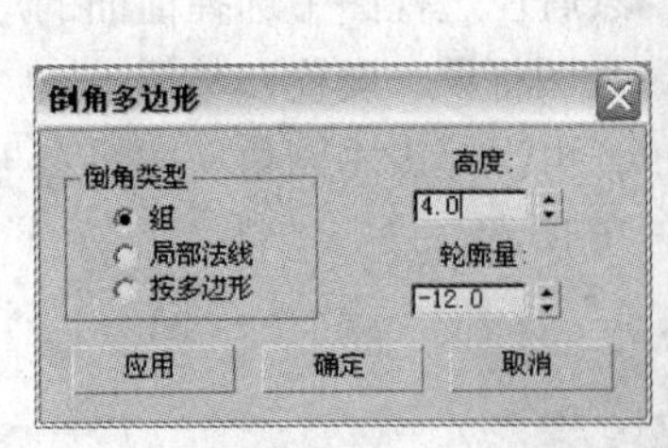

图 5-38　显示器背面倒角多边形参数设置与效果

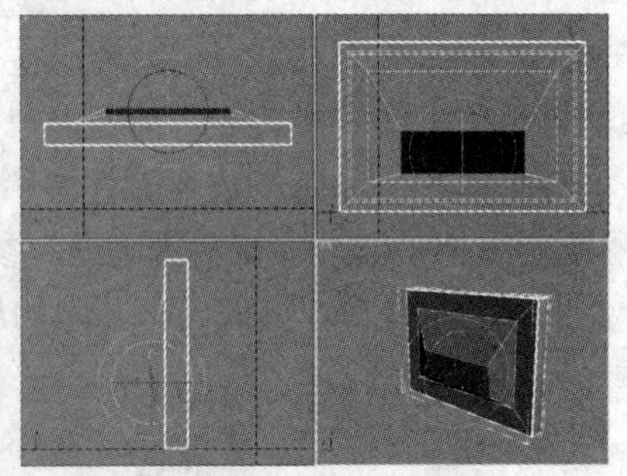

图 5-39　调整显示器背部的面

5）单击"创建"→"图形"→"样条线"→"矩形"，在顶视图中创建一个矩形，设置"长度"为 15，"宽度"为 40，并命名为"底座"。单击"修改"面板，在"修改器列表”中选择“编辑样条线”修改器，展开子对象编辑层级，进入“顶点”编辑状态，在顶视图中调整顶点的位置，效果如图 5-40 所示。单击修改器堆栈中的“编辑样条线”，退出顶点子对象编辑层级。

6）保持底座的选中状态，单击“对齐”按钮，在顶视图中选择显示器，在弹出的“对齐当前选择”对话框中设置参数，如图 5-41 所示，然后使用“选择并移动”按钮，在前视图中上、下调整底座的位置，效果如图 5-42 所示。

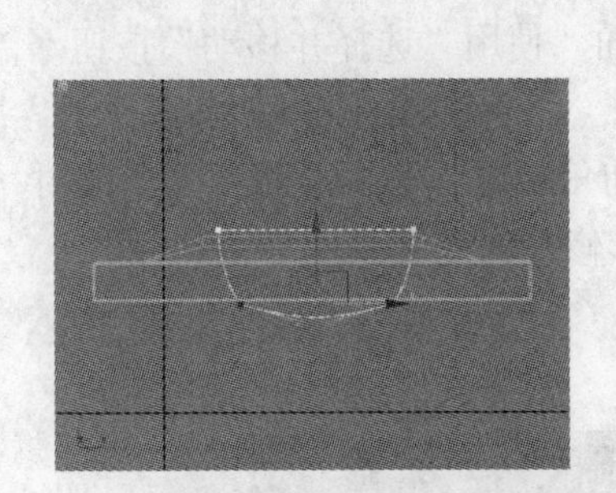

图 5-40　编辑底座线框

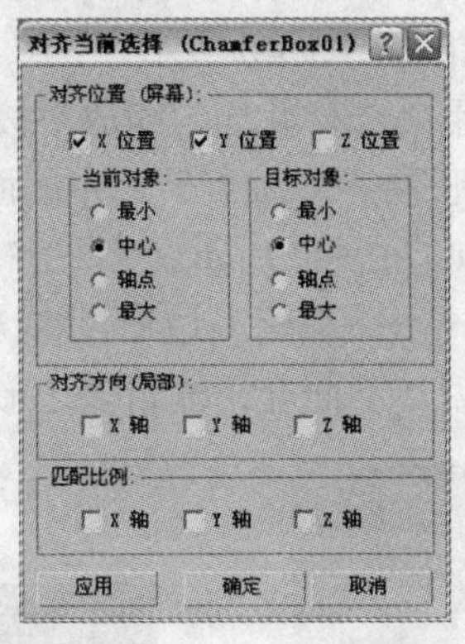

图 5-41　对齐底座与显示器

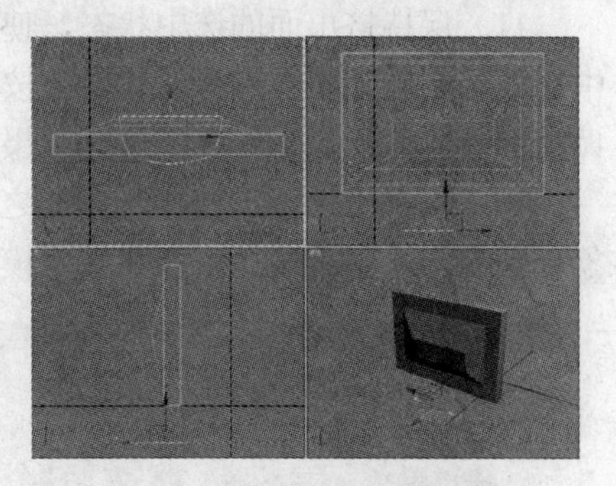

图 5-42　调整底座的位置

7）保持底座的选中状态，在视图中用鼠标右键单击，从随后弹出的快捷菜单中选择“转换为”→“转换为可编辑多边形”命令，将底座的线框转换为可编辑多边形，在修改器堆栈中底座对象显示为“可编辑多边形”。

8）保持底座的选中状态，单击“修改”面板，在修改器堆栈中展开子对象编辑层级，选择“多边形”子对象，在透视图中单击底座的面，然后在“编辑多边形”卷展栏中，单击“挤出”按钮右侧的参数图标，弹出“挤出多边形”对话框，设置“挤出高度”为 5，单击“确定”按钮，挤出效果如图 5-43 所示。单击“选择并均匀缩放”按钮，在透视图中使 X 和 Y 缩放轴为亮黄显示，在 XY 平面上缩小选中的面，效果如图 5-44 所示。

9）再次单击“挤出”按钮右侧的参数图标，设置“挤出高度”为 0.01，然后在透视图中选择“选择并均匀缩放”按钮，在 XY 平面上缩小选中的面，随后用同样的方法将选中的面挤出 18 的高度，再使用“选择并移动”按钮沿 Y 轴向显示器背部移动选中的面，最后使用“选择并旋转”按钮绕 X 轴旋转调整选中的面，效果如图 5-45 所示。

图 5-43　挤出底座

图 5-44　缩小选中的面

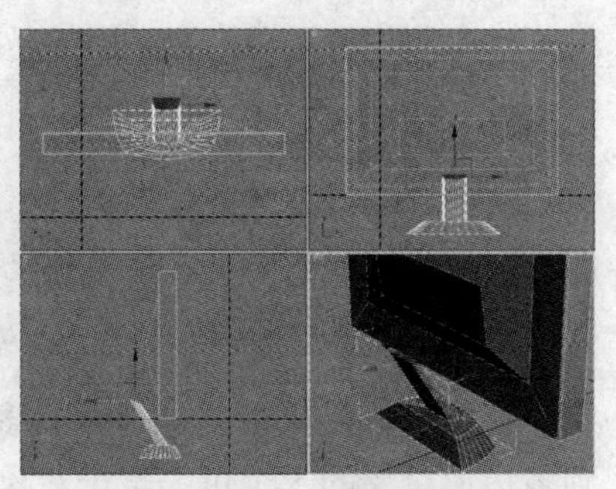

图 5-45　调整选中的面

☞小技巧

选中的面挤出高度为 0.01 的目的是为了缩放形成立柱的截面，如果直接缩放，就无法在底座与立柱间出现一个平台。当移动和旋转选中的面时，要注意选择适当的移动和旋转轴，使选中的面向后移动和向上旋转。

10）单击修改器堆栈中的“可编辑多边形”，退出多边形子对象编辑状态，调整底座的位置。保持底座选中状态，进入多边形子对象编辑状态，单击“挤出”按钮右侧的参数图标，设置“挤出高度”为 15，挤出效果如图 5-46 所示。

11）保持挤出面的选中状态，使用“选择并均匀缩放”按钮在透视图中沿 X 轴放大选中的面，然后使用“选择并旋转”按钮绕 X 轴旋转选中的面，使用“选择并移动”按钮调整选中的面，显示器底座最终效果如图 5-47 所示。

本实例采用多边形建模的方法之一——编辑多边形，将切角长方体和矩形两个简单的对象分别制作成了液晶显示器和底座模型。下面介绍编辑多边形修改命令的基本应用。

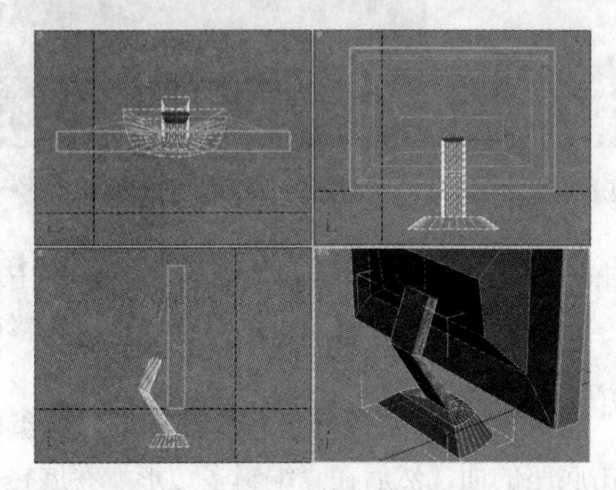

图 5-46　挤出效果

图 5-47　显示器底座最终效果

5.3.1　创建可编辑的多边形对象

对场景中的三维模型和二维图形都可以用两种方法将它们变成可编辑的多边形对象。选择对象后，一种方法是在“修改器列表”中选择“编辑多边形”修改器，给该对象添加一个“编辑多边形”的修改器；另一种方法是在对象上单击鼠标右键，从随后弹出的快捷菜单中选择“转换为”→“转换为可编辑多边形”命令，将对象直接转换为一个多边形对象。在实例 5-3 中制作显示器模型采用的是前一种方法，而底座模型的制作采用的是后一种方法。

☞小技巧

这两种方法是有一定区别的。在修改器堆栈中可以看到，前一种方法保留了对象在转换成可编辑多边形对象之前的操作记录，而后一种方法则不再保存对象以前的操作记录，完全转换成一个可编辑多边形对象，无法对前面的操作进行修改。

在修改器堆栈中单击“编辑多边形”修改器或“可编辑多边形”前边的“+”，可以看到多边形对象的 5 个可编辑子对象，如图 5-48 所示。编辑多边形对象时可以灵活地选择子对象层级进行各种操作，通过调节“顶点”、“边”、“边界”、“多边形”和“元素”等子对象来改变对象的形状。在编辑多边形对象的参数面板中，除“选择”卷展栏、“软选择”卷展栏和“编辑几何体”卷展栏外，当选择不同子对象时，参数面板中就会出现相应的子对象编辑卷展栏。

5.3.2 “选择”卷展栏

“选择”卷展栏如图 5-49 所示。该卷展栏的主要功能是帮助用户进行各类子对象的选择。

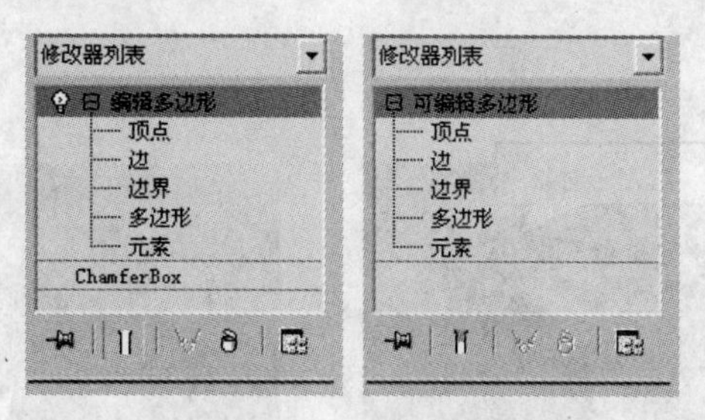

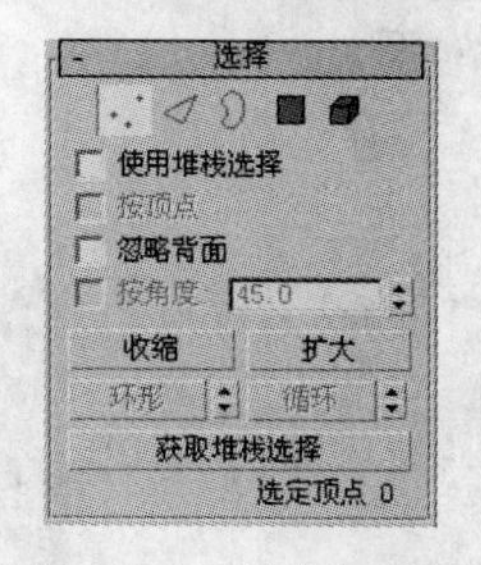

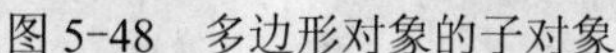

图 5-48　多边形对象的子对象　　　　图 5-49 “选择”卷展栏

位于“选择”卷展栏最上面一行的按钮用来选择对象的子对象，与在修改器堆栈中单击选择子对象的作用相同，其中亮黄色显示的按钮表示当前处于编辑状态的子对象，与当前处于编辑状态的子对象对应，在参数卷展栏的下面会显示相应的编辑卷展栏，提供相应子对象编辑的操作方法。

“忽略背面”复选框用于确定进行子对象选择时，是否选择位于背面不可见的子对象。例如，在顶点子对象层级，勾选该复选框后，在视图中框选对象的顶点时，位于选框内背面看不到的顶点就不会被选中。

在卷展栏的最下方提供了子对象的选择情况，通过该信息可以确认是否多选或漏选了子对象。

5.3.3 “编辑几何体”卷展栏

“编辑几何体”卷展栏如图 5-50 所示。该卷展栏在编辑多边形对象的任何子对象层级时都会出现，它主要提供对多边形对象整体进行编辑的命令，常用的命令如下。

1）“附加”：将场景中的另一个对象合并到选定的多边形对象中，成为该对象的一个元素。可以附加任何类型的对象，包括样条线、可编辑的多边形对象、面片对象等。

2）“分离”：将选定的子对象分离出去成为独立的对象。

3）“切片平面”和“切片”：将选定的子对象基于切片平面创建新的点、线、面，从而将选定的子对象切开。“切片平面”用于通过移动和旋转操作将切片平面定位在需要进行切片的位置处，在视图中切片平面显示为一个黄色的切割平面。启动“切片平面”后，单击“切片”按钮才可以实现子对象的切割。图 5-51 为一个可编辑的多边形对象在多边形子对象编辑状态下“切片平面”的定位，执行“切片”命令后多边形对象的效果如图 5-52 所示。

5.3.4 “编辑顶点”卷展栏

当进入顶点子对象编辑状态时，在参数卷展栏中会出现“编辑顶点”卷展栏，如图 5-53

所示，该卷展栏中的命令按钮主要对组成对象的顶点进行编辑。常用命令的功能如下。

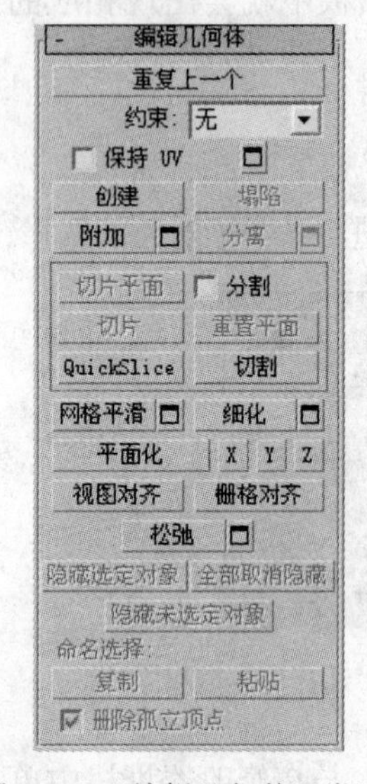

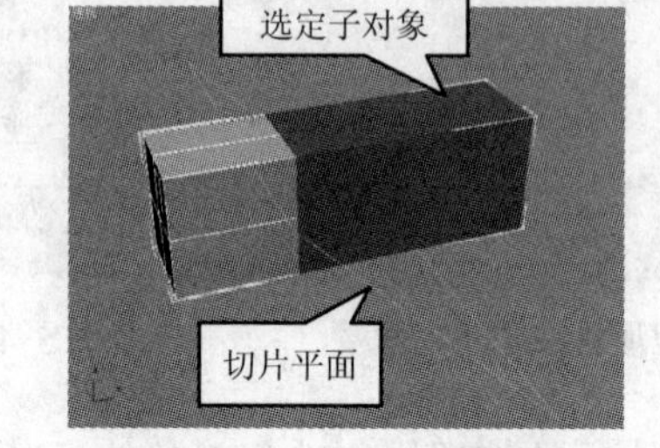

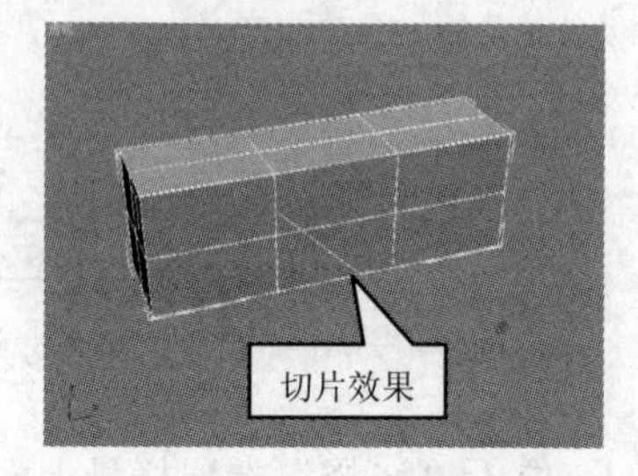

图 5-50 “编辑几何体”卷展栏　　图 5-51 定位切片平面　　图 5-52 切片后多边形对象的效果

1）“移除”：将选定的顶点从对象上去除，与使用〈Delete〉键删除顶点不同的是，使用〈Delete〉键删除顶点后会在删除的顶点位置处形成空洞，如图 5-54 所示。而“移除”命令只移去顶点，但不会出现空洞，如图 5-55 所示。

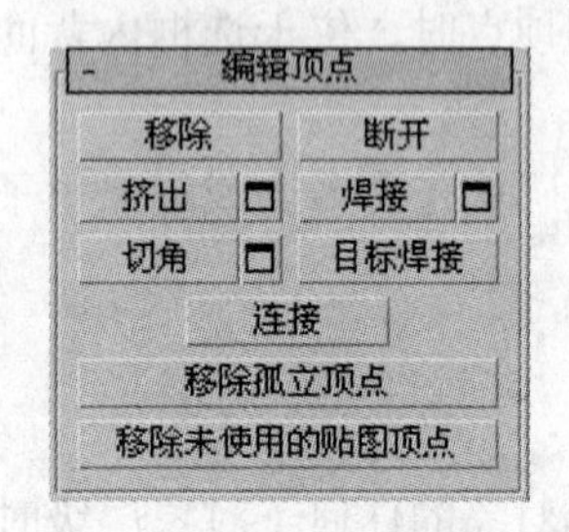

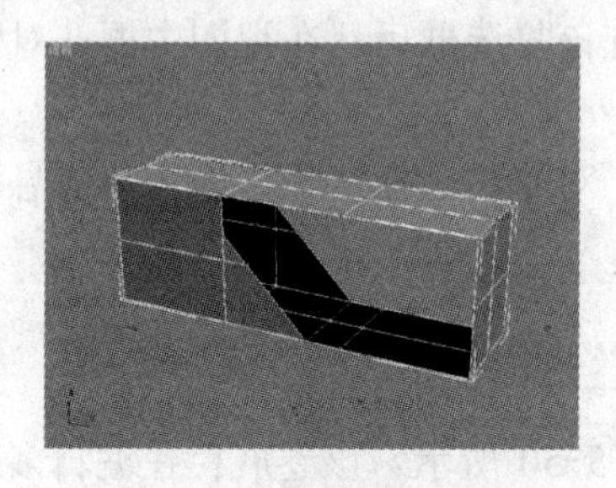

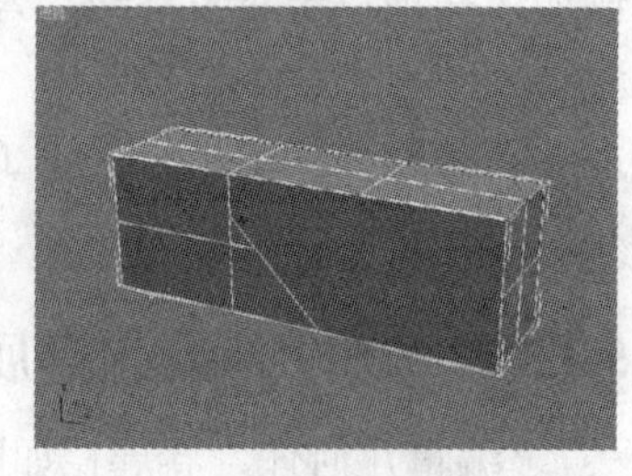

图 5-53 “编辑顶点”卷展栏　　图 5-54 使用〈Delete〉键删除顶点的效果　　图 5-55 使用“移除”命令移去顶点的效果

2）“断开”：将选定的顶点分离出新的顶点，分离出新顶点的个数由使用该顶点的边的数量决定。

3）“挤出”：将选定的顶点垂直拉出一段距离，同时在原来共用顶点的面上产生新的顶点，与挤出后的选定顶点形成新的多边形表面。单击“挤出”按钮右面的参数图标□，在弹出的“挤出顶点”对话框中，可以设置挤出命令的参数。挤出效果如图 5-56 所示。

4）“焊接”：将选定的顶点进行合并。选定的顶点是否进行合并由“焊接阈值”决定，顶点间的距离小于该值则可以合并，单击“焊接”按钮右面的参数图标□，在弹出的“焊接顶点”对话框中可以设置该参数。

5）“切角”：对选定的顶点制作倒角效果，如图 5-57 所示。与“挤出”按钮相同，“切角”按钮右面的参数图标□可以设置切角的大小。

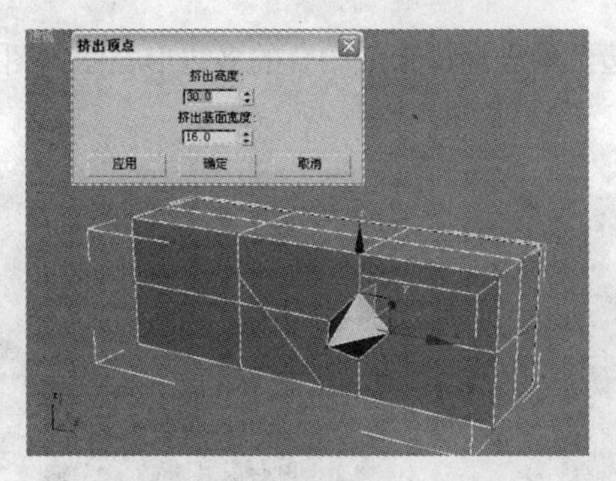

图 5-56　挤出顶点的效果

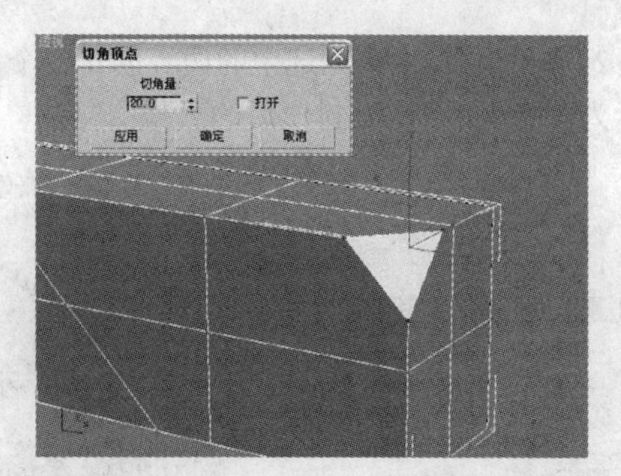

图 5-57　对选定顶点制作倒角效果

5.3.5 “编辑边”卷展栏

当进入边子对象编辑状态时，参数卷展栏中出现“编辑边”卷展栏，如图 5-58 所示，该卷展栏中的命令按钮主要用来对选定的边子对象进行操作。多边形边的编辑与顶点的编辑操作基本相同。

1）“插入顶点”：在选定的边上单击产生新的顶点，用来分割选定边。

2）“移除”：与“编辑顶点”中“移除”按钮的作用相同，但在移除边时经常会产生网格的变形和多边形不共面的现象。

3）“挤出”：与“编辑顶点”中“挤出”按钮的作用相同，效果如图 5-59 所示。

4）“切角”：沿选定的边制作倒角，倒角的大小既可以在选择“切角”按钮后在视图中拖动设置，又可以单击“切角”按钮右面的参数图标□，在“切角边”的对话框中进行设置。“切角边”对话框与切角边的效果如图 5-60 所示。

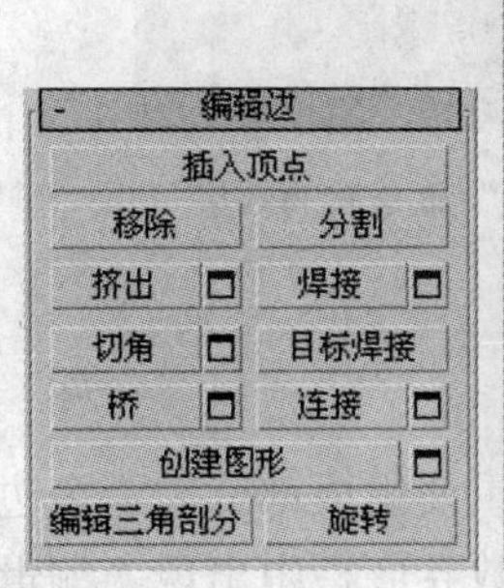

图 5-58　“编辑边”卷展栏

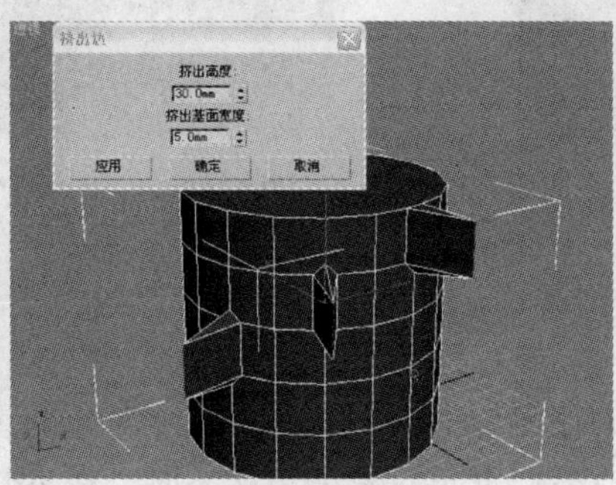

图 5-59　“挤出边”对话框与挤出边效果

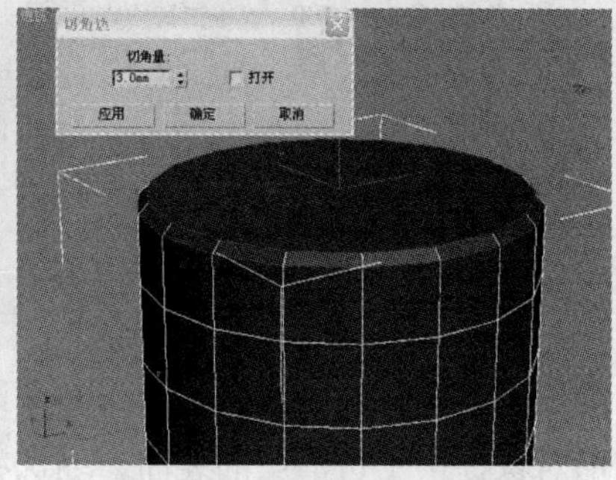

图 5-60　“切角边”对话框与切角边效果

5.3.6 “编辑边界”卷展栏

边界子对象是由多边形对象未闭合的表面上的一组边连接而成的，可以理解为多边形表面上出现的空洞上的边的集合。只有表面不完全闭合的多边形对象上才存在边界子对象。当选择边界子对象编辑状态时，在参数卷展栏中会出现“编辑边界”卷展栏，如图 5-61 所示。

1）“挤出”：与“编辑顶点”中“挤出”按钮的作用相同，用来对选中的边界执行挤出操作，效果如图 5-62 所示。

2）“封口”：用来为选中的边界创建一个多边形的表面，形成闭合的多边形表面。图 5-63 所示为图 5-62 中边界封口后的效果。

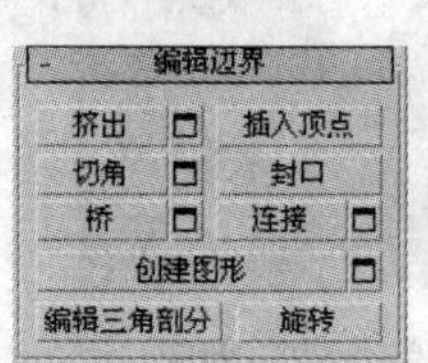

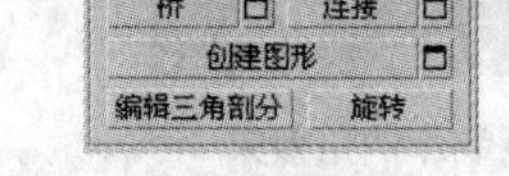

图 5-61 “编辑边界”卷展栏

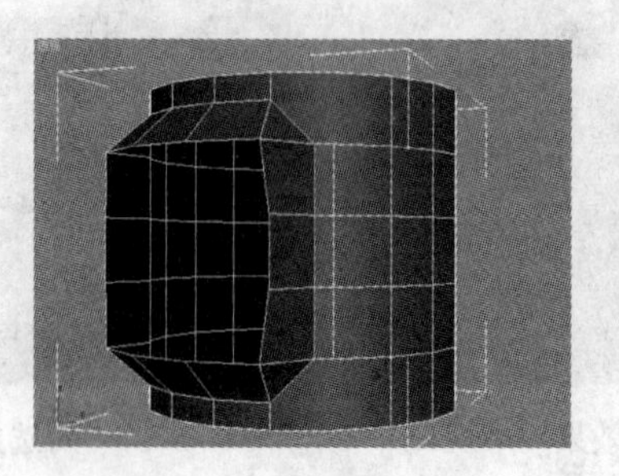

图 5-62 挤出边界效果

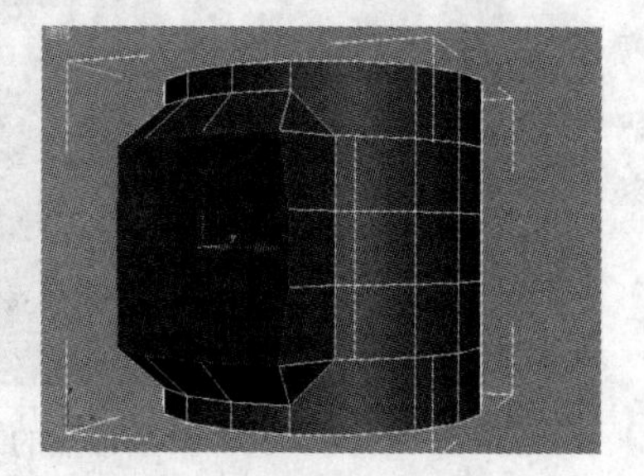

图 5-63 边界封口后效果

3）“桥”：用来连接选中的两个边界。图 5-64 所示为一个具有两个空洞的多边形对象，在边界子对象编辑状态下，应用“桥”命令后的效果如图 5-65 所示。

☞小技巧

在图 5-64 所示的场景中必须是一个多边形对象，如果是两个多边形对象，选择其中一个多边形对象，然后使用“编辑几何体”中的“附加”命令，将另一个多边形对象添加进来。

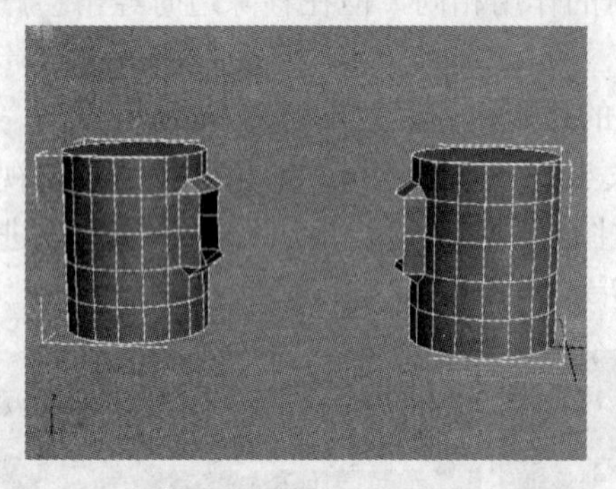

图 5-64 与桥连接的两个空洞的多边形对象

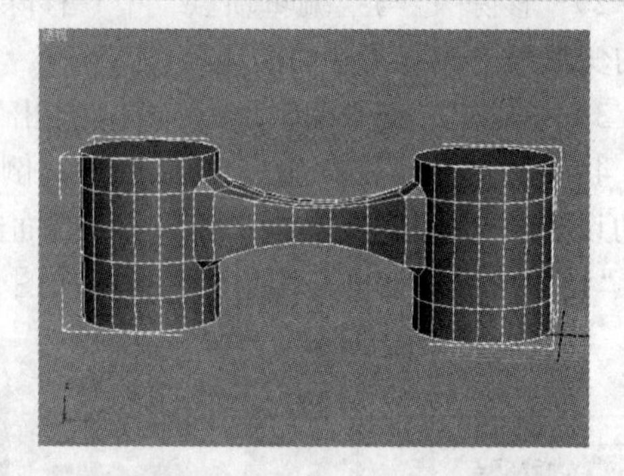

图 5-65 应用“桥”命令后的效果

5.3.7 “编辑多边形”卷展栏

多边形子对象是指由一组封闭的边围成的面，它是多边形对象的重要组成部分，为多边形对象提供了可渲染的表面。当选择多边形子对象编辑状态时，在参数卷展栏中出现“编辑多边形”卷展栏，如图 5-66 所示。

1）“插入顶点”：在多边形子对象表面任意位置处添加一个可编辑的顶点，同时产生一组该点与多边形子对象上所有顶点连接的边，效果如图 5-67 所示。

2）“轮廓”：将选中的多边形子对象进行放大或缩小的操作。

3）“倒角”：将选中的多边形子对象拉伸出一定距离，然后对拉伸出的多边形进行缩放以产生倒角的效果。与参数卷展栏上的很多按钮一样，倒角的大小可以在视图中拖动设置，也可以单击“倒角”按钮右面的参数图标▭，在弹出的“倒角多边形”的对话框中进行设置，倒角参数设置与效果如图 5-68 所示。

4）“翻转”：将选中多边形子对象的表面进行法线翻转。

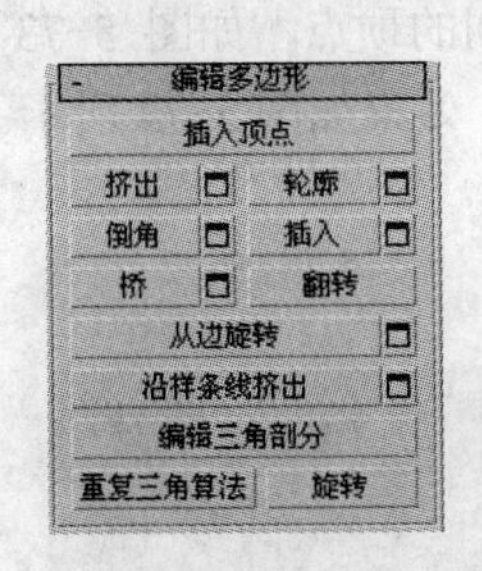

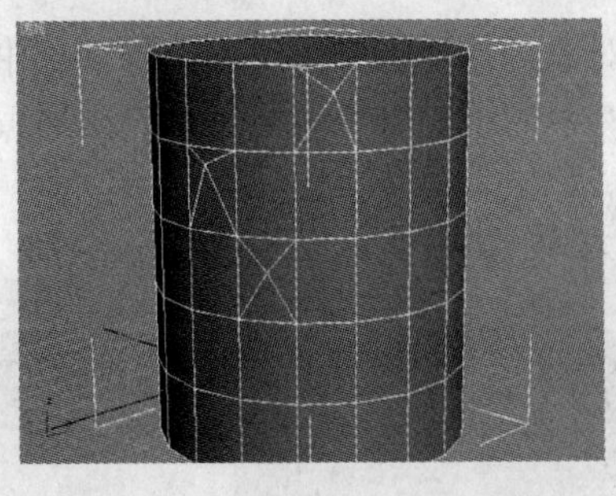

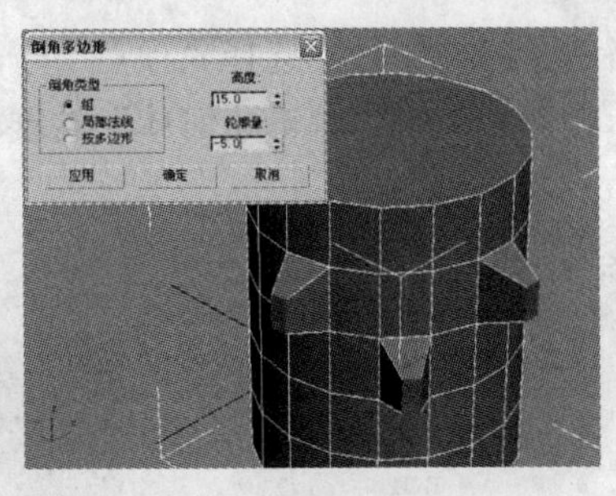

图 5-66 “编辑多边形”卷展栏　图 5-67 “插入顶点”效果　图 5-68 “倒角多边形”参数设置与效果

5.3.8 “编辑元素”卷展栏

元素子对象是指一组连续面的集合。当选择元素子对象编辑状态时，在参数卷展栏中出现“编辑元素”卷展栏，如图 5-69 所示。该卷展栏中提供的命令按钮较少，而且它们的操作与功能与“编辑多边形”卷展栏中的命令按钮相同，这里就不进行具体介绍。

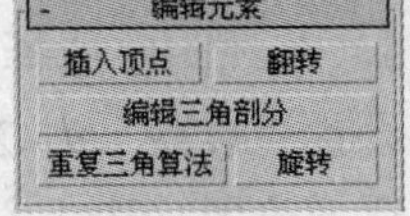

图 5-69 “编辑元素”卷展栏

5.4 编辑网格和网格平滑修改器

【实例 5-4】制作青花瓷碗模型

图 5-70 所示为青花瓷碗模型的效果。运用前面介绍的“车削”修改器可以实现瓷碗模型的制作。下面介绍另外一种制作方法，即使用编辑网格的方法制作该模型。

图 5-70 青花瓷碗模型

1）选择“文件”→“重置”菜单命令，重新设置场景。单击“创建”→“几何体”→“标准基本体”→“球体”，在顶视图中创建一个半球体，设置“半径”为 30，“分段”为 32，“半球”为 0.6，命名为“瓷碗”。

2）保持瓷碗的选中状态，在前视图中单击工具栏中的“镜像”按钮，在弹出的对话框中进行如图 5-71 所示的参数设置，单击“确定”按钮，将半球进行翻转，效果如图 5-72 所示。

3）右击瓷碗对象，从随后弹出的快捷菜单中选择“转换为”→“转换为可编辑网格”命令，将半球体转换为可编辑网格对象。开启透视图的边面显示方式。

4）继续保持瓷碗的选中状态，单击“修改”面板，在修改器堆栈中展开可编辑网格的子对象层级，选择“顶点”子对象，在透视图中单击选择顶部中间的顶点，如图 5-73 所示。然后单击“编辑几何体”卷展栏中的“删除”按钮，删除该顶点，效果如图 5-74 所示。

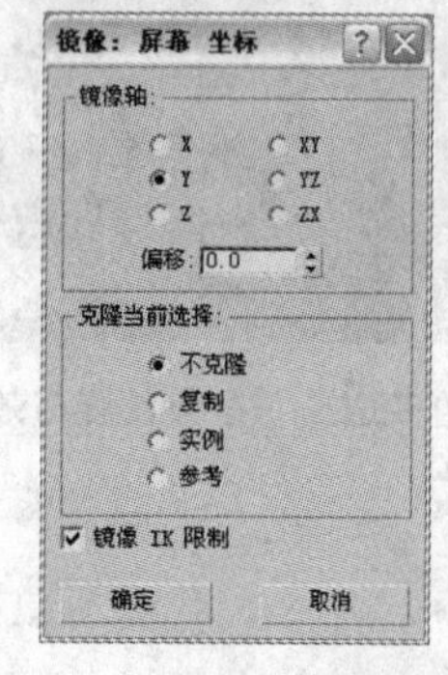

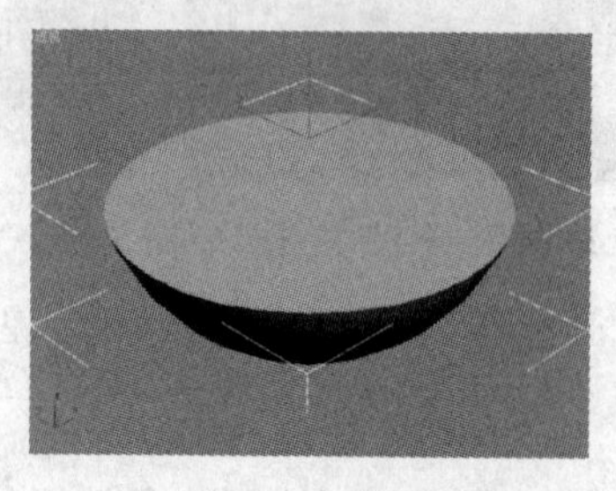

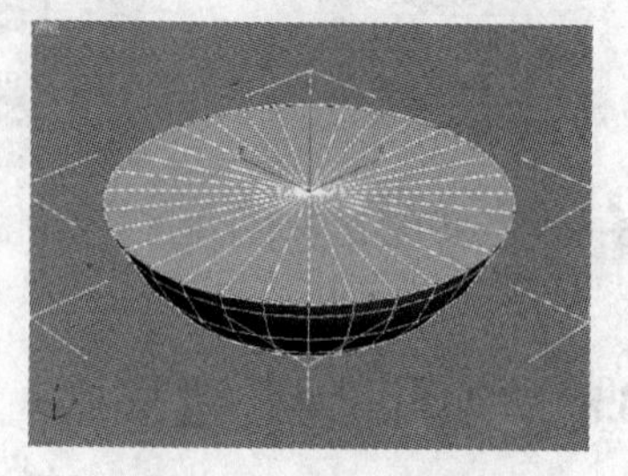

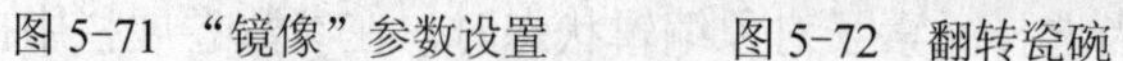

图 5-71 “镜像”参数设置　　图 5-72 翻转瓷碗　　图 5-73 选择顶点

5）在视图中选择底部中间的顶点，打开“软选择”卷展栏，选中“使用软选择”复选框，设置“衰减”为 20，如图 5-75 所示。单击“选择并移动”按钮，在前视图中向上移动至适当位置，形成瓷碗的底部，效果如图 5-76 所示。

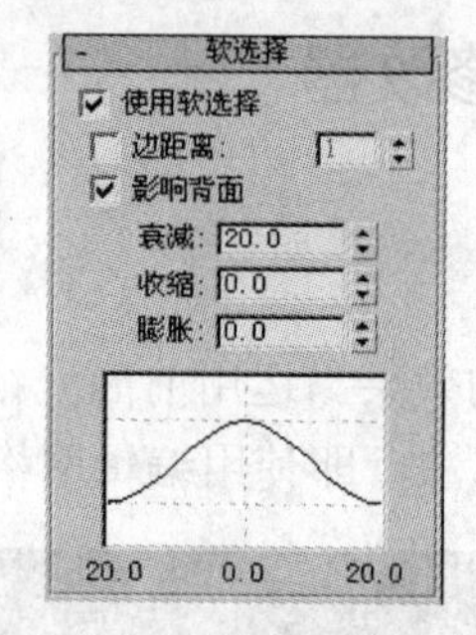

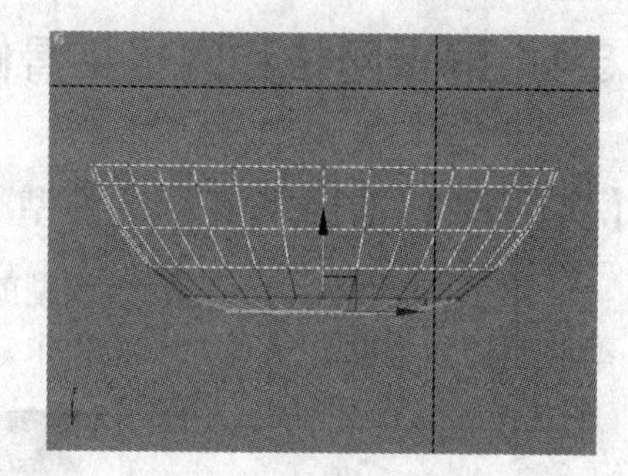

图 5-74 删除顶点　　图 5-75 “软选择”卷展栏　　图 5-76 瓷碗的底部效果

☞小技巧

启用“使用软选择”选项后，选中的顶点周围的顶点的颜色会发生渐变变化，颜色的不同，表明受选中顶点移动操作的影响程度不同。

6）在修改器堆栈中选择“边”子对象，在“软选择”卷展栏中取消“使用软选择”复选框的选择。在顶视图中按住〈Ctrl〉键，依次选择从内向外第二圈的所有边，如图 5-77 所示。在“编辑几何体”卷展栏的“切角”按钮右面的文本框中输入 0.8，然后按〈Enter〉键，产生所选边的切角效果如图 5-78 所示。

7）在修改器堆栈中选择“多边形”子对象，在顶视图中按住〈Ctrl〉键，依次选择切角边围成的多边形子对象，如图 5-79 所示。单击“编辑几何体”卷展栏的“挤出”按钮，在顶视图中拖动，挤出碗底适当的高度，效果如图 5-80 所示。

8）单击修改器堆栈中的“可编辑网格”，退出子对象编辑状态。保持瓷碗的选中状态，在“修改器列表”中选择“壳”修改器，设置“内部量”和“外部量”分别为 2 和 0.5，效果如图 5-81 所示。

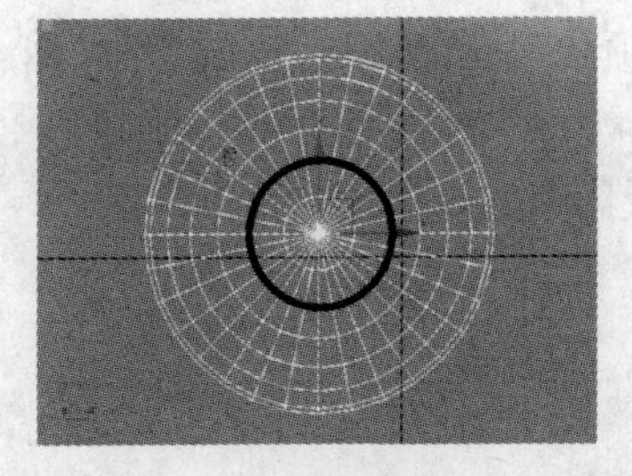

图 5-77　选择碗底边

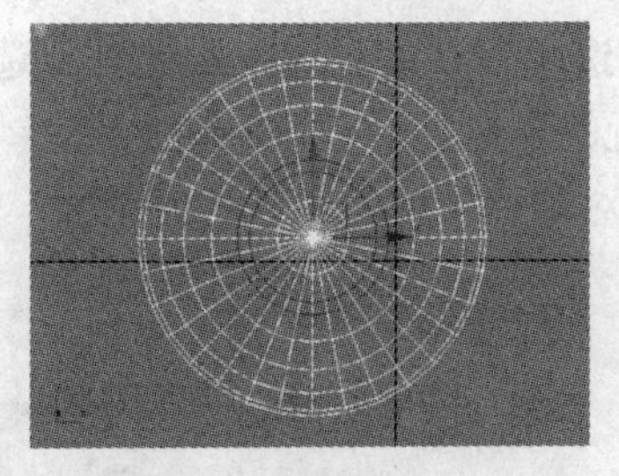

图 5-78　所选边的切角效果

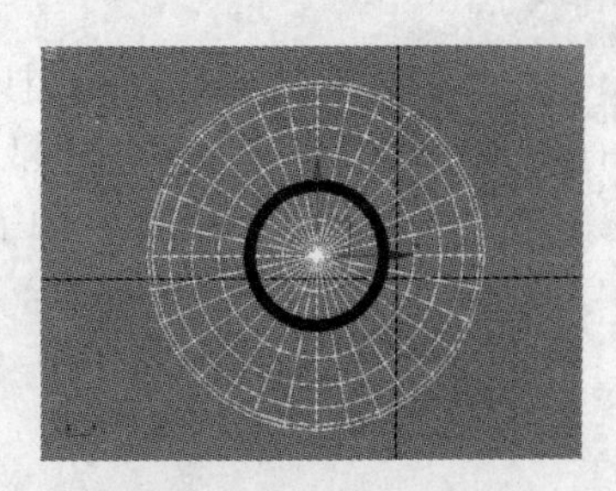

图 5-79　选择多边形子对象

9）保持瓷碗的选中状态，在“修改器列表”中选择“网格平滑”修改器，设置“细分量”卷展栏中的“迭代次数”为 2，瓷碗模型最终效果如图 5-82 所示。

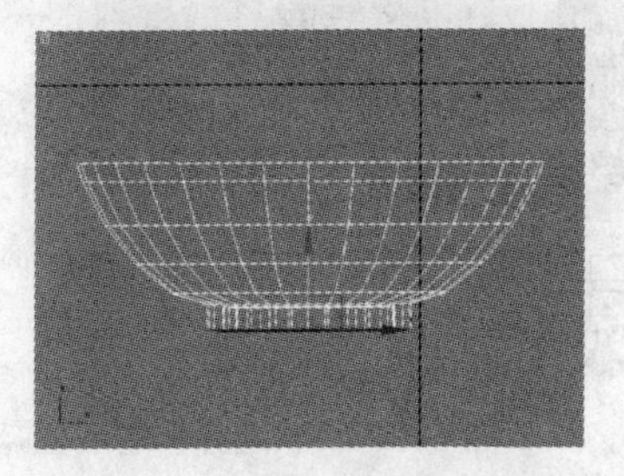

图 5-80　挤出碗底适当高度

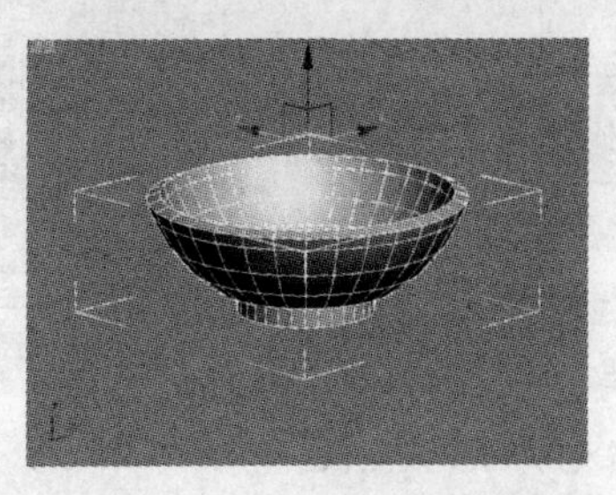

图 5-81　应用“壳”修改器效果

图 5-82　瓷碗模型最终效果

通过将半球体转换成网格对象、然后进行编辑的方法，完成了瓷碗的模型制作。如果给瓷碗指定多维/子对象材质，设置适当的灯光和摄影机，就可以得到青花瓷碗模型的精美效果了。下面介绍网格对象的编辑方法以及“网格平滑”修改器的应用。

5.4.1　编辑网格

编辑网格的建模方法同编辑多边形的建模方法相似，先将一个对象转换为可编辑的网格对象，然后再对其进行编辑。网格对象的可编辑子对象包括顶点、边、面、多边形和元素。面子对象是网格对象不同于多边形对象的子对象层级，面子对象是指三角形的表面，它是网格对象表面的基本单位。多边形子对象是由若干个三角面组成的，选择一个多边形子对象实际上是同时选择了多个隐藏的面子对象。

1. 创建网格对象

与创建多边形对象相同，可以使用两种方法将三维模型或二维图形转换成可编辑的网格对象。在选择对象后，在“修改器列表”中选择“编辑网格”修改器，给该对象添加一个“编辑网格”的修改器；或者右击对象，从随后弹出的快捷菜单中选择“转换为”→“转换为可编辑网格”命令，将对象直接转换为一个网格对象。

在选中网格对象后，在修改器堆栈中展开网格对象的子对象，就可以进入子对象层级进行编辑了。网格对象的参数面板中包括“选择”卷展栏、“软选择”卷展栏、“编辑几何体”卷展栏和“曲面属性”卷展栏，如图 5-83 所示。

2.“软选择”卷展栏

“软选择”卷展栏如图 5-84 所示，该卷展栏主要控制当对选择的子对象进行变换操作时，该操作对相邻子对象的影响程度。

1）“使用软选择”：启用该选项后，本卷展栏中的其他选项才被激活，这意味着对选择子对象进行的变换操作会对邻近的子对象产生一定的影响。

2）“衰减”：设置受影响子对象的区域半径。其值越大，受影响的子对象的范围越大。

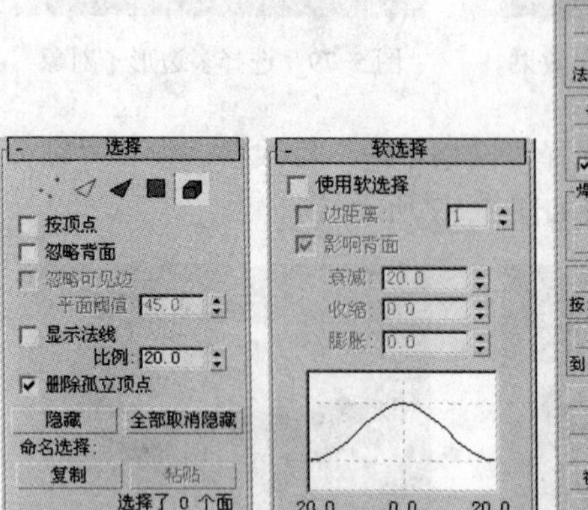

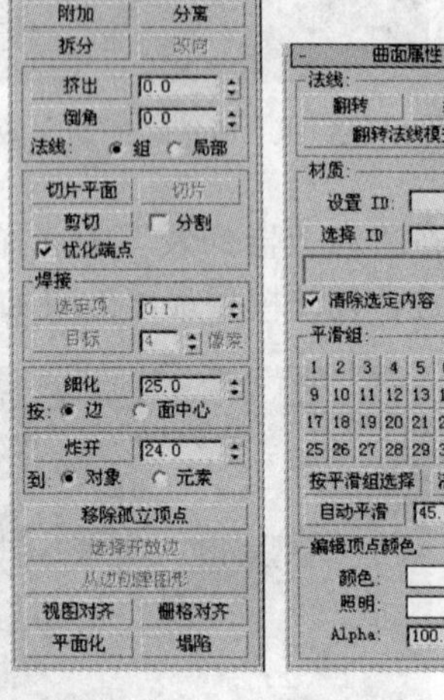

图 5-83　网格对象的参数面板

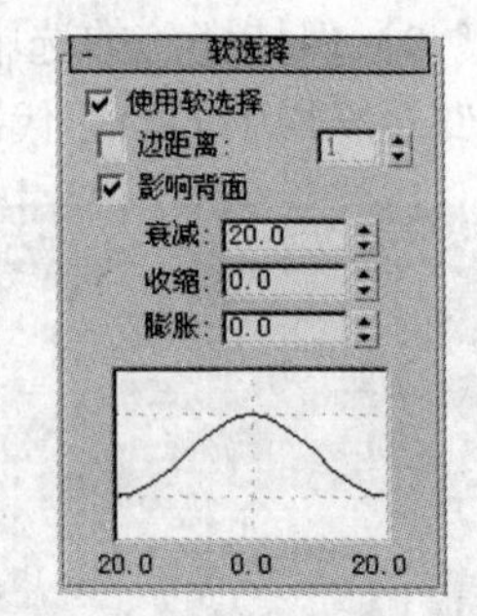

图 5-84　“软选择”卷展栏

3.“编辑几何体”卷展栏

网格对象的所有子对象共同使用“编辑几何体”卷展栏中的命令，如图 5-85 所示。该卷展栏中有些命令只有特定的子对象层级可用，例如“焊接”选项组只有在顶点子对象编辑状态下可用。

1）“创建”：在视图中创建新的子对象。顶点子对象可以在视图中任意位置创建，面、多边形和元素子对象必须是单击网格对象的已有顶点，将它们连接起来形成新的子对象。在边子对象编辑状态下，该命令按钮不可用。

2）“删除”：删除选中的子对象。当删除顶点和边子对象时，将同时删除共用该顶点或边的面，在对象表面留下空洞。

3）“附加”：将其他对象合并到网格对象中。合并进来的对象将成为网格对象的一个元素。

4）“分离”：可以将选定的子对象分离出去成为独立的对象，也可以将选定的子对象分离成网格对象的一个元素子对象。

5）“断开”：分裂选中的顶点。共用该顶点的面的个数决定分裂顶点的个数，分裂后的每个顶点都只与一个面相连。该命令按钮仅出现在顶点子对象编辑状态下，其余子对象编辑状态变为“拆分”命令按钮。

6）“拆分”：将选中的边、面或多边形子对象分割成多个。

7）“挤出”：将选中的边、面或多边形子对象拉伸出一定的长度，挤出的长度可以在视图中拖动确定，也可以在后面的数值框中进行设置，挤出效果如图 5-86 所示。与编辑多边形对象不同，在顶点子对象编辑状态下，该命令按钮不可用。

8）“切角”：用于对选中的顶点或边进行切角处理，效果如图 5-87 和图 5-88 所示。该命令按钮出现在顶点和边子对象编辑状态下，其余子对象编辑状态变为“倒角”命令按钮。

9）“倒角”：将选中的面或多边形子对象在视图中拉伸出一定距离，然后对拉伸出的子对象进行缩放以产生倒角的效果，如图 5-89 所示。

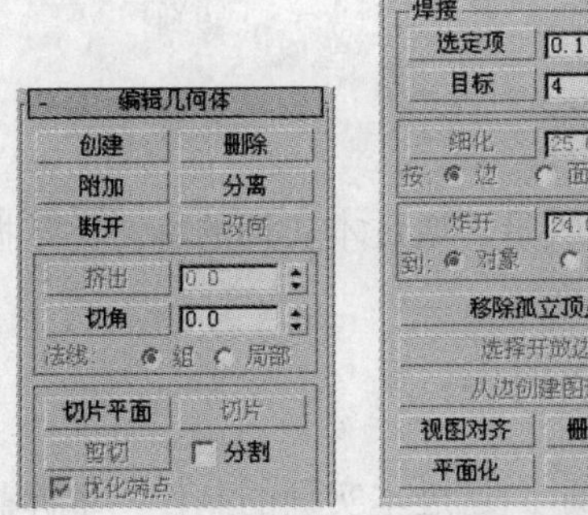

图 5-85 “编辑几何体”卷展栏

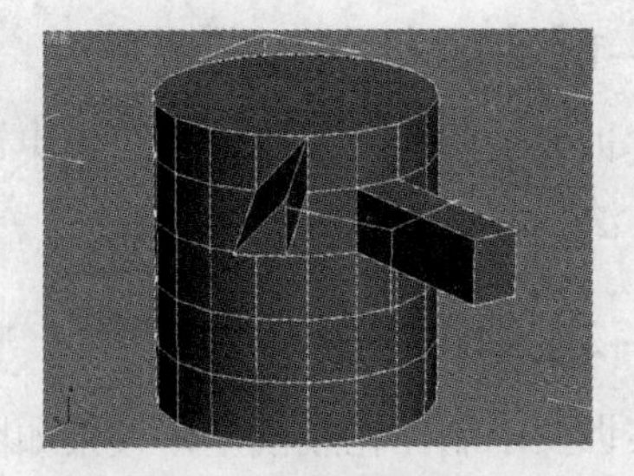

图 5-86 挤出效果

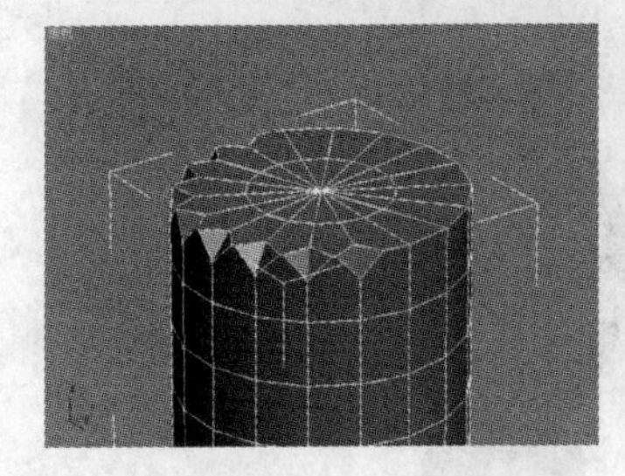

图 5-87　顶点切角后的效果

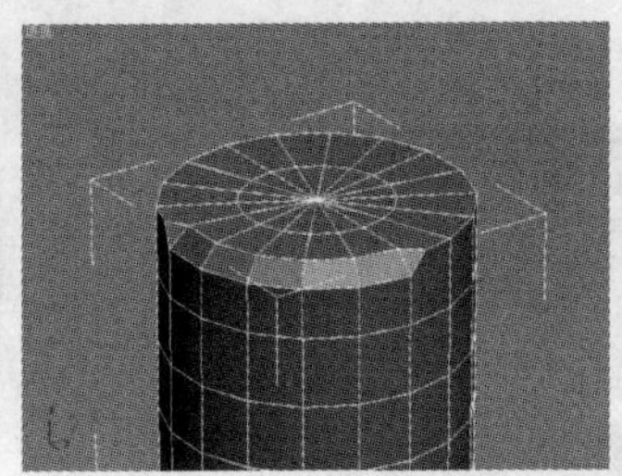

图 5-88　边切角后的效果

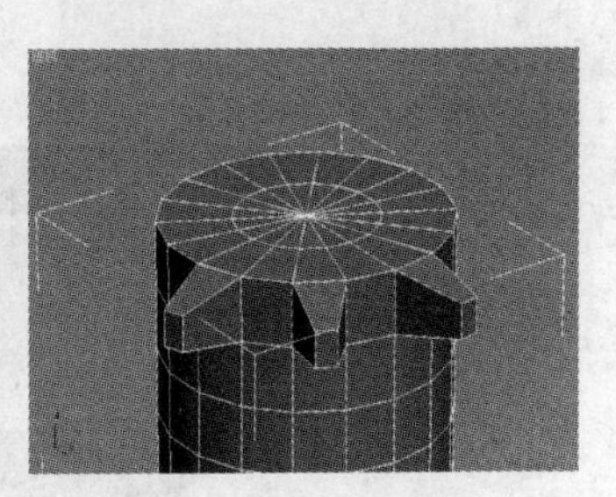

图 5-89　多边形的倒角效果

10）“焊接”选项组：主要用来合并顶点。设置“选定项”按钮后面数值框的值，再单击“选定项”按钮，可以将在该数值距离内的选中顶点合并在一起。单击“目标”按钮后移动顶点，可以将该顶点焊接到“目标”按钮后面数值框中所设置距离内的顶点上。

11）“移除孤立顶点”：删除网格对象内不与任何边相连、孤立存在的顶点。

5.4.2　网格平滑修改器

网格平滑修改器可以对网格对象的表面进行平滑处理。平滑的效果主要是对网格对象的边角进行圆滑处理。

网格平滑修改器的参数设置如图 5-90 所示。常用参数的意义如下。

1）“细分方法”：有经典、四边形输出和 NURMS 3 种方法，其中 NURMS 最为常用。

2）“迭代次数”：设置细分网格的次数。它决定了平滑的程度，但数值不能太大，一般不宜超过 4，否则系统计算和反应的速度将大大减慢。

3）“平滑度”：指定要进行光滑处理的拐角光滑度。当值为 0 时，不进行光滑处理；当值为 1 时，对所有节点进行光滑处理。

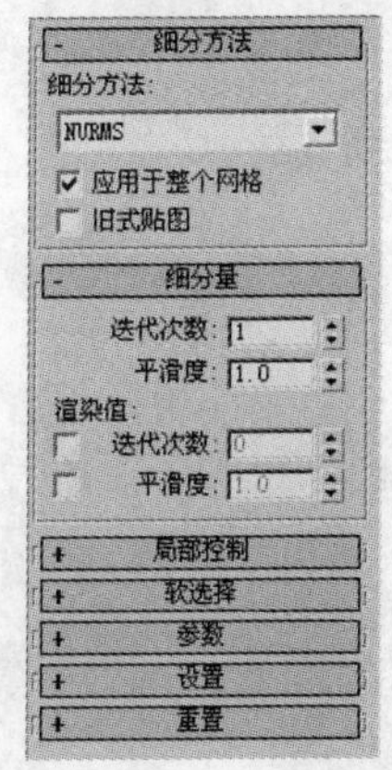

图 5-90　网格平滑修改器参数设置

5.5 上机实训

【实训 5-1】制作烟灰缸模型

本实训要求制作烟灰缸模型，效果如图 5-91 所示。通过本实训的练习，掌握布尔运算的建模方法。

【实训 5-2】制作花瓶模型

本实训要求制作花瓶模型，效果如图 5-92 所示。通过本实训的制作，掌握截面图形的制作、多截面放样的建模方法以及缩放、倒角等放样变形工具的综合应用方法。

图 5-91 烟灰缸模型

图 5-92 花瓶模型

【实训 5-3】制作电池模型

本实训要求制作电池模型，效果如图 5-93 所示。通过对圆柱体对象应用编辑多边形修改器的制作电池模型，掌握多边形建模方法的综合应用和网格平滑修改器的应用方法。

图 5-93 电池模型

第6章　材质与贴图

本章要点

材质用于模拟对象表面的质感，贴图的主要作用是模拟对象表面的纹理和凹凸特性。本章主要介绍材质编辑器的使用方法，材质的基本属性、常用材质类型以及贴图通道的作用和常用贴图类型的参数设置和使用方法。

6.1　材质编辑器

【实例6–1】制作香蕉模型材质

本实例通过制作香蕉模型的材质，熟悉材质编辑器的界面、掌握材质制作和指定等基本操作。赋予材质后的香蕉模型效果如图6-1所示。

1）选择“文件”→“打开”菜单命令，在弹出的对话框中选择配套素材中\Scenes\第6章\6-1 香蕉.max场景文件，未指定材质的香蕉模型效果如图6-2所示。

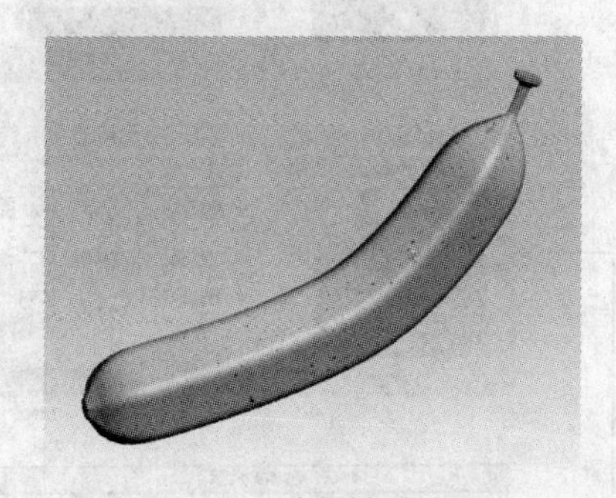

图6-1　香蕉材质效果

图6-2　打开原场景

2）按下〈M〉键，在打开的“材质编辑器”面板中选择一个示例球，在材质名称文本框中命名材质为“香蕉”，如图6-3所示。

3）单击“Blinn基本参数”卷展栏中“漫反射”后面的色样按钮，在弹出的“颜色选择器”对话框中设置“红”为229，“绿”为206，“蓝”为137。设置“高光级别”为18，“光泽度”为26，如图6-4所示。

4）打开“贴图”卷展栏，单击“漫反射颜色”后面的 None 按钮，在弹出的“材质/贴图浏览器”中双击选择“泼溅”贴图，如图6-5所示。

☞小技巧

选中的示例球窗口显示为白色的边界，表示当前正在编辑该示例球的材质参数。

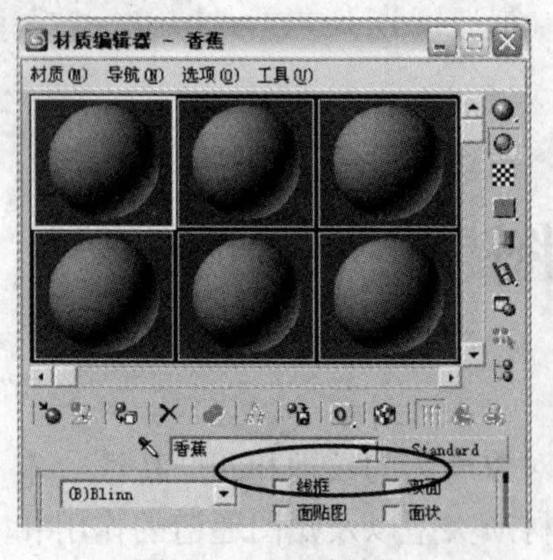

图 6-3　命名材质

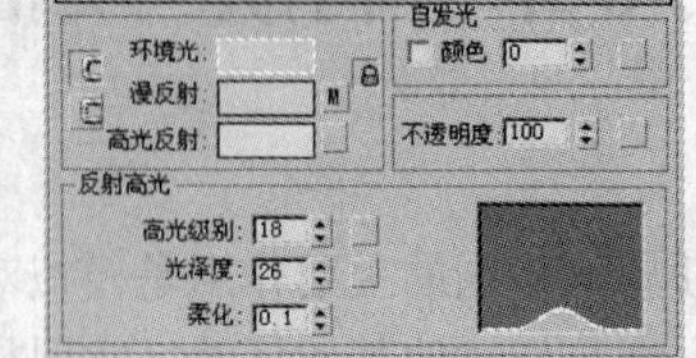

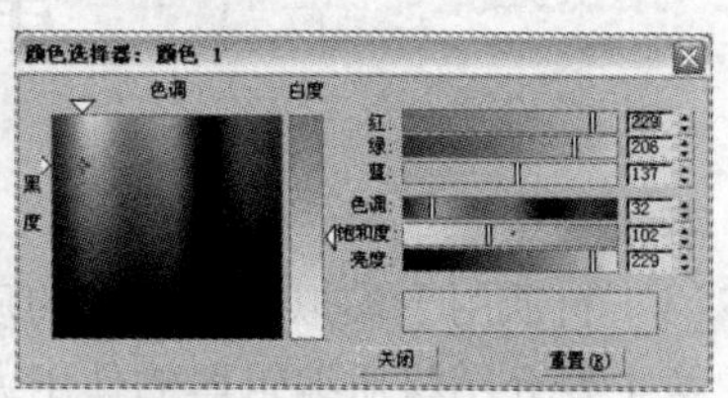

图 6-4　设置基本参数

5）返回“材质编辑器”，在“泼溅参数”卷展栏中，单击“颜色 #1”后面的色样按钮，设置“红”为 229，“绿”为 206，“蓝”为 137；单击“颜色 #2”后面的色样按钮，设置“红”为 78，“绿”为 68，“蓝”为 47。在“泼溅参数”卷展栏中，设置“大小”为 3，“阈值”为 0.12，“迭代次数”为 2，如图 6-6 所示。

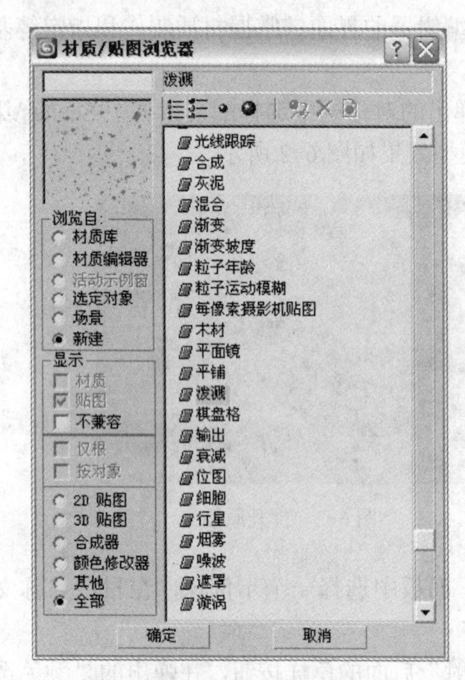

图 6-5　选择贴图类型

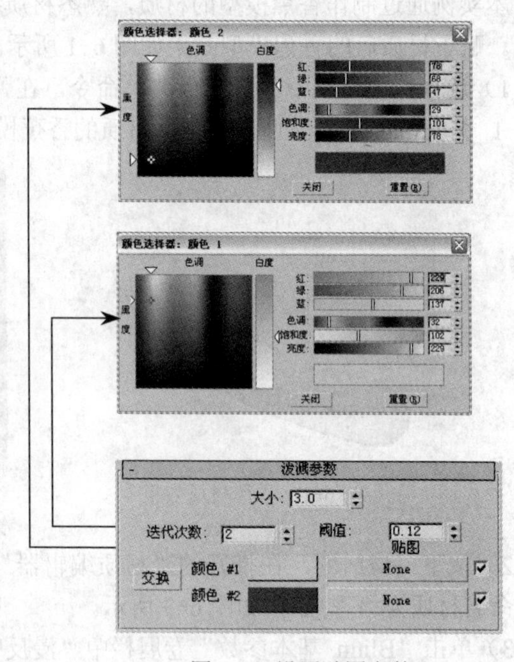

图 6-6　设置贴图参数

6）依次单击“材质编辑器”水平工具栏中的“在视口中显示贴图”按钮、“显示最终结果”按钮和“转到父对象”按钮，制作的香蕉材质示例球如图 6-7 所示。

7）在视图中选择香蕉模型，然后单击“材质编辑器”水平工具栏中的“将材质指定给选定对象”按钮，将制作的香蕉材质赋予香蕉模型，如图 6-8 所示。

8）激活“透视”视图，按下〈F9〉键，进行渲染，观察设置材质后的香蕉模型效果，然后保存场景。

图 6-7　香蕉材质示例球

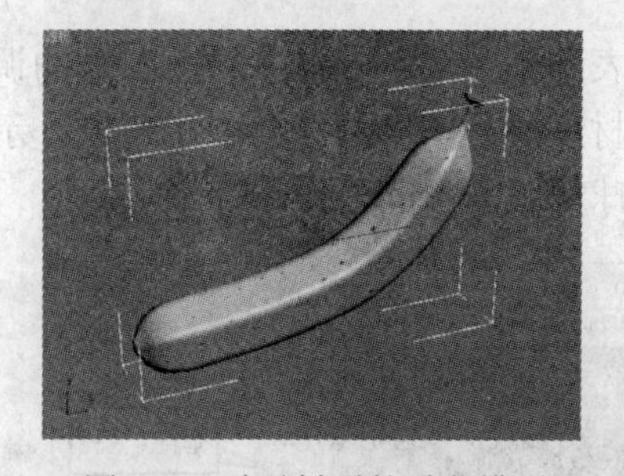

图 6-8　赋予材质的香蕉模型

6.1.1　材质和贴图概述

在 3ds max 中，材质用于模拟真实世界中物体的质感和纹理，其中包括物体表面的颜色、纹理、光滑度、透明度、反射/折射率、自发光度等特性。将材质赋予场景中的对象后，通过渲染就能够将这些材质的特性表现出来。

通过设置材质的颜色、光泽度和自发光等基本参数，能够简单地模拟物体表面的质感，但是要表现物体表面的纹理特征，就需要使用不同类型的贴图来实现。材质中包含有多种贴图通道，通过在不同的贴图通道中设置不同的贴图类型可真实地模拟物体表面的凹凸、镂空、反射等纹理特性。

贴图和材质是相辅相成的，如果要为模型应用贴图，首先就要制作相应的材质，再将适当的贴图应用到相应的材质的贴图通道中，然后将制作好的材质赋予场景中的模型。可以说，材质是贴图的载体，贴图丰富了材质的质感和纹理。

6.1.2　材质编辑器的界面

材质编辑器的作用就是定义、编辑和使用材质。打开“材质编辑器”面板有以下几种方法：

1）单击主工具栏中的“材质编辑器”按钮。

2）选择“渲染”→“材质编辑器”菜单命令。

3）按下快捷键〈M〉。

“材质编辑器”面板由菜单栏、示例窗、水平工具栏、垂直工具栏、材质名称和类型区以及参数控制区 6 部分组成，如图 6-9 所示。

6.1.3　示例窗

示例窗用来观察材质的状态，材质参数发生的变化会直观地在示例窗中反映出来，便于用户预览材质效果。在 3ds max 的材质编辑器示例窗中提供了 24 个示例对象，在默认状态下，示例窗中显示为 6 个示例球。

☞小技巧

在示例窗上双击鼠标，可以将示例窗口弹出，单独放大显示。

在示例窗中，没有被激活的示例窗以黑色边框显示，单击一个示例窗后，该示例窗以白色边框显示，表示处于激活状态。材质参数的调整都是对激活的示例对象进行的。如果示例窗中的示例球材质已经指定给场景中的对象，示例窗的四角就会有三角形标志。示例窗中各种状态的示例球如图 6-10 所示。

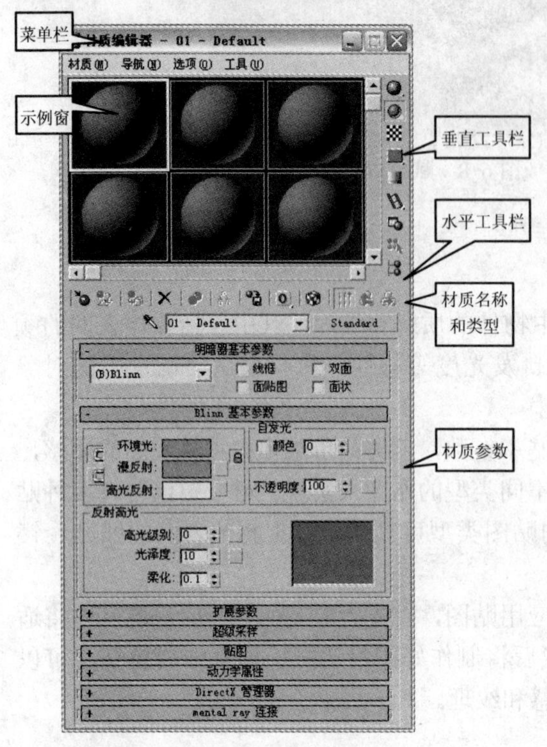

图 6-9 “材质编辑器”面板

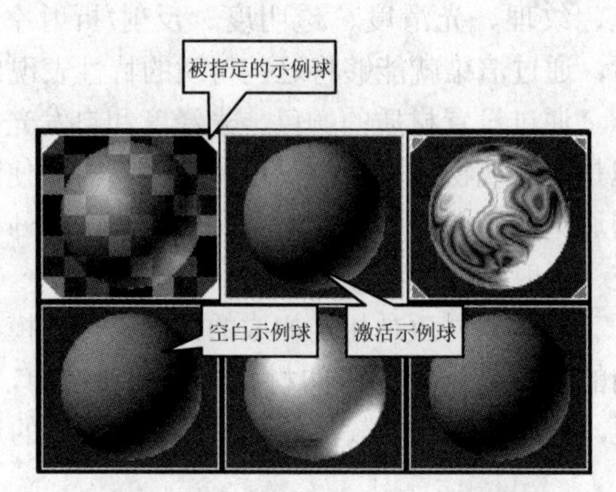

图 6-10 各种状态的示例球

6.1.4 材质编辑器工具栏

1. 垂直工具栏

在“材质编辑器”面板右侧的垂直工具栏主要用于控制示例窗中材质显示的属性，如改变示例窗中示例对象的形状、打开或关闭示例对象的背景光、显示示例窗的背景等。常用控制按钮的功能如下。

1）“采样类型”：控制示例窗中示例对象的形状。“采样类型”提供了球形、圆柱体和立方体 3 种形状，如图 6-11 所示。在默认状态下，示例窗内显示为示例球。在不同情况下，可以选择适当形状的示例对象。

2）“背光”：控制是否打开示例对象的背光灯照明。使用背光可以查看到反射高光的效果，在设置金属材质时可以更好地查看材质的效果。

3）“背景”：控制示例窗中是否显示背景。通常在制作透明和反射材质时开启背景，其背景效果如图 6-12 所示。

4）“采样 UV 平铺”：设置示例对象上贴图显示重复的次数，如图 6-13 所示。

5）“选项”：单击该按钮，弹出“材质编辑器选项”对话框，如图 6-14 所示。在该对话框中，可以调整示例窗中材质显示的各种属性，还可以设置材质编辑器中显示的“示例窗的数目”（3×2、5×3 或 6×4）。

图 6-11　各种形状的示例对象

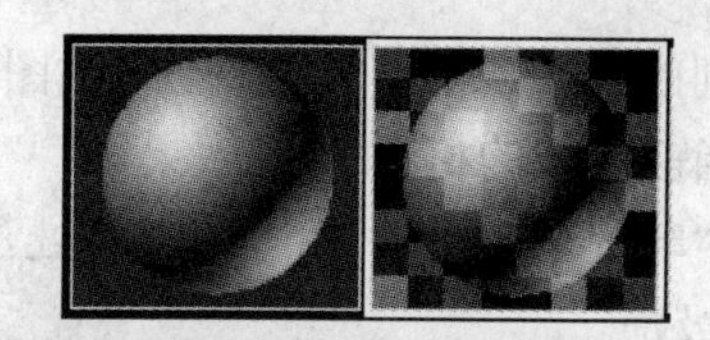

图 6-12　背景效果

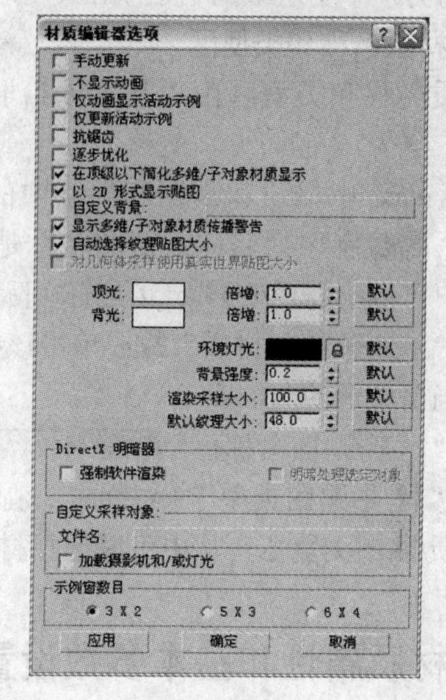

图 6-13　采样 UV 平铺

图 6-14　“材质编辑器选项”对话框

2．水平工具栏

位于示例窗下方的水平工具栏用于对材质进行编辑操作，提供材质的存、取功能。水平工具栏中常用控制按钮的功能如下。

1）“获取材质”：单击该按钮，将弹出“材质/贴图浏览器”窗口，如图 6-15 所示，可以进行选取、装入或生成新材质的操作。

2）“将材质放入场景”：将激活的材质指定给场景中使用与激活材质同名的对象。

3）“将材质指定给选定对象”：将当前激活的材质赋予场景中选择的所有对象。该按钮在场景中选择对象后才可用。

4）“将材质/贴图重置为默认状态”：将当前示例窗的参数全部恢复为默认设置。

5）“复制材质”：将已经赋予对象的材质复制一个相同的材质，但复制的材质没有赋予场景中的任何对象。

6）“在视口中显示贴图”：在视图中显示材质的贴图效果。

7）“显示最终结果”：在 3ds max 中材质可以嵌套

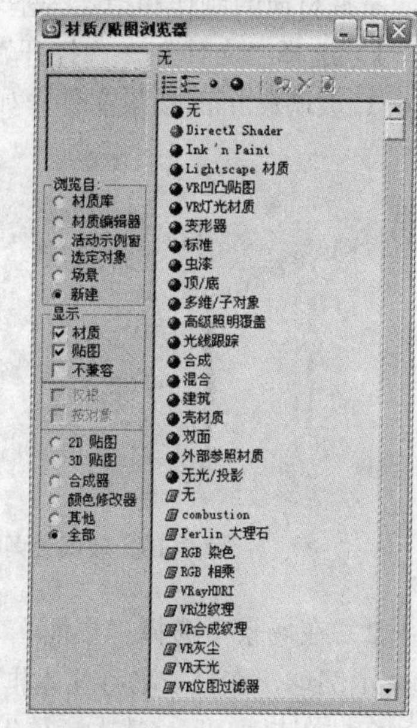

图 6-15　“材质/贴图浏览器”窗口

多个级别的材质/贴图，在子材质/贴图级别时，开启该按钮会显示材质的最终效果，否则将只显示当前层级的材质/贴图效果。

8）“转到父对象”：若当前处于子材质/贴图级别，则单击该按钮将返回到上一级材质/贴图级别。

9）“转到下一个同级项”：若当前处于子材质/贴图级别，则单击该按钮可以转到同一层级的另一个子层级的材质/贴图。

3．材质名称和类型区

材质名称和类型区由“从对象拾取材质”按钮、材质名称栏和材质/贴图类型按钮组成。

3ds max 中材质和贴图和场景中的对象一样也是有名称的，默认的材质名称是“01-Default”等数字序列名称；贴图名称是“Map #1” 等数字序列名称。为了便于查找和使用，用户可以给材质/贴图定义具有实际意义的名称。

1）“从对象拾取材质”：单击该按钮，然后再单击场景中的对象，该对象的材质就被复制到当前激活的示例窗上。

2）“材质/贴图名称栏”02 - Default：用于显示和修改当前材质/贴图的名称。

3）“材质/贴图类型”Standard：显示和选择当前材质/贴图的类型。单击该按钮，将会打开材质/贴图浏览器，从中可以选择材质/贴图的类型。

6.2 材质属性和基本参数设置

【实例 6-2】制作玻璃餐桌模型材质

本实例通过对玻璃餐桌模型进行材质的设置来学习材质编辑器的界面、材质的属性和参数，掌握材质的制作和指定等基本操作。指定材质后的玻璃餐桌模型效果如图 6-16 所示。

1）选择“文件”→“打开”菜单命令，在弹出的对话框中选择配套素材中\Scenes\第 6 章\6-1 玻璃桌.max 场景文件，如图 6-17 所示。

图 6-16 玻璃餐桌模型

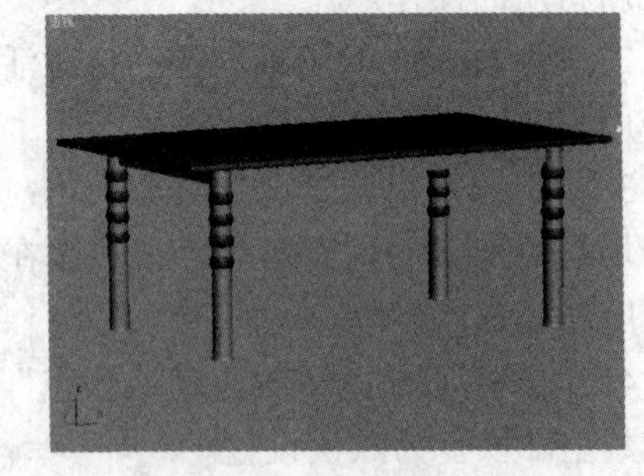

图 6-17 打开原场景

2）在场景中选择“桌面”对象，按下〈M〉键，在打开的“材质编辑器”面板中选择一个示例球，在材质名称文本框中命名材质为“玻璃”，如图 6-18 所示。

3）单击“Blinn 基本参数”卷展栏中的“漫反射”后面的色样按钮，在弹出的“颜色选择器”对话框中设置“红”为 192，“绿”为 212，“蓝”为 217。设置“不透明度”为 60，“高光级别”为 35，“光泽度”为 20。单击“材质编辑器”的水平工具栏中的“将材质指定给选定对象”按钮，设置桌面的玻璃材质，如图 6-19 所示。

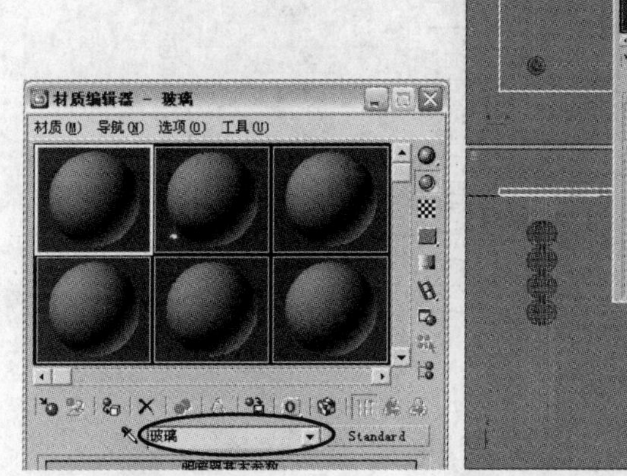

图 6-18　命名材质

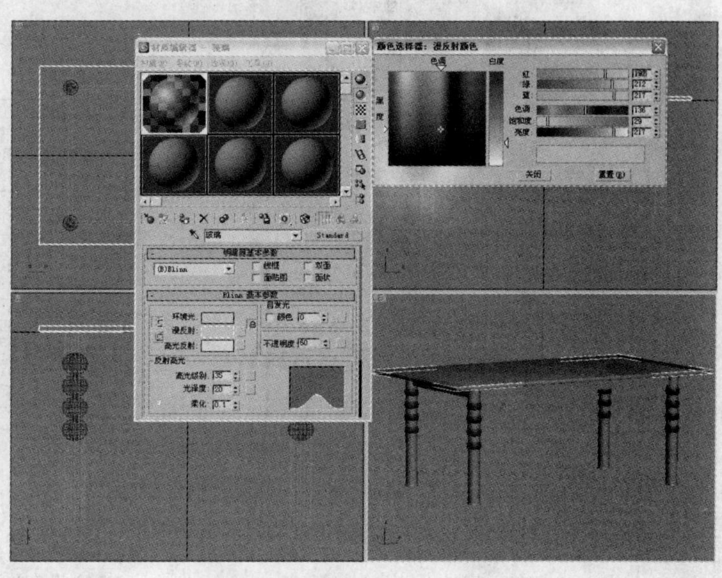

图 6-19　设置桌面的玻璃材质

☞小技巧

若当前选中的示例球窗口的材质为场景中选中对象正在使用的材质，则该示例窗四角显示为实心的三角形标志。

4）再选择一个示例球窗口，在材质名称文本框中命名为“金属 1”。在“明暗器基本参数”卷展栏中的下拉菜单中，选择“金属”明暗方式。单击“金属基本参数”卷展栏中的“漫反射”后面的色样按钮，在弹出的“颜色选择器”对话框中设置“红”为 204，“绿”为 204，“蓝”为 204。设置“高光级别”为 66，“光泽度”为 61，如图 6-20 所示。

5）展开“材质编辑器”中的“贴图”卷展栏，单击“反射”通道后面的“None”贴图按钮，在打开的“材质/贴图浏览器”对话框中，双击“位图”贴图方式，再在随后打开的“选择位图图像文件”对话框中选择配套素材中\Maps\METAL62.jpg 文件，单击“打开”按钮。然后单击水平工具栏中的“转到父对象”按钮，将“贴图”卷展栏中“反射”通道的“数量”设置为 60，如图 6-21 所示。

6）返回视图，按〈H〉键，在“选择对象”对话框中选择撑板和桌腿对象，如图 6-22 所示。单击“材质编辑器”水平工具栏中的“将材质指定给选定对象”按钮，为所有的桌腿和撑板指定暗哑的金属材质。

7）在“材质编辑器”中，按住“金属 1”示例球，拖动到一个空白示例球上，然后更改该示例球的材质名称为“金属 2”，单击“金属基本参数”卷展栏中的“漫反射”后面的色样按钮，设置“红”为 212，“绿”为 212，“蓝”为 212。设置“高光级别”为 118，“光泽度”为 49。如图 6-23 所示。

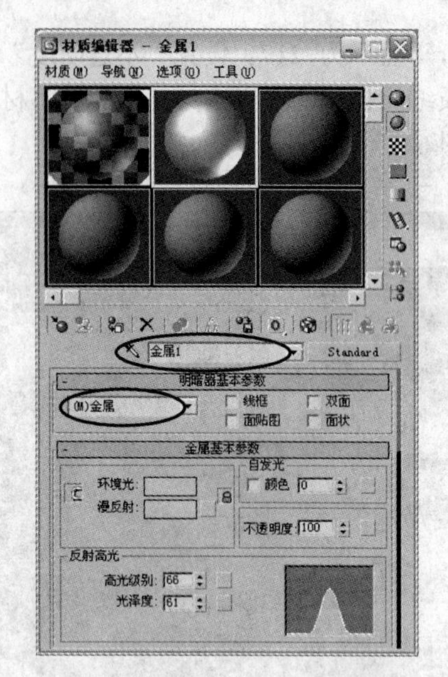

图 6-20　设置金属材质参数

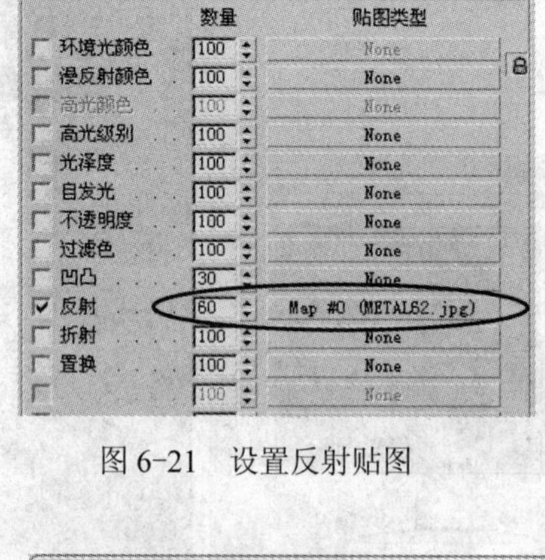

图 6-21　设置反射贴图

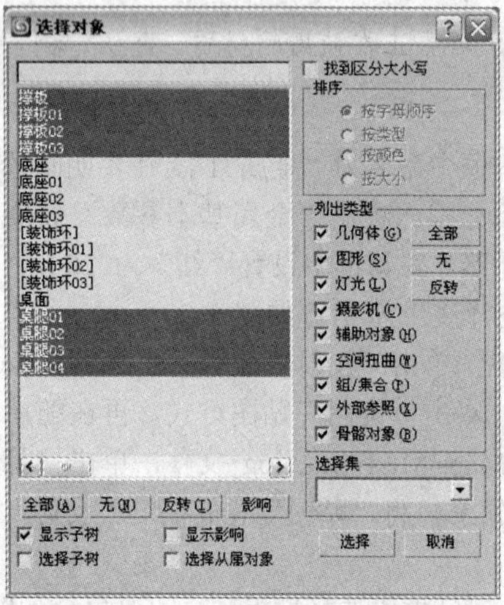

图 6-22　选择撑板和桌腿对象

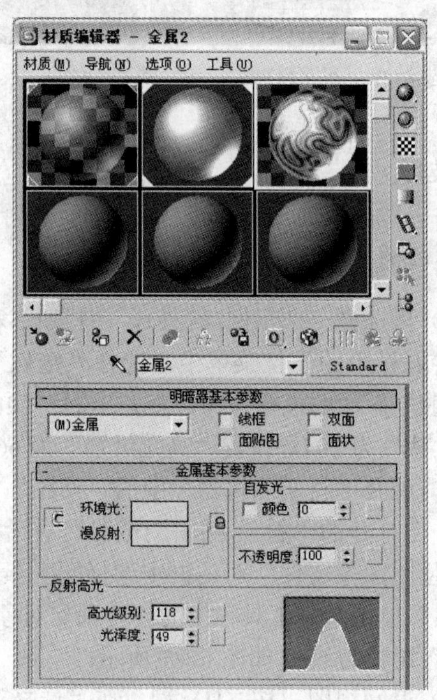

图 6-23　修改反射贴图通道参数

8）单击“贴图”卷展栏中“反射”通道后面的长按钮，在“位图参数”卷展中，双击“位图”后面的长按钮，在打开的“选择位图图像文件”对话框中选择配套素材中\Maps\Metal01.tif 文件，单击“打开”按钮。然后单击水平工具栏中的“转到父对象”按钮，将“贴图”卷展栏中“反射”通道的“数量”设置为 75，如图 6-24 所示。

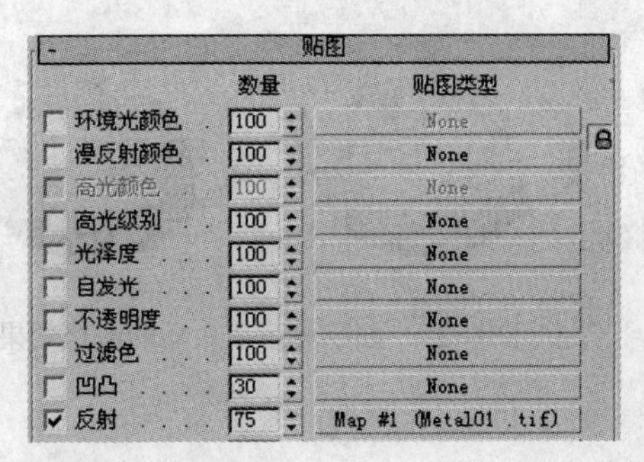

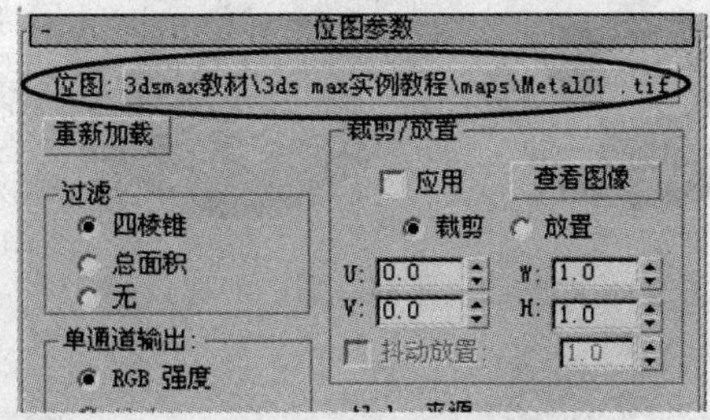

图 6-24　修改金属材质参数

9）在视图中选择餐桌的所有的装饰环和底座对象，单击“材质编辑器”水平工具栏中的“将材质指定给选定对象”按钮，为所有的装饰环和底座指定光亮的金属材质。

10）激活“透视”视图，按下〈F9〉键，进行渲染，观察设置材质后的玻璃餐桌效果，然后保存场景。

6.2.1　材质的参数面板

材质编辑器的参数控制区包含各种参数卷展栏，根据材质/贴图的类型不同，其内容也会随之变化。

对材质的属性和参数，可分别在参数控制区的不同卷展栏中进行设置，因材质类型不同，卷展栏的数量和内容也会不同。3ds max 提供了多种材质类型，其中 Standard（标准）材质是默认的通用材质。不论哪种类型的材质，它们都具有一些材质的基本属性和参数。下面以 Standard（标准）材质为例介绍材质的基本属性和参数。

6.2.2　材质的显示方式

在“明暗器基本参数”卷展栏中有 4 个复选框，提供了对象渲染输出的 4 种显示方式。

1）线框：以网格线框的方式来显示和渲染对象。勾选该复选框前、后的对比效果，如图 6-25 所示。

2）双面：同时渲染对象法线相反的一面。勾选该复选框前、后的对比效果，如图 6-26 所示。

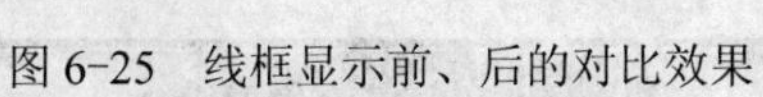

图 6-25　线框显示前、后的对比效果

图 6-26　双面显示前、后的对比效果

3）面贴图：将材质指定给对象的所有面。如果材质包含贴图，那么材质就会均匀地显示在对象的所有面上，效果如图 6-27 所示。

4）面状：将对象的每个面都以平面化进行渲染，不进行相邻面的平滑处理。效果如图 6-28 所示。

图 6-27　面贴图显示前、后的对比效果

图 6-28　面状显示前、后的对比效果

6.2.3　材质的明暗器类型

在“明暗器基本参数”卷展栏中，明暗器下拉列表提供了 8 种明暗器类型来模拟不同的反光效果，如图 6-29 所示。选择不同的明暗器类型，其基本参数卷展栏也会随之发生变化。各种明暗器的特性和应用介绍如下。

1）各向异性：反光呈不对称形状，反光角度可任意调节。常用于模拟金属、玻璃等光滑物体的反光效果，如图 6-30a 所示。

2）Blinn：默认的明暗器类型，产生的高光圆润柔和，可以用于模拟大部分的材质，如图 6-30b 所示。

3）金属：专用于金属材质的制作，可以模拟出金属表面强烈的反光效果，如图 6-30c 所示。

4）多层：具有两个高光反射层，各层可以分别设置，产生叠加的反射效果，适用于光滑复杂的表面，如图 6-30d 所示。

5）Oren-Nayar-Blinn：具有 Blinn 类似的高光，但效果更柔和，产生一种摩擦特性，可以制作粗糙的表面，适合模拟布料、毛皮、陶瓷等无光表面的材质，如图 6-30e 所示。

6）Phong：设置与 Blinn 相同，但比 Blinn 具有更高强度的圆形高光区域，适合模拟玻璃、水和冰等具有高反射特性的材质，如图 6-30f 所示。

7）Strauss：也用于制作金属材质，参数设置简洁，制作的金属质感更好，如图 6-30g 所示。

8）半透明明暗器：用于表现半透明物体，模拟光线穿过物体产生散射的效果，适合模拟蜡烛、玉器、有色玻璃等材质，如图 6-30h 所示。

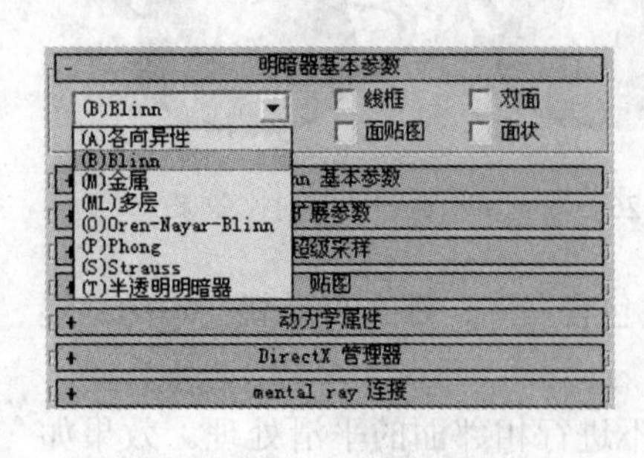

图 6-29　明暗器类型

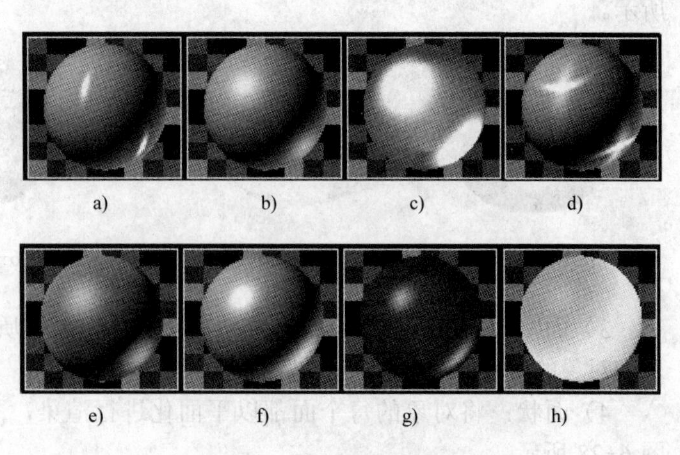

图 6-30　各种明暗器的反光效果

6.2.4　材质的基本参数

材质的基本参数卷展栏内包括生成和改变材质的各种控制，材质的基本参数随明暗器类型的不同而不同。下面介绍 Blinn 明暗器的基本参数，如图 6-31 所示。

1）“环境光”：控制对象表面背光区和阴影区的颜色。在颜色按钮左侧有一个锁定按钮，可以使环境光与漫反射保持一致。

2）“漫反射”：控制对象表面过渡区的颜色，它是由光的漫反射形成的。这是对象上的主要颜色，也是平常看到的物体的表面颜色。

3）“高光反射”：控制对象表面高光区的颜色。

4）“高光级别”：确定材质表面高光区域的反光强度。其数值越大，反光强度越大，如图 6-32 所示。

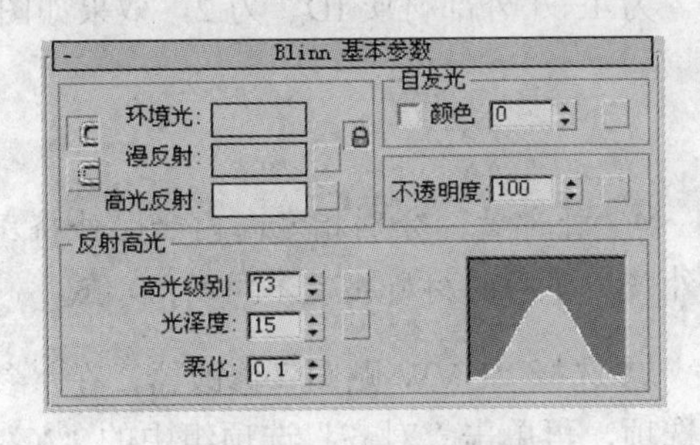

图 6-31　Blinn 基本参数

高光级别=80

高光级别=30

图 6-32　不同高光级别参数设置的效果

5）“光泽度”：设置高光区域的范围。其数值越大，高光区域的范围越小。

6）“柔化”：对高光区域的反光进行柔化处理，使它产生柔和的效果。

7）“自发光”选项组：控制材质的自发光效果，通常用于制作太阳、灯等光源对象的材质。修改数值使材质自身具备自发光效果；勾选“颜色”复选框后，调整颜色使材质具有不同颜色的自发光。

8）“不透明度”：用于设置材质的不透明度。其数值越小，材质就越透明。

6.3　材质类型

【实例 6-3】制作景泰蓝龙纹花瓶材质

本实例通过制作景泰蓝龙纹花瓶的材质介绍材质的类型，学习标准材质、多维/子对象材质和混合材质等材质的参数设置方法。指定景泰蓝龙纹质感的材质后花瓶模型效果如图 6-33 所示。

1）选择“文件”→“打开”菜单命令，在弹出的对话框中选择配套素材中\Scenes\第 6 章\6-3 龙纹花瓶.max 场景文件，如图 6-34 所示。

图 6-33　景泰蓝龙纹质感的花瓶模型

图 6-34　打开原场景

2）在场景中选择花瓶对象，单击“修改”面板，在“修改器列表”中选择“壳”修改器，在“参数”卷展栏中设置“内部量”为 2，“外部量”为 1.5，勾选“覆盖内部材质 ID”、“覆盖外部材质 ID”，设置“内部材质 ID”为 1,、“外部材质 ID”为 2，效果如图 6-35 所示。

☞小技巧

壳修改器可以为对象增加厚度。“内部量”和“外部量”分别指定向内和向外挤压的厚度，内部材质 ID 和外部材质 ID 的设置为内、外使用不同的材质指定不同的 ID 值。

3）保持花瓶的选中状态，在“修改器列表”中选择“UVW 贴图”修改器，在“参数”卷展栏中，单击“贴图”选项组的“柱形”单选项，再单击“对齐”选项组中的“X”单选项和“适配”命令按钮。

4）按下〈M〉键，在“材质编辑器”中选择一个空白示例球，在材质名称文本框中命名材质为“花瓶”，单击材质类型按钮“Standard”，在弹出的“材质/贴图浏览器”对话框中选择“多维/子对象”选项，单击“确定”按钮，如图 6-36 所示。在随后弹出的“替换材质”对话框中，勾选“丢弃旧材质”单选项，单击“确定”按钮。

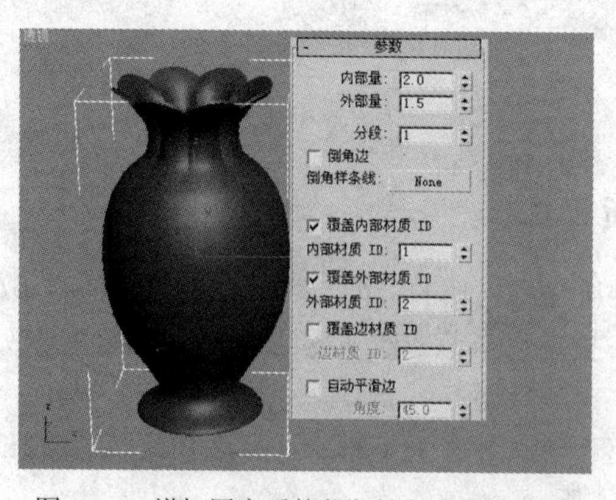

图 6-35　增加厚度后的花瓶效果及参数设置

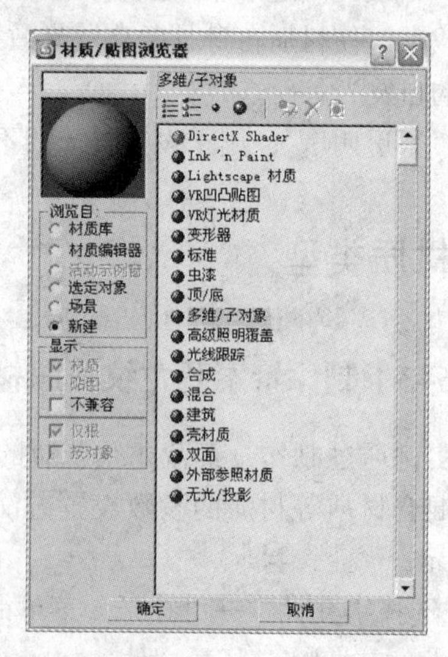

图 6-36　选择多维/子对象材质

5）在“多维/子对象基本参数”卷展栏中，单击“设置数量”按钮，在“设置材质数量”对话框中，设置“材质数量”为 2，单击“确定”按钮。在 ID1 和 ID2 后面的名称文本框中分别输入“白瓷”和“景泰蓝”，效果如图 6-37 所示。

6）单击 ID1 右侧的按钮，进入“白瓷”材质的参数设置。在“Blinn 基本参数”卷展栏中，设置“漫反射”的“红”、“绿”、“蓝”的值为 255，设置“高光级别”为 30，“光泽度”为 20，如图 6-38 所示。

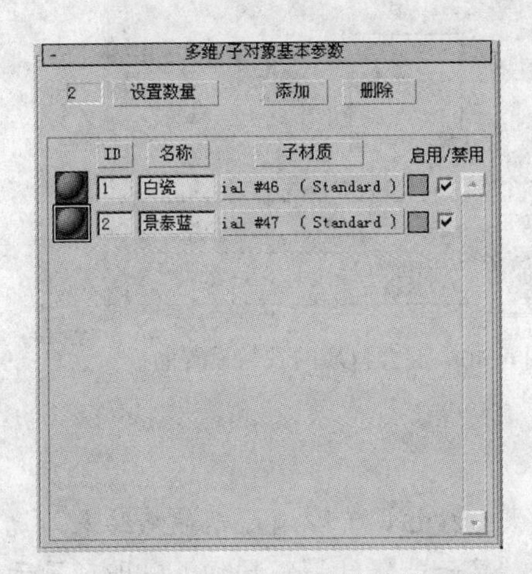

图 6-37 “多维/子对象基本参数”设置

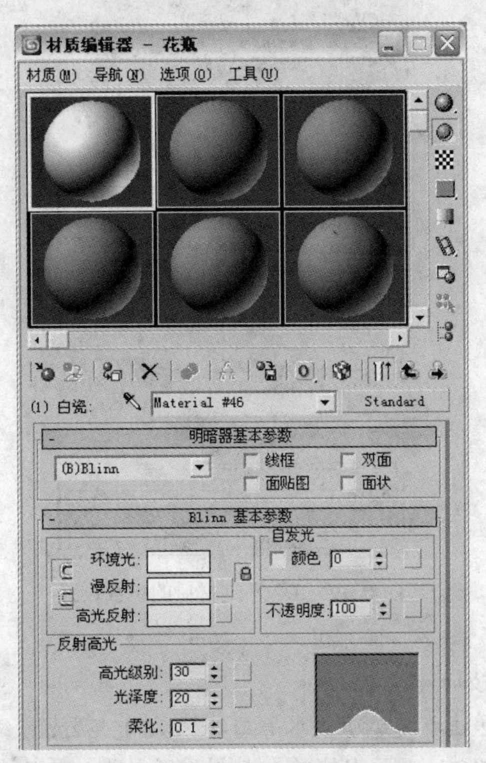

图 6-38 “ID1 材质的参数”设置

7）单击材质编辑器水平工具栏上的“转到下一个同级项”按钮，转到“景泰蓝”材质的参数设置，先制作蓝色瓷器材质。在“Blinn 基本参数”卷展栏中，设置“漫反射”的“红”、“绿”、“蓝”的值分别为 64、102、192，设置“高光级别”为 75，“光泽度”为 60，如图 6-39 所示。

8）接着单击“景泰蓝”材质面板的“Standard”按钮，在弹出的“材质/贴图浏览器”对话框中选择“混合”选项，单击“确定”按钮。在随后弹出的“替换材质”对话框中，勾选“将旧材质保存为子材质”单选项，单击“确定”按钮，进入混合材质的参数设置面板，如图 6-40 所示。

9）单击“材质 2”右侧的按钮，进入材质 2 的参数设置面板，制作花瓶表面金属材质。在“明暗器基本参数”卷展栏中，选择“金属”明暗器；然后在“金属基本参数”卷展栏中，单击“环境光”和“漫反射”左侧的锁定按钮，取消“环境光”和“漫反射”之间的同步。设置“环境光”的“红”、“绿”、“蓝”的值为 0，“漫反射”的“红”、“绿”、“蓝”的值分别为 172、122、12，设置“高光级别”为 78，“光泽度”为

75，如图 6-41 所示。

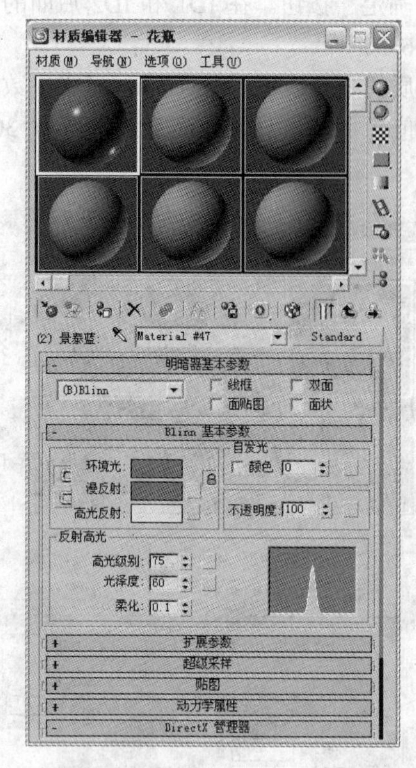

图 6-39　ID2 基础材质的参数设置

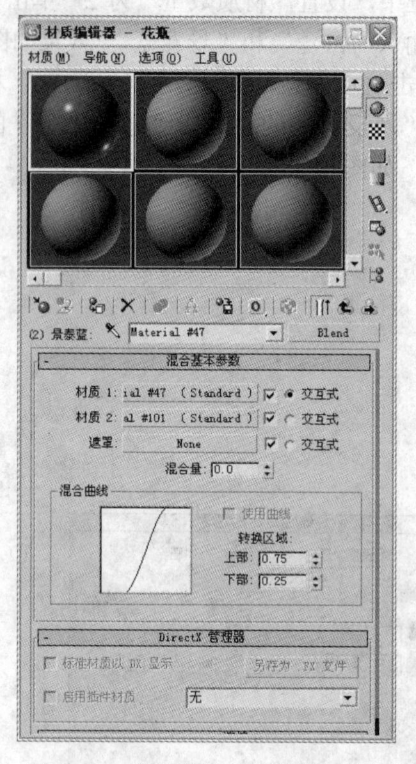

图 6-40　混合材质的参数设置面板

☞小技巧

单击材质编辑器水平工具栏上的“显示最终结果”按钮，取消显示最终结果，就可以在示例球上观察到当前金属材质的效果，再次单击“显示最终结果”按钮，即可显示材质的最终效果。

10）接着展开“贴图”卷展栏，单击“反射”贴图通道后面的“None”贴图按钮，在打开的“材质/贴图浏览器”对话框中，双击“位图”贴图方式，再在随后打开的“选择位图图像文件”对话框中选择配套素材中\Maps\云彩.jpg 文件，单击“打开”按钮。然后单击水平工具栏中的“转到父对象”按钮，金属材质反射贴图设置如图 6-42 所示。

11）再次单击水平工具栏中的“转到父对象”按钮，返回到“景泰蓝”混合材质参数面板。单击“遮罩”右侧的“None”按钮，在“材质/贴图浏览器”对话框中，双击“位图”选项，再在随后打开的“选择位图图像文件”对话框中选择配套素材中\Maps\云彩.jpg 文件，单击“打开”按钮。在“坐标”卷展栏中，设置 U 向平铺为 1.0，V 向平铺为 1.5，取消 V 向“平铺”复选框的选择，如图 6-43 所示。

12）连续单击水平工具栏中的“转到父对象”按钮，返回到“花瓶”材质的最顶端，“花瓶”材质示例球效果如图 6-44 所示。

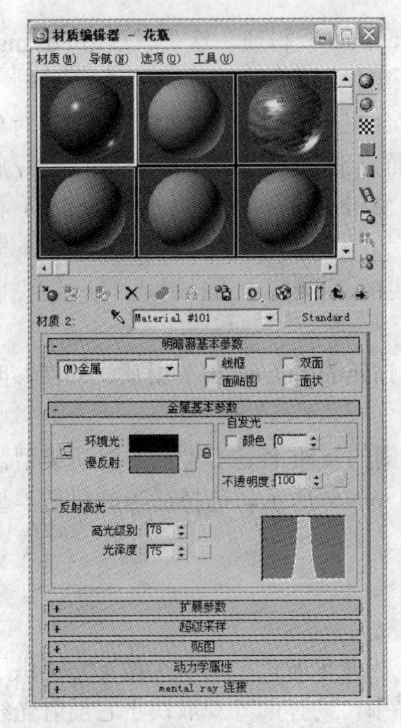

图 6-41　金属材质的基本参数设置

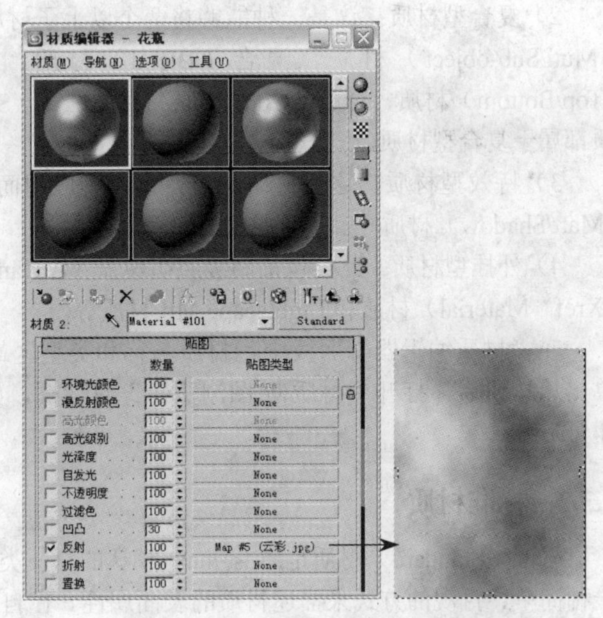

图 6-42　金属材质的反射贴图设置

13）在场景中选择花瓶模型，单击“材质编辑器”水平工具栏中的“将材质指定给选定对象”按钮，为花瓶模型指定材质。单击“材质编辑器”垂直工具栏中的“材质/贴图导航器”按钮，观察花瓶材质的组成，如图 6-45 所示。

14）激活“透视”视图，按下〈F9〉键，进行渲染，观察设置材质后的花瓶渲染效果，然后保存场景。

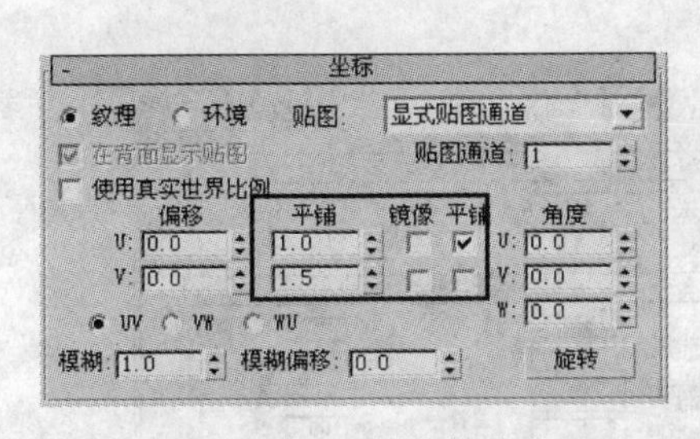

图 6-43　遮罩贴图的坐标参数设置

图 6-44　花瓶材质示例球效果

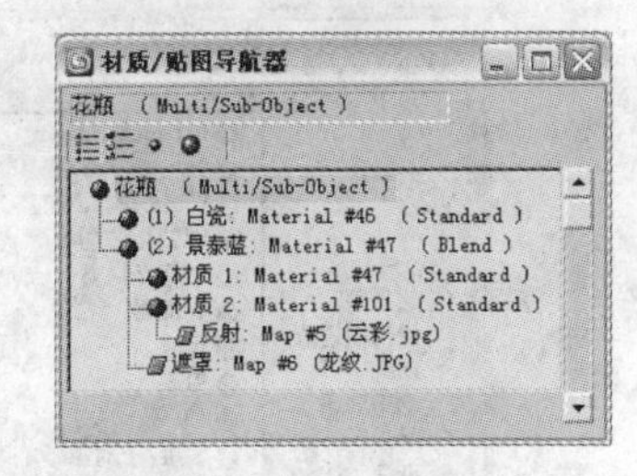

图 6-45　花瓶材质的组成

6.3.1　材质类型概述

材质的类型决定了材质的整体属性。现实世界中不同的物体具有不同的表面特性，而同一类物体具有相似的表面特性。为更真实地模拟现实世界的物体，3ds max 提供了多种材质类型，每种材质类型都有自己特有的结构和贴图方式。3ds max 的材质功能非常强大，允许材质类型无限量的嵌套组合。

3ds max 的材质类型可分为以下 4 大类。

1）基础材质：标准（Standard）材质和光线跟踪（Raytrace）材质。这类材质是 3ds max 中最重要的材质，是其他类型材质的基础。

2）复合型材质：这是一种能够将两个以上子材质结合在一起的材质类型。多维/子对象（Muti/Sub-object）材质、混合（Blend）材质、双面（Double Sided）材质、顶/底（Top/Bottom）材质、合成（Composite）材质、壳（Shell Material）材质和虫漆（Shellac）材质都属于复合型材质。

3）特效型材质：这类材质是为特定专业应用而产生的。Ink'n Paint 材质、无光/投影（Matt/Shadow）材质等都属于这类特效型材质。

4）外挂型材质：此类包括高级照明覆盖（Advanced Lighting Override）材质、外部参照（Xref Material）材质和 Lightscape Mtl 材质等。

在“材质编辑器”面板中，材质名称和类型区最右侧的按钮上显示当前的材质类型，单击该按钮后，打开“材质/贴图浏览器”对话框，如图 6-46 所示，选择适当的材质类型即可。

6.3.2 标准材质

标准（Standard）材质是 3ds max 默认的材质类型，也是最基础的材质类型。它提供了一种简单、直观的方式来描述材质的表面属性。在自然界中，物体的外观取决于它反射光线的性质，标准材质就是模拟物体表面反射光线的属性的。

标准材质类型的参数面板如图 6-47 所示。“明暗器基本参数”面板主要用于设置材质的基本属性，包括决定材质反光效果的明暗器类型和材质渲染输出时的显示方式。不同的明暗器类型对应的基本参数卷展栏也会不同，如图 6-47 中选择的是 Blinn 明暗器，其下面为“Blinn 基本参数”卷展栏，设置的是 Blinn 明暗器相应的基本参数。有关明暗器的基本属性和参数的设置可以参见第 6.2 节中的详细介绍。

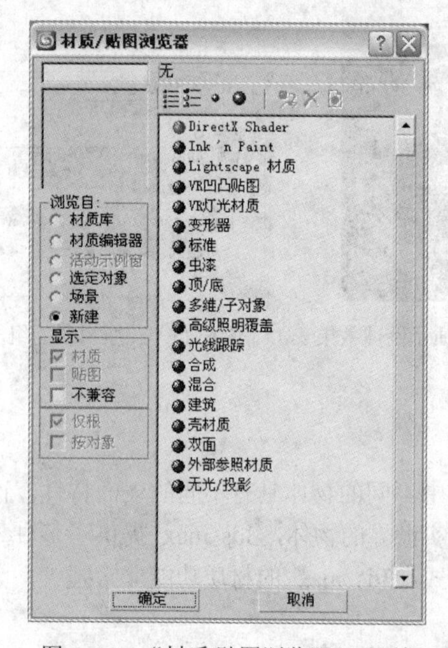

图 6-46 “材质/贴图浏览器”对话框

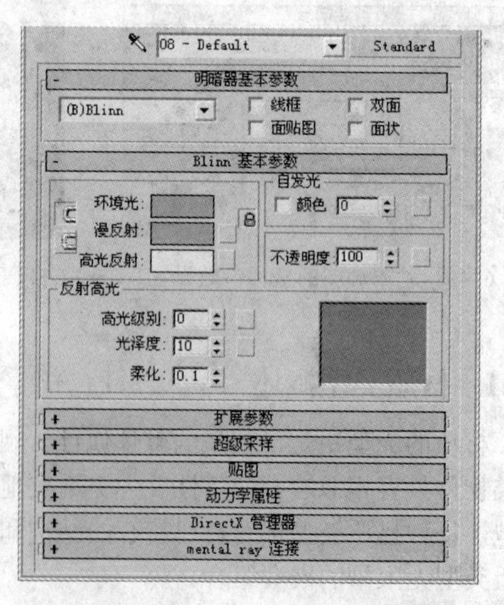

图 6-47 标准材质类型的参数面板

6.3.3 多维/子对象材质

多维/子对象（Muti/Sub-object）材质是一种常用的复合材质，其中包含了多个同级的子材质，可以将多个子材质分布到同一对象的不同部位上，得到一个对象表面由多种材质组合而成的效果。例如，在实例 6-3 中“花瓶”材质就是多维/子对象（Muti/Sub-object）材质，它由“白瓷”和“景泰蓝”两个子材质组合而成。

多维/子对象基本参数卷展栏如图 6-48 所示。下面介绍多维/子对象材质基本参数的设置。

1）“设置数量”：单击该按钮会弹出“设置材质数量”对话框，在该对话框中可以设置组成多维/子对象材质的子材质的数量。

2）“添加”：单击该按钮可以为多维/子对象材质增加一个新的子材质。

3）“删除”：单击该按钮可以删除当前选中的多维/子对象材质中的一个子材质。

4）“ID”：单击 ID 按钮，所有子材质按 ID 号的顺序进行排序。按钮下方文本框里显示各个子材质的 ID 号，也可以在文本框里为子材质重新制定新的 ID 号。

5）“名称”：单击该按钮可以按名称排序子材质。按钮下方的文本框内可以为每个子材质指定一个材质别名。

6）“子材质”：单击该按钮可以排序子材质。该按钮下方的一系列按钮上显示的是每个子材质的名称和类型，单击某个子材质的按钮，材质编辑器就被转入该子材质的参数设置面板，进行子材质的制作。

在设置子材质数量后，多维/子对象材质分别对子材质进行设置，每个子材质的设置和编辑方法相同。

多维/子对象材质的子材质 ID 号与对象的材质 ID 号相对应，才能达到在同一对象的不同部位使用不同材质的效果。

一些 3ds max 的修改器可以设置在对象的不同部位使用不同的材质 ID 号。例如，实例 6-3 中使用的“壳”修改器就可以分别为对象的内部和外部指定不同的材质 ID 号。比较常用的设置对象材质 ID 号的方法是：在选择对象后，应用“编辑网格”或“编辑多边形”修改器，转入子对象层级，选择对象的不同部位，在“曲面属性”或“多边形属性”卷展栏中的“设置 ID”文本框中输入 ID 号，设置对象不同部位的材质 ID。对象材质 ID 的参数设置面板如图 6-49 所示。

图 6-48 “多维/子对象基本参数”卷展栏

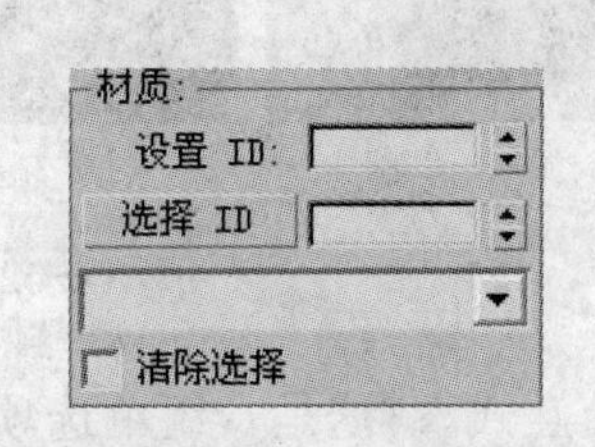

图 6-49 对象材质 ID 的参数设置面板

6.3.4 混合材质

混合（Blend）材质也是一种复合材质，它将两种基本材质混合在一起，既可以通过混合度的调整来控制两种材质的混合强度，又可以指定贴图作为混合的蒙版，利用贴图的明暗度来决定两种材质的混合程度。

混合材质基本参数卷展栏如图 6-50 所示。下面介绍混合材质基本参数的设置。

1）“材质 1”/“材质 2”：单击右侧的按钮进入到材质 1 或材质 2 的材质参数设置面板，分别设置组成混合材质的两种基本材质的效果。

2）“混合量”：对没有使用遮罩贴图的两个基本材质进行融合，通过此参数的值来调节材质的混合程度。当其值为 0 时，混合材质显示为材质 1 的效果；当其值为 100 时，混合材质显示为材质 2 的效果。材质 1 和材质 2 混合量调节的混合效果如图 6-51 所示。

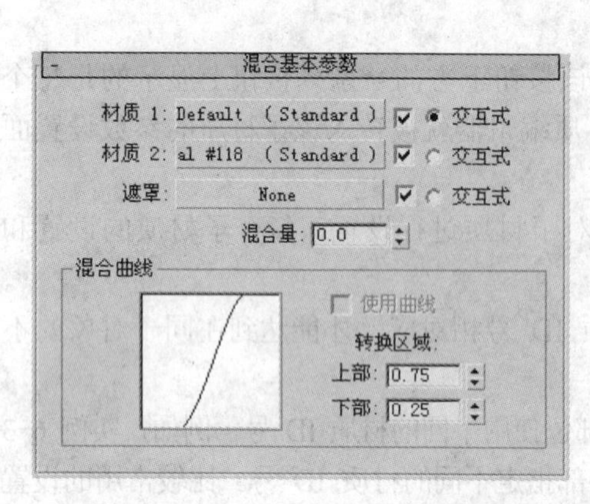

图 6-50 “混合基本参数”卷展栏

材质 1

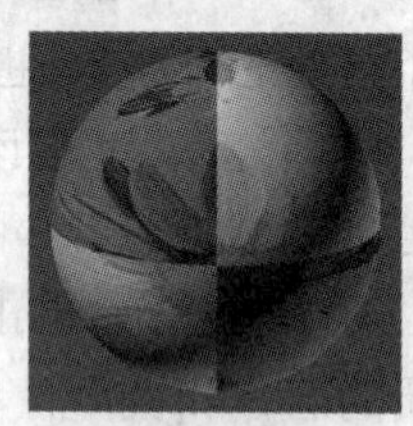

混合量=50

材质 2

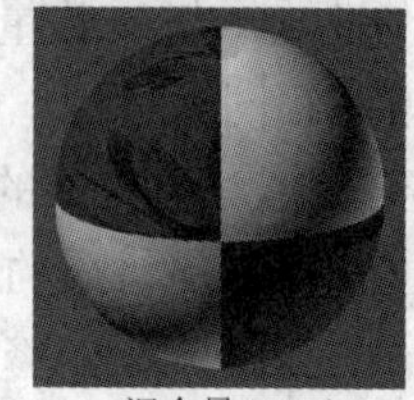

混合量=20

图 6-51 混合量调节的混合效果

3）“遮罩”：利用遮罩贴图的明暗度决定两个基本材质的融合情况。在实例 6-3 中，花瓶模型外面的景泰蓝金属龙纹材质就是蓝瓷与金属材质按照龙纹位图的明暗度混合而成的，如图 6-52 所示。

材质 1：蓝瓷

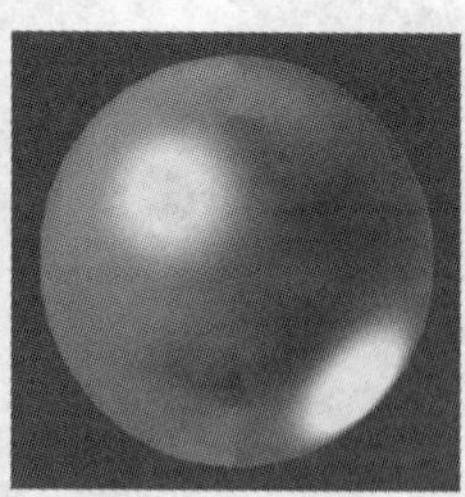

材质 2：金属

遮罩位图

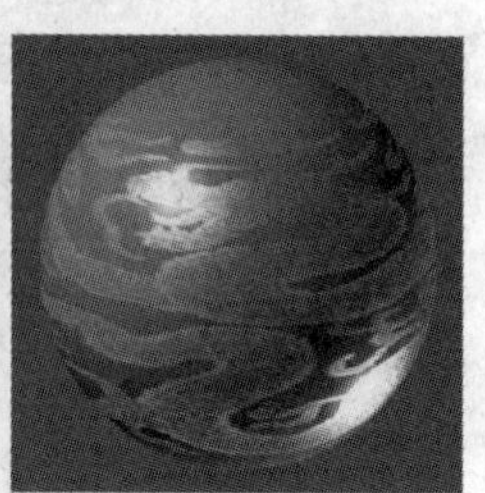

混合结果

图 6-52 遮罩贴图混合材质及其效果

4）“交互式”：这是一组单选项，用来决定当在视图中实时渲染时，哪种材质显示在对象表面上。

6.3.5 其他材质类型

1．双面材质

双面（Double Sided）材质可以为对象的内、外表面分别指定两种不同的材质，使对象的正、反面具有不同的材质效果，并且可以控制正、反面材质之间的透明度来产生一些特殊的效果。

双面材质基本参数卷展栏如图 6-53 所示。当进行双面材质制作时，只需分别设置正、反面材质。双面材质的应用效果如图 6-54 所示。

2．Ink’n Paint 材质

Ink’n Paint 材质提供的是一种带有描边的均匀填色方式，它可以将三维模型渲染成二维的卡通效果，专门用于渲染卡通漫画效果。

Ink’n Paint 材质由勾线和填色两个独立部分组成。勾线部分用于控制材质内、外轮廓的粗、细及颜色等参数，填色部分用于控制材质内部的填充颜色和填充方式等参数。图 6-55 所示为将多个 Ink’n Paint 材质组成的多维/子对象材质应用到卡通人物上的效果。

图 6-53 “双面基本参数”卷展栏

图 6-54 双面材质的应用效果

图 6-55 Ink’n Paint 材质的应用效果

3．无光/投影材质

无光/投影（Matt/Shadow）材质是一种特殊的材质，使用无光/投影材质的对象本身不能被渲染，但是可以渲染其他对象在该对象上产生的投影。该材质用于在场景中隐藏、不需要渲染的对象，当进行渲染时，它不会遮挡背景，但可以遮挡场景中的其他对象，并且还可以产生自身投影和接受投影效果。

6.4 贴图

【实例 6-4】制作洞穴场景材质

本实例通过制作洞穴场景的材质，介绍材质制作中贴图通道和贴图类型的应用，介绍常用贴图通道在表现材质不同区域的质感和纹理特性上的作用，以及常用的贴图类型产生的纹理效果。为洞穴中的对象指定适当材质后的渲染效果如图 6-56 所示。

1）选择“文件”→“打开”菜单命令，在弹出的对话框中选择配套素材中\Scenes\第 6 章\ 6-4 洞穴.max 场景文件，在场景中已经添加了灯光和摄影机。摄影机视图渲染效果如图 6-57 所示。

2）制作洞壁石材材质。按下〈M〉键打开“材质编辑器”，选择一个空白示例球，将材质命名材质为“石材”。打开“贴图”卷展栏，单击“漫反射颜色”贴图通道后面的“None”贴图按钮，在打开的“材质/贴图浏览器”对话框中，双击“位图”贴图方式，再在随后打开的“选择位图图像文件”对话框中选择配套素材中\Maps\st42.jpg 文件，单击“打开”按钮。单击水平工具栏中的“转到父对象”按钮，返回到主材质面板。

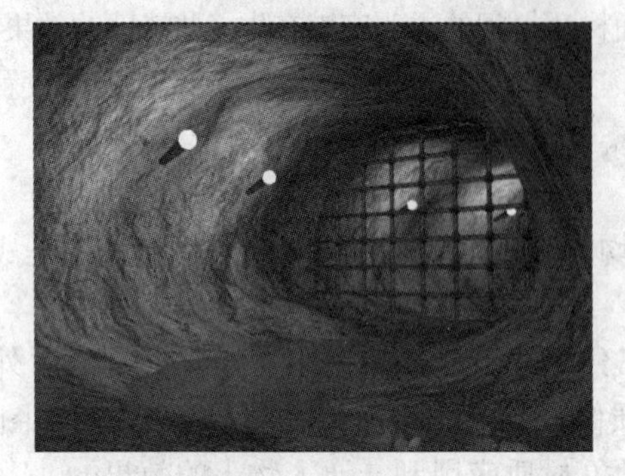

图 6-56　为洞穴的对象指定适当材质后的渲染效果

图 6-57　洞穴场景原始效果

3）按住“贴图”卷展栏中“漫反射颜色”贴图通道后面的按钮，拖动到“凹凸”贴图通道后面的“None”贴图按钮上，在弹出的对话框中选择“实例”单选项，如图 6-58 所示，单击“确定”按钮。再将“凹凸”贴图通道的“数量”值设置为 20，如图 6-59 所示。

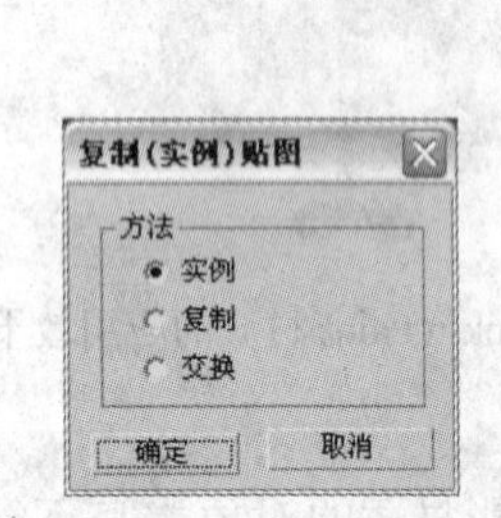

图 6-58　复制（实例）贴图

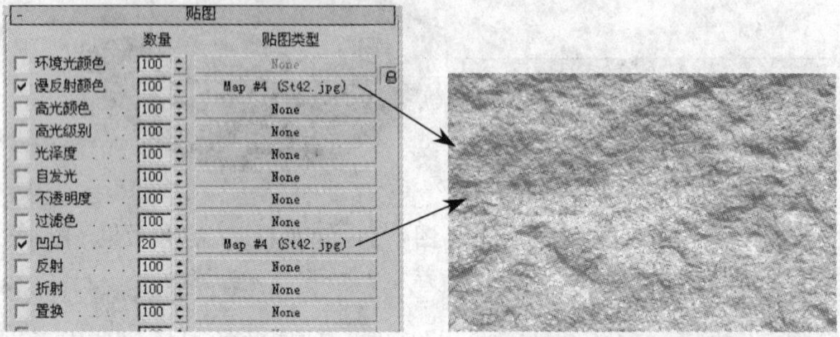

图 6-59　“贴图”卷展栏参数设置及效果

4）在视图中选择洞壁对象后，单击“材质编辑器”中“将材质指定给选定对象”按钮，将石材材质赋予洞壁对象，再单击“在视口中显示贴图”按钮，在视图中显示洞壁对象贴图的纹理效果。

5）制作栅栏的金属材质。在“材质编辑器”中选择一个空白示例球，将材质命名材质为“金属”。在“明暗器基本参数”卷展栏中，选择“金属”明暗器；然后在“金属基本参数”卷展栏中，设置“漫反射”的“红”、“绿”、“蓝”的值为 76，设置“高光级别”为 85，“光泽度”为 25，如图 6-60 所示。

6）在“贴图”卷展栏中单击“反射”贴图通道后面的“None”贴图按钮，在打开的“材质/贴图浏览器”对话框中，双击“位图”贴图方式，再在随后打开的“选择位图图像文件”对话框中选择配套素材中\Maps\金属反射贴图.jpg 文件，单击“打开”按钮。再单击“转到父对象”按钮，返回到主材质面板，将“反射”贴图通道的“数量”值设置为 50。

7）在视图中选择栅栏和壁灯的支座对象，单击“材质编辑器”中“将材质指定给选定对象”按钮，为这些对象指定材质。

8）制作灯泡材质。在“材质编辑器”中选择一个空白示例球，将材质命名为“灯光”。在“Blinn 基本参数”卷展栏中，勾选“自发光”选项组中的“颜色”复选框，单击“颜色”后的按钮，设置“红”、“绿”、“蓝”的值分别为 248、240、227，如图 6-61 所示。在视图中选择灯泡对象，单击“材质编辑器”中“将材质指定给选定对象”按钮，为灯泡指定自发光的灯光材质。

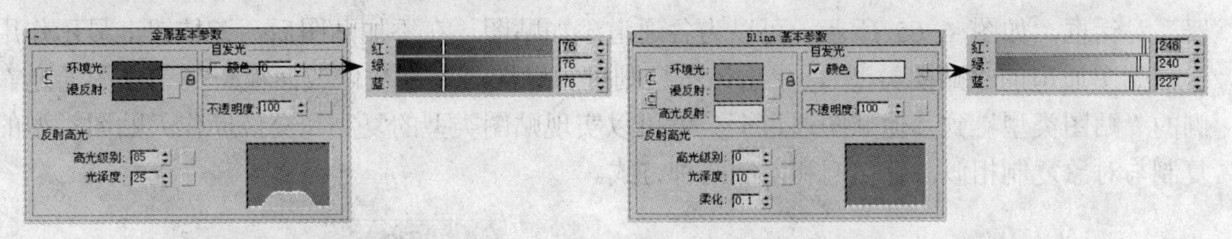

图 6-60 “金属基本参数“设置　　　　图 6-61 “Blinn 基本参数”设置

9）制作带波纹的水面材质。选择一个空白示例球，将材质命名为“水面”。在“Blinn 基本参数”卷展栏中，设置“漫反射”的“红”、“绿”、“蓝”的值分别为 133、156、155，设置“高光级别”为 60，“光泽度”为 15。

10）在“贴图”卷展栏中单击“反射”贴图通道后面的“None”贴图按钮，在打开的“材质/贴图浏览器”对话框中，双击“平面镜”贴图方式，在“平面镜参数”卷展栏中，勾选“应用模糊”复选框，设置“模糊”为 2，勾选“使用内置噪波”单选项，如图 6-62 所示。再单击“转到父对象”按钮，返回到主材质面板，将“反射”贴图通道的“数量”值设置为 30。

11）单击“凹凸”贴图通道后面的“None”贴图按钮，在打开的“材质/贴图浏览器”对话框中，双击“波浪”贴图方式，在“波浪参数”卷展栏中，设置“波半径”为 50，“波长最大值”为 5，“波长最小值”为 3，“振幅”为 2，如图 6-63 所示。再单击“转到父对象”按钮，返回到主材质面板。在视图中选择水面对象，单击“材质编辑器”中“将材质指定给选定对象”按钮，为水面指定材质。

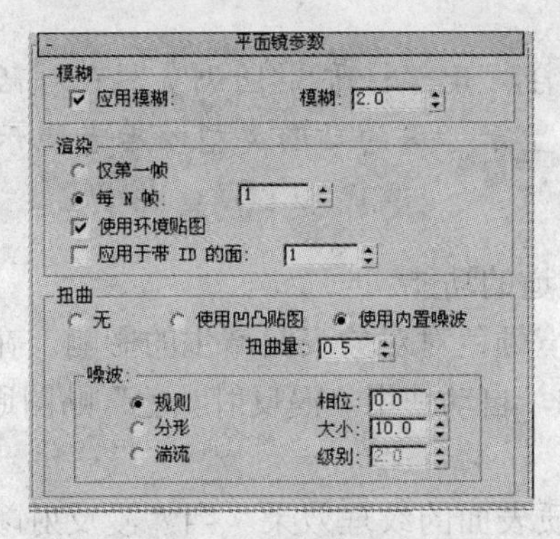

图 6-62 “平面镜参数”设置

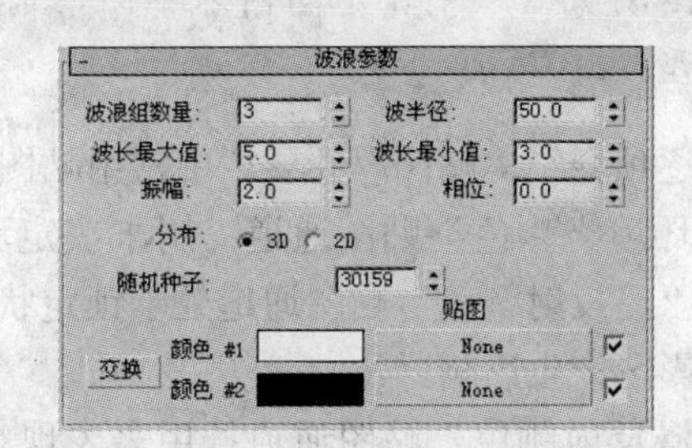

图 6-63 波浪参数

12）激活“Camera01”视图，按下〈F9〉键，进行渲染，观察设置材质后的洞穴场景渲染效果，然后保存场景。

6.4.1 贴图通道

在材质编辑器的“贴图”卷展栏中提供了多种贴图通道，用于模拟对象不同区域的表面纹理特性，如图 6-64 所示。在“贴图”卷展栏中，当每个贴图通道的名称左侧复选框被选中时，启用该贴图通道，否则取消该贴图通道的作用。贴图通道的“数量”用于设置该贴图通道的强度，控制贴图产生的纹理与原有颜色的混合效果，其值越大，贴图作用的效果越明显。

贴图通道右侧的长按钮显示该贴图通道上作用的贴图类型，默认为“None”按钮，表示该贴图通道上没有使用贴图。单击贴图通道右侧的“None”按钮，打开“材质/贴图浏览器”对话框，如图 6-65 所示，可以为各通道添加贴图。在添加贴图后，该按钮上显示作用于该贴图通道的“贴图类型”，单击该按钮则进入贴图类型参数修改面板。拖动贴图通道右侧的“贴图类型”到其他贴图通道上，就可以实现贴图类型的复制和交换操作。贴图类型的复制与对象复制相似，有实例和复制两种方式。

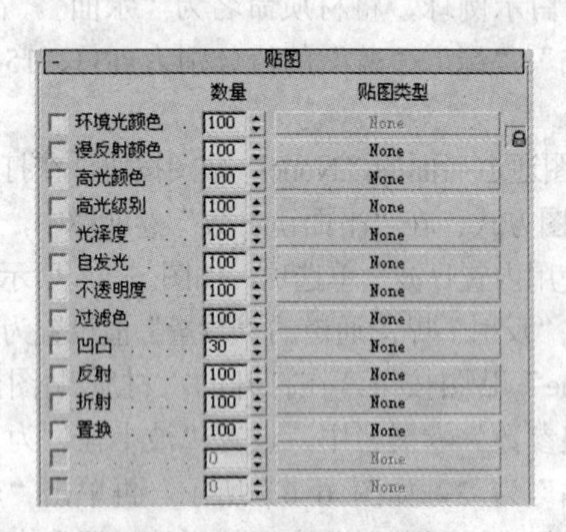

图 6-64 “贴图”卷展栏

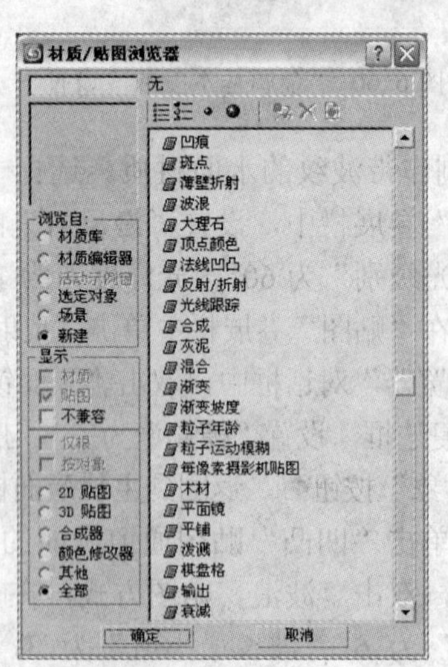

图 6-65 “材质/贴图浏览器”对话框

☞小技巧

单击贴图类型按钮与单击材质类型按钮同样打开“材质/贴图浏览器”对话框，但在“材质/贴图浏览器”中显示的内容不同，前者显示可用的贴图类型，后者显示当前可用的材质类型。

下面逐项介绍“贴图”卷展栏中常用贴图通道的功能。

1）“环境光颜色”贴图通道：用来决定环境颜色对对象表面产生的影响。在默认情况下，它与“漫反射颜色”贴图通道处于锁定状态，自动使用“漫反射颜色”贴图通道中的贴图，对阴影区产生影响。

2）“漫反射颜色”贴图通道：用来表现材质表面的纹理效果。当“漫反射颜色”贴图通道的“数量”值为 100 时，对象表面纹理效果完全覆盖漫反射颜色。这是最常用的贴图通道。

3）“高光颜色”贴图通道：用来在高光区域内产生纹理，它可以改变高光的颜色，但不能改变高光的强度和形状。

4）“高光级别”贴图通道：用来改变高光的强度，但不能改变高光的颜色。高光的形状由贴图的颜色决定，贴图中的白色可以表现出强烈的高光，黑色则没有任何高光效果。

5）“光泽度”贴图通道：用来决定高光出现的位置和形状。贴图中黑色区域产生光泽，白色区域不产生光泽。

6）“自发光”贴图通道：既可以根据贴图的灰度值确定材质发光的强度，又可以将贴图的颜色作为自发光的颜色。如果需要将贴图的颜色作为自发光的颜色，就需要勾选“自发光”选项组中的“颜色”复选框。

7）“不透明度”贴图通道：根据贴图的灰度值来决定材质的透明度，贴图的白色区域完全不透明，黑色区域完全透明。不透明度贴图通道是一个非常重要的贴图通道，利用它可以非常容易地制作出镂空效果，如图 6-66 所示。

8）“过滤色”贴图通道：用于过滤方式的透明材质。它可以根据贴图在过滤色表面进行染色，主要用于制作彩色玻璃效果。当材质的透明度参数小于 100 时，过滤色贴图通道的效果才可见。

9）“凹凸”贴图通道：可以根据贴图的灰度值来影响材质表面的光滑程度，使材质表面呈现凹陷或凸起的效果，如图 6-67 所示。当该贴图通道的“数量”为正值时，贴图黑色区域产生凹陷效果；当“数量”为负值时，则产生完全相反的凹凸效果。在实例 6-4 中，石材材质和水面材质都使用了凹凸贴图通道，石材材质用石头纹理的位图来呈现洞壁表面不规则的凹凸特性；水面材质用波浪贴图来模拟水波的起伏效果。

图 6-66　不透明度贴图通道的应用效果

图 6-67　凹凸贴图通道的应用效果

10）“反射”贴图通道：用于制作镜面、不锈钢金属和各种具有表面反射特性对象的材质。它主要使用的贴图类型有：反射/折射（Feflect/Fefract）、光线追踪（Raytrace）、平面镜（Flat Mirror）、衰减（Falloff）和位图（Bitmap）等。

11）“折射”贴图通道：用来模拟材质的折射效果，用于制作玻璃、水晶或其他包含折射特性的透明材质。

12）“置换”贴图通道：可以改变对象的形状，使对象产生真正的凹凸变形效果。

6.4.2　贴图类型

1．概述

在制作材质时，为了真实表现材质表面的纹理效果，经常会在不同的贴图通道中应用贴图。在 3ds max 中，贴图是由材质编辑器的内置程序生成或从外部导入的图案或图片，它可以应用到材质的贴图通道中，也可以应用于环境贴图和灯光投影贴图。

3ds max 的贴图有位图和程序贴图两种。位图是二维图像，而程序贴图是利用算法运算形成的贴图图像。

按功能和使用方法的不同，位图可以分成以下 5 类。

1）二维贴图：即二维图像。它们通常贴图到对象的表面，也可以用来制作背景。二维贴图的种类有：位图（Bitmap）、棋盘格（Checker）、渐变（Gradient）、渐变坡度（Gradient Ramp）、漩涡（Swril）、平铺（Tiles）和燃烧（Combusion）。

2）三维贴图：指由程序以三维方式生成的图案。贴图不仅局限于对象的表面，而且可以对对象的内部和外部同时指定贴图。三维贴图的种类有：细胞（Cellular）、凹痕（Dent）、衰减（Falloff）、大理石（Marble）、烟雾（Smoke）、斑点（Speckle）、泼溅（Splat）、灰泥（Stucoo）、波浪（Waves）、木纹（Wood）、噪波（Noise）、粒子年龄（Particle Age）、粒子运动模糊（Particle Mblur）、Perlin 大理石（Perlin Marble）和行星（Planet）。

3）合成器贴图：用于将不同的贴图和颜色进行混合处理。合成贴图的种类有：RGB 相乘（RGB Multiply）、合成（Composite）、混合（Mix）和遮罩（Mask）。

4）颜色修改器：当使用此类贴图时，系统使用特定的方法改变材质中像素的颜色。颜色修改器的种类有：RGB 染色（RGB Tint）、输出（Output）和顶点颜色（Vertex Color）。

5）反射/折射贴图：主要用于金属或玻璃等具有反射/折射特性的对象，种类有：薄壁折射（Thin Wall Refraction）、法线凹凸（Normal Bump）、反射/折射（Reflact/Refract）、光线追踪（Raytrace）、每像素摄影机贴图（Camera Map Per Pixel）和镜面反射（Flat Mirror）。

2．公共参数

3ds max 提供的贴图类型众多，但贴图设置的方法基本相似，只是每个贴图需要设置自己特定的参数。“坐标”卷展栏是二维贴图和三维贴图的共同属性，如图 6-68 所示。下面将介绍坐标卷展栏中的公共参数。

1）“偏移”：沿着“U”向（水平方向）、“V”向（垂直方向）移动图像的位置，如图 6-69 所示。

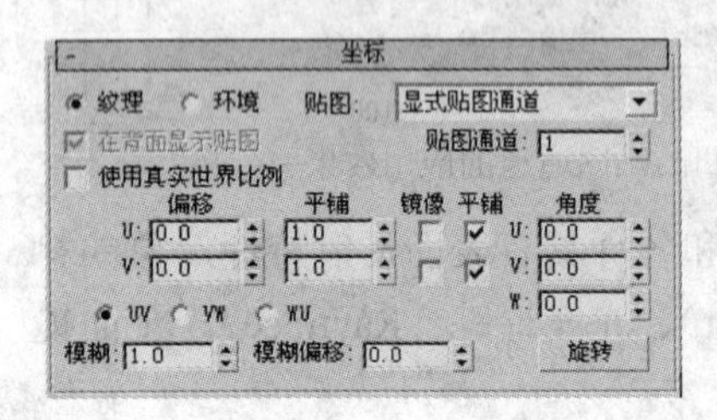

图 6-68 “坐标”卷展栏

U=0 V=0

U=0.5 V=0

U=0 V=0.5

图 6-69 偏移效果

☞小技巧

在三维贴图的“坐标”卷展栏中，“偏移”是指沿“X”、“Y”和“Z”3 个方向移动图像的位置。

2）“平铺”：设置沿所选坐标方向贴图被平铺的次数，如图 6-70 所示。勾选“镜像”复选框，则在平铺的基础上进行镜像复制；取消“平铺”复选框，则仅保留平铺贴图中居中位置的贴图，其余贴图不显示。

3）“角度”：设置图像沿着不同轴向旋转的角度。

6.4.3 常用贴图类型的作用

下面介绍常用贴图类型的参数设置和作用。

1. 位图贴图

位图贴图（Bitmap）就是将位图图像文件作为贴图使用，它可以支持各种类型的图像和动画格式，包括 avi、bmp、cin、jpg、tif、gif、flc 和 tga 等。这种贴图是 3ds max 中最常用的一种贴图类型。位图贴图通常用在漫反射颜色、自发光、凹凸、反射、折射等贴图通道中。“位图参数”卷展栏如图 6-71 所示，“裁剪/放置”选项组用来剪裁或放置图像的大小，单击“查看图像”按钮就可以剪裁用于贴图的图像区域。

单击“位图”后的长按钮，打开标准文件浏览器可以选择位图文件。

图 6-70　平铺效果

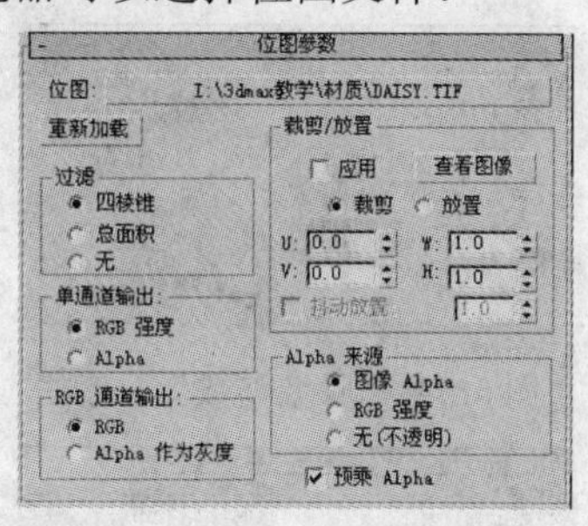

图 6-71　“位图参数”卷展栏

2. 棋盘格贴图

棋盘格贴图（Checker）产生两色方格交错的图案效果，如图 6-72 所示，常用于制作地板或棋盘等效果。“棋盘格参数”卷展栏如图 6-73 所示。

图 6-72　棋盘格贴图效果

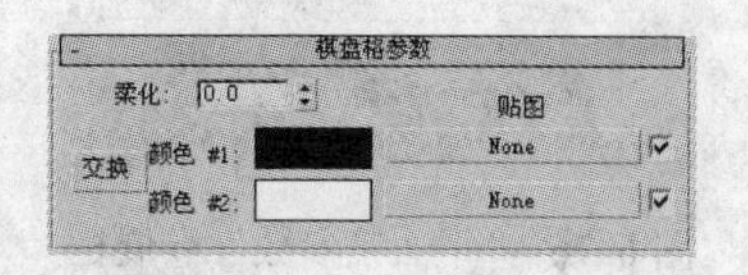

图 6-73　“棋盘格参数”卷展栏

“颜色 #1”、“颜色 #2”：分别设置两个方格的颜色。单击“贴图”按钮，可以将方格颜色区域用贴图替代。

单击前面的“交换”按钮可以互换两个方格的设置。

“柔化”：模糊方格之间的边缘。

3. 噪波贴图

噪波贴图（Noise）通过对两种颜色的随机混合，生成噪波效果。常用于凹凸和不透明贴图通道中。“噪波参数”卷展栏如图 6-74 所示。

噪波贴图有规则、分形和湍流 3 种类型。

噪波的阈值用于控制噪波的形状。

4. 渐变贴图

渐变贴图（Gradient）能够产生 3 种颜色渐变的效果，每个颜色都可以指定贴图来替代。一般应用在天空或海水的制作上。“渐变参数”卷展栏如图 6-75 所示。

5. 平面镜贴图

平面镜贴图（Flat Mirror）通常用在反射贴图通道中，可以产生类似镜子的反射效果。

“平面镜参数”卷展栏如图 6-76 所示。

6．光线跟踪贴图

光线跟踪贴图（Raytrace）主要用在反射和折射贴图通道中，用于模拟物体对于周围环境的反射或折射。“光线跟踪参数”卷展栏如图 6-77 所示，一般情况下可以采用默认参数。

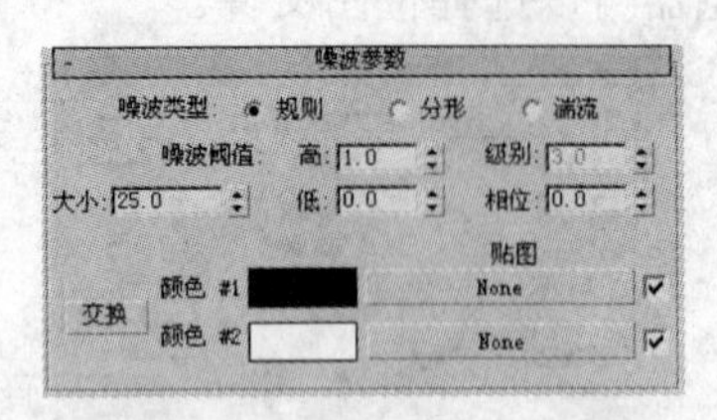

图 6-74 “噪波参数”卷展栏

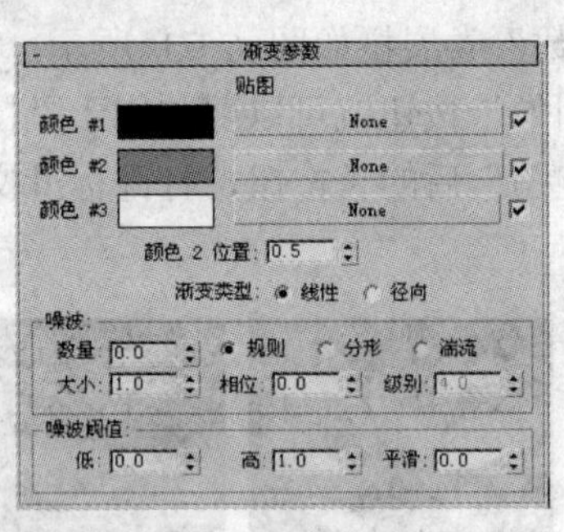

图 6-75 “渐变参数”卷展栏

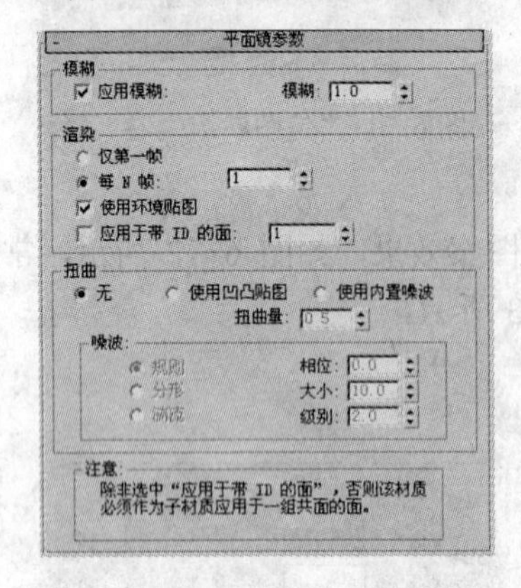

图 6-76 “平面镜参数”卷展栏

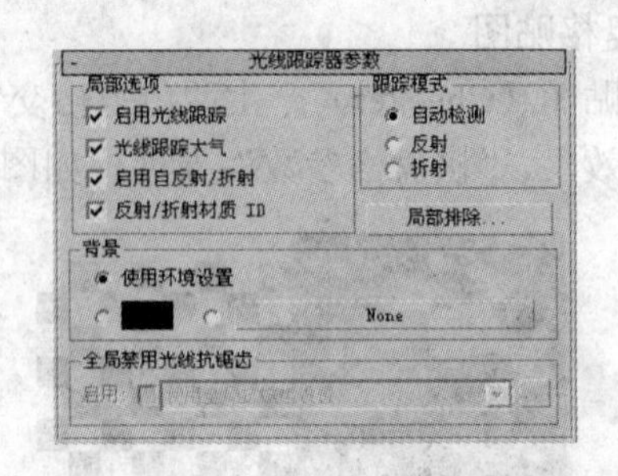

图 6-77 “光线跟踪参数”卷展栏

6.4.4 贴图坐标

贴图坐标是对对象表面进行贴图的坐标系统。当创建参数几何对象时，一般系统自动建立了贴图坐标系统。但对于有些复杂模型，就需要自己设置贴图坐标。“UVW 贴图”修改器就可以为模型添加和编辑贴图坐标。在实例 6-3 中为了使金属龙纹贴图效果包裹在花瓶中部位置，在编辑材质前给花瓶模型添加了“UVW 贴图”修改器。

“UVW 贴图”修改器用于为对象表面指定贴图坐标。UVW 贴图修改器的“参数”卷展栏如图 6-78 所示。

在“参数”卷展栏中，“贴图”选项组用来确定给对象应用何种贴图方式和贴图的大小。UVW 贴图提供了如下 7 种贴图方式。

1）平面：以平面投影的方式为对象贴图，贴图以拉伸的方式作用到对象的侧面。它适合于表面为平面的对

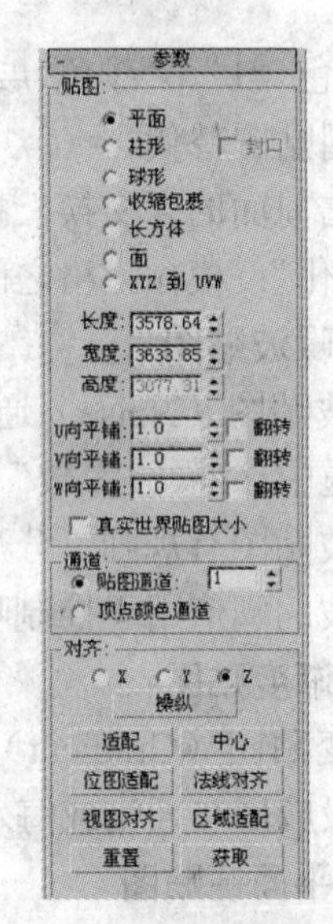

图 6-78 UVW 贴图“参数”卷展栏

象，如地面、墙壁等，如图 6-79a 所示。

2）柱形：将贴图沿着圆柱映射到对象的表面。右侧的“封口”复选框用于决定柱体顶底两个端面是否添加贴图坐标，如图 6-79b 所示。它适合于形状接近圆柱体的对象。

3）球形：将贴图以球形投影的方式映射到对象的表面，如图 6-79c 所示。这种方式在位图边缘与球体顶底交汇处会产生一条明显的接缝。

4）收缩包裹：使用球形将贴图包裹在对象表面，并且将所有的角拉到一个点，如图 6-79d 所示。这种方式的贴图不会产生接缝，但会使贴图变形。

5）长方体：以长方体的 6 个面的方式向对象映射贴图，每个面都采用平面贴图方式，效果如图 6-79e 所示。

6）面：对象的每个面都应用一个平面贴图。其贴图效果与组成对象的面的数量有关，面数越多，贴图越密，效果如图 6-79f 所示。

7）XYZ 到 UVW：将三维程序贴图应用到 UVW 坐标上。

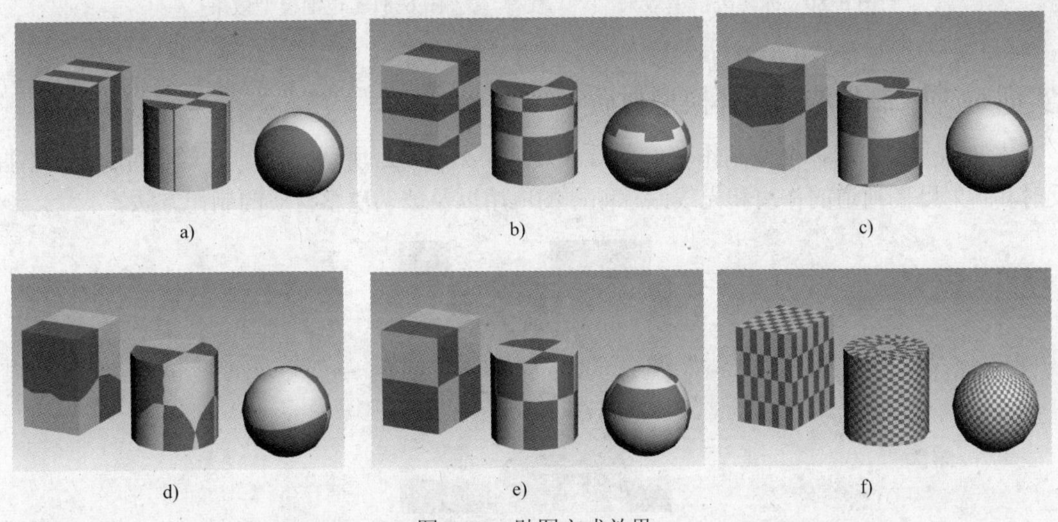

图 6-79　贴图方式效果

a）平面　b）柱形　c）球形　d）收缩包裹　e）长方体　f）面

在“参数”卷展栏中，“对齐方式”选项组用来设置贴图坐标的对齐方法。其中“X”、“Y”和“Z”单选项用于旋转对齐的坐标轴向。“适配”按钮为对象指定适配对齐方式，贴图坐标的大小将自动适配对象大小，使贴图适配到对象的外表面。

6.5　上机实训

【实训 6-1】 制作冰激凌模型材质

本实训要求制作冰激凌模型的各部分材质，设置渲染的环境贴图，效果如图 6-80 所示。通过本实训的练习，掌握漫反射贴图通道和凹凸贴图通道的作用以及位图、噪波、平铺和漩涡等贴图类型的参数设置及各种贴图类型在贴图通道中的应用方法，并学习环境贴图的设置。

【实训 6–2】 制作电池模型材质

本实训要求为电池模型制作材质，效果如图 6-81 所示。通过本实训的练习，掌握材质明暗器类型的应用和基本参数设置、反射贴图通道的应用和多维/子对象材质的制作以及金属类材质的综合制作方法。

图 6-80 冰激凌模型效果

图 6-81 电池模型效果

【实训 6–3】 制作玻璃酒杯模型材质

本实训要求为酒杯模型制作玻璃材质，效果如图 6-82 所示。通过本实训的制作，掌握反射和折射贴图通道的作用和光线跟踪贴图的应用以及玻璃质感材质的制作方法。

图 6-82 玻璃酒杯模型效果

第7章　灯光与摄影机

本章要点

3ds max 的灯光系统可以模拟现实世界中的各种光源。摄影机用来从不同的角度观察三维场景。本章主要介绍灯光的类型、标准灯光系统中各种灯光的参数设置和应用、场景中灯光的布置、摄影机的类型和参数设置以及摄影机动画的制作方法。

7.1　灯光的基本属性

【实例 7–1】洞穴场景布灯

本实例主要为洞穴场景中布置灯光，以便得到合理真实的照明效果，如图 7-1 所示。通过实例的操作，学习灯光的强度、颜色、阴影、衰减等基本属性的设置。

1）选择“文件”→“打开”菜单命令，在弹出的对话框中选择配套素材中\Scenes\第 7 章\7-1 洞穴布灯.max 场景文件。已经为场景中的对象指定了材质，并布置了摄影机，洞穴场景原文件效果如图 7-2 所示。

图 7-1　洞穴场景布灯效果

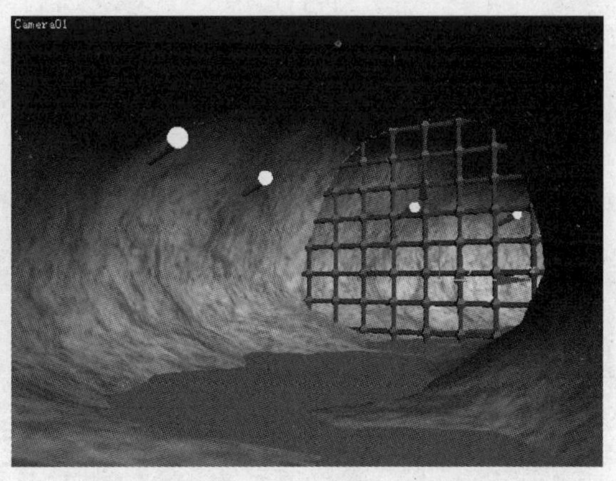

图 7-2　洞穴场景原文件效果

2）激活顶视图。单击“创建”→“灯光”→“标准”→“泛光灯”，在视图下方壁灯对象位置处单击，创建一盏泛光灯，并在其他视图中调整泛光灯的位置，使其处于壁灯中间，如图 7-3 所示。

☞小技巧

在创建一盏泛光灯后场景会变暗。3ds max 中场景具有默认的光源，它们是两盏泛光灯组成的默认灯光组，在用户创建灯光后，默认的灯光组被取消，改用用户自行设定的灯光。

3）保持泛光灯的选中状态，单击“修改”面板，在“强度/颜色/衰减”卷展栏中，设置“倍增”为 0.4，在“衰退”选项组的“类型”中选择“平方反比”，设置“开始”为 30，如图 7-4 所示。

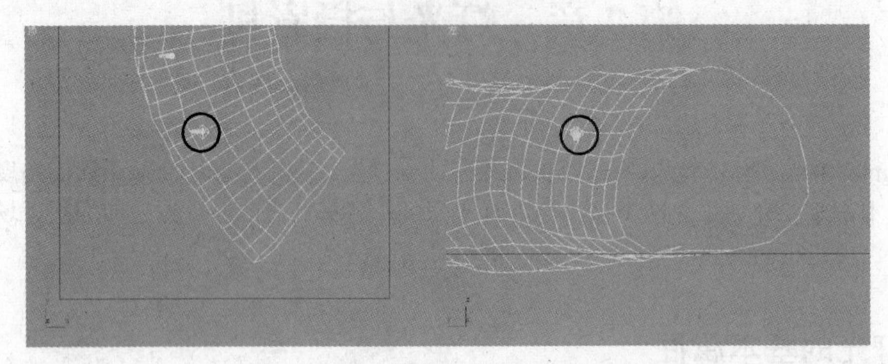

图 7-3　创建一盏泛光灯

4）继续保持泛光灯的选中状态，在顶视图中按住〈Shift〉键，拖动泛光灯至下一个壁灯位置，在弹出的“克隆选项”对话框中，选择“实例”，再单击“确定”按钮，如图 7-5 所示。进行同样的操作，在另两盏壁灯位置处实例复制两盏泛光灯。

☞小技巧

上述 4 盏泛光灯用来模拟壁灯对象对场景的照明效果。壁灯使用的具有自发光属性的材质只是模拟壁灯发光的效果，但不具有对场景的照明功能。

5）激活顶视图，单击“创建”→“灯光”→“标准”→“目标聚光灯”，在洞穴上方中间位置单击并拖动鼠标至栅栏处，创建一盏目标聚光灯，如图 7-6 所示。在左视图中向上移动聚光灯至洞穴上方，如图 7-7 所示。

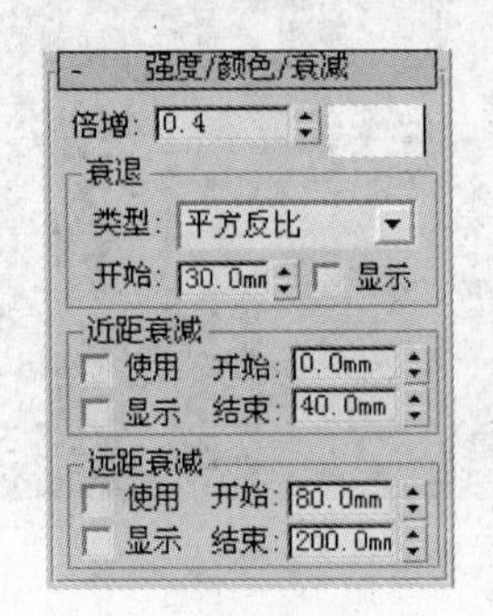

图 7-4　泛光灯参数设置

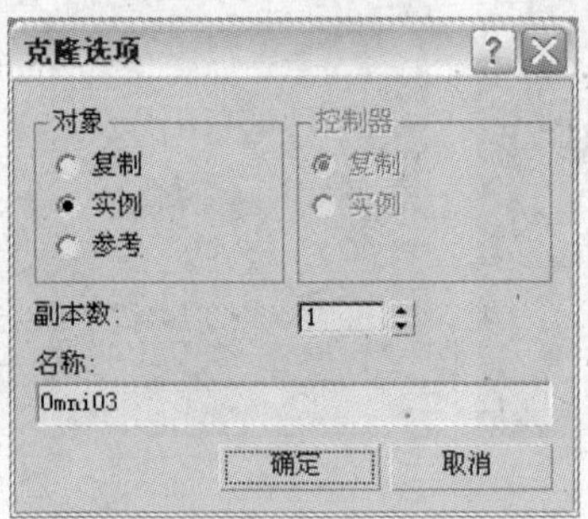

图 7-5　“克隆选项”对话框

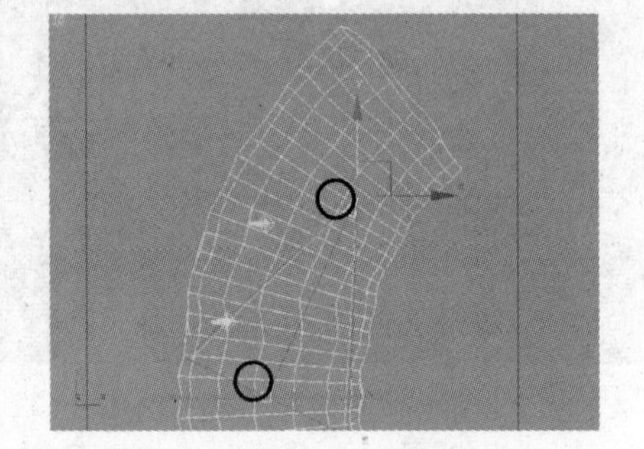

图 7-6　创建一盏目标聚光灯

6）保持聚光灯的选中状态，单击“修改”面板，在“常规参数”卷展栏中，勾选“阴影”选项组中的“启用”选项，将阴影类型设置为“光线跟踪阴影”，在“聚光灯参数”卷展栏中将“聚光区/光束”、“衰减区/区域”分别设置为 7、65，在“强度/颜色/衰减”卷展栏中，设置“倍增”为 1，勾选“远距”选型组中的“使用”选项，设置“开始”和“结束”分别为 115、260，如图 7-8 所示。

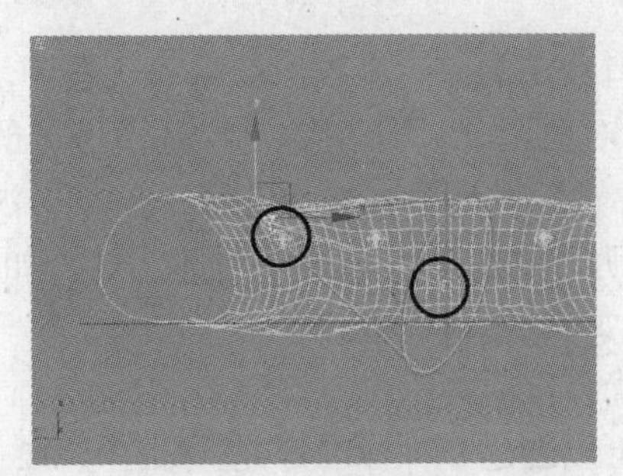

图 7-7　移动聚光灯

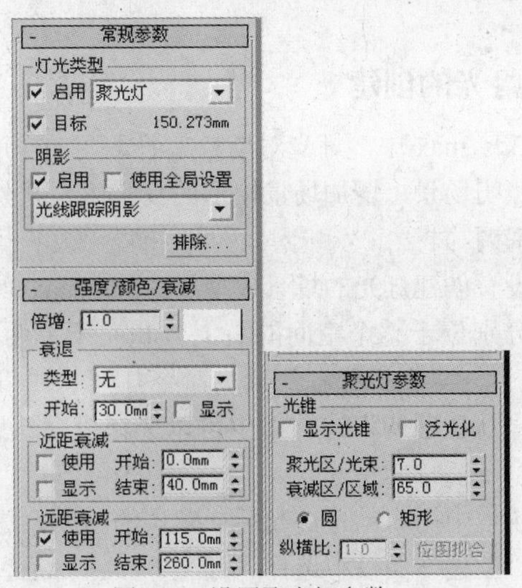

图 7-8　设置聚光灯参数

7）激活“Camera01”视图，按下〈F9〉键，渲染添加灯光后的场景，观察初步渲染后的效果，如图 7-9 所示。此时可以看到场景中壁灯将附近的洞壁照亮，聚光灯使栅栏在洞壁上产生阴影效果，但场景整体太暗，特别是右侧洞壁。

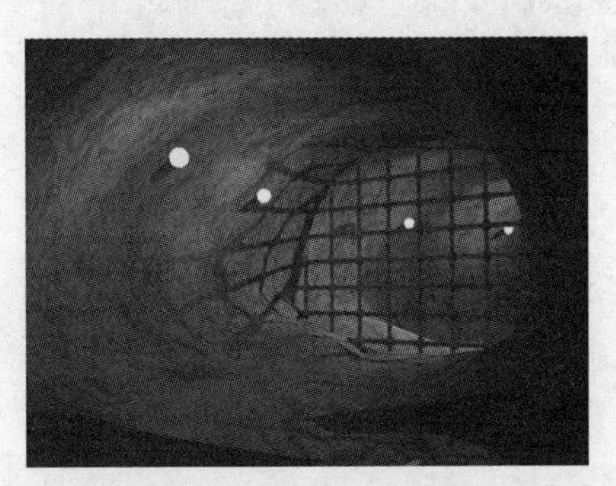

图 7-9　初步渲染效果

8）激活顶视图，单击“创建”→“灯光”→“标准”→“泛光灯”，在洞穴的左前方位置创建泛光灯，在左视图中调整泛光灯的位置，如图 7-10 所示。单击“修改”面板，在“强度/颜色/衰减”卷展栏中，设置“倍增”为 0.3。

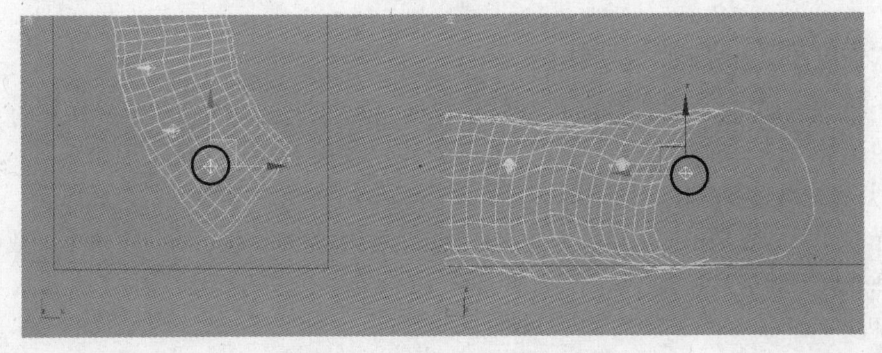

图 7-10　创建辅助照明泛光灯

9）按下〈F9〉键，对设置完灯光的场景进行渲染，得到如图 7-1 所示效果。

7.1.1 灯光的创建

在 3ds max 中，灯光对场景起着重要的作用。灯光对象主要用来模拟现实世界中的各种光源来照明场景，增加场景模型的真实感，此外灯光还可以用来营造场景模型的氛围、设计场景的基调等。

在没有创建灯光的场景模型中，3ds max 具有默认的照明系统。在缺省状态下，开启两盏灯，分别位于整个空间的右上方和左下方两个对角上，并且在场景中是不可见的。使用“自定义”→“视口配置”菜单命令打开“视口配置”对话框，然后选择“渲染方法”选项卡，在“默认照明”选项组中可以选择“默认照明”复选框，选择使用几盏灯，如图 7-11 所示。

在场景中用户创建灯光后，默认的照明系统就会自动关闭。

在“创建”面板中选择“灯光”按钮后，可以创建 8 种标准灯光，如图 7-12 所示。

在 3ds max 中，标准灯光对象都具有光照强度、灯光颜色、阴影效果灯等基本属性，本节着重介绍灯光的这些基本属性。

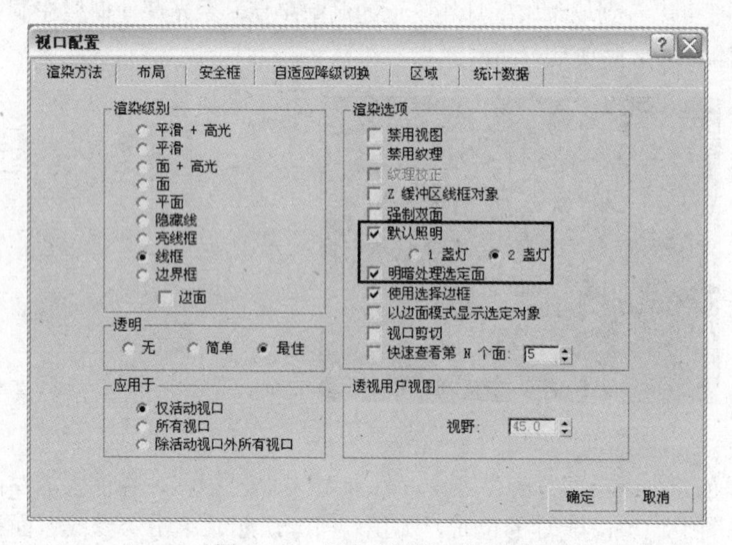

图 7-11 “视口配置”对话框

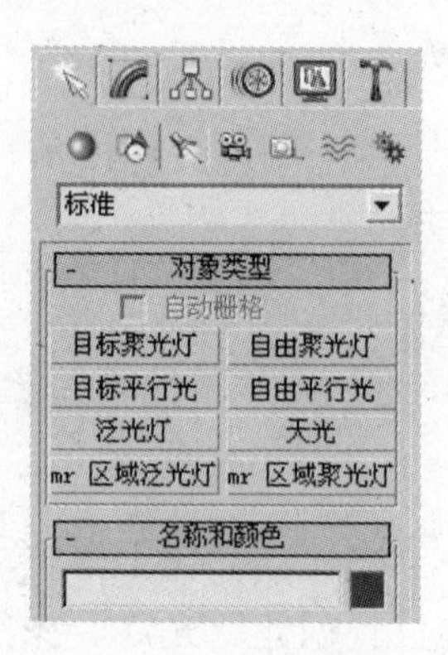

图 7-12 标准灯光的创建面板

7.1.2 “强度/颜色/衰减”卷展栏

使用“强度/颜色/衰减”卷展栏可以设置灯光的强度、颜色以及定义灯光的衰减等参数，如图 7-13 所示。

1. 灯光的强度和颜色

灯光的光照强度是由“倍增”参数来控制的。它设置的是灯光的亮度倍率，数值越大，光线越强；反之越小，系统默认的灯光亮度为 1.0。与现实中的灯光不同，3ds max 中灯光的“倍增”可以为负值，产生吸收光线的效果。

单击“倍增”数字框后面的颜色块，打开“颜色选择器：灯光颜色”对话框，如图 7-14 所示，可以设置灯光的颜色。

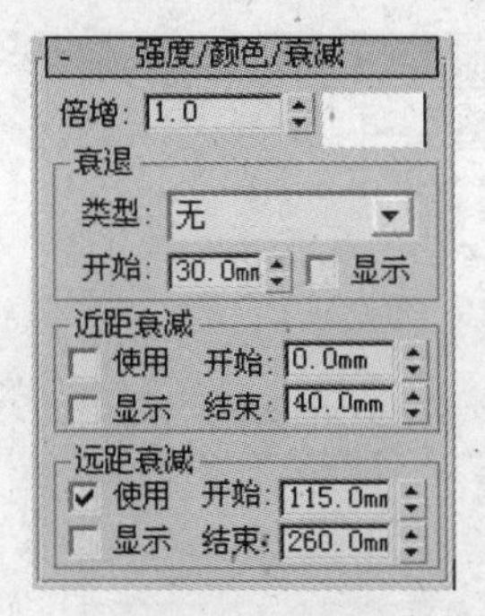

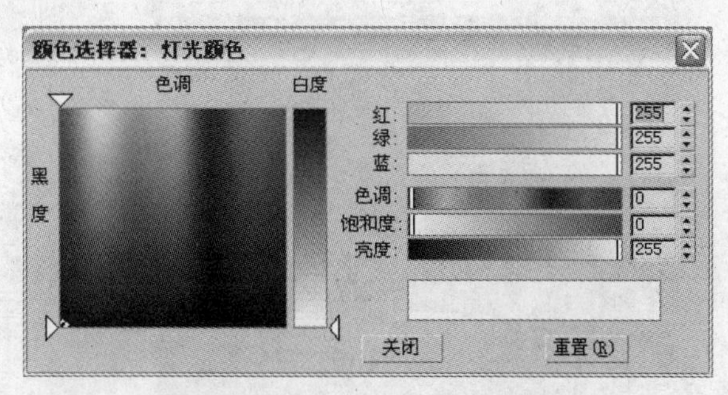

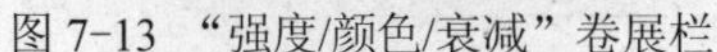
图 7-13 “强度/颜色/衰减”卷展栏　　　　图 7-14 灯光的颜色参数设置

2．灯光的衰减

现实中灯光的强度会随着距离的增加而减弱，产生衰减效果。3ds max 中灯光的衰减设置可以不受现实世界各种规律的约束，自由地设置衰减效果。在“强度/颜色/衰减”卷展栏中，“衰退”、“近距衰减”和“远距衰减”3 个选项组用来设置灯光的衰退方式和衰减范围，若选择“无”的衰退方式，不勾选“近距衰减”和“远距衰减”选项组中的“使用”复选框，则灯光从产生到无穷大都会保持设置的照明强度不变。

在“衰退”选项组中的“类型”下拉列表中有“倒数”和“平方反比”两种类型来设置灯光的衰减。两者的不同之处在于计算衰减的算法不同，平方反比更接近现实的光照特性，衰减的程度更强。“开始”数值框用于设置距离光源多远开始进行衰减。不同衰退方式的对比效果如图 7-15 所示。

无衰退

倒数衰退

平方反比衰退

图 7-15 不同衰退方式的对比效果

“近距衰减”选项组用于设置灯光从开始照明处照明强度为 0 到照明强度达到最大值之间的距离。“开始”参数设置灯光开始照明的位置，“结束”参数设置灯光达到最大照明亮度的位置。

“远距衰减”选项组用于设置灯光由最大照明亮度到照明强度降为 0 之间的距离。“开始”参数设置灯光强度开始衰减的位置，“结束”参数设置灯光强度降为 0 的位置。

在“近距衰减”和“远距衰减”选项组中的“使用”复选框启用后，近距衰减和远距衰减参数才能分别起作用。在“显示”复选框启用后，衰减的开始范围和结束范围会在视图中显示，以便于观察，如图 7-16 所示。

7.1.3 “常规参数”卷展栏

“常规参数”卷展栏主要用于控制灯光的启用、转换灯光的类型、设置灯光的阴影效果，起到灯光对场景中对象的排除/包含作用，如图 7-17 所示。

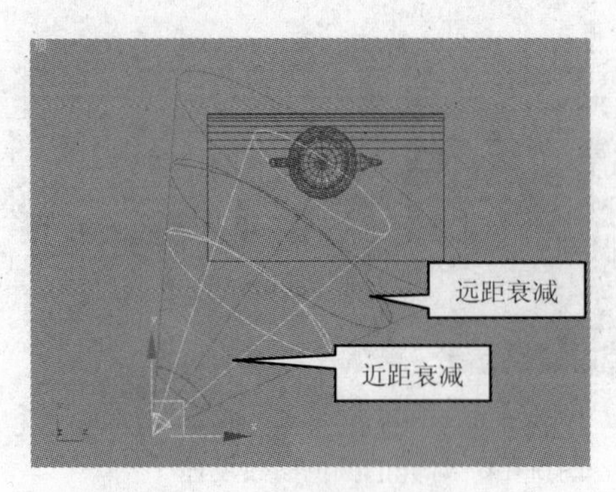

图 7-16　显示衰减的范围

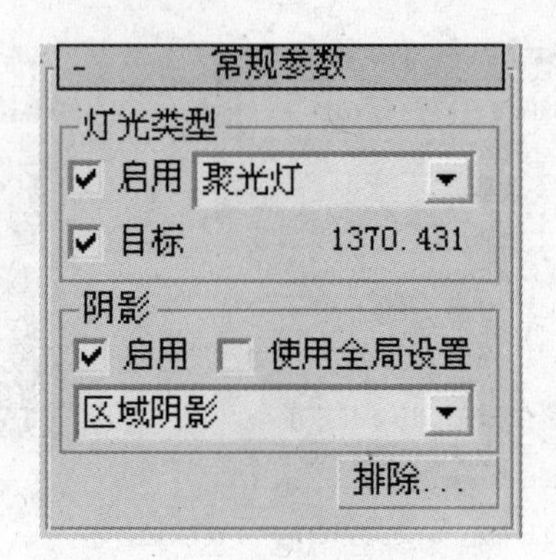

图 7-17　“常规参数”卷展栏

1．灯光的启用与类型转换

勾选“启用”复选框，用来控制是否启用灯光对象；取消“启用”复选框的勾选，关闭该灯光对象对场景的照明，视图中的灯光对象以黑色显示。

“启用”复选框右侧为灯光类型下拉列表，用于转换灯光的类型，有聚光灯、平行光和泛光灯可供选择。“目标”复选框用于控制自由灯光和目标灯光的转换。

2．灯光的阴影效果

灯光的阴影是灯光设置的重要组成部分，阴影的作用是显示对象间的相对空间关系，增加场景的真实感。

在“阴影”选项组中，“启用”复选框用于控制灯光的阴影功能是否开启，勾选该选项后，场景中对象在该灯光对象照射下产生阴影。勾选“使用全局设置”复选框后，当前灯光的设置参数会影响场景中所有勾选“使用全局设置”复选框的灯光。在下拉菜单中，可以选择阴影的类型，其中有“阴影贴图”、“光线跟踪阴影”、“区域阴影”、“高级光线跟踪”和“mental ray 阴影贴图”5 种阴影类型可供选择。各种阴影类型产生的阴影效果和占用的系统资源不尽相同，它们各自的特点比较如表 7-1 所示。

表 7-1　阴影类型比较表

阴影类型	优　点	不　足
阴影贴图	可以产生边缘柔和的阴影，是阴影渲染速度最快的类型	占用的系统资源较大，阴影不够精确，不支持透明度和不透明贴图的对象
光线跟踪阴影	阴影的计算方式精确，支持透明度和不透明贴图的对象。常用于模拟日光和强光产生的阴影效果	渲染速度较慢，阴影的边缘生硬
区域阴影	支持透明度和不透明贴图的对象，占用系统资源较少，并且支持区域阴影的不同格式	渲染速度很慢，特别是动画中每一帧都需要重新处理，增加渲染的时间
高级光线跟踪	具有阴影贴图的柔和阴影效果和光线跟踪阴影的准确性。主要与光度学灯光中的区域灯光配合使用	渲染速度较慢
mental ray 阴影贴图	与 mental ray 渲染器配合使用	没有光线跟踪，阴影精确

3．灯光的排除与包含

利用排除与包含功能可以控制灯光有选择地对场景中对象进行照明，还可以控制场景中的对象是否产生该灯光的阴影效果。

在“常规参数”卷展栏中，单击“排除...”按钮，打开“排除/包含”对话框，如图 7-18 所示。对话框内的“包含”和“排除”单选项可以设置灯光包含对选定对象的作用还是排除对选定对象的作用，“照明”、“投射阴影”和“二者兼有”单选项用来选择排除或包含灯光对选定对象的照明作用、投射阴影作用还是两者兼有。对话框左侧列表框内显示场景中的对象，选择其中对象后，单击中间的»按钮，可以将选中对象移至右边的列表框内，成为排除或包含的对象，同样选择右侧列表框内的对象，单击中间的«按钮可以将选中对象移出。图 7-19 给出了正常照明和使用排除照明和投射阴影的效果对比。

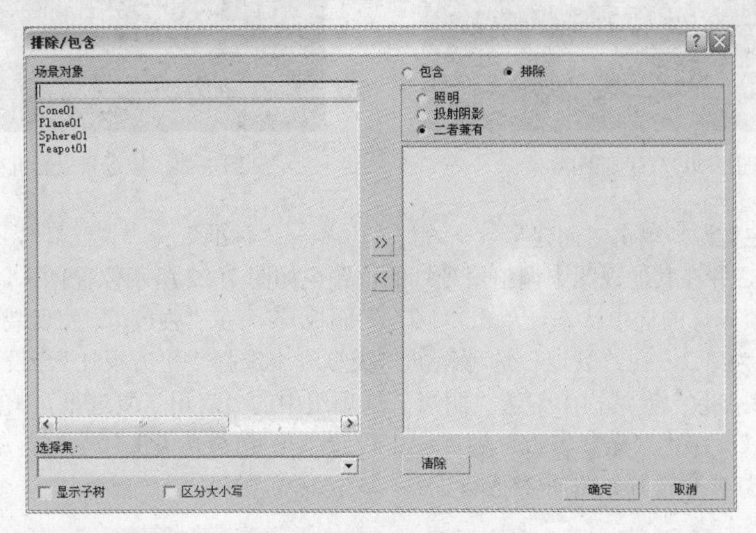

图 7-18 “排除/包含”对话框

a) b) c)

图 7-19 正常照明和使用排除照明和阴影的效果对比

a）正常照明 b）排除茶壶的照明 c）排除球体的投射阴影

7.2 标准灯光系统

【实例 7-2】区域场景的三点照明

本实例通过使用“三点照明”方式为一个简单的三维场景布置灯光，掌握 3ds max 标准灯光系统的应用，学习区域场景中常用的布光方式——三点照明，对该场景布光后的三点照明效果如图 7-20 所示。

1）使用菜单命令打开配套素材中\Scenes\第 7 章\7-2 区域三点照明.max 场景文件，该文件已经为场景中的对象指定了材质，并布置了摄影机，原场景的摄影机视图如图 7-21 所示。

图 7-20　三点照明效果

图 7-21　原场景摄影机视图

2）创建主光源。单击“创建”→“灯光”→“标准”→“聚光灯”，在顶视图中创建一盏聚光灯，并在其他视图中调整聚光灯的位置至如图 7-22 所示位置。

3）保持聚光灯的选中状态，单击“修改”面板，在“强度/颜色/衰减”卷展栏中，设置“倍增”为 1.2，在“衰退”选项组的“类型”中选择“平方反比”，设置“开始”为 560，在“常规参数”卷展栏中勾选“阴影”选项组中的“启用”复选框，将阴影类型设置为“阴影贴图”，在“聚光灯参数”卷展栏中设置“聚光区/光束”、“衰减区/区域”分别为 10、75，聚光灯参数设置如图 7-23 所示。

图 7-22　创建主光源

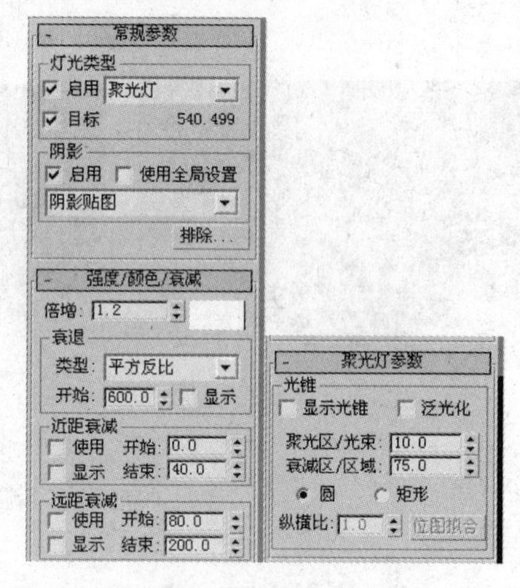

图 7-23　聚光灯参数设置

☞小技巧

在聚光灯“衰退”选项组中，将“开始”参数值设置为接近照明对象的表面附近，这样可以让对象接收到灯光的亮度，而使背景不会太亮。

4）激活“Camera01”视图，按下〈F9〉键，观察添加主光源后场景的渲染效果（如图 7-24 所示），可以发现场景整体偏暗，阴影部分过于黑暗。

图 7-24　添加主光源后的场景渲染效果

5）创建辅助光源。单击“创建”→“灯光”→“标准”→“聚光灯”，在顶视图中创建一盏聚光灯，并在其他视图中调整聚光灯的位置。进入“修改”面板，在“强度/颜色/衰减”卷展栏中，设置“倍增”为 0.4，在“衰退”选项组的“类型”中选择“平方反比”，设置“开始”为 450，在“聚光灯参数”卷展栏中设置“聚光区/光束”、“衰减区/区域”分别为 20、60，辅助光源位置与参数设置如图 7-25 所示。

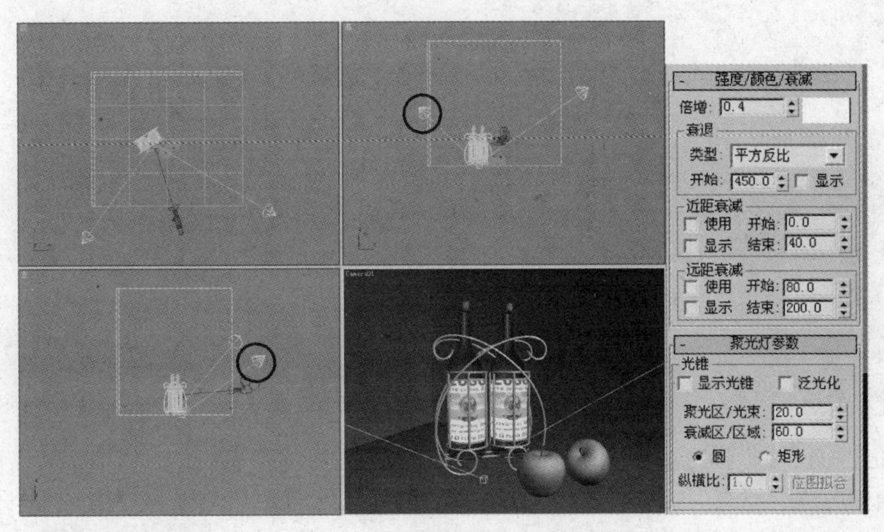

图 7-25　辅助光源位置与参数设置

6）再次按下〈F9〉键，观察场景的渲染效果。场景中主体对象的暗部已经照亮，同时阴影效果也被淡化。但背景过暗，需要提高亮度。

7）创建背光源。单击“创建”→“灯光”→“标准”→“泛光灯”，在顶视图中创建一盏泛光灯，并在其他视图中调整泛光灯的位置，如图 7-26 所示。进入“修改”面板，在“强度/颜色/衰减”卷展栏中，设置“倍增”为 0.25。单击“排除...”按钮，打开“排除/包含”对话框，仅包含对台面和背景的照明，如图 7-27 所示。

8）按下〈F9〉键，对完成灯光布置的场景进行渲染，效果如图 7-20 所示。

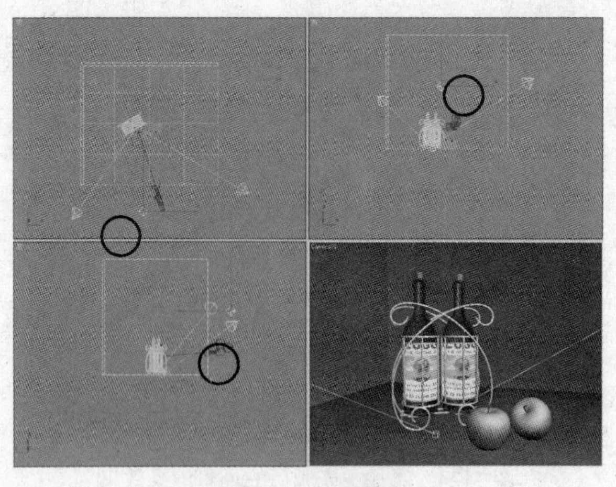

图 7-26 创建背光源

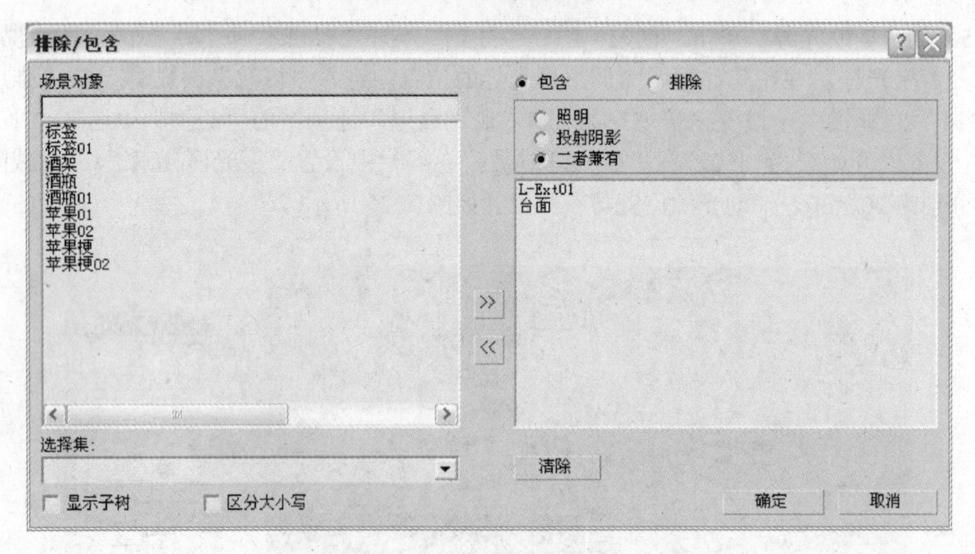

图 7-27 背光的照明对象

7.2.1 泛光灯

在 3ds max 中，标准灯光系统有 8 种，它们分别为目标聚光灯、自由聚光灯、目标平行光、自由平行光、泛光灯、天光、mr 区域泛光灯和 mr 区域聚光灯。

泛光灯是一种向四面八方均匀发射光线的光源。它没有方向的限制，一般用来模拟自然光，或者灯泡、台灯等点光源对象的发光效果，其光照效果如图 7-28 所示。泛光灯对象创建后，系统自动为泛光灯赋予一个表示其类型的名称，如 Omin01。在场景中，泛光灯显示为一个黄色正八面体的图标。

图 7-28 泛光灯的照明效果

泛光灯的参数非常简单，使用标准灯光系统的基本属性就可以实现对泛光灯的设置。

泛光灯的优点是比较容易建立和控制，不必考虑对象是否在照射范围内。通常泛光灯作为场景中的辅助光源来使用。

7.2.2 聚光灯

聚光灯是一种具有方向性和范围性的灯光。聚光灯的照射范围叫做光锥，光锥外的对象不会被该聚光灯的灯光照射。聚光灯有目标聚光灯和自由聚光灯两种。

“聚光灯参数”卷展栏可以用来设置聚光灯的光锥的大小和形状，如图 7-29 所示。“聚光区/光束”用来设置光源中央亮点区域的投射范围，在此范围内，聚光灯保持灯光的最大照明亮度。“衰减区/区域”用来设置光源衰减区投射区域的大小。明显地，该数值必须大于“聚光区/光束”的值。在“聚光区/光束”到“衰减区/区域”之间的区域内，聚光灯的照明亮度由最大衰减到亮度为 0。勾选“显示光锥”复选框后，聚光灯的照射范围就在场景中显示出来，如图 7-30 所示。“圆”和“矩形”单选项用来决定聚光灯照射区域为圆锥体还是四棱锥体。如果选择矩形照射区域，使用“纵横比”可以调整矩形照射区域的长宽比。

1. 目标聚光灯

目标聚光灯由聚光灯投射点和目标点两部分组成。在创建目标聚光灯后，系统自动为投射点和目标点分别定义一个代表其类型的名称，如 Spot01 和 Spot01.target。在场景中，目标聚光灯的投射点以黄色圆锥图标表示，而目标点以黄色正方体图标表示。目标聚光灯的投射点和目标点可以分别选择，若单击两者之间的连线，则同时可选中投射点和目标点。

目标聚光灯的优点是定位准确方便，经常用来模拟路灯、台灯和车灯等照明效果。其照明效果如图 7-31 所示。

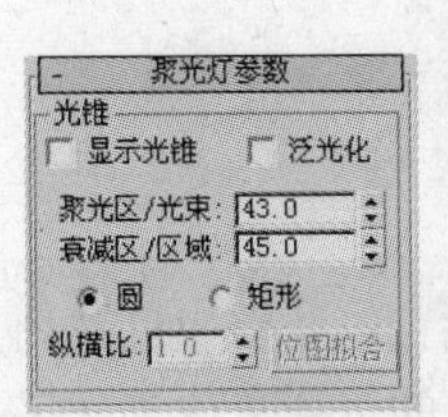

图 7-29 “聚光灯参数”卷展栏

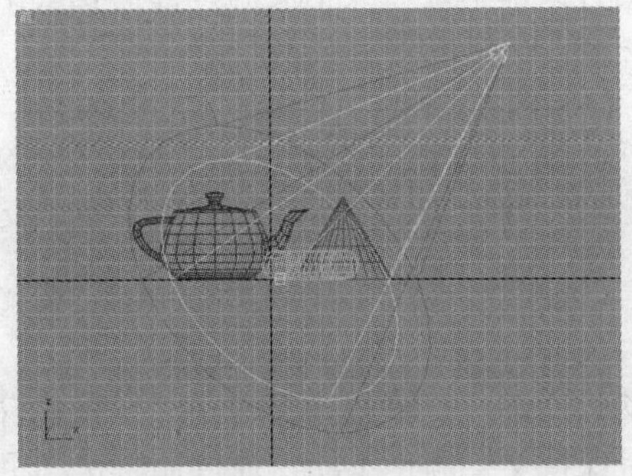

图 7-30 聚光灯的照射范围

图 7-31 目标聚光灯的照明效果

2. 自由聚光灯

自由聚光灯除了没有目标点外，还具有目标聚光灯的所有特性。由于没有目标点，要使自由聚光灯对准照射的目标对象，只能通过在视图中旋转和移动自由聚光灯来完成。系统为自由聚光灯指定的名称为 Fspot01 等。

自由聚光灯的特点是不会改变灯光的照射方向，因此比较适合在制作动画时使用，例如模拟运动中的汽车的前灯。

7.2.3 平行光

平行光与聚光灯一样具有方向性和范围性，不同的是平行光始终沿着一个方向投射平行的光线，它的照射区域是一个圆柱体或矩形棱柱。平行光也分为目标平行光和自由平行光两种，主要用来模拟阳光的照射效果。

平行光也有自己的“平行光参数”卷展栏，如图 7-32 所示，其参数含义与聚光灯参数基本相同，这里就不再具体介绍。

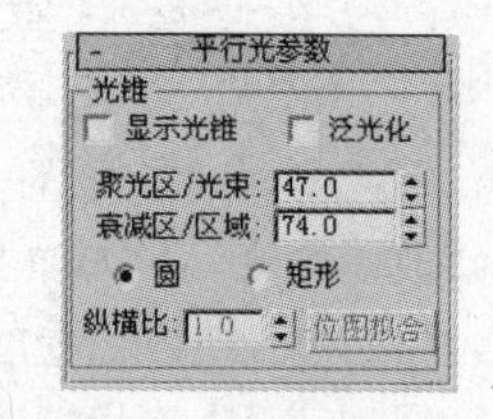

图 7-32 “平行光参数”卷展栏

7.2.4 三点照明方案

三点照明是影视和摄影中常用的灯光布置方法。三点照明可以从几个重要角度照射物体，从而明确地表现出模型的三维形状。在 3ds max 中，小范围的区域场景经常采用三点照明的灯光布置方法。三点照明是指采用主光源、辅助光源和背光源这 3 类光源实现场景的照明方案。

主光源作为场景的主要光照部分，要确定光照的角度并在场景中投射出清晰的阴影。主光源是场景中最亮的光源，主光源的位置要根据场景的观察角度确定，即根据摄影机的位置确定主光源的位置。通常情况下，主光源与摄影机成 35°～45° 夹角，并略高于摄影机。

辅助光源起到补光的作用，用来照射阴影区域和被主光源忽略的场景区域。辅助光源可以使主光源形成的光亮部分变柔并延伸开，使场景的更多部分变得可见。辅助光源一般放置在与主光源成 90° 角的位置，并且比主光源稍低。辅助光源的亮度约为主光源亮度的 1/3。

背光源的作用是照亮对象的边缘，将主体对象从背景中分开，烘托主体对象的轮廓。典型的背光源是放置在主体对象的后面，正对着摄影机。

三点照明原则是一种较常用的照明方案。三点照明并不是绝对地只有 3 个光源，辅助光源和背光源的布置要灵活。任何照明方案都不是一成不变的，都需要根据场景的具体情况进行变化和调整。

7.3 摄影机

【实例 7-3】制作文字动画

本实例以制作一个简单的文字动画为例，介绍摄影机的创建和参数设置以及摄影机动画的制作方法。文字动画制作的思路是保持文字静止不动，通过调整摄影机的位置来达到文字移动的视觉效果，如图 7-33 所示。

图 7-33 文字动画效果

1）选择“文件”→“重置”菜单命令，重新设置场景。单击“创建”→“图形”→“样条线”→“文字”，在“参数”卷展栏中，选择字体为黑体，设置“大小”为 100，在“文本”框内输入“动画论坛”，然后在顶视图中单击创建文本，如图 7-34 所示。

2）单击“修改”面板，在“修改器列表”中选择“倒角”修改器，在“倒角值”卷展栏中设置倒角参数，倒角文字效果与参数设置效果如图 7-34 所示。

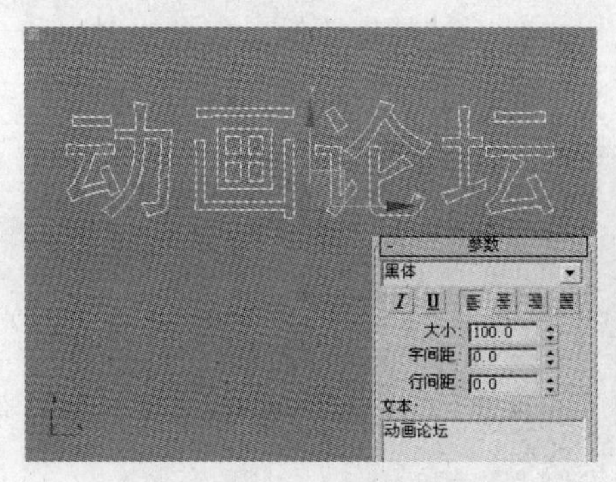

图 7-34　创建文本

图 7-35　倒角文字效果与参数设置

3）按下〈M〉键，在“材质编辑器”中选择一个空白示例球，在“明暗器基本参数”卷展栏中的下拉菜单中，选择“金属”明暗方式。在“金属基本参数”卷展栏中，设置“漫反射”的“红”、“绿”、“蓝”的值分别 233、199、116。设置“高光级别”为 76，“光泽度”为 60，如图 7-36 所示。

4）展开“贴图”卷展栏，单击“反射”贴图通道后面的“None”贴图按钮，在打开的“材质/贴图浏览器”对话框中，双击“位图”贴图方式，再在随后打开的“选择位图图像文件”对话框中选择配套素材中\Maps\云彩.jpg 文件，单击“打开”按钮。

5）在场景中选择文本，单击“材质编辑器”中的“将材质指定给选定对象”按钮，为文本指定材质。

6）返回场景，单击“创建”→“摄影机”→“标准”→“目标”，在顶视图中创建一个摄影机，并在其他视图中调整摄影机的位置，激活“透视”视图，按下〈C〉键，切换到“Camera01”视图，效果如图 7-37 所示。

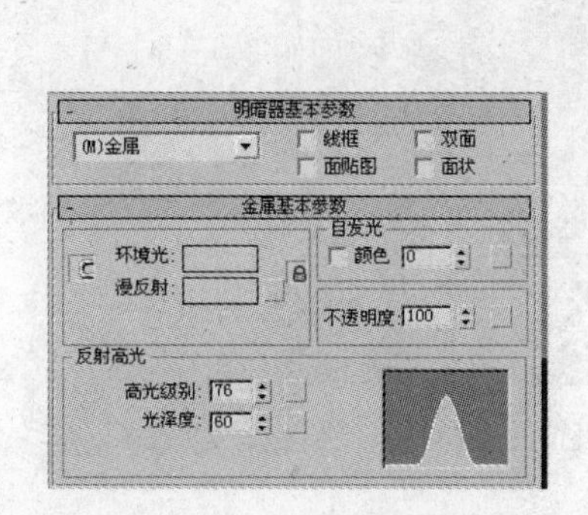

图 7-36　设置材质参数

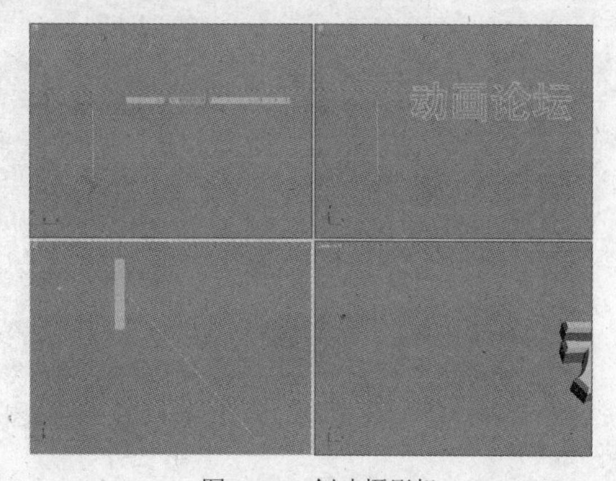

图 7-37　创建摄影机

☞小技巧

目标摄影机是由投射点和目标点两个对象组成的，单击场景中的摄影机图标，选择的是摄影机的投射点；单击正方体图标，选中的则是目标点。若要同时移动目标摄影机的投射点和目标点，则应先单击投射点与目标点之间的连线，保证两者同时选中后再进行操作。

7）单击动画控制区中的“自动关键点”按钮，此时“自动关键点”按钮和时间轴为红色，处于动画模式中。拖动时间轴上的时间滑块到 50 帧，然后选择摄影机（包含投射点和目标点），并移动到如图 7-38 所示的位置。

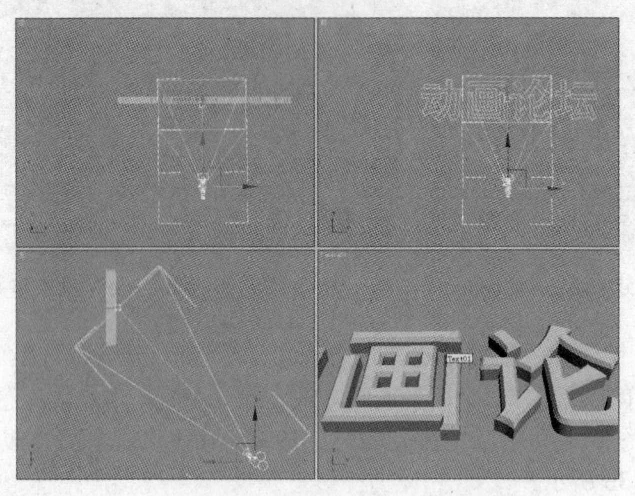

图 7-38　在 50 帧处选择摄影机位置并移动

8）再次拖动时间轴上的时间滑块到 100 帧处，然后选择摄影机的投射点，将其移动到如图 7-39 所示的位置。单击“自动关键帧”按钮，退出动画模式。激活“Camera01”视图，单击动画控制区的“播放动画”按钮，观察动画效果。

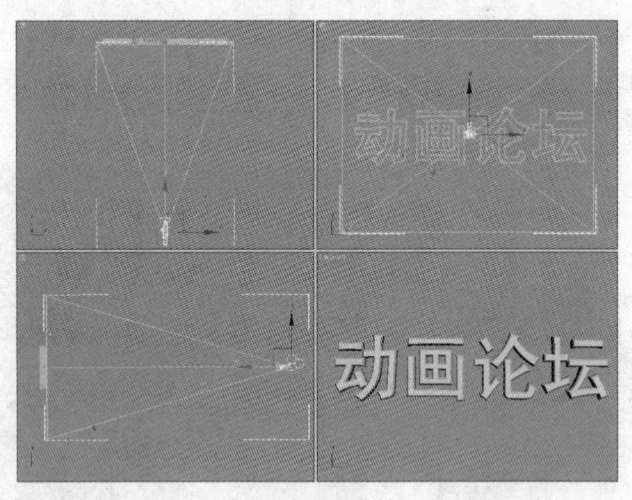

图 7-39　在 100 帧处选择摄影机位置并移动

本例中文字动画已经制作完成，渲染输出后即可生成动画文件。有关渲染输出的操作将在第 8 章中进行详细介绍。

7.3.1　摄影机类型

3ds max 中的摄影机类似于真实的摄影机，用户可以利用摄影机从不同的位置和角度观察场景，还可以通过控制摄影机位置和参数的变化设置摄影机动画，动态地观察场景。

摄影机分为目标摄影机和自由摄影机两种。目标摄影机带有目标点，由摄影机的投射点和目标点组成，是较常用的类型。目标摄影机多用于观察目标点附近的场景对象，比较容易定位。自由摄影机没有目标点，常用于观察所指方向的场景，可以用其制作轨迹动画。

在“创建”面板中选择“摄影机”按钮后，可以创建两种摄影机，摄影机创建面板如图 7-40 所示。在视图中，摄影机的投射点以摄影机图标的形式显示，目标点以正方体图标显示，如图 7-41 所示。当创建目标摄影机时，系统自动为摄影机的投射点和目标点分别指定代表其类型的名称，如 Camera01 和 Camera01.target。

7.3.2 摄影机视图

在创建摄影机后，为了便于从摄影机角度观察场景，可以将视图切换为摄影机视图。在视图中按〈C〉键，即可以将当前视图切换为摄影机视图。若场景中只有一个摄影机或者当前选中的是摄影机对象，则自动切换到摄影机视图，否则将弹出“选择摄影机”对话框，选择要切换的摄影机，如图 7-42 所示。在激活任一视图后，在视图标签上右击，在弹出的快捷菜单中选择摄影机也可以切换到摄影机视图。

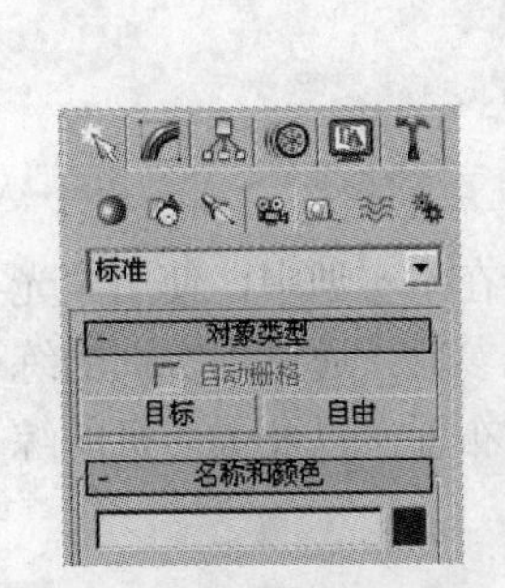

图 7-40 摄影机创建面板

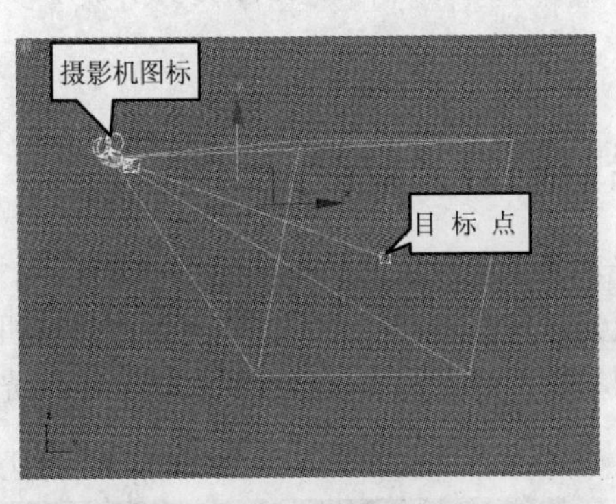

图 7-41 摄影机投影点

图 7-42 选择要切换的摄影机

当前视图切换为摄影机视图后，屏幕右下角视图控制区也随之切换为摄影机视图控制工具，如图 7-43 所示，使用这些工具按钮可以方便地调整摄影机视图的观察效果。

图 7-43 摄影机视图控制工具

1）“推拉摄影机”按钮：沿着摄影机的主轴移动摄影机投射点，使摄影机相对于目标点推近或拉远。此按钮还可以切换为“推拉目标”按钮和“推拉摄影机+目标”按钮，分别对目标点和摄影机+目标点进行推拉操作。

2）“透视”按钮：移动摄影机的同时保持视野不变，可以在推拉摄影机改变拍摄范围的同时，改变摄影机的透视效果。

3）“侧滚摄影机”按钮：使摄影机围绕目标点或者自身 Z 轴方向进行旋转。

4）“环游摄影机”按钮：以目标点的位置保持不变，使摄影机围绕目标点进行旋转。此按钮还可以切换为“摇移摄影机”按钮，以保持摄影机位置不变，使目标点绕摄影机进行旋转。

7.3.3 摄影机的基本参数设置

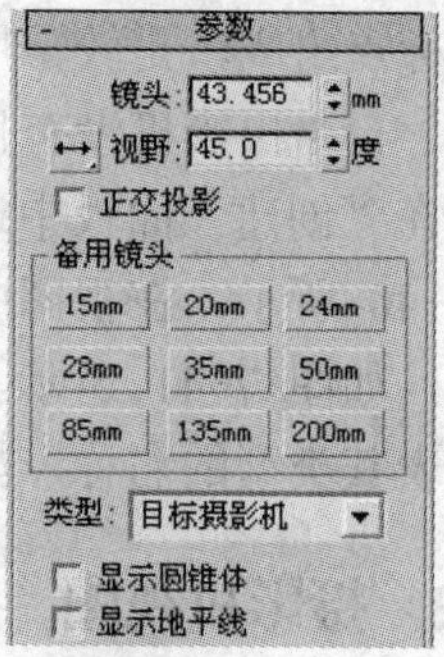

摄影机基本参数设置如图 7-44 所示。

1）“镜头”：设置摄影机镜头口径的大小，相当于摄影机的焦距。若“镜头”值变大，则摄影机视图内的对象变大，摄影机观察的范围变窄。“镜头”值与“视野”值相互关联，改变其中一个，另一个也会随之改变。

2）“视野”：设置摄影机视野的大小。

图 7-44 摄影机基本参数设置

3）“备用镜头”选项组：系统预设的镜头，包括 15mm、20mm、24mm、28mm、35mm、50mm、85mm、135mm 和 200mm 共 9 种。50mm 镜头通常是摄影机的标准镜头，小于 50mm 的镜头为广角镜头，大于 50mm 的镜头为长焦镜头。

4）“类型”下拉列表：用来在目标摄影机和自由摄影机之间进行切换。

5）“显示圆锥体”：在此复选框被选中后，系统将摄影机所能拍摄的锥形视野范围在视图中显示出来。

6）“显示地平线”：在此复选框被选中后，系统将场景中水平线显示在视图中，用来辅助摄影机定位。

7.4 上机实训：制作台灯的灯光效果

本实训要求为场景进行灯光和摄影机设置，效果如图 7-45 所示。在本实训中，使用聚光灯模拟台灯的照射效果，添加泛光灯作为辅助灯光，创建并设置摄影机参数。通过本实训的练习，掌握聚光灯和泛光灯的常用参数、灯光阴影参数设置和场景中灯光布置，以及摄影机的综合应用方法。

图 7-45 台灯的灯光效果

第 8 章　渲染输出与环境效果

本章要点

本章主要介绍 3ds max 中背景颜色、背景贴图等场景环境的设置以及场景的最终渲染输出的操作。为了使制作的效果更加真实，本章还将介绍火、雾、体积光等大气效果和镜头、景深等渲染特效的应用。

8.1　渲染输出

【实例 8-1】文字动画的渲染输出

本实例通过将上一章制作的文字动画场景进行静态单帧和动画渲染输出，学习场景渲染输出的方法和常用渲染参数的设置。

1）选择“文件”→“打开”菜单命令，在弹出的对话框中选择配套素材中\Scenes\第 7 章\7-3 文字动画.max 场景文件，这是上一章制作完成的文字动画场景。

2）激活摄影机视图“Camera01”，将视图下方的时间滑块拖动至 100 帧，按下〈F10〉键渲染场景，打开“渲染场景：默认扫描线渲染器”对话框，如图 8-1 所示。

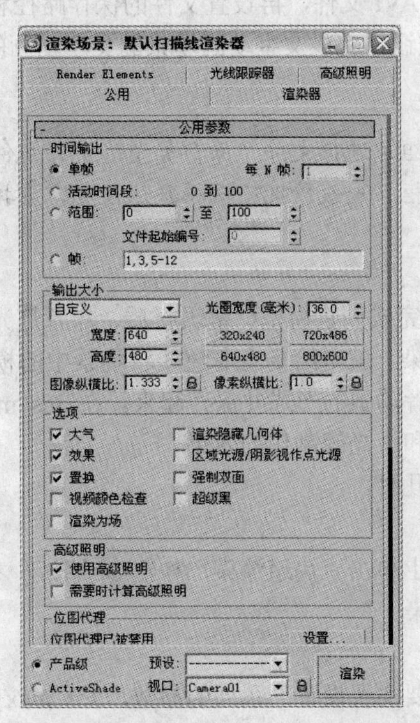

图 8-1　“渲染场景：默认扫描线渲染器”对话框

3）在“时间输出”选项组中，选中“单帧”单选项，进行单帧静态渲染。在“输出大小”选项组中，单击“640×480”按钮。在“渲染输出”选项组中，单击“文件...”按钮，在打开“渲染输出文件”的对话框中设置文件的相关信息（保存位置、文件名和保存类型等），将文件“保存类型”设置为 JPEG 文件格式，如图 8-2 所示。单击“渲染”按钮，开始渲染，将文字动画的第 100 帧渲染保存为 JPEG 格式文件。

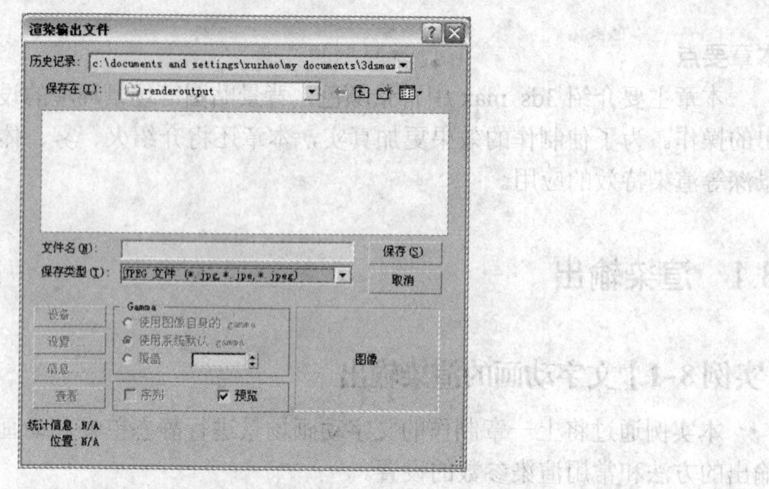

图 8-2 “渲染输出文件”对话框

4）再次打开“渲染场景”对话框，在“时间输出”选项组中，单击“活动时间段”单选项，将整个动画渲染输出。在“渲染输出”选项组中，单击“文件...”按钮，在打开的对话框中设置“保存类型”为 AVI 文件，再设置文件的保存路径和文件名。确认渲染“视口”为 Camera，单击“渲染”按钮，完成文字动画场景的文字动画的渲染输出。

☞小技巧

当在“渲染输出”选项组中选择文件“保存类型”进行文件保存时，会弹出相应文件类型的文件格式配置文件对话框。一般情况下保持默认设置，直接单击“确定”按钮即可。

8.1.1 渲染简介

渲染输出是 3ds max 在完成创建模型、编辑材质、布置灯光和摄影机、动画设计等制作流程后的最终操作。所谓渲染，就是给场景着色，将场景中的模型、材质、灯光以及大气环境等设置处理成静态图像或者动画的形式并保存起来。在 3ds max 制作流程中，也可以通过渲染观察场景中模型、材质和灯光等制作的效果。

常用的渲染方式有以下几种。

1. 快速渲染场景

在 3ds max 的主工具栏上单击“快速渲染”按钮或按下〈F9〉键，系统将直接使用当前渲染设置快速完成场景渲染。

2. 渲染场景

在渲染场景时，通常需要实现设置一系列的参数，3ds max 将这些参数都集中在“渲染场景”对话框中，如图 8-1 所示。要打开此对话框有 3 种方法，一种方法是选择“渲染”→

“渲染（R）...”菜单命令；另一种方法是在主工具栏上单击“渲染场景对话框”按钮；还有一种方法是按下快捷键〈F10〉。

渲染帧窗口用于显示渲染的结果，并且可以保存窗口中显示的静态帧图像，如图 8-3 所示。在默认设置下，渲染帧窗口将在渲染开始时被打开，并且随渲染的进度逐渐显示渲染的结果。按下渲染帧窗口中的“保存位图”按钮，就可以将窗口中显示的图像直接保存成图像文件。在关闭渲染帧窗口后，若想要察看渲染的结果，则选择“渲染”→“显示上次渲染结果”菜单命令，打开渲染帧窗口即可。

图 8-3　渲染帧窗口

“渲染场景”对话框中包括 5 个选项卡，用于渲染输出参数的设置。下面介绍渲染输出参数设置时常用的“公用”选项卡中“公用参数”卷展栏的应用。

8.1.2 “公用参数”卷展栏

“公共”选项卡由 4 个卷展栏组成。在渲染输出设置时，主要使用“公共参数”卷展栏和“指定渲染器”卷展栏。下面先介绍“公用参数”卷展栏中参数的应用，有关“指定渲染器”卷展栏的应用将在第 8.1.3 中介绍。“公用参数”卷展栏主要包含“时间输出”、“输出大小”、“选项”、“渲染输出”等 5 个选项组，下面介绍各选项组的作用和参数设置。

1. “时间输出”选项组

“时间输出”选项组对渲染时间进行设置，如图 8-4 所示。

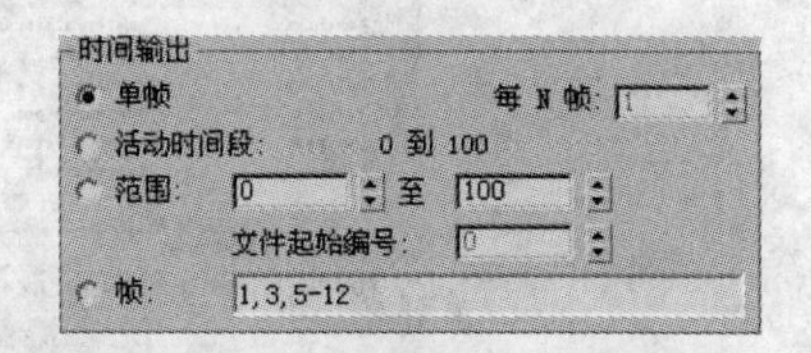

图 8-4　“时间输出”选项组

1）“单帧”单选项用于渲染静态帧图像，其他的选项都用于渲染动画。

2）“活动时间段”选项可以渲染当前场景中时间滑块内所设置的所有帧，通常在最终渲染时使用这种方式。

3）“范围”选项可以自定义渲染的帧数范围，而不需要渲染场景中全部的动画帧数。

4）“帧”选项可以输出不连续的渲染帧数范围，输入的帧数之间要用逗号隔开。通常在测试动画时使用。

5）“每 N 帧”参数决定渲染的间隔帧数，例如，当将其值设置为 3 时，系统将每隔 3 帧渲染一帧。通常为了节约渲染时间在测试预览动画时使用。

2. “输出大小”选项组

“输出大小”选项组可以设置静帧图像或动画的渲染尺寸，如图 8-5 所示。在选项组的下拉列表中提供了一些标准的电影和视频尺寸以及纵横比，通常在列表中选择一种纵横比方式，然后再通过按钮选择尺寸。在列表中选择“自定义”后，可以通过“宽度”和“高度”参数设置渲染尺寸。

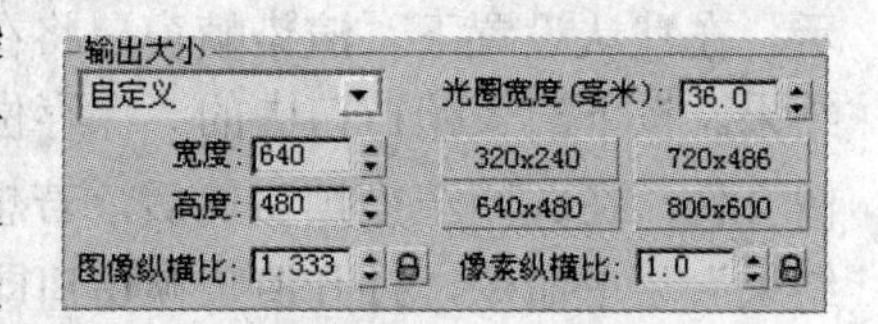

图 8-5 “输出大小”选项组

3. “选项”选项组

“选项”选项组用于设置在渲染中是否开启各种效果，如大气、效果、置换等，取消这些选项的设置可以加快渲染的速度。“选项”选项组如图 8-6 所示。

4. “渲染输出”选项组

“渲染输出”选项组主要用于设置渲染输出的文件保存方式，如图 8-7 所示。如果渲染静帧图像，就可以不进行该选项组的设置，而是渲染输出到渲染帧窗口，然后在渲染帧窗口中保存。

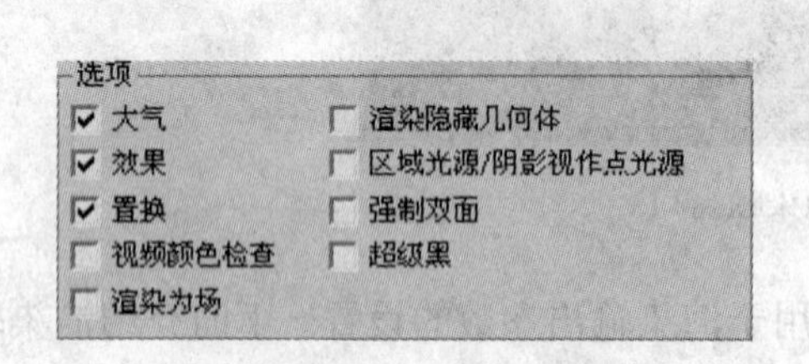

图 8-6 “选项”选项组

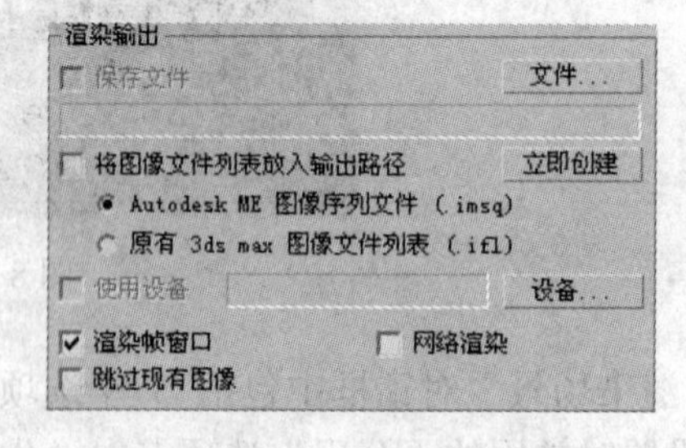

图 8-7 “渲染输出”选项组

在“渲染输出”选项组中单击“文件...”按钮，在打开的“渲染输出文件”对话框中，设置文件保存的路径和名称，在“保存类型”下拉菜单中选择文件格式，单击“保存”按钮，然后进行文件格式设置，如图 8-8 所示。

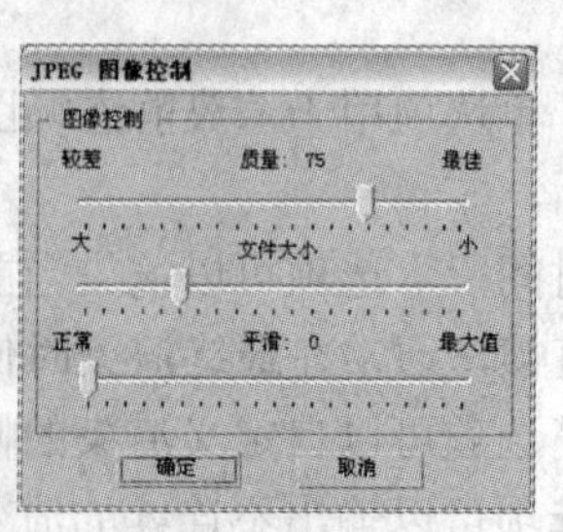

图 8-8 “渲染输出文件”对话框及 JPEG 图像控制参数设置

8.1.3 “指定渲染器”卷展栏

“指定渲染器”卷展栏用于设置渲染输出时所使用的渲染器类型，如图 8-9 所示。在该卷展栏中可以分别选择在不同渲染方式下使用的渲染器，其中，“产品级”为渲染场景选择所使用的渲染器；“材质编辑器”为材质编辑器中示例球渲染显示选择所使用的渲染器，按下后面的锁定按钮后，“材质编辑器”和“产品级”使用的渲染器保持一致；“ActiveShade”为实时着色渲染选择所使用的渲染器。按下渲染方式右侧的按钮，在弹出的“选择渲染器”对话框中就可以进行渲染器的选择，如图 8-10 所示。

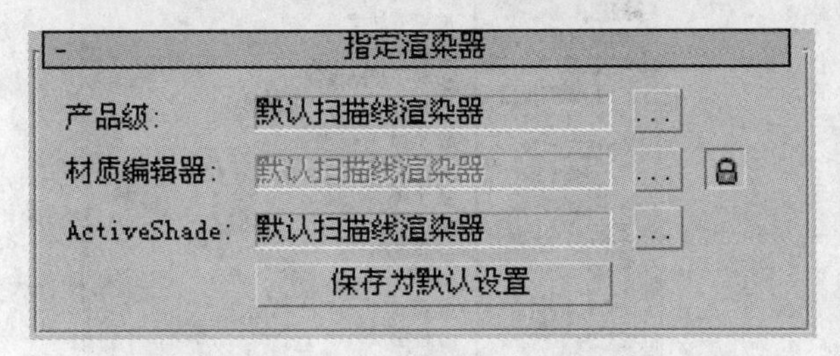

图 8-9　指定“渲染器”卷展栏

图 8-10　“选择渲染器”对话框

3ds max 默认的渲染器是扫描线渲染器，顾名思义，扫描线渲染器将场景渲染成一系列的水平线。扫描线渲染器最大的优势是易学易用，渲染速度快，适合渲染时间较长的动画。

mental ray 渲染器是一个专业的渲染系统，可以生成令人难以置信的高质量真实感的图像。与默认扫描线渲染器相比，mental ray 渲染器基于物理原理来模拟复杂的照明效果，并可以优化多处理器的使用，提高动画的渲染效率。

8.2　环境效果

【实例 8-2】制作带体积光效果的文字动画

本实例介绍为文字动画添加体积光的效果，学习环境背景的设置以及环境效果的制作方法。添加体积光后文字动画的效果如图 8-11 所示。

图 8-11　文字动画的体积光效果

1）选择“文件”→“打开”菜单命令，在弹出的对话框中选择配套素材中\Scenes\第 8 章\8-2 体积光.max 场景文件，这是已经制作完成的文字动画场景。

2）设置场景的背景贴图。按下快捷键〈8〉，打开“环境和效果”面板，如图 8-12

所示。在“环境”选项卡中，单击“背景”选项组中的“环境贴图”下的“无”按钮，在打开的“材质/贴图浏览器”对话框中，选择“漩涡”贴图，单击“确定”按钮，如图 8-13 所示。

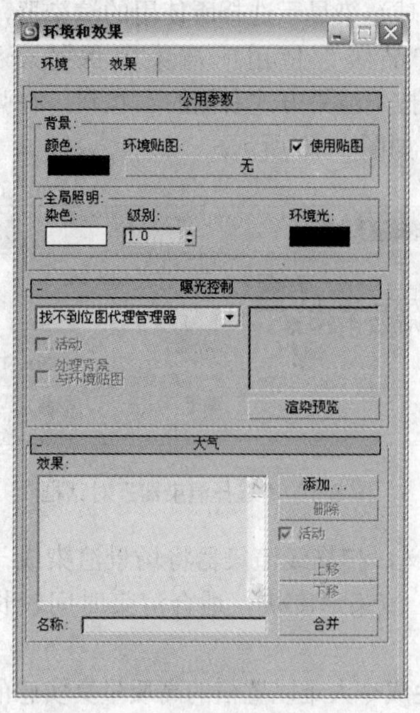

图 8-12 “环境和效果”面板

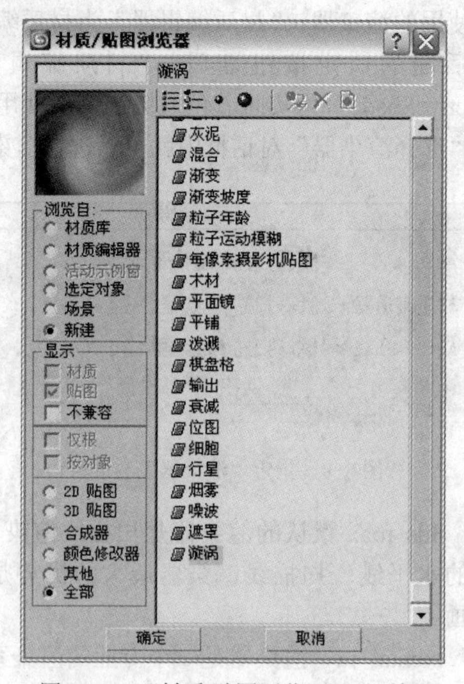

图 8-13 “材质/贴图浏览器”对话框

3）按下〈M〉键，打开“材质编辑器”面板，拖动“环境和效果”面板中的“环境贴图”下的长按钮到“材质编辑器”中的一个空白示例球上，在弹出的对话框中选择“实例”，然后单击“确定”按钮，如图 8-14 所示。

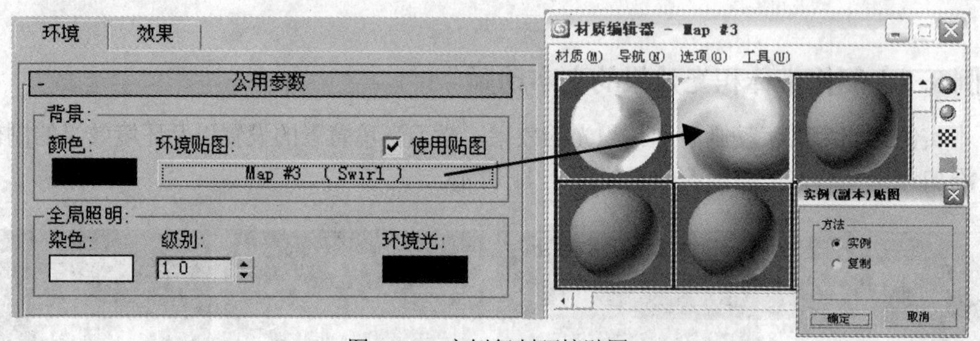

图 8-14 实例复制环境贴图

4）在“材质编辑器”面板中，保持环境贴图为当前示例窗口，展开“漩涡参数”卷展栏，在“漩涡颜色设置”选项组中，将“基本”颜色块的“红”、“绿”、“蓝”分别设置为 44、48、137，将“漩涡”颜色块的“红”、“绿”、“蓝”分别设置为 17、11、49，如图 8-15 所示，对环境贴图进行编辑控制。激活“Camera01”视图，移动时间滑块到 50 帧，按下〈F9〉键，可以看到渲染出的场景背景变为蓝色的漩涡状图案，如图 8-16 所示。

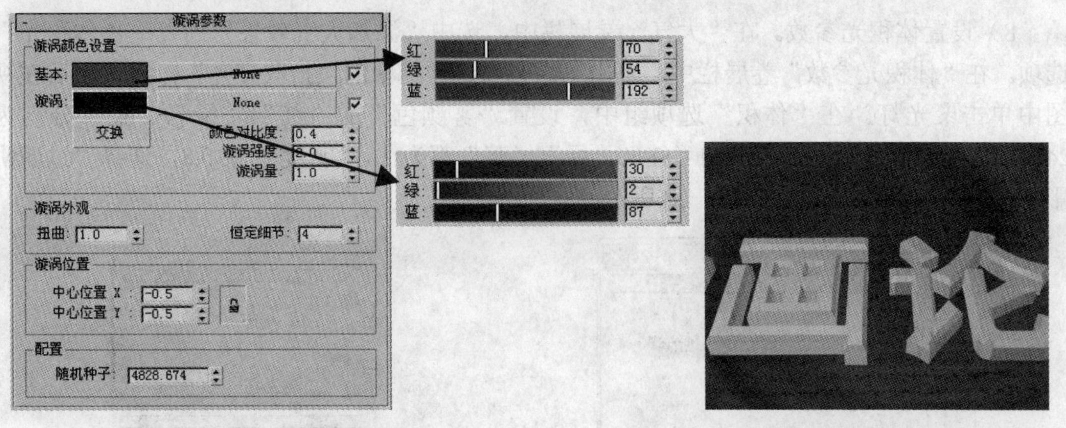

图 8-15 “漩涡参数”设置　　　　图 8-16 渲染效果

5）创建目标聚光灯。单击“创建”→“灯光”→“标准”→“聚光灯”，在顶视图中创建一盏聚光灯，并在其他视图中调整聚光灯的位置，如图 8-17 所示。

6）保持聚光灯投射点处于选中状态，进入“修改”面板，在“常规参数”卷展栏中，勾选“阴影”下的“启用”复选框。在“强度/颜色/衰减”卷展栏中，设置“倍增”为 2.5，单击颜色块按钮，设置“红”、“绿”、“蓝”分别为 255、241、204，，在“远距衰减”中勾选“使用”复选框，将“开始”、“结束”分别设置为 245、670。在“聚光灯参数”卷展栏中，设置“聚光区/光束”、“衰减区/区域”分别为 41、53，选择“矩形”单选项，设置“纵横比”为 3.96，如图 8-18 所示。

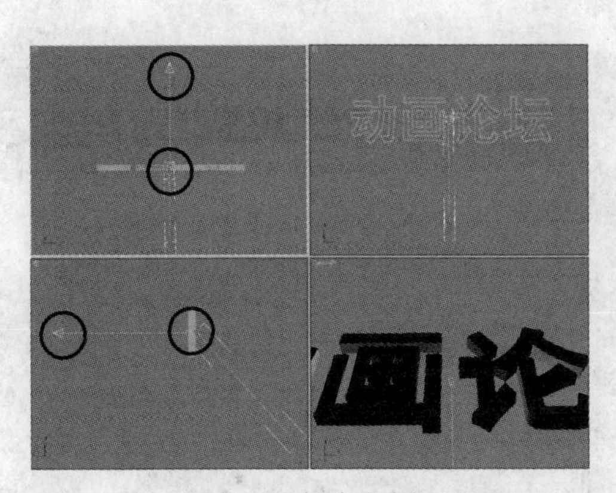

图 8-17 创建聚光灯

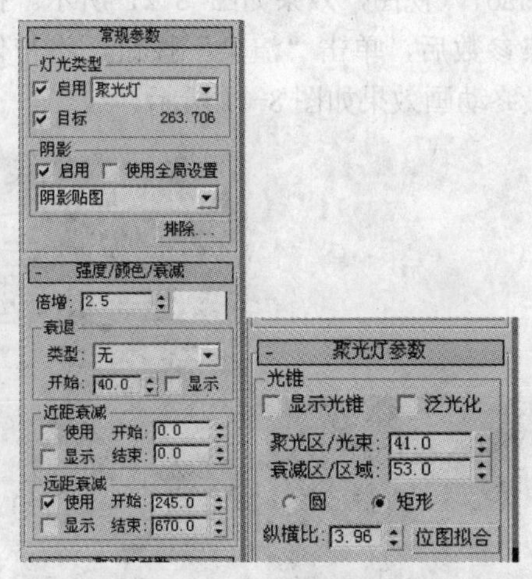

图 8-18 设置聚光灯参数

☞小技巧

聚光灯参数的设置与聚光灯的位置和文字的范围有关。在前视图中观察，聚光灯的“聚光区/光束”、“衰减区/区域”与“纵横比”值的设置使聚光灯的聚光区恰好罩住文字。在顶视图中观察，聚光灯的远距衰减开始于接近文字的位置，结束于文字外侧。

7）添加体积光效果。按下快捷键〈8〉，打开“环境和效果”面板。在“大气”卷展栏中单击“添加...”按钮，在打开的对话框中选择“体积光”选项，单击“确定”按钮，如图 8-19 所示。

8）设置体积光参数。在“大气”卷展栏中，选中“添加大气效果”列表中“体积光”选项。在“体积光参数”卷展栏中，单击“灯光”选项组中的“拾取灯光”按钮，然后在视图中单击聚光灯。在“体积”选项组中，设置“雾颜色”的“红”、“绿”、“蓝”分别为247、203、118，“衰减颜色”的“红”、“绿”、“蓝”都为 0，“密度”为 0.8，选择“过滤阴影”下的“高”单选项，如图 8-20 所示。

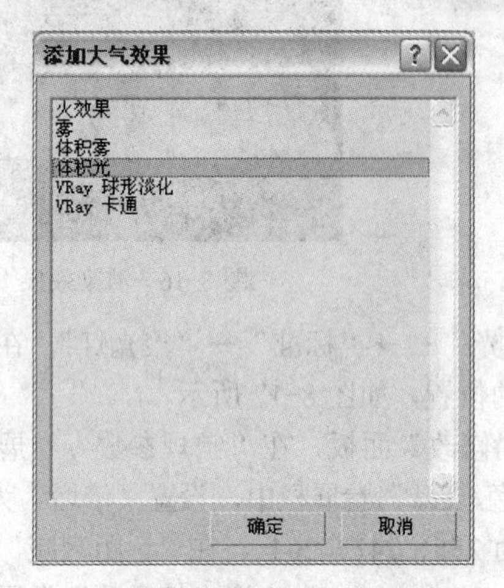

图 8-19　添加体积光效果

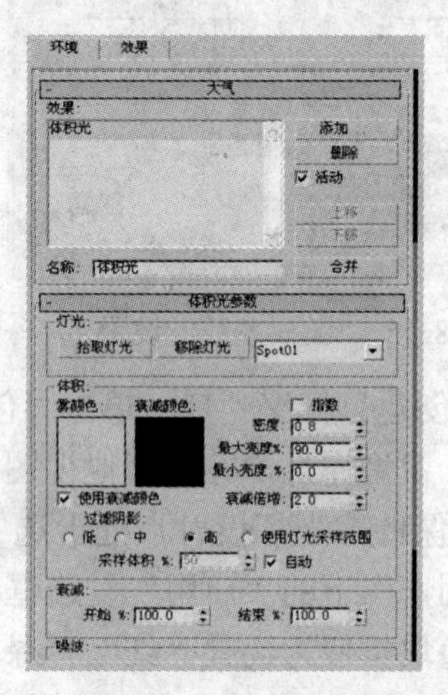

图 8-20　设置体积光参数

9）关闭“环境和效果”面板，将时间滑块移动至 100 帧，按下〈F9〉键，渲染“Camera01”视图，效果如图 8-21 所示。按下〈F10〉键，打开“渲染场景”对话框，在设置渲染参数后，单击“渲染”按钮，将带体积光效果的文字动画渲染输出，如图 8-22 所示。最终动画效果如图 8-11 所示。

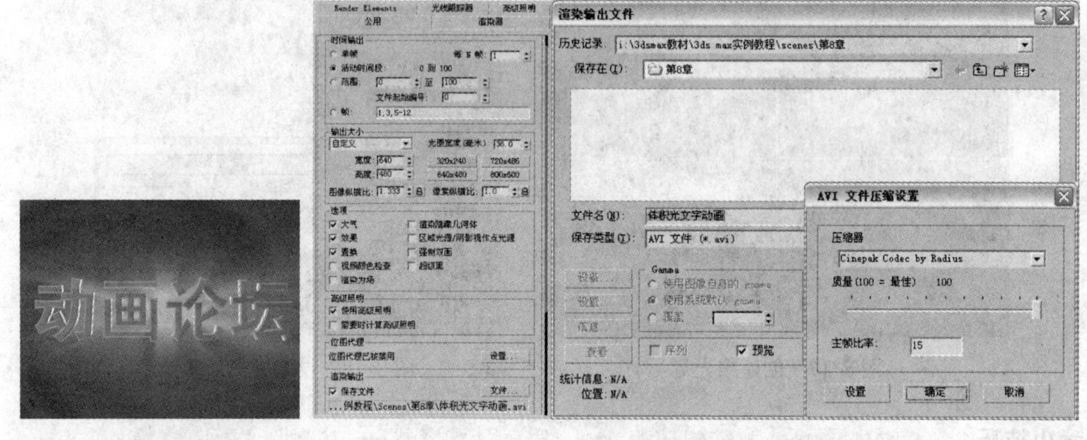

图 8-21　体积光效果　　　　图 8-22　渲染输出参数设置

8.2.1　背景颜色和环境贴图

“环境和效果”是 3ds max 中常用的一种效果。通过“环境和效果”面板的设置，可以修改背景的颜色或者环境贴图等，还可以设置雾、火焰、体积光等大气效果，增加场景模型的真实感。选择“渲染”→“环境”菜单命令，或者按下快捷键〈8〉都可以打开

“环境和效果”面板。

在3ds max的默认状态下渲染时，背景为黑色。在“环境和效果”面板中，选中“环境”选项卡，在“背景”选项组中就可以进行背景颜色和环境贴图的设置，如图8-23所示。

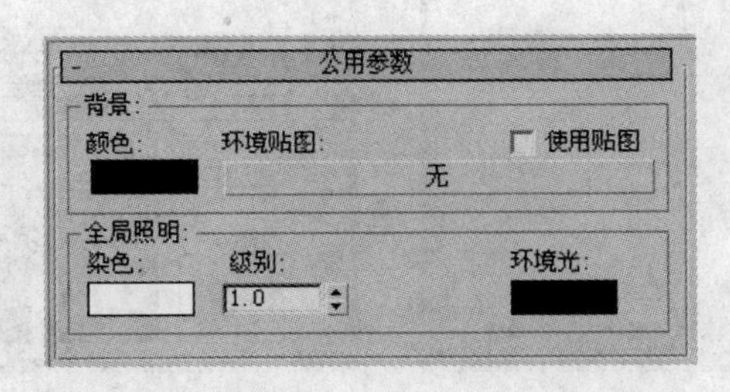

图8-23　背景设置

单击“颜色”下面的颜色块按钮，在弹出的“颜色选择器”中可以为背景指定所需的单一颜色背景。

“环境贴图”用于为场景指定背景贴图，背景贴图可以是一张位图，也可以是3ds max提供的程序贴图。单击“环境贴图”下面的长按钮，在弹出的“材质/贴图浏览器”中可以选择环境贴图的类型。长按钮上显示当前环境贴图的类型，默认状态下，该按钮显示为“无”按钮，表明背景没有指定环境贴图。如果需要编辑环境贴图的贴图参数和坐标参数等，就可以打开“材质编辑器”面板，拖动“环境贴图”下的长按钮到“材质编辑器”的空白示例球上，然后在弹出的“实例（副本）贴图”对话框中选择“实例”单选项。通过在“材质编辑器”中对贴图参数的调整来控制环境贴图的效果，如图8-24所示。

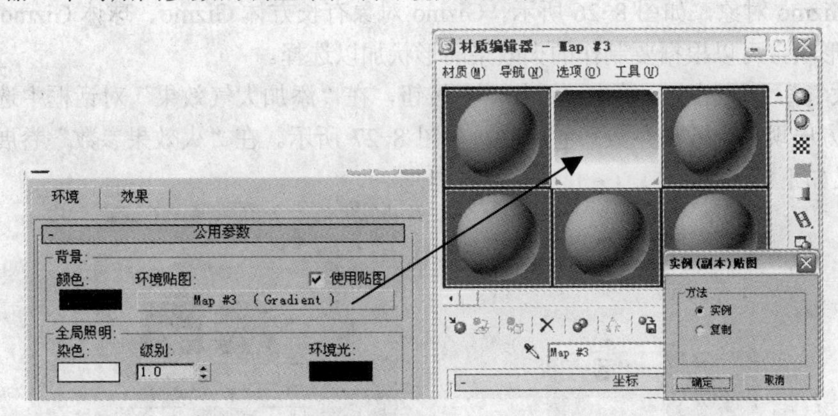

图8-24　编辑环境贴图

“使用贴图”复选框是环境贴图的应用开关，通过该复选框，可以在不改变环境贴图设置的情况下，暂时关闭“环境贴图”的应用。

8.2.2　大气效果

在“环境和效果”面板中，“大气”卷展栏可以为场景添加各种大气效果，如火效果、雾、体积雾和体积光等。单击“大气”卷展栏中的“添加…”按钮，在打开的“添加大气效果”对话框中可以选择各种大气效果，如图8-25所示。

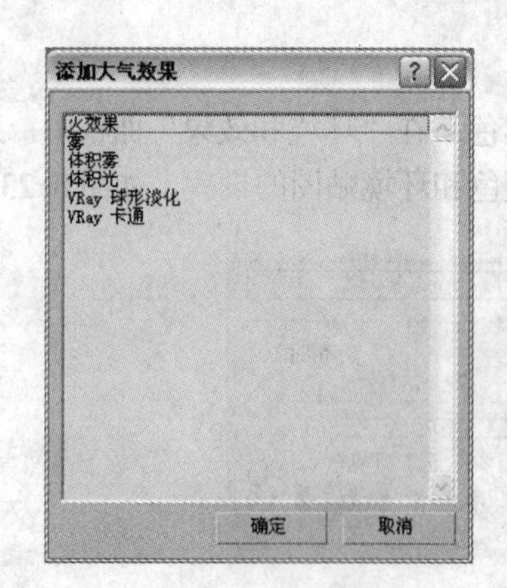

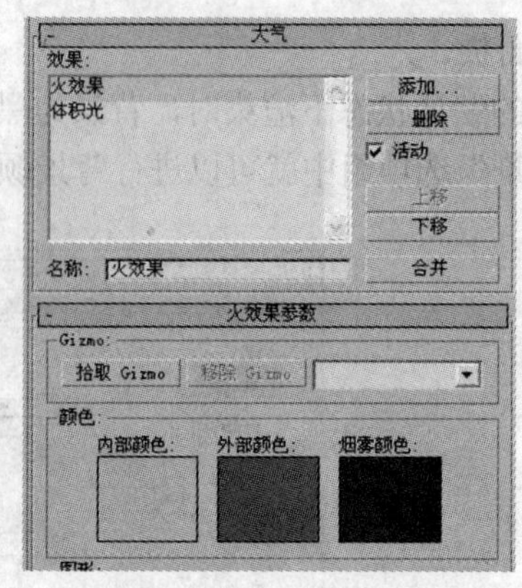

图 8-25　添加大气效果

在添加了一个大气效果后，在“效果”列表中将显示添加的效果名称，选中该效果后，在下方会出现新的卷展栏，用于对选中的效果设置参数。

在“效果”列表中选择一个效果后，单击“删除”按钮可以将该效果删除。若想不删除该效果并暂时关闭该效果的作用，则可以取消“活动”复选框的勾选。

8.2.3　火效果

使用火效果可以制作火焰、烟雾和爆炸效果。由于火效果自身不能被渲染，所以制作火效果时需要为火效果指定一个辅助的 Gizmo 对象。

制作火效果前要创建 Gizmo 对象。选择“创建”→“辅助对象”→“大气装置”，可以创建 Gizmo 对象，如图 8-26 所示。Gizmo 对象有长方体 Gizmo、球体 Gizmo 和圆柱体 Gizmo3 种形状，可以根据要制作的火效果的形状加以选择。

在“大气”卷展栏中，单击“添加...”按钮，在“添加大气效果”对话框中选择“火效果”，在下方出现“火效果参数”卷展栏，如图 8-27 所示。在“火效果参数”卷展栏中的主要参数意义如下。

图 8-26　创建 Gizmo 对象

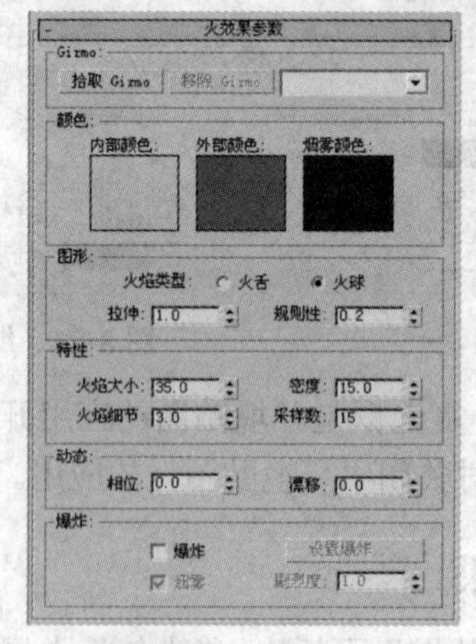

图 8-27　“火效果参数”卷展栏

1）“Gizmo”选项组：用于指定和删除火效果的辅助 Gizmo 对象。单击“拾取”按钮，在视图中单击已创建的 Gizmo 对象，为火效果指定 Gizmo 对象。

2）“颜色”选项组：用于设置火焰的颜色。火焰的颜色由“内部颜色”、“外部颜色”和“烟雾颜色”3 部分组成，单击各自色块可以分别设置不同颜色。

3）“图形”选项组：用于设置火焰的形状与效果。火焰分为火舌和火球两种类型，“火舌”适用于制作燃烧效果，“火球”适用于制作爆炸效果。“拉伸”会将火焰沿 Gizmo 对象的 Z 轴进行缩放；“规则性”用于修改火焰的填充方式。

图 8-28　火效果应用效果

4）“特性”选项组：用于设置火焰的大小与外观。“火焰大小”用来控制火焰的大小，一般设为 15～30；“密度”用于设置火焰的不透明度和亮度。

5）“动态”选项组：通过“相位”和“漂移”参数设置火焰的涡流与上升动画。“相位”控制火焰效果的速率。当制作火焰动画时，在不同关键帧设置不同的相位值就可以创建燃烧的效果。“漂移”的数值越大，火焰跳动越强烈。

图 8-28 为火效果的应用效果。

8.2.4　雾和体积雾

3ds max 提供了雾和体积雾两种雾效果。

1. 雾

雾用于制作场景中对象可见度随位置而改变的大气效果。雾的添加和火效果方法相同。雾的参数设置很简单，“雾参数”卷展栏如图 8-29 所示。

在“雾参数”卷展栏中，“雾”选项组。用于控制雾的环境。其中，“颜色”色块用于设置雾的颜色；“环境颜色贴图”用贴图来控制雾的颜色；“环境不透明度贴图”用贴图来控制雾的透明度；“雾化背景”复选框用于控制背景的雾化。雾分为标准和分层两类，选择雾的类型后，下面相应的类型选项组中可以详细设置雾的参数。

图 8-30 为使用雾效果前、后的对比情况。

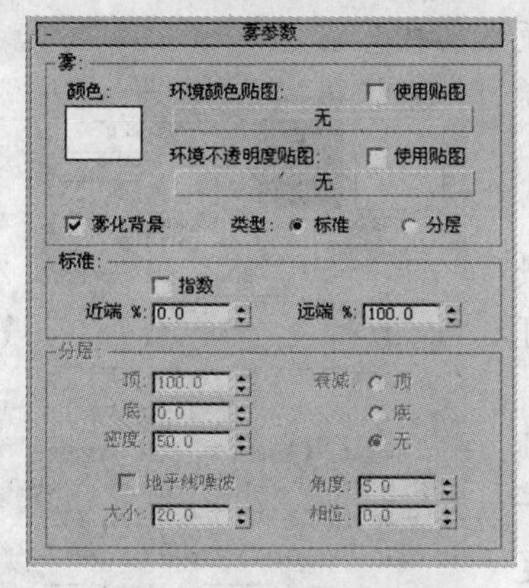

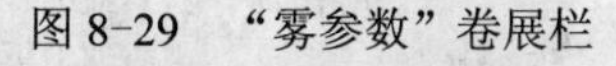

图 8-29　“雾参数”卷展栏

图 8-30　雾效果使用前、后的对比

2. 体积雾

体积雾可用于创建场景中密度不均匀的雾。它是一种拥有一定范围的雾，和火效果一样，体积雾也要指定一个辅助 Gizmo 对象。在“大气”卷展栏中添加体积雾效果后，“体积雾参数”卷展栏在下方显示，如图 8-31 所示。“体积雾参数”卷展栏中的主要参数意义如下。

1）“Gizmo”选项组：在默认情况下，体积雾将充满整个场景，为体积雾指定一个 Gizmo 对象后，体积雾只在 Gizmo 对象的范围内显示或流动。其操作与火效果类似。

2）“体积”选项组：用于设置雾的颜色和密度。

3）“噪波”选项组：用于控制体积雾的均匀状态。利用“噪波”选项组中的参数可以产生雾的翻涌效果。

图 8-32 为体积雾的应用效果。

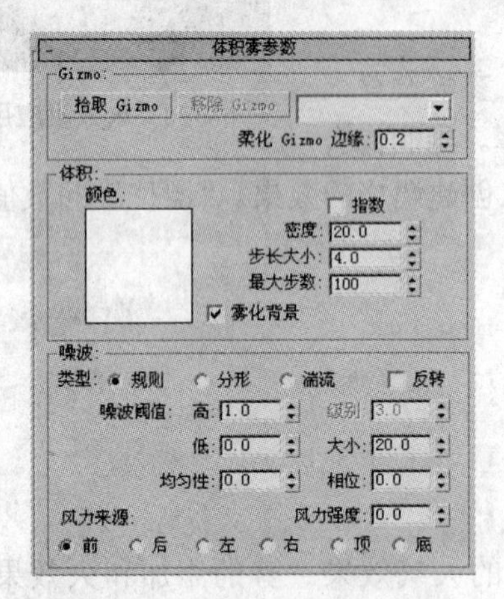

图 8-31 “体积雾参数”卷展栏

图 8-32 体积雾的应用效果

8.2.5 体积光

体积光是一种比较特殊的光线，它类似于灯光和雾的结合效果。用它可以制作出各种光束、光斑和光芒的效果。

要使用体积光效果必须要为其指定一个灯光对象，灯光对象的参数设置影响体积光的效果。在“环境和效果”面板的“大气”卷展栏中添加体积光效果后，“体积光参数”卷展栏显示在下方，如图 8-33 所示。“体积光参数”卷展栏中的主要参数意义如下。

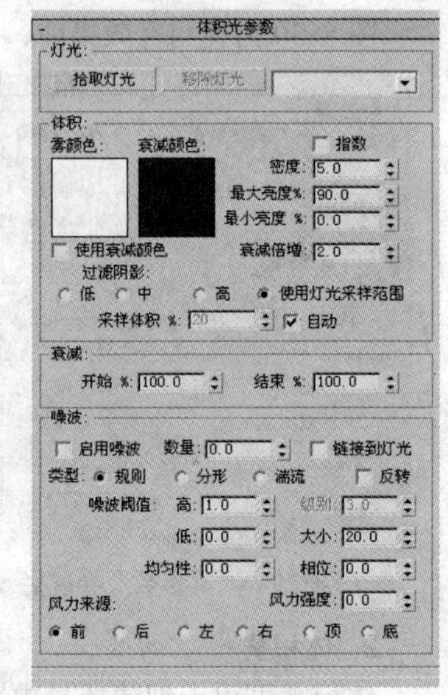

图 8-33 “体积光参数”卷展栏

1）“灯光”选项组：利用“拾取灯光”按钮可以在场景中为体积光效果指定灯光对象；“移除灯光”按钮可以从灯光对象上移除体积光效果。

2）“体积”选项组：用于调整体积光的特性。“雾颜色”用于控制形成体积光的雾的颜色。“衰减颜色”用于控制灯光衰减区内雾的颜色，当勾选“使用衰减颜色”复选框时，“衰减颜色”才有效。“密度”用于控制“体积光”的密度，即体积光的不透明度。数值越大，体积光越不透明，光线越强。“最大亮度%”和“最小亮度%”分别控制光线最亮和最暗的效果。“衰减倍增”用于控制衰减颜色的影响程度。

3）“衰减”选项组：用于根据灯光的衰减区域设置体积光的衰减程度。

4）“噪波”选项组：用于给体积光内部设置噪波效果。

图 8-34 为体积光的应用效果。

图 8-34　体积光应用效果

8.3　场景效果

【实例 8-3】制作海上日出特效

本实例制作海上日出效果，如图 8-35 所示。通过本实例，学习镜头效果等场景效果的应用。

1）选择“文件”→“重置”菜单命令，重新设置场景。单击“创建”→“几何体”→“标准基本体”→“平面”，在顶视图中创建一个平面，分别设置“长度”和“宽度”为 1000，“长度分段”和“宽度分段”为 50，“缩放”为 3，“密度”为 5，将其命名为“海面”，如图 8-36 所示。

图 8-35　海上日出效果

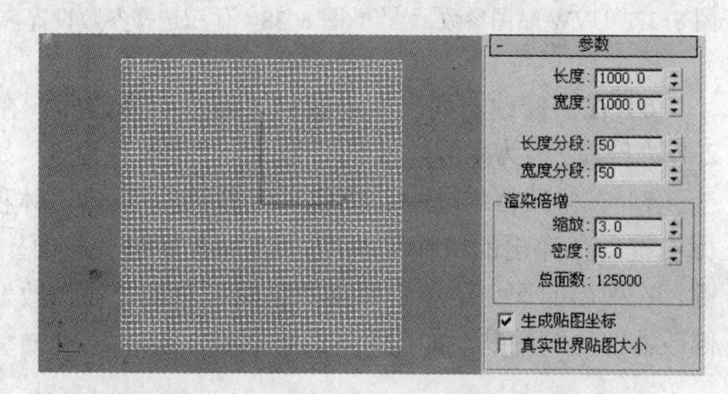

图 8-36　创建平面

☞小技巧

平面对象的“缩放”值用来设置渲染时平面的大小，渲染时平面的大小为视图中平面大小乘以“缩放”值；“密度”值用来设置渲染时平面的分段数，渲染时平面的分段数为视图中的分段数乘以“密度”值。使用这两个参数，可以在不改变视图中平面参数的情况下，调整渲染时的参数。

2）单击“修改”面板，在“修改器列表”中选择“UVW 贴图”修改器，在“参数”卷展栏中选择“平面”单选项，分别设置“长度”和“宽度”为 1001，“U 向平铺”和“V 向平铺”为 30，如图 8-37 所示。

3）在“修改器列表”中选择“体积选择”修改器，在“参数”卷展栏的“堆栈选择层级”选项组中选择“顶点”单选项，在“选择方式”选项组中选择“纹理贴图”单选项，单击下面的“None”按钮，在弹出的“材质/贴图浏览器”对话框中选择“噪波”贴图，单击“确定”按钮，如图 8-38 所示。

4）按下〈M〉键，打开“材质编辑器”面板，将“体积选择”修改器“参数”卷展栏

“纹理贴图”下的噪波贴图按钮拖动到“材质编辑器”的一个空白示例球上，在弹出的对话框中选择“实例”，单击“确定”按钮。

5）在“材质编辑器”面板中，调整噪波贴图的参数。在“坐标”卷展栏的“源”下拉列表中选择“显式贴图通道”，在“噪波参数”卷展栏中设置“大小”为 4，“高”为 0.7，“低”为 0.3，如图 8-39 所示。

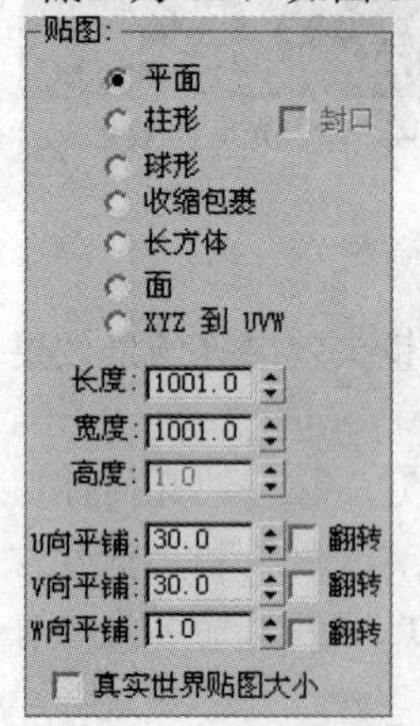

图 8-37　UVW 贴图参数设置

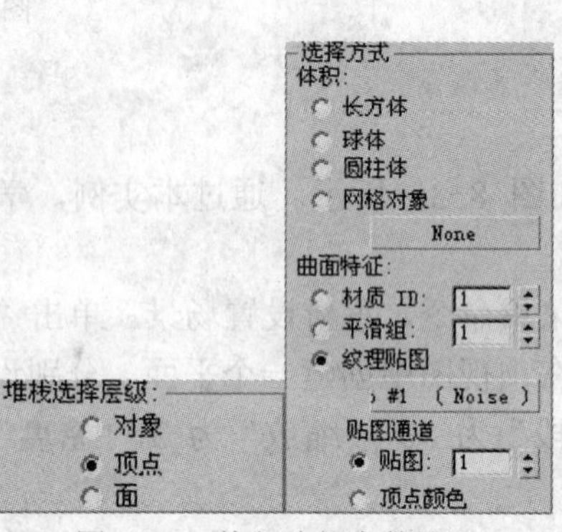

图 8-38　体积选择参数设置

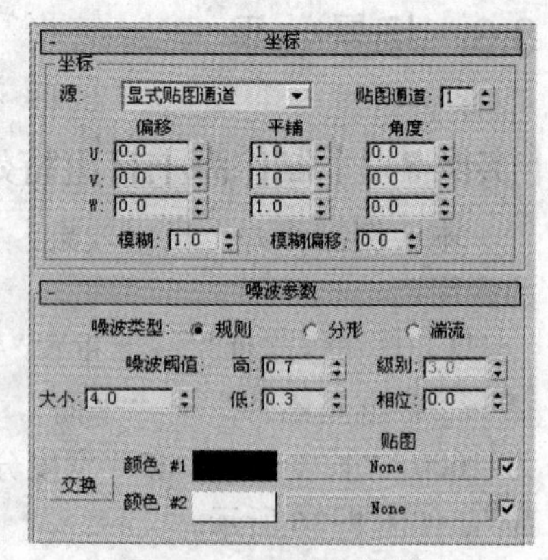

图 8-39　噪波参数设置

6）在“修改器列表”中选择“波浪”修改器，在“参数”卷展栏中设置“振幅 1”为 2.0，“振幅 2”为 1.0，“波长”为 50，“相位”为 5，如图 8-40 所示。

7）在修改器堆栈中，按住〈Ctrl〉键，单击“体积选择”和“波浪”修改器，再单击鼠标右键，在弹出的快捷菜单中，单击“复制”选项。单击“波浪”修改器，再单击鼠标右键，在弹出的快捷菜单中单击“粘贴”选项，在修改器堆栈中进行“体积选择”和“波浪”修改器的复制粘贴，如图 8-41 所示。

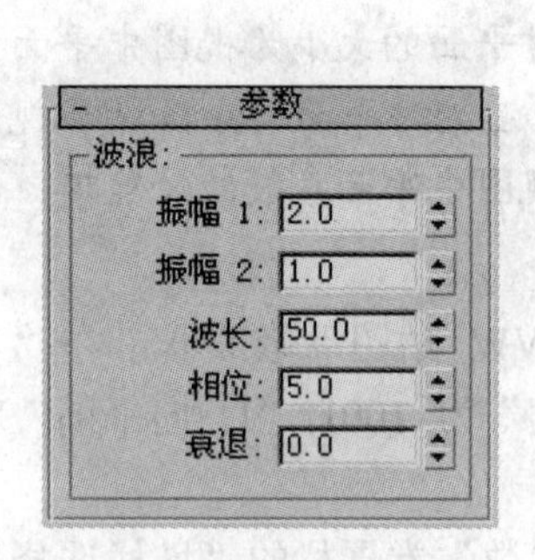

图 8-40　波浪参数设置

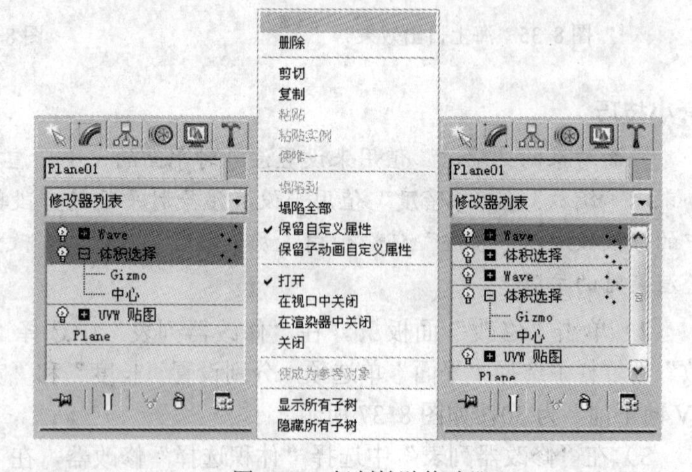

图 8-41　复制粘贴修改器

8）在修改器堆栈中，选择上面的“体积选择”修改器，在“参数”卷展栏的“选择方法”选项组中单击“反转”复选框，如图 8-42 所示。再选择上面的“波浪”修改器，在“参数”卷展栏中设置“振幅 1”为 3.0，“振幅 2”为 2.0，“波长”为 60。单击“波浪”修改器前面的“+”，在展开的子对象层级上，选择“Gizmo”子对象，在主工具栏上选择“选择并旋转”按钮，在顶视图中绕 Z 轴旋转任意角度，如图 8-43 所示。

图 8-42 “选择方法”选项组

9）单击“创建”→“几何体”→“标准基本体”→“球体”，在顶视图中以“海面”对象为中心创建球体，设置“半径”为 1150，“半球”为 0.5，将其命名为“天空”。单击“修改”面板，在“修改器列表”中选择“法线”修改器，勾选“翻转法线”复选框。在前视图中，将“天空”对象沿 Y 轴稍向下移动一段距离，让“海面”位于“天空”的内部，如图 8-44 所示。

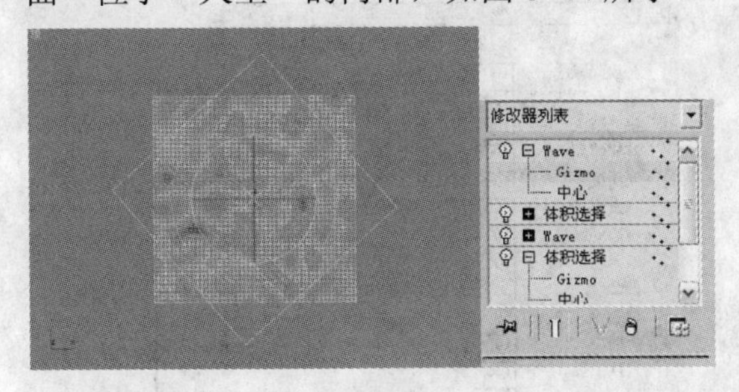

图 8-43 旋转 Gizmo 效果及参数设置

图 8-44 创建“天空”

10）单击“创建”→“摄影机”→“标准”→“目标”，在顶视图中创建一个摄影机，并在其他视图中调整摄影机的位置，激活“透视”视图，按下〈C〉键，切换到“Camera01”视图，效果如图 8-45 所示。

11）单击“创建”→“几何体”→“标准基本体”→“球体”，在顶视图创建球体对象，设置“半径”为 60，将其命名为“太阳”。在视图中移动“太阳”对象，使其正对摄影机，位于“天空”边界，刚刚升出“海面”，效果如图 8-46 所示。

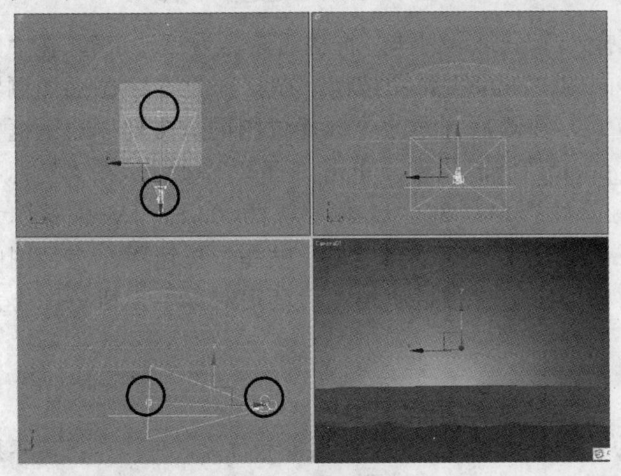

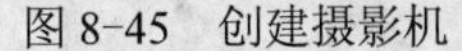

图 8-45 创建摄影机

图 8-46 创建“太阳”

12）按下〈M〉键，在“材质编辑器”面板中选择一个空白示例球，将材质命名为“海水”，在“Blinn 基本参数”卷展栏中，设置“漫反射”的“红”、“绿”、“蓝”的值分别 172、191、214。设置“高光级别”为 85，“光泽度”为 8，如图 8-47 所示。

13）在“贴图”卷展栏中，单击“凹凸”通道后面的“None”贴图按钮，在打开的“材质/贴图浏览器”对话框中，双击“噪波”贴图方式，在“噪波参数”卷展栏中设置“大小”为5。单击“反射”通道后面的“None”贴图按钮，在打开的“材质/贴图浏览器”对话框中，双击“光线跟踪”贴图方式，再单击“转到父对象”按钮，返回到主材质面板，将“反射”贴图通道的“数量”值设置为50。贴图通道参数设置如图8-48所示。在视图中选择“海面”对象，单击“材质编辑器”中的“将材质指定给选定对象”按钮，为海面对象指定材质。

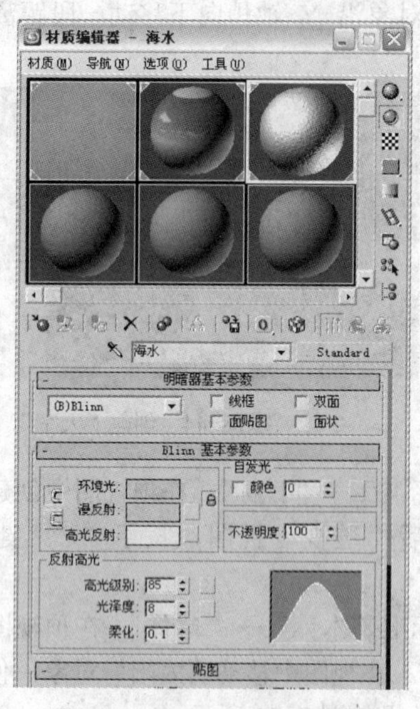

图8-47　设置海水材质基本参数

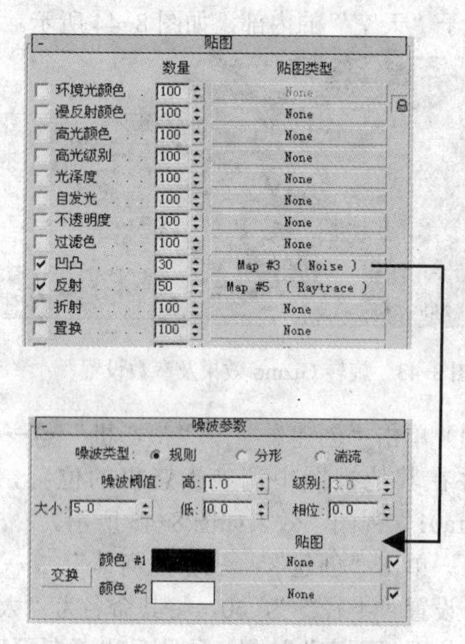

图8-48　贴图通道参数设置

14）在“材质编辑器”面板中选择一个空白示例球，将材质命名为“天空”，在“贴图”卷展栏中单击“漫反射”通道后面的“None”贴图按钮，在打开的“材质/贴图浏览器”对话框中，双击“位图”贴图方式，在随后打开的“选择位图图像文件”对话框中选择配套素材中\Maps\ arizona_filtre_photo_1.jpg 文件，单击“打开”按钮。在“坐标”卷展栏中设置“U 平铺”为 2，“V 平铺”为 1.3，“U 偏移”为 0.08，“V 偏移”为 –0.04，如图 8-49 所示。单击水平工具栏中的“在视口中显示贴图”按钮。在视图中选择“天空”对象，单击“材质编辑器”中的“将材质指定给选定对象”按钮，为天空对象指定材质。

☞小技巧

设置“坐标”卷展栏中的参数是为了调整天空贴图图像的大小和位置，可以根据实际操作进行具体调整。

15）在“材质编辑器”面板中选择一个空白示例球，将材质命名为“太阳”，在“Blinn 基本参数”卷展栏中，设置“漫反射”的“红”、“绿”、“蓝”的值分别 243、205、154。勾选“自发光”选项组“颜色”前面的复选框，单击“颜色”后的色块，设置“红”、“绿”、

“蓝”的值分别 255、236、198，如图 8-50 所示。在视图中选择“太阳”对象，单击“材质编辑器”中的“将材质指定给选定对象”按钮，为太阳对象指定材质。

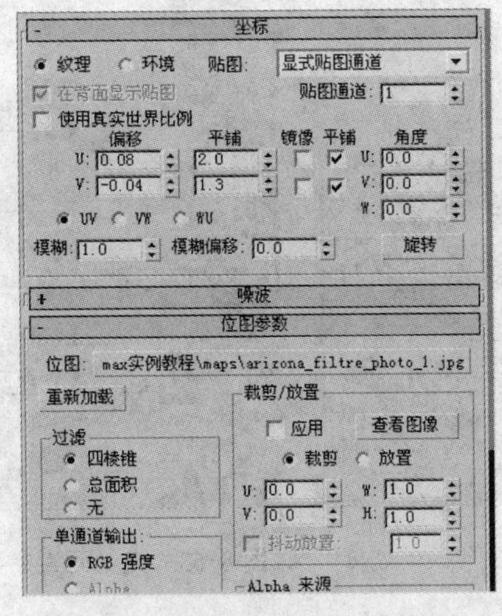

图 8-49　设置“坐标”卷展栏中的参数

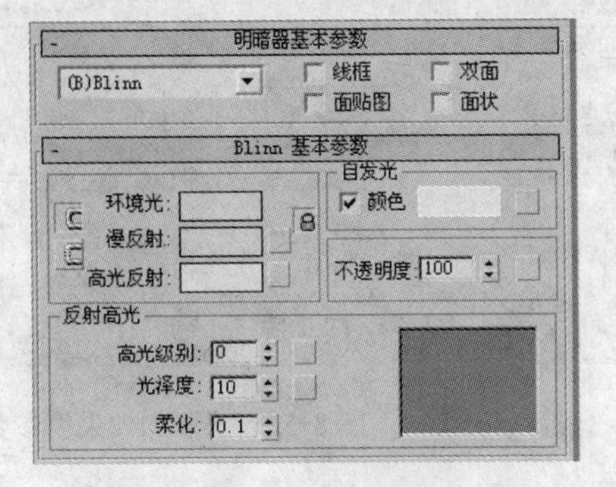

图 8-50　设置“Blinn 基本参数”

16）单击“创建”→“灯光”→“标准”→“泛光灯”，在顶视图的太阳对象前面创建泛光灯，模拟太阳的光照。在其他视图中调整泛光灯的位置，位于太阳对象的正前方。在“强度/颜色/衰减”卷展栏中，设置“倍增”为 1，设置“颜色”的“红”、“绿”、“蓝”的值分别 229、174、78。

17）单击“创建”→“灯光”→“标准”→“泛光灯”，在顶视图的海面右下方创建泛光灯，作为场景的整体照明。在左视图中移动泛光灯至天空对象的上部。在“强度/颜色/衰减”卷展栏中，设置“倍增”为 0.8，设置“颜色”的“红”、“绿”、“蓝”的值分别 232、151、65。灯光布置及渲染效果如图 8-51 所示。

图 8-51　灯光布置及效果

18）添加镜头效果。选择“渲染”→“效果”菜单命令，打开“环境和效果”面板。单击“效果”选项卡，然后单击“添加...”按钮，在打开的对话框中选择“镜头效果”选项，添加一个镜头效果。在“镜头效果全局”卷展栏中单击“拾取灯光”按钮，在场景中单击太阳对象前的泛光灯，“添加效果”参数如图 8-52 所示。

19）在“镜头效果参数”卷展栏中选中“Glow”选项，单击按钮将其添加到右侧列表中，再选中“Ray”选项，单击按钮将其添加到右侧列表中。在右侧列表中选中“Glow”选项，在“光晕元素”卷展栏中取消“光晕在后”复选框，设置“大小”为 50，

“强度”为 80，“径向颜色”两个色块的“红”、“绿”、“蓝”分别设为 244、179、67 和 248、211、147，如图 8-53 所示。

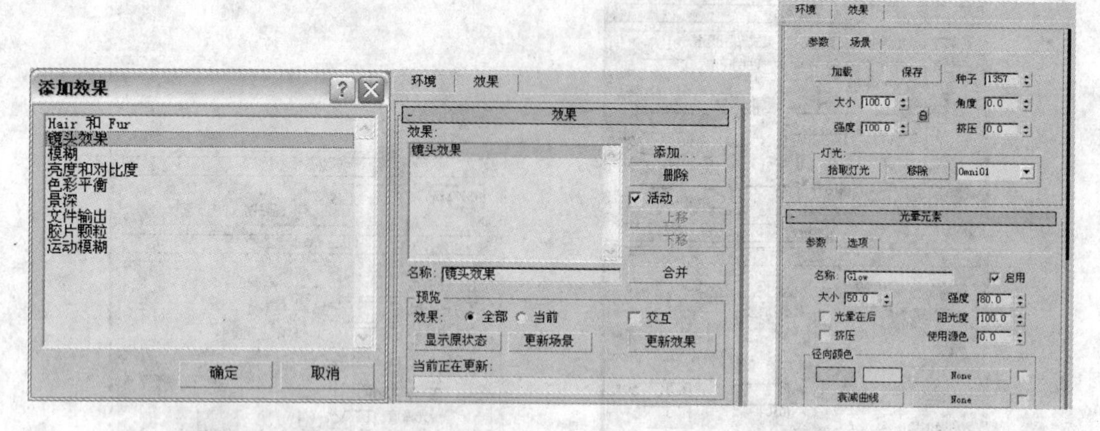

图 8-52 “添加效果”参数　　图 8-53 光晕元素参数设置

20）在右侧列表中选中“Ray”选项，在“射线元素”卷展栏中设置“大小”为 200，“数量”为 60，“强度”为 12，如图 8-54 所示。按下〈F10〉键，打开“渲染场景”对话框，在设置渲染参数后，单击“渲染”按钮渲染输出。最终效果如图 8-35 所示。

8.3.1 “效果”选项卡

选择“渲染”→“效果”菜单命令，或者按下快捷键〈8〉，将打开“环境和效果”面板，选择“效果”选项卡，单击其中“添加...”按钮，可以为场景添加并编辑各种特效效果，如图 8-55 所示。3ds max 自带的特效包括镜头特效、模糊、亮度和对比度、色彩平衡、文件输出、胶片颗粒、景深和运动模糊 8 种类型。

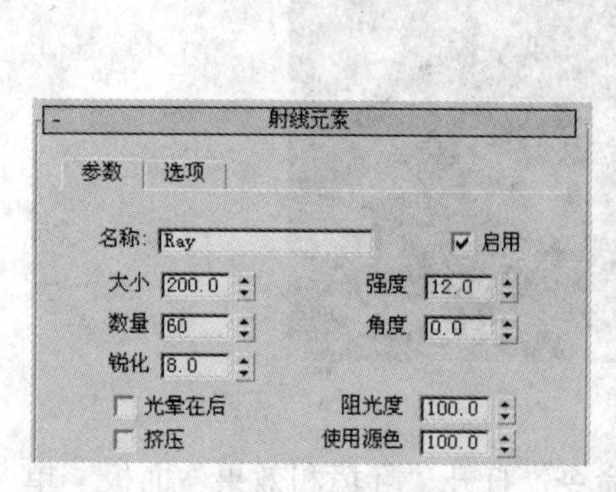

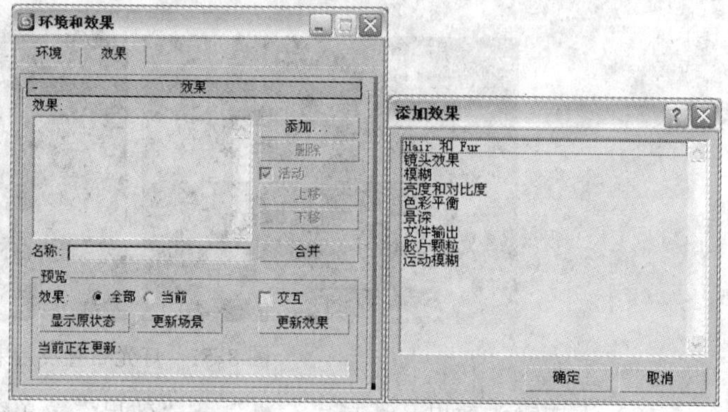

图 8-54 射线元素参数设置　　图 8-55 “效果”选项卡及效果列表

8.3.2 镜头效果

镜头效果是 3ds max 中常用的一种效果，用来模拟与镜头相关的各种真实效果，镜头效果包括 Glow（光晕）、Ring（光环）、Ray（射线）、Auto Secondary（自动二级光斑）、Manual Secondary（手动二级光斑）、Star（星形）和 Streak（条纹）7 种类型，其中 6 种类型的效果如图 8-56 所示。

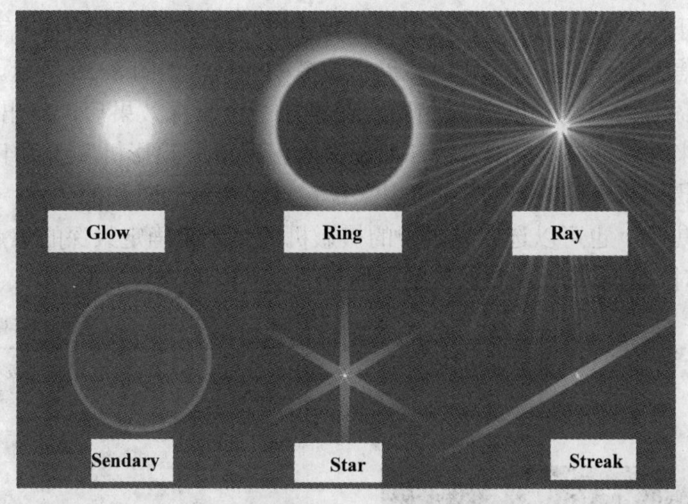

图 8-56　镜头效果

如果添加了一个镜头效果，将出现“镜头效果参数”和“镜头效果全局”卷展栏，如图 8-57 所示，可以对该镜头效果进行总体设置。

“镜头效果参数”卷展栏左侧列表中列出 3ds max 提供的 7 种镜头效果元素，选中其中的某个效果元素后，单击 > 按钮将加入到右侧的列表中，在渲染时被应用到场景中。反之，选中右侧列表中的效果元素，单击 < 按钮将取消该镜头效果元素在场景中的应用。

“镜头效果全局”卷展栏用于对镜头效果全局参数进行设置。“大小”用来设置所有镜头效果的大小，该值是相对渲染帧大小的百分比；“强度”用来设置镜头效果的总体亮度和不透明度，值越大，效果越亮、越不透明；“挤压”在水平方向或垂直方向挤压总体镜头效果的大小，正值在水平方向拉伸，负值在垂直方向拉伸。“拾取灯光”按钮用于在场景选取一盏灯光，对选取的灯光应用镜头效果；“移除”则反之，即移除选定灯光的镜头效果。

若选择“镜头效果参数”卷展栏右侧列表中的一个效果元素，则激活该效果元素的参数卷展栏，以便进一步对该效果元素进行设置。例如，选择 Glow（光晕）效果，则在“镜头效果全局”卷展栏下面出现“光晕元素参数”卷展栏，如图 8-58 所示。

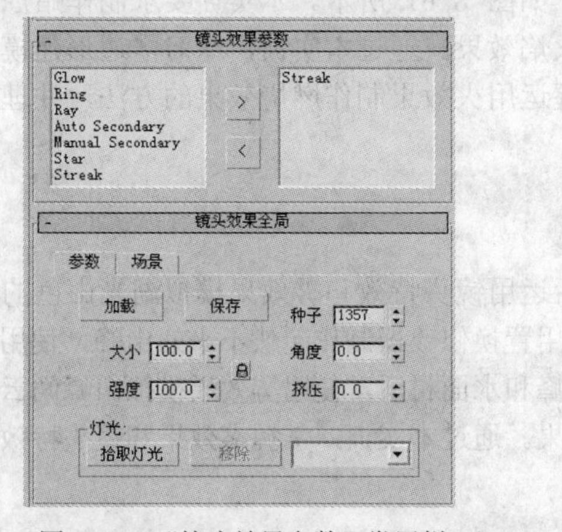

图 8-57　“镜头效果参数”卷展栏

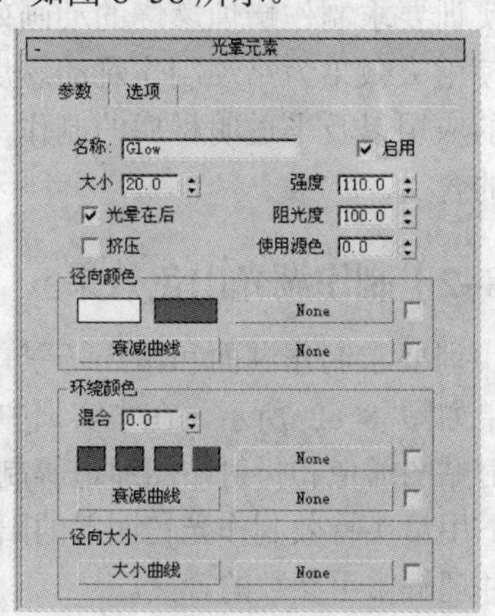

图 8-58　“光晕元素”卷展栏

8.3.3 景深效果

景深效果用于限定聚焦范围。在模拟真实摄影时，只能对场景空间中有限的范围进行清晰对焦，而在对焦范围外的前景和背景对象将被模糊处理，如图 8-59 所示。

景深效果的添加方法与镜头效果相同。在添加一个景深效果后，将出现“景深效果参数”卷展栏，用来设置景深效果的参数，如图 8-60 所示。“摄影机”选项组用来添加或移除应用景深效果的摄影机。“焦点”选项组用来设置景深特效的对焦的焦点，可以选取场景中的一个对象作为焦点，也可以选取场景中的摄影机的焦距来确定景深的焦点。“焦点参数”选项组用来设置对焦的范围以及对焦范围外场景的模糊程度。

图 8-59 景深效果

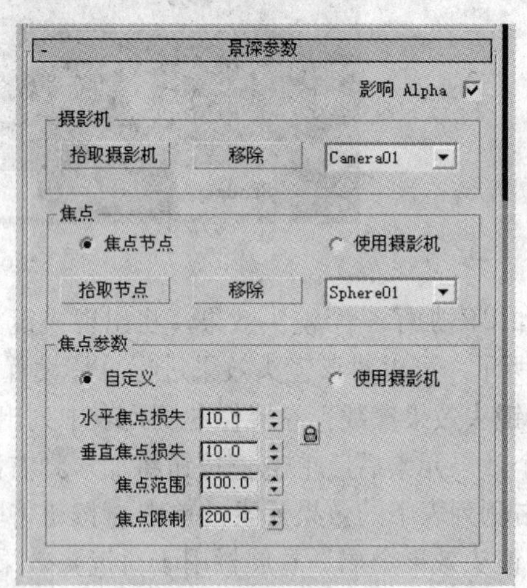

图 8-60 “景深参数”卷展栏

8.4 上机实训

【实训 8-1】制作蜡烛燃烧的动画效果

本实训要求制作蜡烛燃烧的动画效果，如图 8-61 所示。本实训要求制作蜡烛模型和材质，使用火效果为蜡烛制作跳动燃烧的火焰效果。通过本实训，练习多边形建模和噪波修改器的应用以及半透明材质的制作，掌握运用火效果制作燃烧效果的方法，并理解火效果参数的含义。

【实训 8-2】制作湖光山色效果

本实训要求制作湖面和山丘场景，然后运用镜头特效和雾效果模拟湖光山色的自然风光，效果如图 8-62 所示。在本实训中，运用置换修改器制作起伏不平的山峰，使用混合材质、反射贴图通道和折射贴图通道等制作山峰和水面材质，使用雾效果模拟山峰间云雾缭绕的效果，用镜头特效制作光芒四射的阳光效果。通过本实训，掌握雾效果和镜头特效的制作方法，并理解常用参数的含义。

图 8-61　蜡烛燃烧的动画效果

图 8-62　湖光山色风光效果

第 9 章　基础动画与动画控制器

本章要点

本章主要介绍 3ds max 中关键帧动画的制作方法、编辑动画运动轨迹工具——轨迹视图的运用以及使用动画控制器控制对象运动规律和约束制作动画的方法。

9.1　关键帧动画

【实例 9-1】制作卷轴动画

本实例通过制作卷轴画逐渐展开的动画效果，介绍动画制作的基本流程和关键帧动画的制作方法。卷轴动画效果如图 9-1 所示。

图 9-1　卷轴动画效果

1）制作画面。选择“文件”→“重置”菜单命令，重新设置场景。单击“创建”→“几何体”→“标准基本体”→“长方体”，在顶视图中创建长方体对象，设置“长度”为 90，“宽度”为 180，“高度”为 0.5，“宽度分段”为 200，将其命名为“画面”。

2）单击“修改”面板，在“修改器列表”中选择“弯曲”修改器，在修改器堆栈中单击“弯曲”修改器前面的“+”，选择“Gizmo”子对象层级，单击主工具栏上的“对齐”按钮，单击顶视图中的画面对象，在弹出的对话框中设置对齐参数，调整弯曲修改器 Gizmo 的位置如图 9-2 所示。

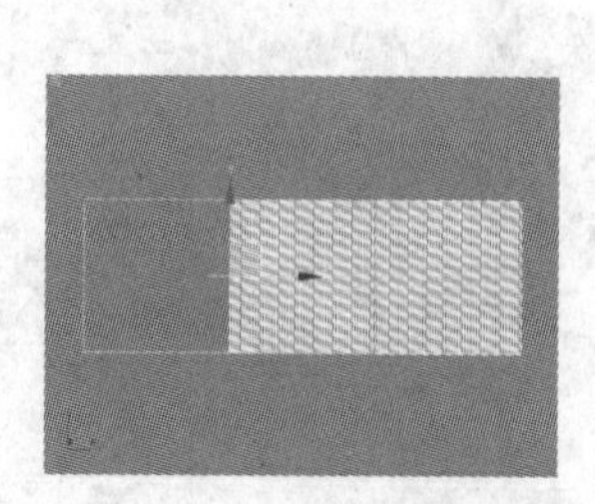
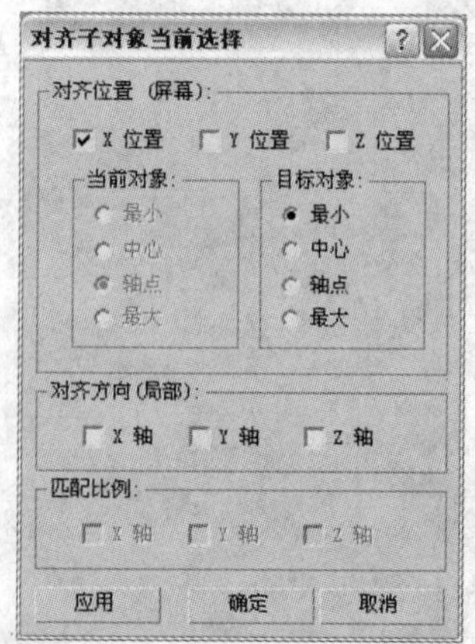

图 9-2　调整弯曲修改器 Gizmo 的位置

3）在“参数”卷展栏中设置“角度”为-3600，选取“弯曲轴”选项组中的“X”单选项，勾选“限制效果”复选框，设置“上限”为170，弯曲效果如图9-3所示。

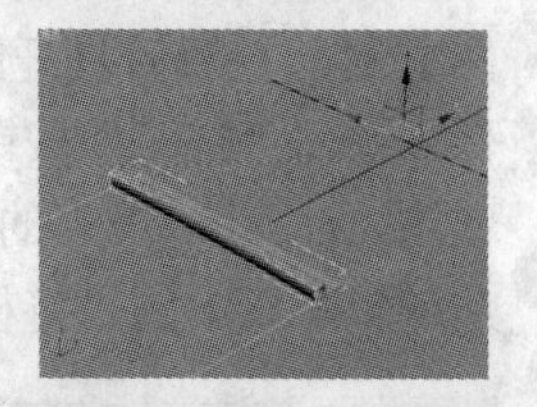
图9-3　弯曲效果

4）制作画轴。单击“创建”→“几何体”→“标准基本体”→“圆柱体”，在前视图中创建圆柱体对象，设置“半径”为3，“高度”为95，将其命名为“画轴1”。调整画轴1对象的位置至如图9-4所示。

图9-4　制作画轴

5）制作画轴头。单击“创建”→“几何体”→“标准基本体”→“球体”，创建球体对象，设置“半径”为4，调整球体的位置至画轴的顶部，在顶视图中按住〈Shift〉键，沿Y轴实例复制一个球体至画轴底部，效果如图9-5所示。选择画轴和画轴头对象，在顶视图中按下〈Shift〉键沿X轴复制另一侧画轴，效果如图9-6所示。

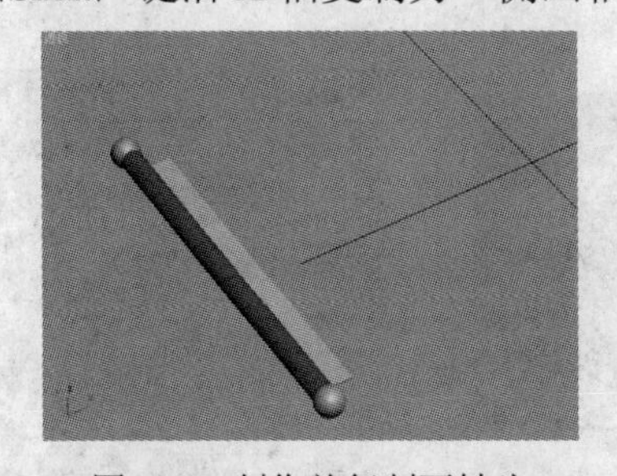
图9-5　制作并复制画轴头

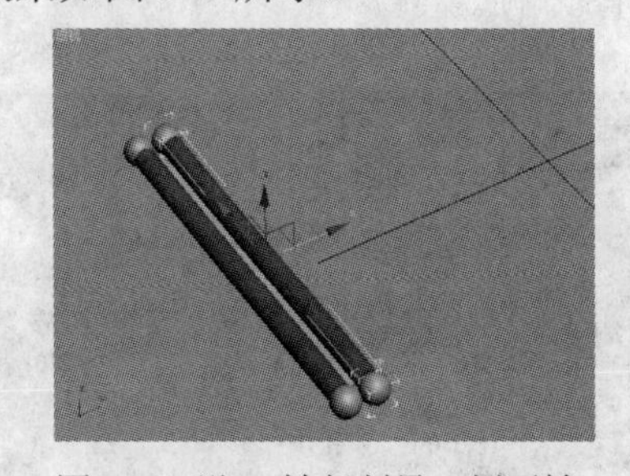
图9-6　沿X轴复制另一侧画轴

6）按下〈M〉键，在“材质编辑器”中选择一个空白示例球，将材质命名为“木纹”，在“Blinn基本参数”卷展栏中设置“高光级别”为24，“光泽度”为23，在“贴图”卷展栏中单击“漫反射”后的“None”按钮，在打开的“材质/贴图浏览器”对话框中，双击“位图”贴图方式，在随后打开的“选择位图图像文件”对话框中选择配套素材中\Maps\A-A-003.jpg文件，单击“打开”按钮。单击“转到父对象”按钮，木纹材质参数设置如图9-7所示。在视图中选择所有画轴对象，单击“材质编辑器”中的“将材质指定给选定对象”按钮，为画轴指定材质。

7）在“材质编辑器”中选择一个空白示例球，将材质命名为“国画”，在“Blinn基本参数”卷展栏中设置“漫反射”的“红”、“绿”、“蓝”为0，在“贴图”卷展栏中单击“漫反射颜色”后的“None”按钮，在打开的“材质/贴图浏览器”对话框中，双击“位图”贴图方式，在随后打开的“选择位图图像文件”对话框中选择配套素材中\Maps\ 国画.jpg 文件，单击“打开”按钮。在“坐标”卷展栏中设置“平铺”下的“U”为 1.1，“V”为 1.1，取消“U”和“V”的“平铺”复选框，如图 9-8 所示。在视图中选择画面对象，单击“材质编辑器”中的“将材质指定给选定对象”按钮，为画面指定材质。

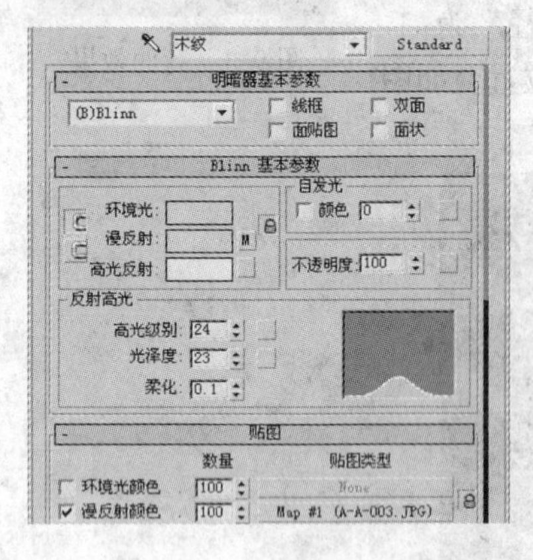

图 9-7　木纹材质参数设置　　　　图 9-8　国画材质参数设置

8）单击“创建”→“摄影机”→“标准”→“目标”，在顶视图中创建一个摄影机，并在其他视图中调整摄影机的位置，激活“透视”视图，按下〈C〉键，切换到“Camera01”视图，效果如图 9-9 所示。

9）单击动画控制区中的“时间配置”按钮，在弹出的“时间配置”对话框中设置“长度”为 80，单击“确定”按钮，如图 9-10 所示。此时，位于视图下方的时间轴由原来的 100 帧缩短至 80 帧。

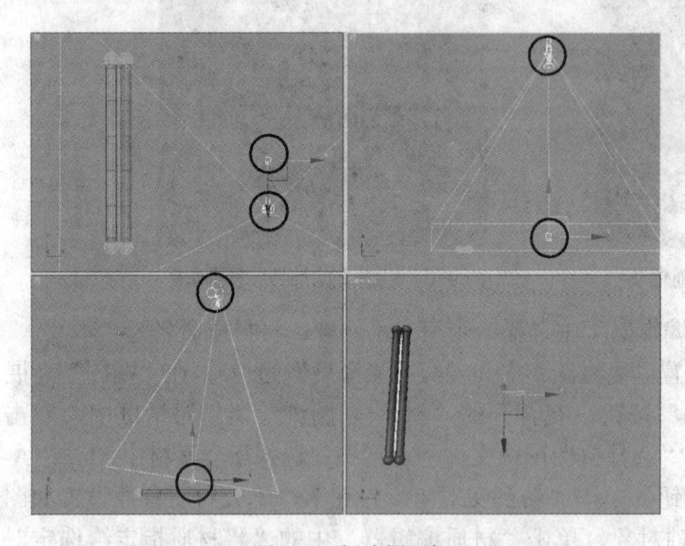

图 9-9　创建摄影机

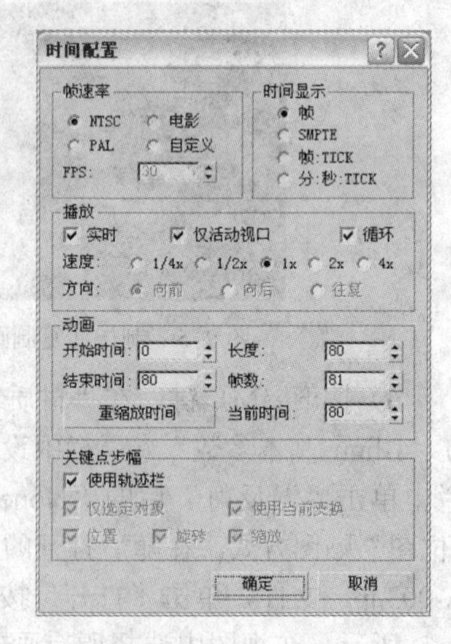

图 9-10　“时间配置”对话框

10）单击动画控制区的“自动关键点”按钮，将时间轴上的滑块移至 80 帧位置处，在视图中选择画面对象，在修改器面板中设置“弯曲”修改器的“上限”为 0。选择右侧的画轴，在顶视图中将其移动至画面对象的右边缘，展开画面并移动画轴，效果如图 9-11 所示。

☞小技巧

当选中画面对象或右侧画轴对象时，观察时间轴会发现第 0 帧和第 80 帧处出现了一个色块，表示该帧已经设置为关键帧。

11）单击“自动关键点”按钮，关闭设置关键帧模式。拖动时间滑块，观察动画设计效果。激活“Camera01”视图，按下“播放动画”按钮，预览动画效果。

☞小技巧

按下“自动关键点”按钮后，“自动关键点”按钮变成红色显示，时间轴也变成红色显示，表明处于设置关键帧模式下。再次按下“自动关键点”按钮后，按钮和时间轴恢复为原来的颜色，表明已经关闭设置关键帧模式。

12）按下〈F10〉键，打开“渲染场景”面板，设置渲染输出参数，如图 9-12 所示，单击“渲染”按钮进行渲染。

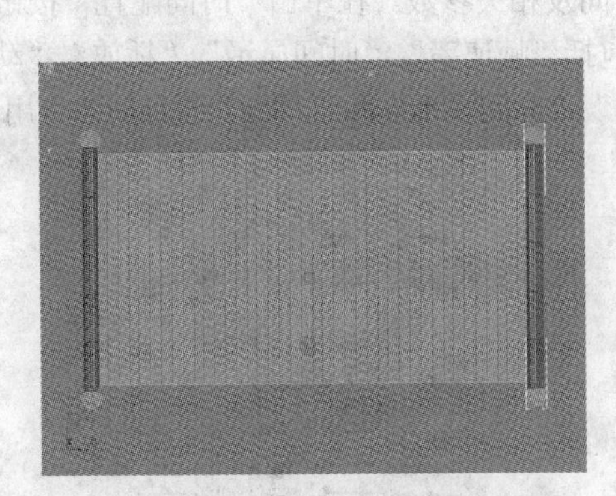

图 9-11　展开画面并移动画轴

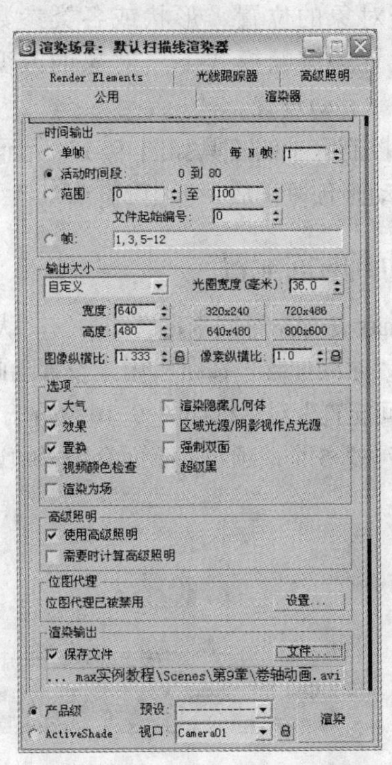

图 9-12　设置渲染输出参数

9.1.1　动画制作基础

在 3ds max 中，场景中对象的大小、形状、材质等在调整时都会发生变化，将变化过程记录下来就形成了动画。3ds max 和其他动画制作软件一样，只需设置场景中对象的关键帧，由软件自动计算生成中间帧，形成完整的帧动画序列。关键帧可以理解为是用来描述在特定时间帧上对象的位置、形状、变形变换、颜色、材质等信息的关键画面。

3ds max 提供了轨迹栏、动画控制区和时间控制区等工具用于实现动画的设置。位于主界面下方的轨迹栏由时间轴、时间滑块和曲线编辑器按钮组成，如图 9-13 所示。时间轴显示当前场景动画的总时间（默认情况下以帧为单位）。时间滑块用于显示和改变场景动画当前所在的帧，滑块上显示的信息由当前帧和总帧数组成，拖动时间滑块可以在视图中观察动画效果。时间轴上的色块标记为关键帧标记，该标记会根据关键帧记录的信息类型的不同而不同。例如，红色代表对象的位置信息，绿色代表旋转信息。白色显示的关键帧表明该关键帧被选中。

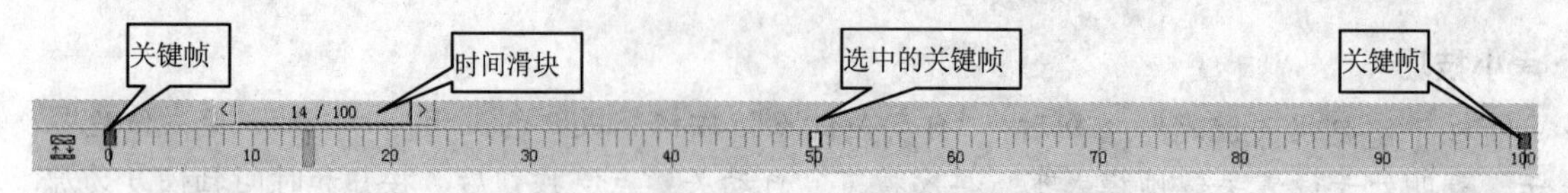

图 9-13　轨迹栏

动画控制区中的工具如图 9-14 所示。动画控制区提供了自动关键帧模式和设置关键帧模式两种创建关键帧动画的方法。在自动关键帧模式下，移动时间滑块到另一时间帧上，改变对象的位置、形状或各类参数等信息，系统就会自动将变化信息记录为关键帧；在设置关键帧模式下，对象的改变不会自动记录为关键帧，必须单击“设置关键点”按钮手动设置。

时间控制区中的工具如图 9-15 所示。时间控制区提供了播放预览动画和设置动画时间的功能。动画预览播放功能由一组按钮实现，可以连续或者逐帧播放动画。

9.1.2　动画时间配置

3ds max 是根据时间来定义动画的，默认的时间单位是帧，默认的动画时间是 100 帧。时间控制区的“时间配置”按钮用来设置动画时间及相关参数。在单击“时间配置”按钮后，弹出“时间配置”对话框如图 9-16 所示。它包括“帧速率”、“时间显示”、“播放”、“动画”和“关键点步幅”5 个选项组。下面介绍“帧速率”、“时间显示”和“动画”选项组的作用。

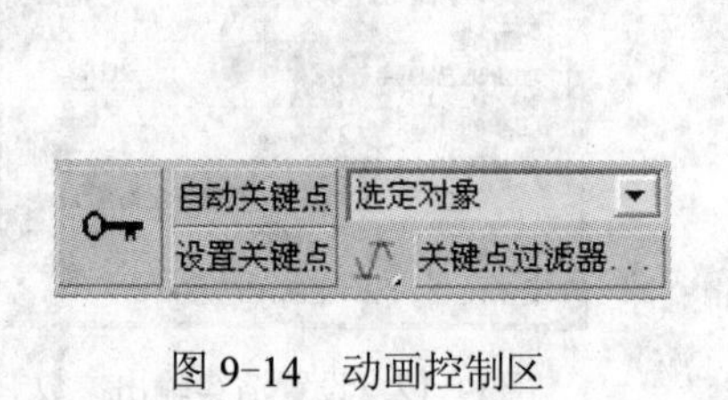

图 9-14　动画控制区

图 9-15　时间控制区

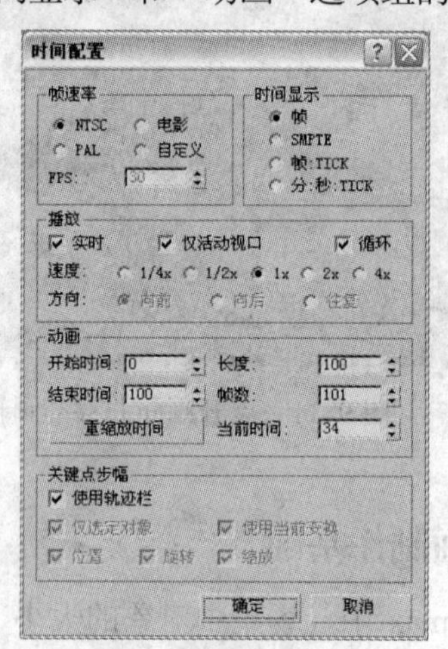

图 9-16　“时间配置”对话框

1.“帧速率”选项组

在动画制作时，可以根据动画的输出类型来选择帧速率。3ds max 在录制动画时记录了与时间相关的所有数值，可以在动画制作完成后改变帧速率，系统会自动做出调整。帧速率即动画每秒播放的帧数，帧速率越高，动画效果越平滑。

“NTSC”是美国和日本使用的电视制式标准，每秒播放 30 帧；“PAL”是中国和欧洲使用的电视制式标准，每秒播放 25 帧；“电影”是电影胶片采用的帧率，每秒播放 24 帧。“自定义”可以由用户自己定义帧速率，在勾选该单选项后，在“FSP”中可以输入每秒的帧数。

2.“时间显示”选项组

“时间显示”选项组用于设置轨迹栏和整个系统中动画时间的显示方式。“帧”是以帧为单位显示时间，是 3ds max 默认的时间显示方式；“SMPTE”是电影工程师协会使用的标准，显示方式为“分：秒：帧”；“TICKS”是以帧数和刻度数的方式显示时间；“分：秒：TICKS”按“分：秒：刻度数”格式显示时间。

3.“动画”选项组

“动画”选项组用于设置场景的动画时间。“开始时间”设置动画的开始时间；“结束时间”设置动画的结束时间；“长度”设置动画的总长度；“帧数”设置可渲染的总帧数，它的值等于“长度”值加 1。

在场景中的关键帧设置完成后，如果想改变动画的时间长度而又不影响动画的节奏，使用“重缩放时间”按钮就可以实现。单击该按钮，弹出对话框如图 9-17 所示，在对话框中重新设置动画时间，动画上的关键帧位置将随时间的缩放而得到调整。

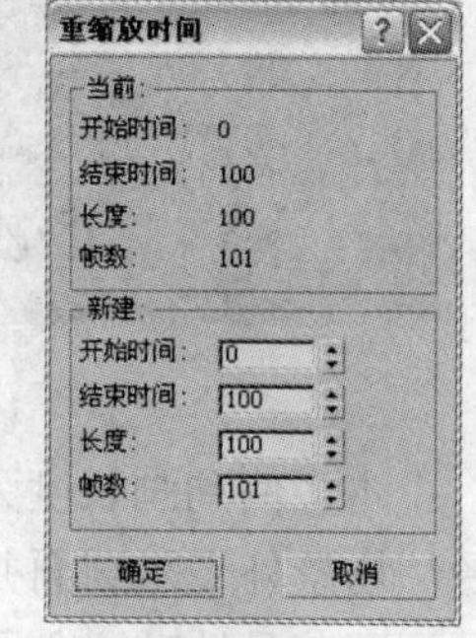

图 9-17 “重缩放时间”对话框

9.1.3 创建关键帧动画

通常创建一个对象的关键帧过程如下：首先选择对象，单击“自动关键点”按钮，使该按钮、时间滑块区以及活动视图边框为红色显示，进入自动关键帧模式；接着移动时间滑块到目标位置，确定关键帧的设置位置，然后在场景中修改对象的位置、形状或任意参数。可以将时间滑块移动到多个目标位置，设置对象的多个关键帧。最后再单击“自动关键点”按钮，退出自动关键帧模式，“自动关键点”按钮、时间滑块区和活动视图边框恢复正常显示状态。

☞小技巧

结束关键帧设置后一定要再次按下“自动关键点”按钮，退出自动关键帧模式，否则将会创建预料不到的动画效果。

如果选择的对象设置了关键帧，在轨迹栏的时间轴上就会显示出关键帧的标记，如图 9-13 所示。关键帧可以进行移动，复制和删除等操作控制关键帧的常用操作可以在时间轴上实现。

单击或框选时间轴上的关键帧标记，关键帧标记呈白色显示，表示关键帧被选中。直接拖动选中的关键帧就可以改变关键帧所处的时间。按下〈Shift〉键拖动关键帧，就可以对选中的关键帧进行复制。选中关键帧后按下〈Delete〉键，可以将该关键帧删除。

在关键帧标记上右击，将会弹出一个快捷菜单，如图 9-18 所示。在快捷菜单中也可以对关键帧进行复制、删除等编辑操作。

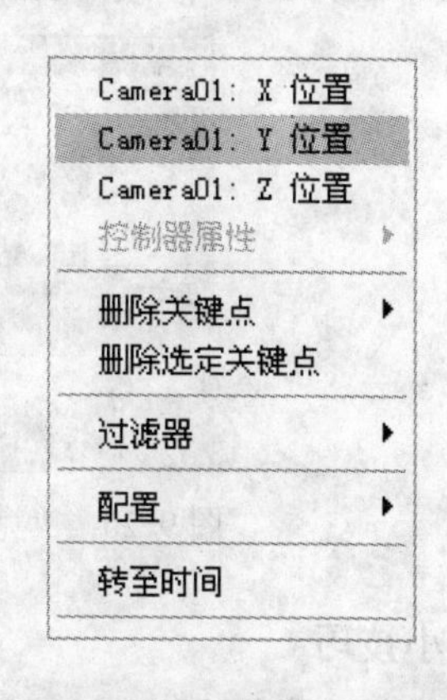

图 9-18 关键帧快捷菜单

9.2 轨迹视图

【实例 9-2】制作"环球之旅"片头动画效果

本实例将制作一个电视栏目片头动画效果，如图 9-19 所示。通过本实例的制作，学习利用轨迹视图进行动画的编辑制作方法。

图 9-19 "环球之旅"电视片的片头动画效果

本实例动画长度为 300 帧，设计由 3 个动画环节组成。一个环节是地球自转的同时沿路径从场景外飞入画面并逐渐变大（0~90 帧），进入画面后再自转 5 圈（91～300 帧）；另一个动画环节是地球飞入画面后，拼音文字绕地球旋转一周然后消失（91~180 帧），还有一个动画环节是在拼音文字消失后，中文文字绕地球旋转到画面中央（181~290 帧）。

1）创建场景对象。选择"文件"→"重置"菜单命令，重新设置场景。单击"创建"→"几何体"→"标准基本体"→"球体"，在顶视图中创建球体对象，设置"半径"为 60，将其命名为"地球"。

2）单击"创建"→"图形"→"样条线"→"文字"，在"参数"卷展栏中，选择字体为黑体，设置"大小"为 25，在"文本"框内输入"HUANQIUZHILV"，然后在前视图中单击创建文本，并将其命名为"拼音"。单击"修改"面板，在"修改器列表"中选择"挤出"修改器，在"参数"卷展栏中设置"数量"为 6。

3）保持"拼音"选中状态，按住〈Shift〉键，在前视图中向下拖动，在弹出"克隆选项"对话框中，勾选"复制"单选项，在"名称"栏中输入"中文"，单击"确定"按钮，如图 9-20 所示。选中中文对象，在修改器堆栈中单击"Text"，在"参数"卷展栏中，设置"大小"为 30，修改"文本"内容为"环球之旅"，创建场景对象的效果如图 9-21 所示。

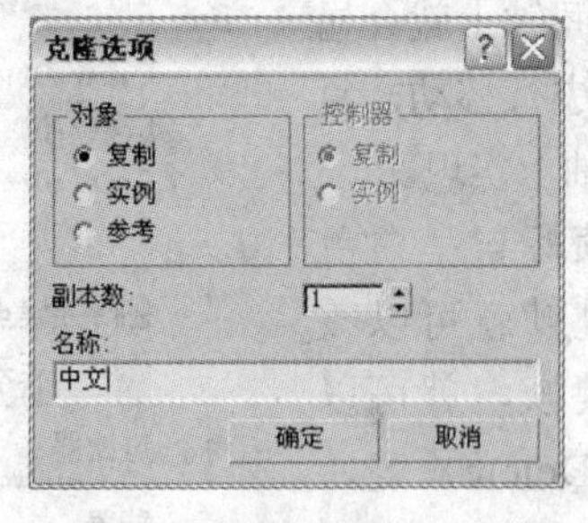

图 9-20 "克隆选项"对话框

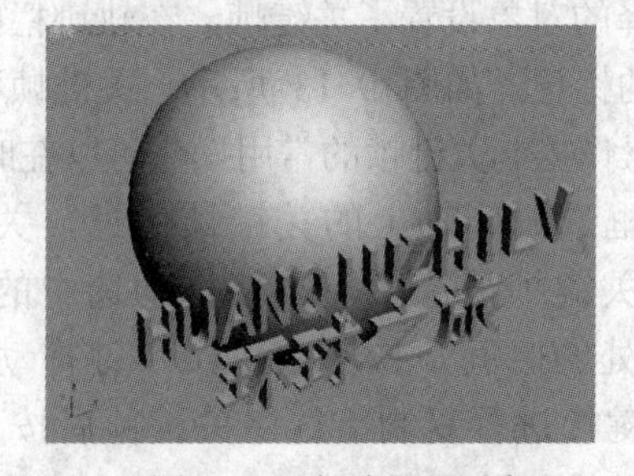

图 9-21 创建场景对象

☞小技巧

在场景中对象之间的相对位置无关紧要，在后面设置动画时再调整它们之间的位置即可。

4）为对象指定材质。按下〈M〉键，在“材质编辑器”面板中选择一个空白示例球，将材质命名为“地球”，在“Blinn 基本参数”卷展栏中设置“自发光”选项组中的数值为 60。在“贴图”卷展栏中单击“漫反射”后的“None”按钮，在打开的“材质/贴图浏览器”对话框中，双击“位图”贴图方式，在随后打开的“选择位图图像文件”对话框中选择配套素材中\Maps\ 世界地图.jpg 文件，单击“打开”按钮。单击工具栏上的“转到父对象”按钮，返回主材质界面。同样为“不透明度”贴图通道指定配套素材中的\Maps\ 世界地图 wb.jpg 文件，并设置“不透明度”的“数量”为 70。材质的参数设置与效果如图 9-22 所示。将制作的材质指定给场景中的地球对象。

☞小技巧

为了方便观察材质的透明效果，可以单击“材质编辑器”垂直工具栏中的“背景”按钮，打开实例窗口中的背景显示。

5）制作金属材质，并指定给拼音和中文对象，具体过程可以参考前面章节的实例。

6）创建文字旋转路径。单击“创建”→“图形”→“样条线”→“圆”，在顶视图中创建一个半径为 65 的圆。单击“对齐”按钮，选择地球对象，在弹出的对话框中设置参数，如图 9-23 所示，将圆对齐到地球的中心。然后在前视图中将圆向下移动一段距离，效果如图 9-24 所示。

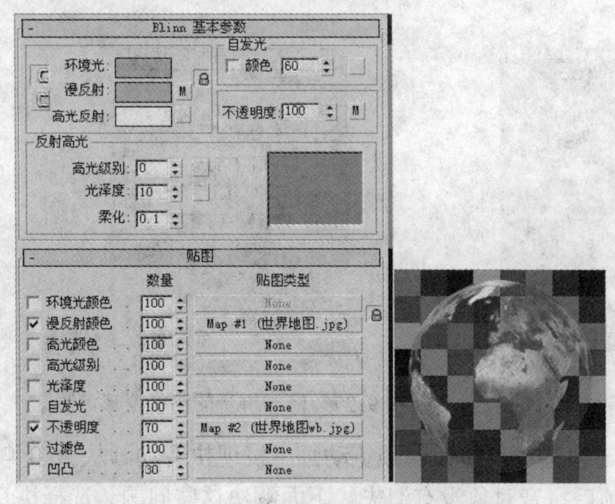

图 9-22　为地球对象制作的材质效果

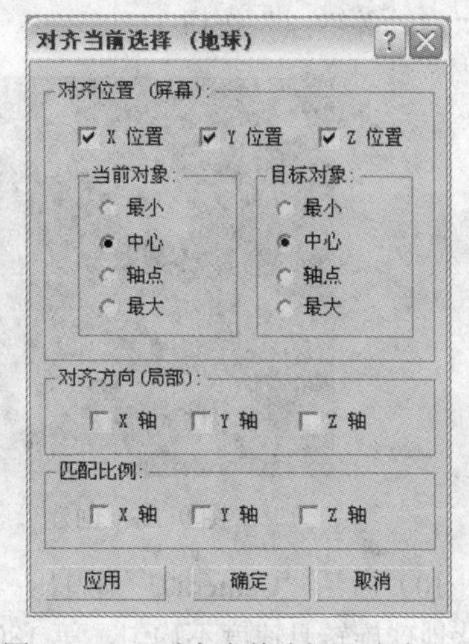

图 9-23　“对齐当前选择（地球）”对话框

☞小技巧

因为将两个文本对象隐藏了，所以在图 9-24 中没有显示。隐藏对象的方法是：选中对象后，用鼠标右键单击，在弹出的快捷菜单中选择“隐藏当前选择”。若要显示隐藏对象，则只需在视图中用鼠标右键单击，在弹出的快捷菜单中选择“全部取消隐藏”即可。

7）制作文字环绕效果。选择拼音对象，单击“修改”面板，在“修改器列表”中选择“路径变形（WSM）”修改器，在“参数”卷展栏中单击“拾取路径”按钮，在场景中单击圆对象，然后单击“转到路径”按钮，选择“路径变形轴”选项组中的“X”选项，设置“旋转”为-90，文字环绕效果如图 9-25 所示。使用同样的操作实现中文对象环绕地球的效果。

图 9-24　调整圆的位置

图 9-25　文字环绕效果

☞小技巧

此时，拼音和中文交叉在一起，可在制作动画效果时再调整它们的位置。

8）创建摄影机。单击“创建”→“摄影机”→“标准”→“目标”，在顶视图中创建一个摄影机，并在其他视图中调整摄影机的位置，激活“透视”视图，按下〈C〉键，切换到“Camera01”视图，效果如图 9-26 所示。

9）单击动画控制区中的“时间配置”按钮，在弹出的“时间配置”对话框中设置“长度”为 300，单击“确定”按钮。选择拼音对象，在轨迹栏上将时间滑块移至第 180 帧，单击“自动关键点”按钮，在“参数”卷展栏中设置“百分比”为 100，如图 9-27 所示。单击“自动关键点”按钮。

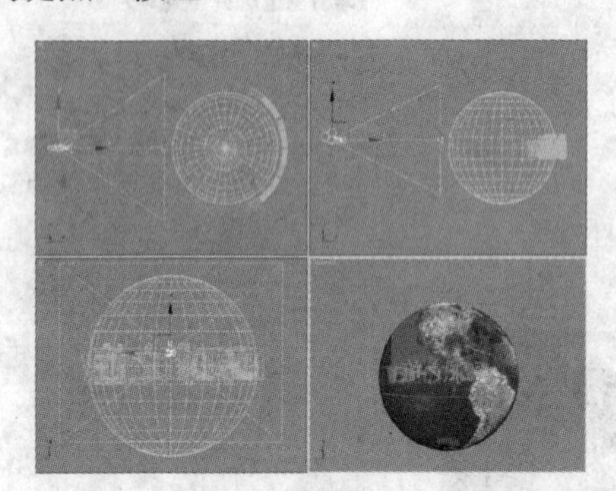

图 9-26　创建摄影机

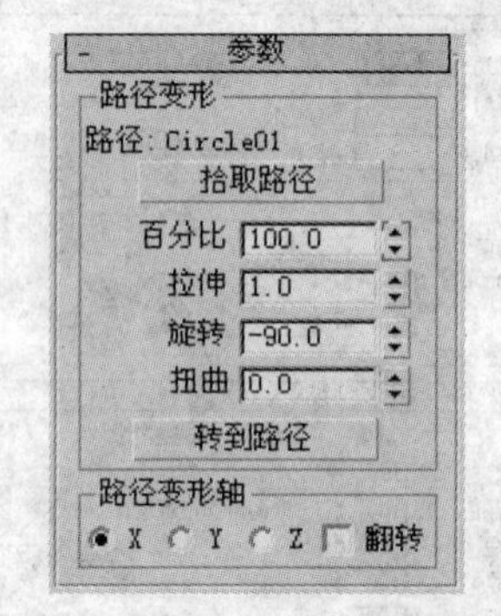

图 9-27　修改拼音的路径变形参数

10）激活“Camera01”视图，单击“播放”按钮预览动画。发现拼音动画从第 0 帧开始绕地球旋转且速度不均匀，第 180 帧后拼音对象没有消失。下面解决这些问题。选择拼音对象，单击时间轴上第 0 帧的关键帧标记，然后拖动该关键帧标记到第 91 帧处。单击“自动关键点”按钮，将时间滑块移到第 0 帧，在视图中用鼠标右键单击拼音对象，在弹出的快捷菜单中选择“对象属性...”命令，在“对象属性”对话框中设置“可见性”为 0，如图 9-28 所示。将时间滑块移到第 91 帧，再设置拼音对象的“可见性”为 1，再将时间滑块移到第 181 帧，设置拼音对象的“可见性”为 0，单击“自动关键点”按钮，退出自动关键帧模式。

11）单击工具栏上的“曲线编辑器”按钮，进入轨迹视图，拖动左侧项目窗口的滚动条，使项目窗口显示拼音对象的动画参数，单击“可见性”项目，右侧编辑窗口显示拼音对象的可见性曲线，如图 9-29 所示。按住〈Ctrl〉键，在右侧编辑窗口中选择可见性曲线上的 3 个关键点，然后单击轨迹视图工具栏上的“将切线设置为阶跃”按钮，可见性曲线改变为阶跃式曲线，如图 9-30 所示。在左侧项目窗口中，单击拼音对象的“空间扭曲”项目前的

“+”，展开并选择“沿路径百分比”项目，按住〈Ctrl〉键，在右侧编辑窗口中选择曲线上的两个关键点，然后单击轨迹视图工具栏上的“将切线设置为线性”按钮，效果如图 9-31 所示。

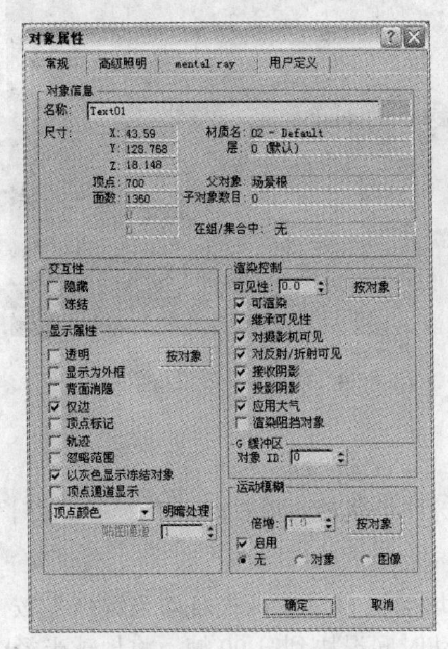

图 9-28　设置拼音对象的可见性

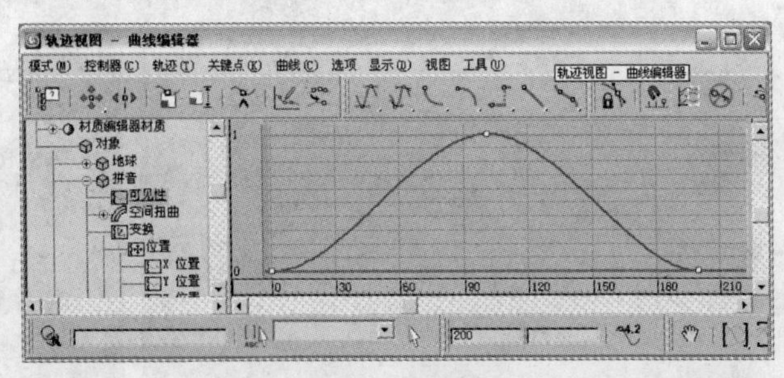

图 9-29　拼音对象的可见性曲线

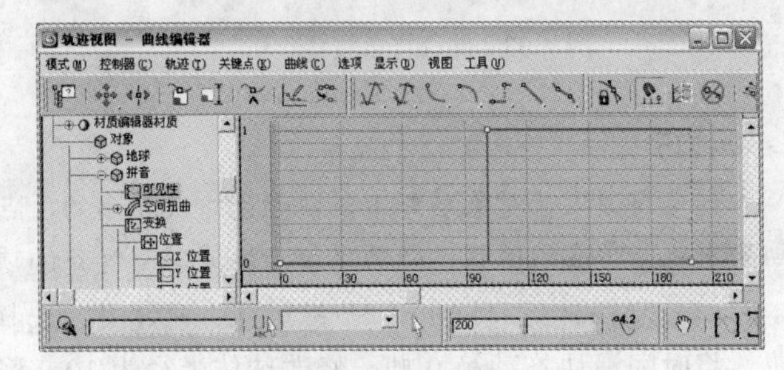

图 9-30　可见性曲线改变为阶跃式曲线

12）激活“Camera01”视图，单击“播放”按钮，预览动画。此时，拼音对象的动画效果制作完成。中文对象的动画效果与拼音对象制作方法相同，具体制作方法不再详细介绍。制作时要注意中文对象从第 181 帧开始绕地球旋转，旋转一周半后第 291 帧时停在画面中央，路径百分比应设置为 150。

13）制作地球飞入的路径。单击“创建”→“图形”→“样条线”→“线”，在顶视图绘制样条线。单击“修改”面板，在修改器堆栈中单击“Line”前的“+”，选择“顶点”子对象层级，在顶视图中选择靠近地球球心的顶点，单击工具栏上的“对齐”按钮，选择地球对象，在弹出的对话框中如图 9-32 所示设置参数，将样条线的终点对齐到地球的球心，路径样条线效果如图 9-33 所示。选择所有顶点，用鼠标右键单击，在弹出的快捷菜单中选择“Bezier”命令，将所有顶点转换为 Bezier 顶点。在视图中调整顶点的位置和曲率，路径样条线最终效果如图 9-34 所示。

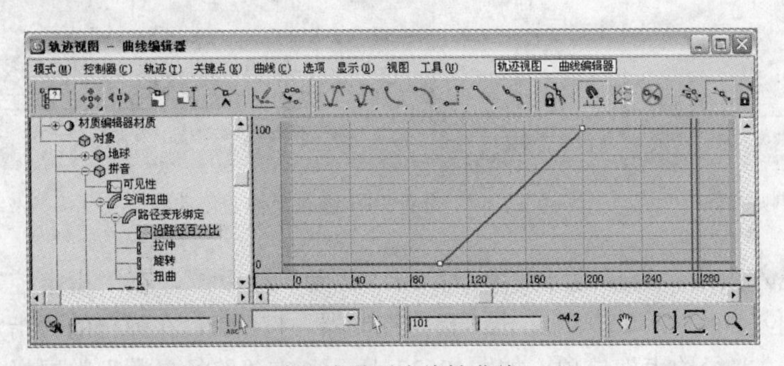

图 9-31　将切线设置为线性曲线

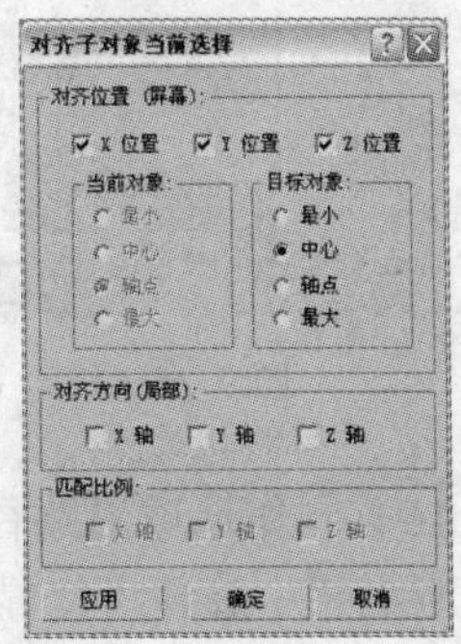

图 9-32　“对齐子对象当前选择”对话框

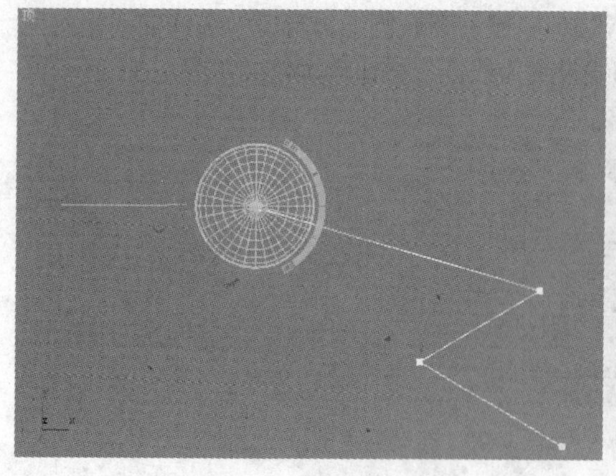

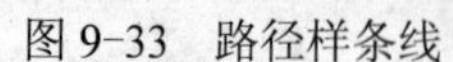

图 9-33　路径样条线

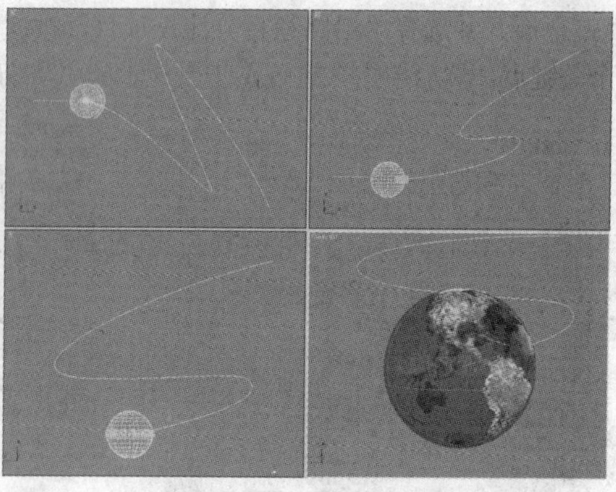

图 9-34　路径样条线最终效果

☞小技巧

样条线顶点子对象层级下，以黄色方块显示的顶点为样条线的首顶点。为了让地球飞到画面中地球所在的位置，必须保证与地球球心对齐的顶点为样条线的终点。

14）制作地球自转并逐渐变大的动画效果。选择地球对象，单击“自动关键点”按钮，将时间滑块拖动第 0 帧，修改球体半径为 10，移动时间滑块到第 90 帧，将地球半径设为 60。移动时间滑块到第 300 帧，在顶视图中将地球绕 Z 轴旋转任意角度，再单击“自动关键点”按钮。

15）单击工具栏上的“曲线编辑器”按钮，进入轨迹视图。在左侧项目窗口中选择地球对象的“Z 轴旋转”选项，然后在右侧编辑窗口中单击 300 帧处的关键点，在轨迹视图下面的状态栏中修改第 300 帧地球旋转的角度为 1800，如图 9-35 所示。选择 Z 轴旋转曲线上的所有关键点，单击轨迹视图工具栏上的“将切线设置为线性”按钮，使地球进行匀速旋转。在左侧项目窗口中选择地球球体对象的“半径”选项，在右侧编辑窗口中选择所有关键点，单击“将切线设置为线性”按钮，使地球半径匀速变大，如图 9-36 所示。

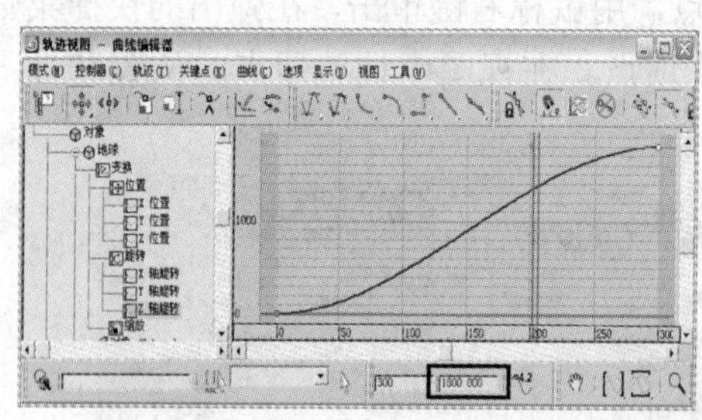

图 9-35　修改关键帧状态

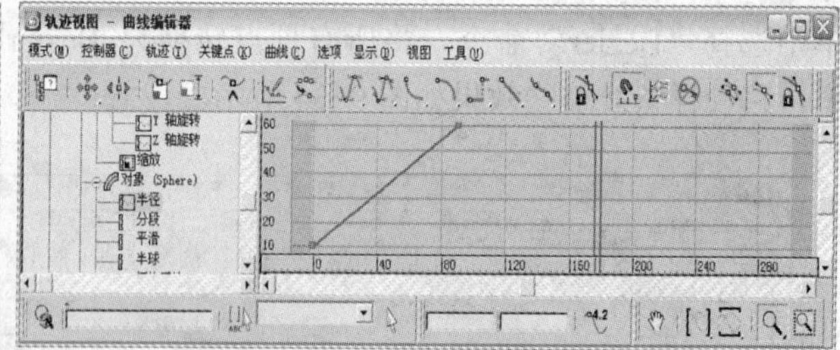

图 9-36　修改半径变化曲线

16）制作地球沿路径飞入效果。选择地球对象，单击“运动”面板，在“指定控制器”卷展栏中选择“位置：位置 XYZ”选项，单击“指定控制器”按钮，在弹出的“指定位置控制器”对话框中选择“路径约束”选项，如图 9-37 所示。在“路径参数”卷展栏中单击“添加路径”按钮，在视图中选择路径样条线，如图 9-38 所示。

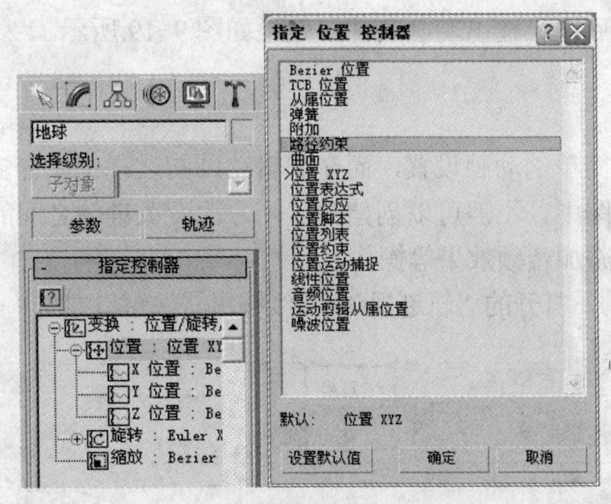

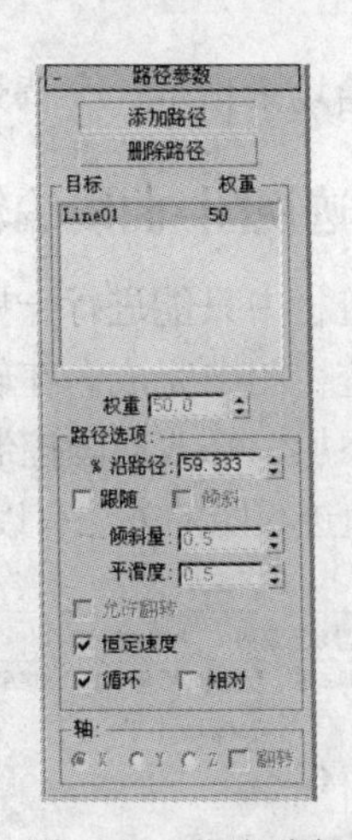

图 9-37　指定路径约束控制器　　　　　　　　　　　　图 9-38　指定路径

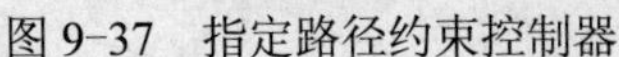

17）激活“Camera01”视图，单击“播放”按钮预览动画，发现地球第 300 帧时才沿路径完全飞入画面，而不是第 90 帧就飞入画面。单击工具栏上的“曲线编辑器”按钮，进入轨迹视图。在左侧项目窗口中，选择地球对象的“位置”“百分比”选项，然后在右侧编辑窗口中单击 300 帧处的关键点，在轨迹视图下面的状态栏中将 300 帧修改为 90 帧，如图 9-39 所示。

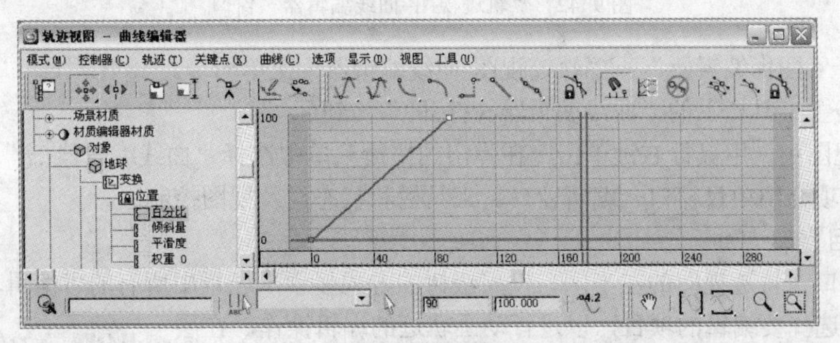

图 9-39　修改关键帧的位置

18）添加音乐效果。激活“Camera01”视图预览动画，地球、拼音和中文对象都实现了设计的动画效果。单击“曲线编辑器”按钮，进入轨迹视图。在项目窗口中选择“声音”项目，用鼠标右键单击，在弹出的快捷菜单中单击“属性...”命令，弹出“声音选项”对话框如图 9-40 所示。单击“选择声音”按钮，选择配套素材中\Maps\片头曲.wav 文件，编辑窗口中声音项目的波形如图 9-41 所示。当预览动画时，片头音乐伴随动画播放。

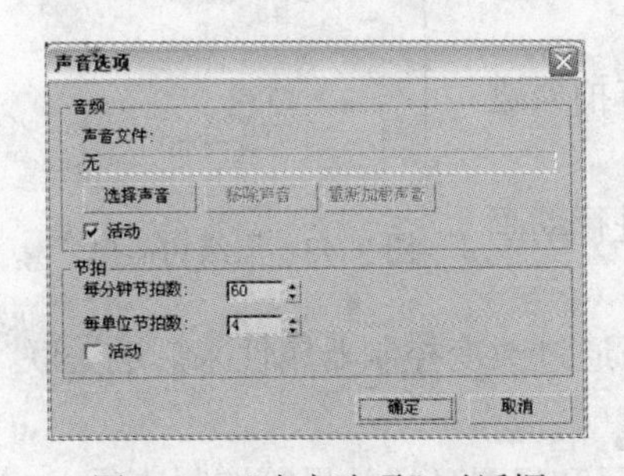

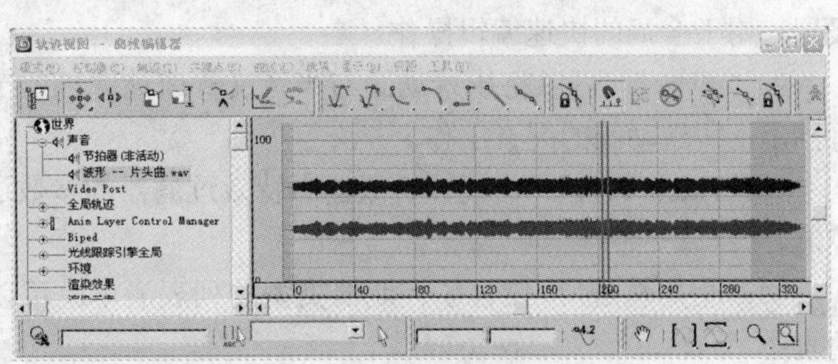

图 9-40　“声音选项”对话框　　　　　　　　　图 9-41　声音波形

19）给场景指定一个背景，然后渲染输出动画文件，效果如图 9-19 所示。

9.2.1 轨迹视图-曲线编辑器

在轨迹栏中只能进行一些比较简单的动画设置，而在编辑动画的过程中，许多编辑工作需要在轨迹视图中完成。在轨迹视图中，不但可以创建关键帧、改变关键帧之间的插值，还可以进行添加、修改动画控制器和添加音频效果等操作。

打开轨迹视图的方法有以下几种，打开的“轨迹视图–曲线编辑器”窗口如图 9-42 所示。

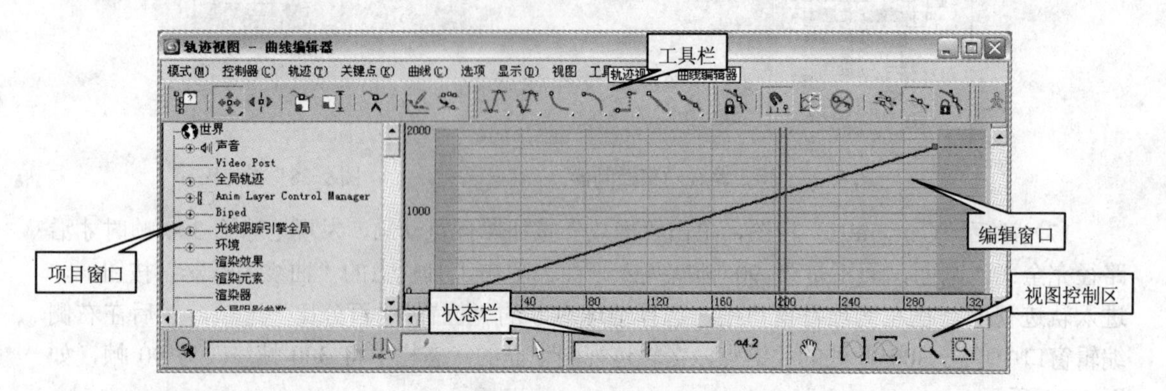

图 9-42 “轨迹视图–曲线编辑器”窗口

- 选择“图标编辑器”→“轨迹视图-曲线编辑器”菜单命令。
- 单击主工具栏上的“曲线编辑器（打开）”按钮。
- 在视图中，用鼠标右键单击，在弹出的快捷菜单中选择“曲线编辑器…”命令。

下面逐项介绍项目窗口、编辑窗口、工具栏和状态栏及视图控制区。

1. 项目窗口

项目窗口在轨迹视图的左半区，以层级树的方式显示出场景中所有的可编辑项目，它的主要作用是选择要编辑的项目，以进行动画轨迹的编辑操作。在层级树清单中，每一种类型的项目用一种图标表示，通过图标可以快速识别项目代表的意义。层级树清单显示出场景中的所有对象以及其他动态变换的属性，单击层级树清单中项目前面的“+”，可以展开相应的项目；单击项目前面的“–”，可以收缩展开的项目。层级树项目清单如图 9-43 所示。

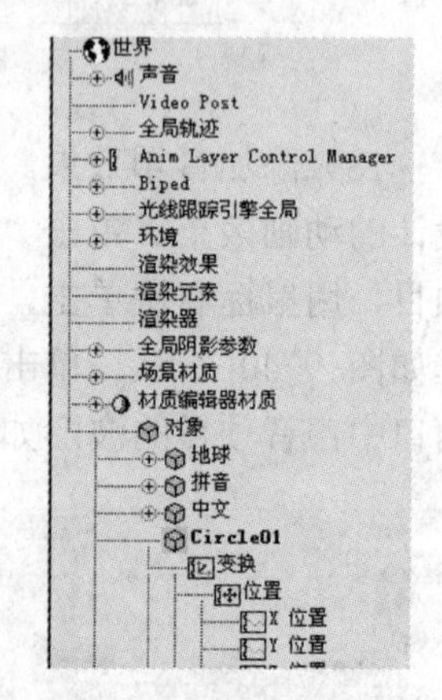

图 9-43 层级树清单

1）“世界”：在整个层级树的根部，包括场景中所有关键点的设置，用于全局的快速编辑操作。

2）“声音”：可以将场景动画与声音文件或计算机的节拍器进行同步，实现动画的配音工作。

3）“Video Post”：对视频合成器中特效过滤器的参数进行动画控制。

4）“全局轨迹”：包含了控制器类型的列表清单。可以通过改变控制器属性来影响关联的轨迹。

5）“环境”：为环境编辑器中的参数设置动画，包括背景和场景环境效果等控制选项。

6）“场景材质”：对场景中所有已经指定给对象的材质进行动画设置。

7）“对象”：对场景中所有对象的参数进行动画设置，包括几何体、图形、灯光、摄影机等对象的创建参数以及指定对象的编辑修改器、材质和动画控制器的参数。

2．编辑窗口

轨迹视图的右半区为编辑窗口，如图 9-44 所示。编辑窗口用于显示和编辑左侧项目窗口中选择项目的动画轨迹曲线。编辑窗口以亮灰色区域显示当前动画的活动时间段，两侧深灰色区域为不活动的时间段。

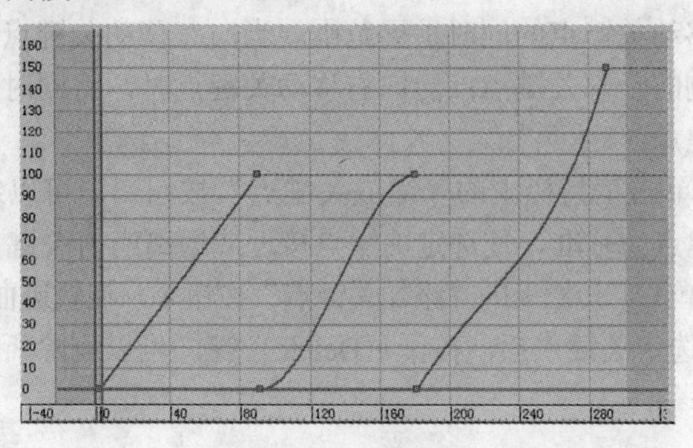

图 9-44　编辑窗口

在编辑窗口中显示了动画轨迹的关键帧和函数曲线，动画轨迹曲线的水平轴表示动画的时间轴，垂直轴表示参数的变化值，关键帧以函数曲线上的方块表示。可以通过改变曲线上关键帧的位置、调节关键帧的平滑属性等改变动画轨迹曲线的形状，从而对动画运动轨迹进行形象化地控制。

在编辑窗口中有两条相邻的蓝色竖线，表示当前所在帧，它与场景中的时间滑块相互关联，拖动可以预览场景中的动画效果。

3．工具栏

工具栏位于轨迹视图的上部，用于进行各种轨迹的形态控制，它包括控制项目、轨迹和功能曲线的所有工具。工具栏分为“关键帧工具”、“关键帧切线”、“曲线”等工具栏。在工具栏空白处用鼠标右键单击，在弹出的快捷菜单中选择“显示工具栏”命令，可以控制各类工具栏的显示与否。

4．状态栏及视图控制区

状态栏及视图控制区位于轨迹视图的下部。

状态栏用于显示当前关键帧的状态，并可以输入关键帧的变换值，如图 9-45 所示。

视图控制区包括 5 个按钮，如图 9-46 所示，它们可被用来平移和缩放曲线编辑窗口。

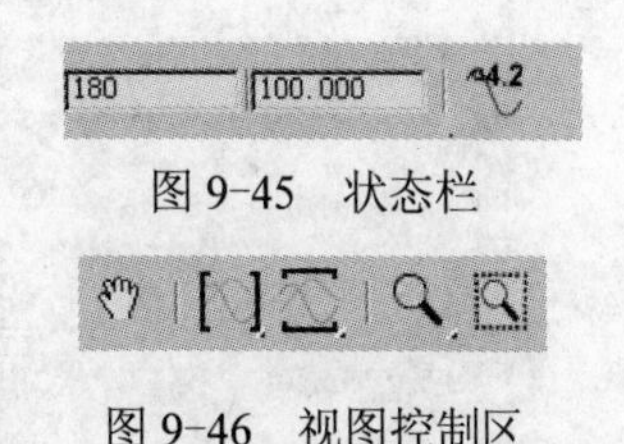

图 9-45　状态栏

图 9-46　视图控制区

9.2.2　编辑关键帧

通过轨迹视图可以编辑动画的关键点。在进行编辑操作时，先在项目窗口中选择要编辑的项目，在编辑窗口中显示出该项目的运动轨迹，然后在工具栏中单击一个按钮，就可以选择一种编辑方式进行相应的操作。

在轨迹视图中，编辑关键点的操作主要包括以下几种。

1）选择关键点。选择单个关键点只需单击该关键点即可；要选择多个关键点，可以按下〈Ctrl〉键再单击各个关键点，或者直接框选。

2）移动关键点。单击工具栏上的“移动关键点”按钮后，选择一个或多个关键点，然后拖动关键点。如果在拖动时按下〈Shift〉键，还可以复制关键点。在选择关键点后，在状态栏内修改关键点的状态也可以移动关键点。

3）滑动关键点。单击工具栏上的“滑动关键点”按钮，选择一个或多个关键点，然后左右拖动，可以在移动关键点的同时扩展范围。当向左移动关键点时，将同时移动选定关键点及选定关键点左侧的全部关键点；当向右移动关键点时，将同时移动选定关键点及选定关键点右侧的全部关键点。

4）缩放关键点。单击工具栏上的“缩放关键点”按钮，可以缩放关键点。当缩放关键点时，将以当前关键点为基准，使选定关键点接近或远离当前关键点。

5）添加关键点。单击工具栏上的“添加关键点”按钮，在轨迹曲线上适当位置单击。

6）删除关键点。选定关键点后，按下〈Delete〉键，可以删除所选定的关键点。

☞小技巧

移动关键点不仅可以改变关键点在时间轴上的位置，而且可以修改关键点上所选项目的参数值，即可以在水平和垂直方向上改变关键点的位置。滑动关键点只能改变关键点在时间轴上的位置。

9.2.3 调整功能曲线

在轨迹视图中，修改关键点的曲线类型，将会改变对象在关键点间的运动方式。在选择关键点后，单击工具栏上的“关键点切线”工具栏中的按钮，就可以改变关键点两边曲线的切线率。

1）“将切线设置为自动”按钮。自动设置关键点的切线率，当创建关键帧时，关键帧的切线率默认为自动状态，如图 9-47 所示。

2）“将切线设置为自定义”按钮。将关键点两侧的切线率设置为自定义，可以使用控制柄调节切线率，如图 9-48 所示。

3）“将切线设置为快速”按钮。设置关键点两侧的切线率，使对象在关键点两侧做增量运动。例如对象的加速运动，如图 9-49 所示。

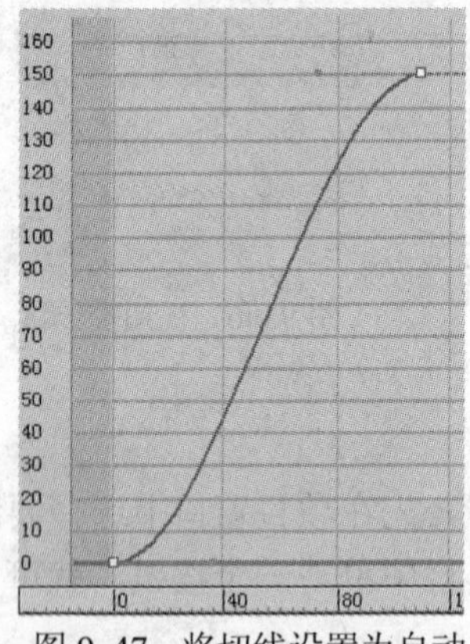

图 9-47　将切线设置为自动

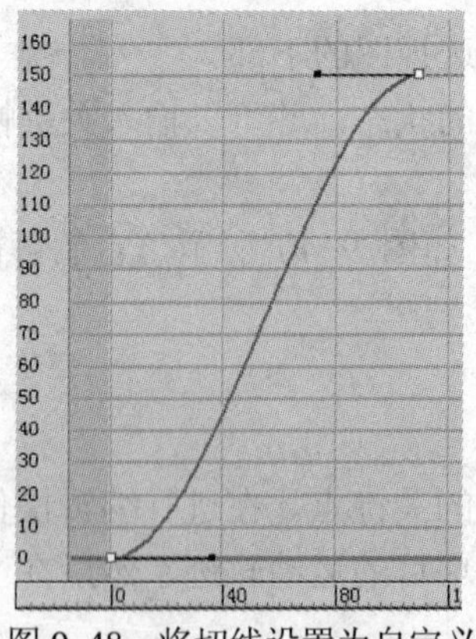

图 9-48　将切线设置为自定义

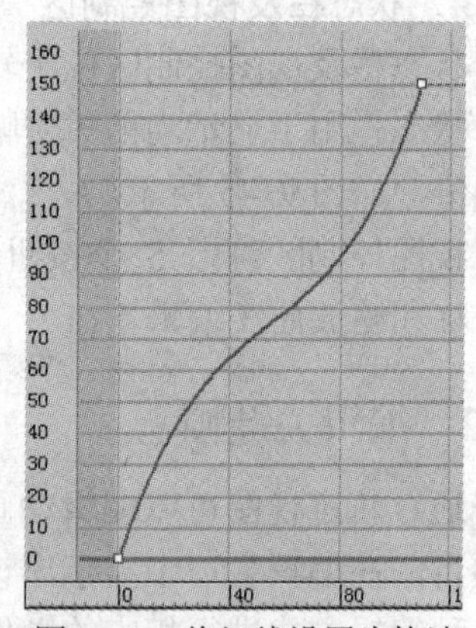

图 9-49　将切线设置为快速

4）“将切线设置为慢速”按钮。设置关键点两侧的切线率，使对象在关键点两侧做减量运动。例如对象的减速运动，如图 9-50 所示。

5）“将切线设置为阶跃”按钮。将关键点两侧的轨迹曲线设置为直角折线方式，对象在运动时由一个关键点的状态直接转入下一个关键点的状态，如图 9-51 所示。

6）“将切线设置为线性”按钮。将关键点两侧的切线率设置为线性模式，对象在关键点两侧的运动轨迹为直线，对象做匀速运动，如图 9-52 所示。

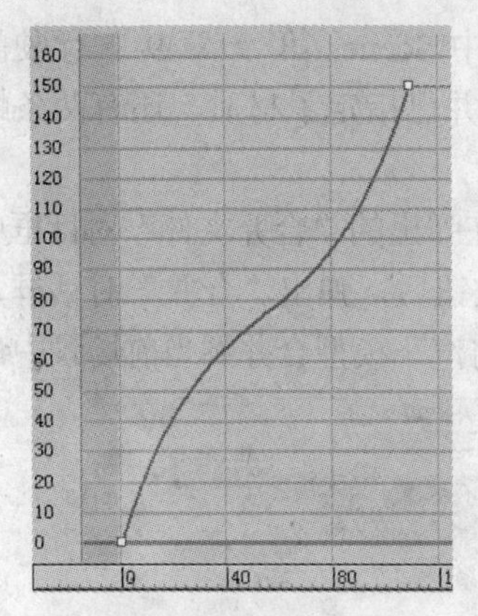

图 9-50　将切线设置为慢速

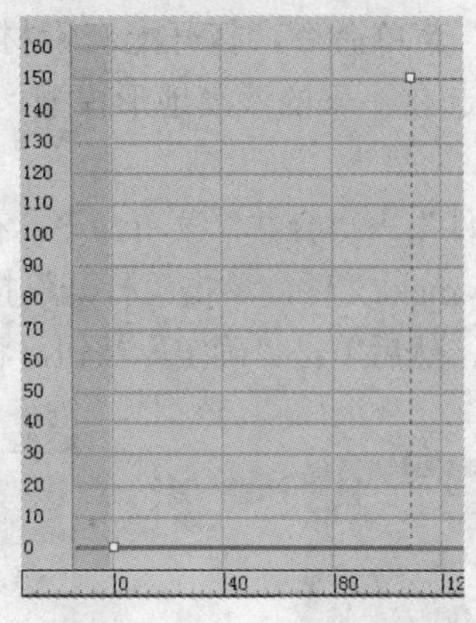

图 9-51　将切线设置为阶跃

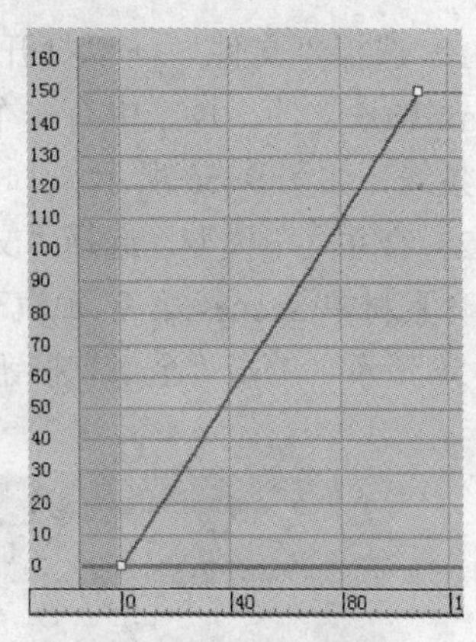

图 9-52　将切线设置为线性

7）“将切线设置为平滑”按钮。设置关键帧的切线率为自动光滑模式。

8）“参数曲线超出范围类型”按钮。设置对象在已确定的关键帧范围外时间段的运动情况。单击该按钮，在弹出的“参数曲线超出范围类型”对话框内进行设置，图 9-53 所示为设置循环类型的轨迹曲线，实线是设置关键帧的轨迹，虚线为超出范围时间段的轨迹。

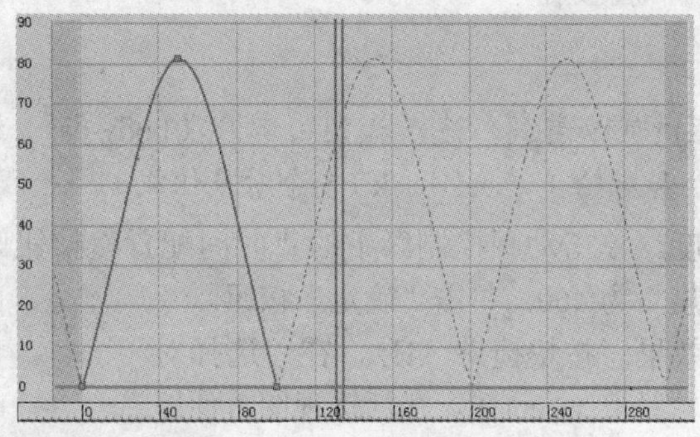

图 9-53　参数曲线超出范围类型

9.3　动画控制器与动画约束

【实例 9-3】制作汽车行驶的动画效果

本实例将制作汽车在起伏不平的路面上行驶的动画效果。通过本实例的制作，介绍运用动画控制器和动画约束来控制对象运动的方法。

本实例动画长度为 400 帧，预计实现的动画效果是车轮滚滚，汽车沿弯曲的路径在起伏不平的沙漠上颠簸前进；摄影机追踪拍摄汽车的行驶过程。行驶汽车的效果如图 9-54 所示。

图 9-54　行驶汽车的动画效果

1）选择“文件”→“打开”菜单命令，打开配套素材中\Scenes\第 9 章\9-3 行驶的汽车.max 场景文件，场景中有一个起伏不平的沙漠地形模型，并已指定了材质，还有两条蜿蜒的样条线，如图 9-55 所示。

2）合并汽车模型。选择“文件”→“合并”菜单命令，在弹出的“合并文件”对话框中选择配套素材中\Scenes\第 9 章\汽车.max 文件，单击“打开”按钮后，弹出“合并”对话框，如图 9-56 所示，单击“全部”按钮，然后单击“确定”按钮，将汽车模型合并到当前场景中。

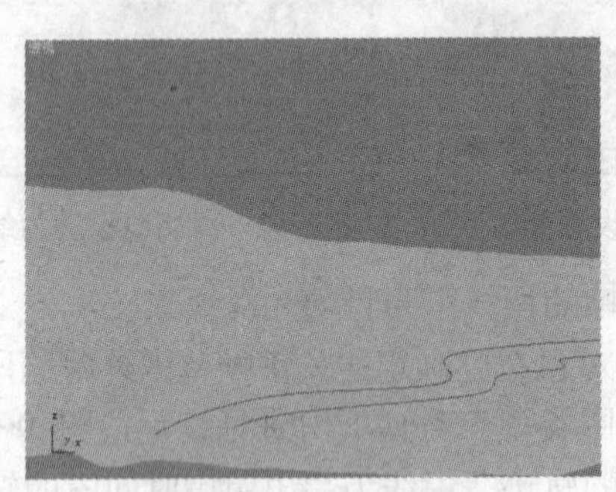

图 9-55　场景文件

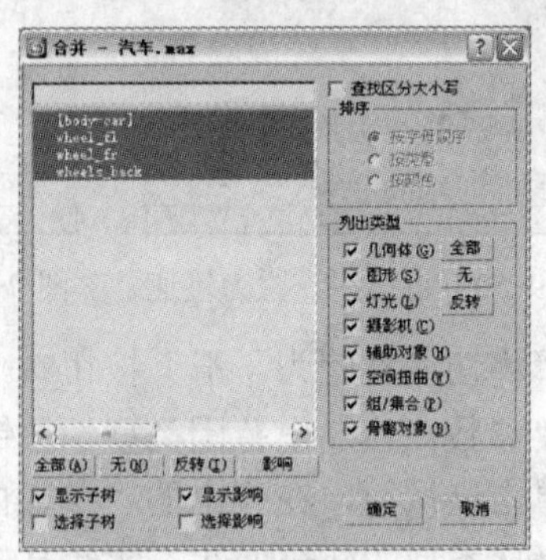

图 9-56　“合并”对话框

☞小技巧

在“合并”对话框内可以看到，汽车模型由车身（body-car）组以及左前轮（wheel_fl）、右前轮（wheel_fr）和后轮（wheel_back）3 个对象组成。

3）设置动画的长度。单击动画控制区中的“时间配置”按钮，在弹出的“时间配置”对话框中设置“长度”为 400，单击“确定”按钮。

4）制作车轮转动效果。按快捷键〈H〉，在“选择对象”对话框中选择左前轮对象 wheel_fl，激活透视图，使用视图控制区按钮调整透视图，将汽车放大显示。单击“自动关键点”按钮，将时间滑块移至第 400 帧，单击“选择并旋转”按钮，在透视图中拖动左前轮沿 X 轴（即汽车前进的方向）旋转一定的角度，如图 9-57 所示。

图 9-57　拖动左前轮沿 X 轴旋转一定角度

5）单击工具栏上的“曲线编辑器”按钮，进入轨迹视图，在项目窗口中选择左前轮对象 wheel_fl 的“旋转”项目，用鼠标右键单击，在弹出的快捷菜单中选择“指定控制器…”命令，如图 9-58 所示。在随后弹出的“指定旋转控制器”对话框中选择“Euler XYZ”选项，单击“确定”按钮，如图 9-59 所示。

6）在项目窗口中选择对象 wheel_fl 的“X 轴旋转”项目，可以看到编辑窗口中出现 X 轴旋转的曲线，选择第 400 帧的关键点，在状态栏中设置旋转角度为 7200°，使车轮在活动时间段内旋转 20 圈，如图 9-60 所示。选择曲线上的两个关键点，单击工具栏上“将切线设置为线性”按钮，使车轮匀速行驶。

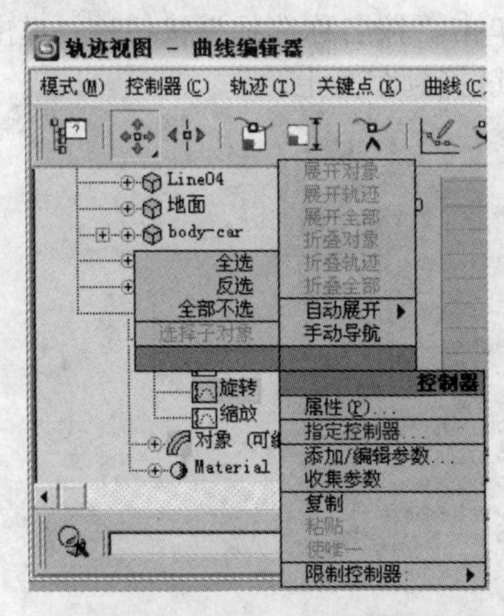

图 9-58　选择“指定控制器...”命令

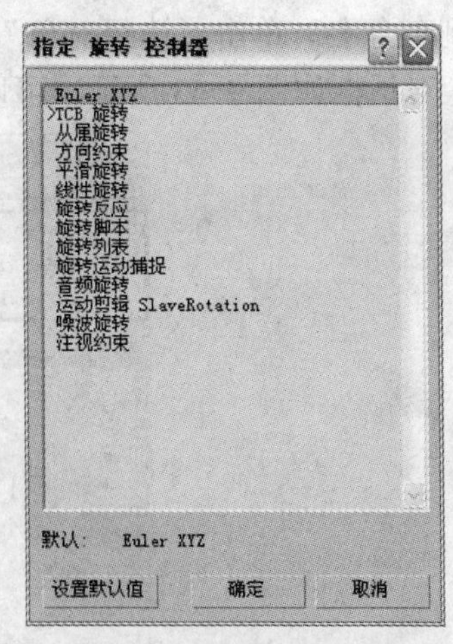

图 9-59　“指定旋转控制器”对话框

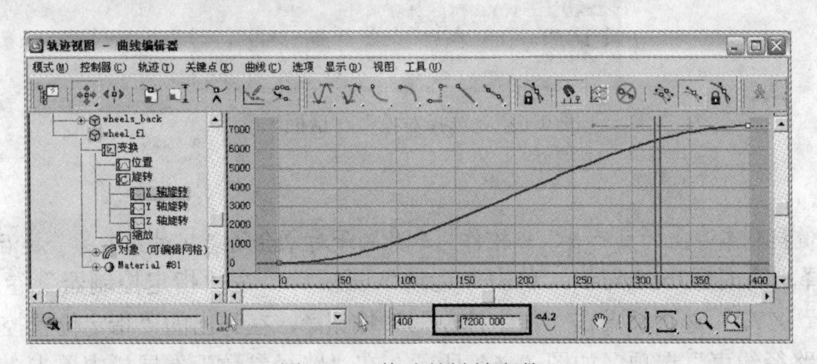

图 9-60　修改关键帧参数

7）在项目窗口中，选择对象 wheel_fl 的“旋转”项目，用鼠标右键单击，在弹出的快捷菜单中选择“复制”命令。然后选择右前轮对象 wheel_fr 的“旋转”项目，用鼠标右键单击，在弹出的快捷菜单中选择“粘贴”命令，如图 9-61 所示。在弹出的对话框中选择“实例”单选项，勾选“替换所有实例”复选框，如图 9-62 所示，将左前轮的运动轨迹实例复制到右前轮上。同样，将左前轮的运动轨迹实例再复制到后轮对象 wheel_back 上。拖动时间滑块预览动画，可以看到车轮匀速转动。

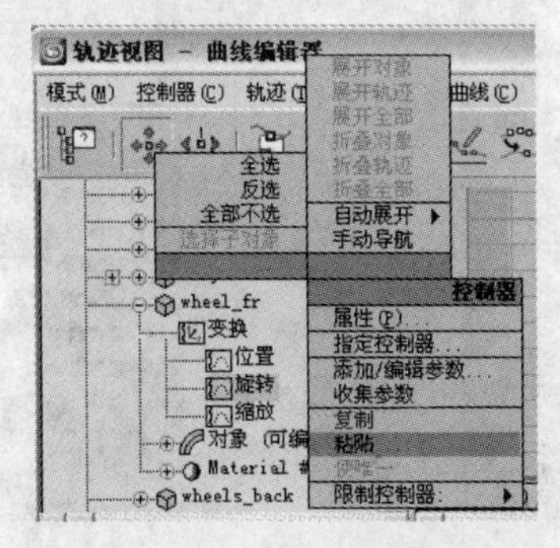

图 9-61　粘贴运动曲线

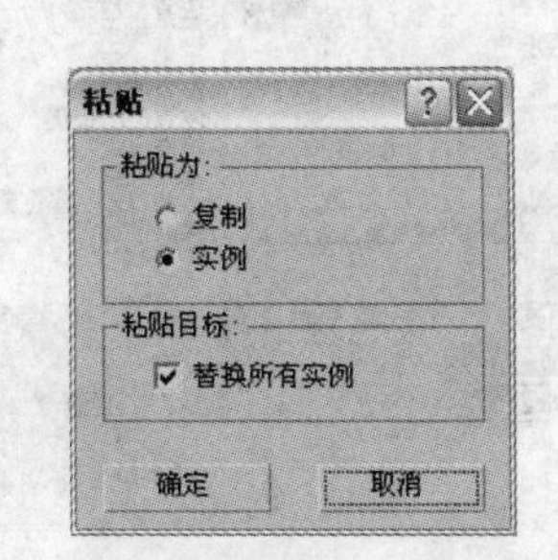

图 9-62　“粘贴”对话框

8）制作汽车沿路径行驶效果。按快捷键〈H〉，在“选择对象”对话框中选择对象 wheel_fl、wheel_fr 和 wheels_back，单击工具栏上的“选择并链接”按钮，将选中的对象拖动到车身上。单击“选择对象”按钮，再单击“按名称选择”按钮，弹出的“选择对象”对话框如图 9-63 所示，可以看到车轮已链接到车身上。

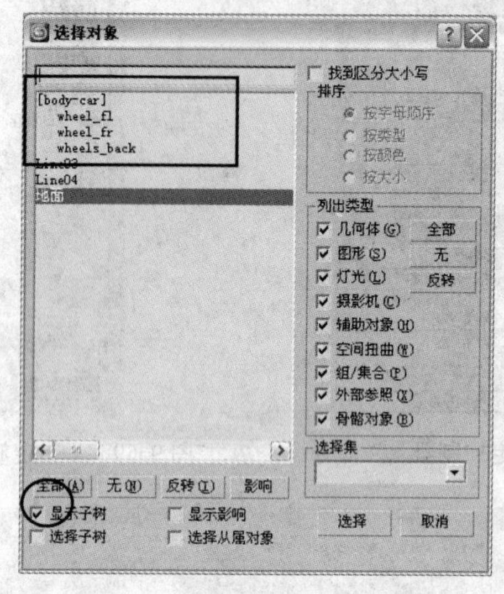

图 9-63 “选择对象”对话框

☞小技巧

将车轮链接到车身上的目的是，车轮作为车身的子对象会随着父对象车身一起沿路径行驶。

9）选择车身对象[body-car]，单击“运动”面板，在“指定控制器”卷展栏中选择“位置：位置 XYZ”选项，单击“指定控制器”按钮，在弹出的“指定位置控制器”对话框中选择“路径约束”选项，如图 9-64 所示。在“路径参数”卷展栏中单击“添加路径”按钮，在视图中选择路径样条线 Line04。当预览动画时，发现汽车运动时不沿路径转向，并且倒行，因此在“路径参数”卷展栏中勾选“跟随”复选框，选择“Y”轴并勾选“翻转”复选框，路径参数设置如图 9-65 所示。

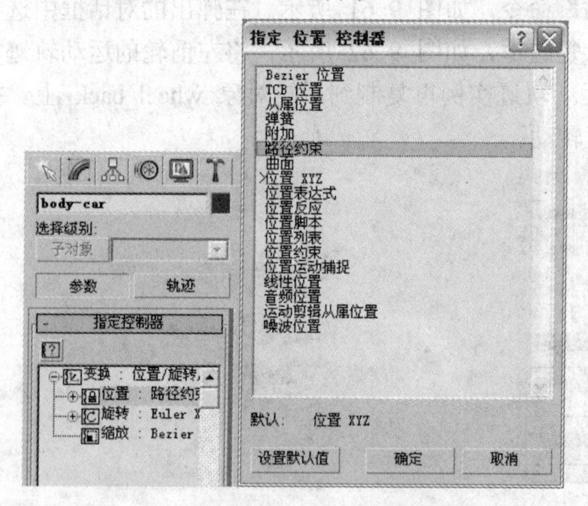

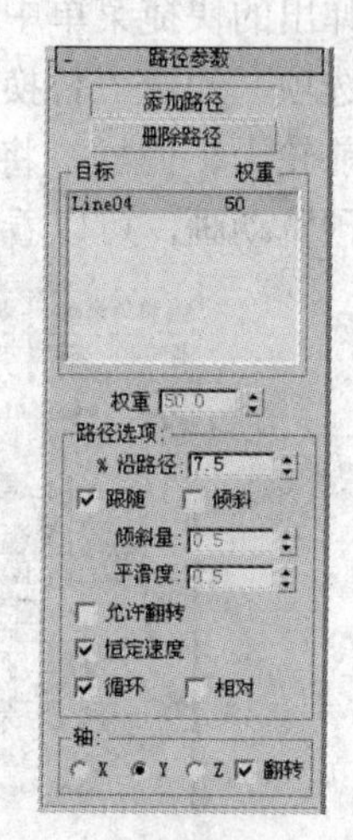

图 9-64 “指定控制器”卷展栏和“指定位置控制器”对话框　　图 9-65 “路径参数”卷展栏

10）创建摄影机。单击“创建”→“摄影机”→“标准”→“目标”，在顶视图中创建一个摄影机，如图 9-66 所示。激活“透视”视图，按下〈C〉键，切换到“Camera01”视图。选择摄影机，在“修改”面板中选择“85mm”备用镜头，效果如图 9-67 所示。

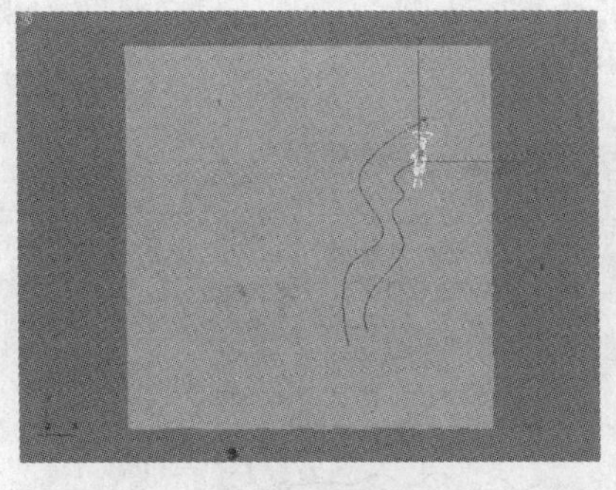

图 9-66　创建摄影机

图 9-67　调整摄影机镜头参数及效果

11）参照前面的步骤 9），同样为摄影机指定路径约束位置控制器，路径样条线为 line03。激活顶视图，预览动画发现摄影机沿路径运动而摄影机的目标点没有移动，无法跟随拍摄汽车的行驶。拖动时间滑块到第 0 帧，选择摄影机目标点，单击工具栏上的“选择并链接”按钮，并拖动到车身上，将摄影机目标点链接到车身上。

12）制作汽车颠簸的效果。激活“Camera01”视图，预览动画看到汽车沿路径平稳行驶。选择车身对象，单击“运动”面板，在“指定控制器”卷展栏中选择“位置：路径约束”选项，单击“指定控制器”按钮，在弹出的“指定位置控制器”对话框中选择“位置列表”选项。在“指定控制器”卷展栏中，展开“位置列表”，选择“可用”选项，在弹出的“指定位置控制器”对话框中选择“噪波位置”选项，如图 9-68 所示。

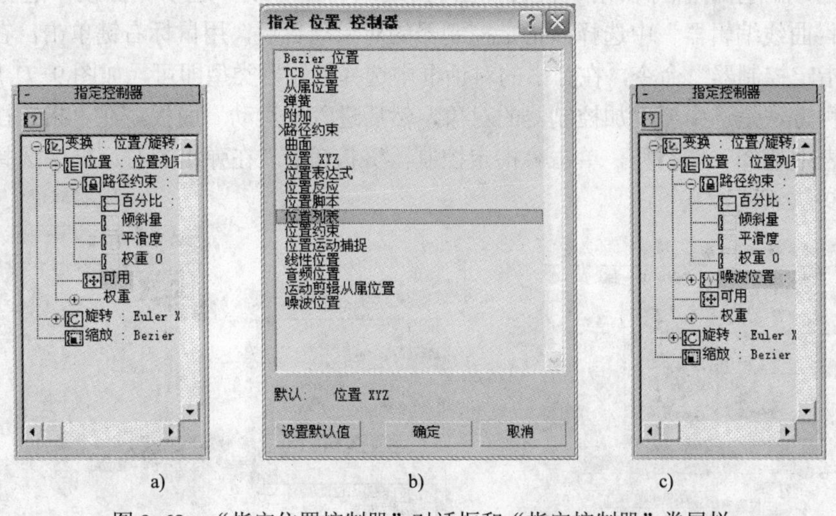

a)　b)　c)

图 9-68　“指定位置控制器”对话框和“指定控制器”卷展栏

a）“指定控制器”卷展栏 1　b）“指定位置控制器”对话框　c）“指定控制器”卷展栏 2

13）激活“Camera01”视图，预览动画，发现汽车颠簸起伏的效果过于剧烈。单击“曲线编辑器”按钮，进入轨迹视图。在项目窗口中选择对象 body-card 的“噪波位置”选项，用鼠标右键单击，在弹出的快捷菜单中选择“属性...”命令，如图 9-69 所示。在弹出的“噪波位置”对话框中设置“X 向强度”和“Y 向强度”为 0，“Z 向强度”为 2，“种子”为 33，“频率”为 0.3，取消“分形噪波”复选框的选择，如图 9-70 所示。

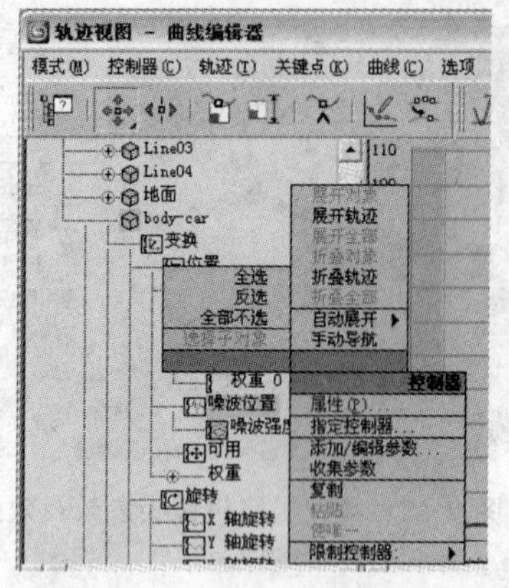

图 9-69 设置噪波位置属性

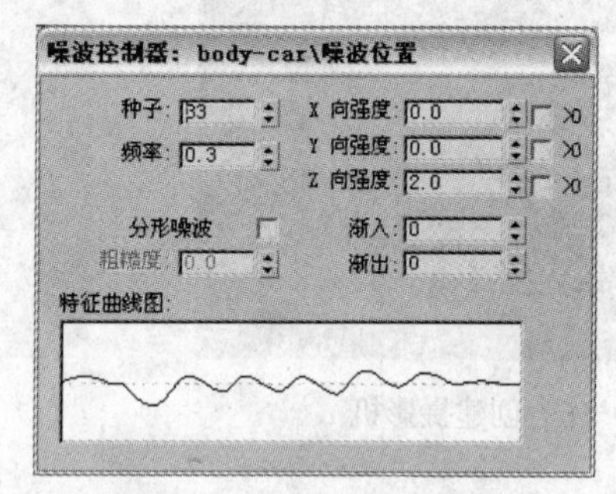

图 9-70 设置噪波位置参数

14）激活“Camera01”视图，预览动画效果，即车轮滚动，汽车沿蜿蜒起伏的路径颠簸行驶。按下〈F10〉键，打开“渲染场景”对话框，设置参数，渲染输出动画文件，效果如图 9-54 所示。

9.3.1 动画控制器

在 3ds max 中，可以利用动画控制器设置对象运动规律来进行动画的制作。动画控制器是用来控制对象运动规律的一组控制器模块，它们能够控制对象的各种动画参数在动画帧上的数值以及在整个动画活动时间段内参数的变化规律。

对象的动画控制器可以在“轨迹视图-曲线编辑器”或“运动”面板中进行指定。在“轨迹视图-曲线编辑器”中选择欲指定控制器的对象项目后，用鼠标右键单击，在快捷菜单中选择“指定控制器”命令，在弹出的对话框中选择控制器类型即可，如图 9-71 所示。

另一种方法是选中要添加控制器的对象，然后进入“运动”面板，在“指定控制器”卷展栏的列表中选择一个类型，单击“指定控制器”按钮，在弹出的对话框中选择控制器类型，如图 9-72 所示。

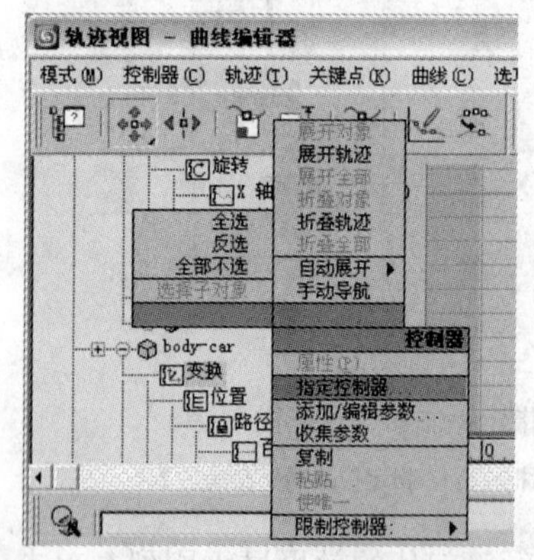

图 9-71 在“轨迹视图-曲线编辑器”中指定动画控制器

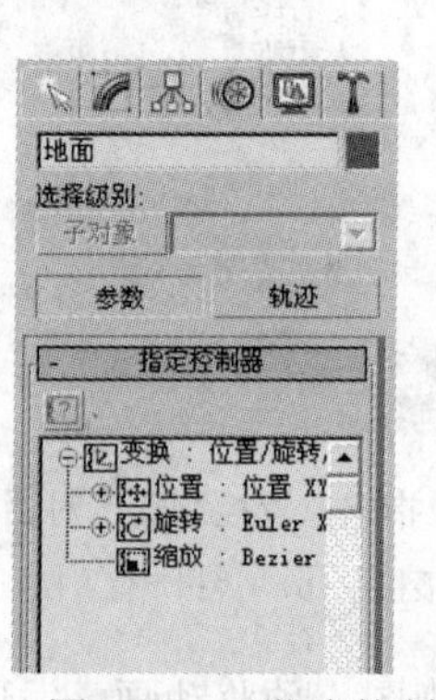

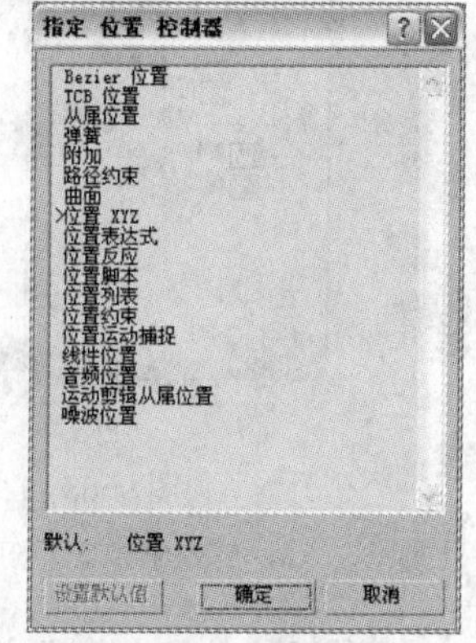

图 9-72 “指定控制器”卷展栏与“指定位置控制器”对话框

指定给对象的控制器可以通过编辑调整改变对象的动画效果。动画控制器的类型不同，编辑修改的方法也不同。一些参数动画控制器不是使用关键帧而是使用属性对话框的设置来控制整个动画的，例如噪波动画控制器。对于这些控制器，在轨迹视图（或者“运动”面板）中的参数动画控制器上用鼠标右键单击，在弹出的快捷菜单中选择“属性”命令，即可打开相应的属性对话框，例如图 9-69 所示。

有些动画控制器是基于关键帧的，例如“Bezier 浮点”控制器。在轨迹视图中选择此类动画控制器后，在编辑窗口中就显示出它们的轨迹曲线，可以直接进行编辑调整。或者在“运动”面板中，在选择动画控制器后，在“关键点信息”卷展栏中设置关键帧的相关信息，如图 9-73 所示。

下面分类介绍常用的动画控制器。

1. 变换控制器

在“运动”面板中，选择“变换”选项，然后单击“指定控制器”按钮，弹出“指定变换控制器”，如图 9-74 所示。

变换控制器包括“变换脚本”、“链接约束”和“位置/旋转/缩放”3 种控制器。“变换脚本”用脚本语言来进行变换动画控制；“链接约束”用于设置层次链中由父对象带动子对象运动的动画控制；“位置/旋转/缩放”是系统默认设置，它将对象的变换控制分解成“位置”、“旋转”和“缩放”3 个子控制项目，再分别指定不同的控制器。

2. 位置控制器

在“运动”面板中，选择“位置”选项，然后单击“指定控制器”按钮，弹出“指定位置控制器”对话框，如图 9-75 所示。

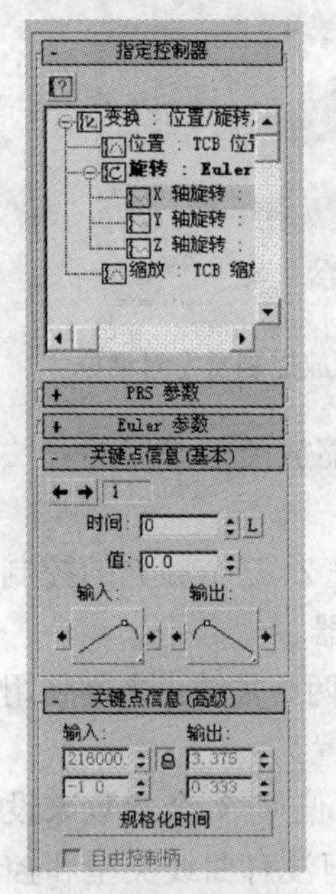

图 9-73 设置关键帧信息

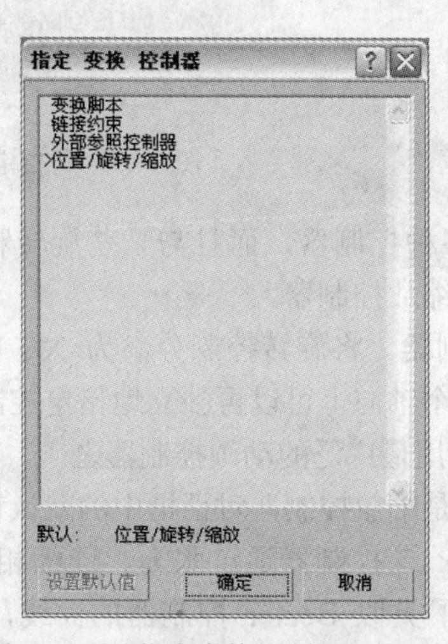

图 9-74 “指定变换控制器”对话框

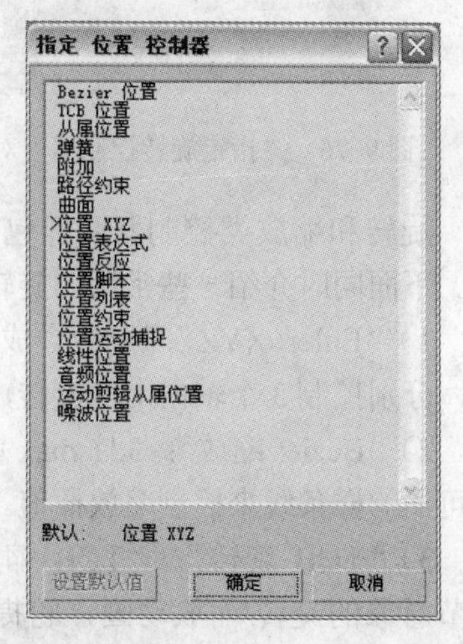

图 9-75 “指定位置控制器”对话框

位置类控制器包括多种控制器，下面介绍一些常用的位置控制器。

1）“Bezier 位置”：3ds max 中使用最广泛的动画控制器之一，在两个关键点之间使用一个可调的样条线来控制动作插值。它是位置控制器对话框中的默认设置。

2）“线性位置”：在两个关键点之间平衡地进行动作插值，得到标准的匀速运动动画。

3）“位置列表”：这是一个组合其他控制器的合成控制器。它能够将其他种类的控制器组合在一起，按从上到下的顺序进行计算，从而产生组合控制运动的效果。

4）“噪波位置”：该控制器产生一个随机值，控制对象的位置发生随机的变动。它没有关键点，而是使用参数来控制噪波曲线，影响对象的位置变动。

5）“位置 XYZ”：将位置控制项目分解为 X、Y、Z 三个独立的控制项目，可以独立地为每个控制项目再指定控制器。

6）“音频位置”：通过声音的频率和振幅来控制对象的位移运动节奏，可以使用 wave、avi 等文件的声音，也可以由外部用声音同步动作。

3. 旋转控制器和缩放控制器

采用与指定位置控制器相同的方法，可以分别打开“指定旋转控制器”和“指定缩放控制器”对话框，如图 9-76 和图 9-77 所示。

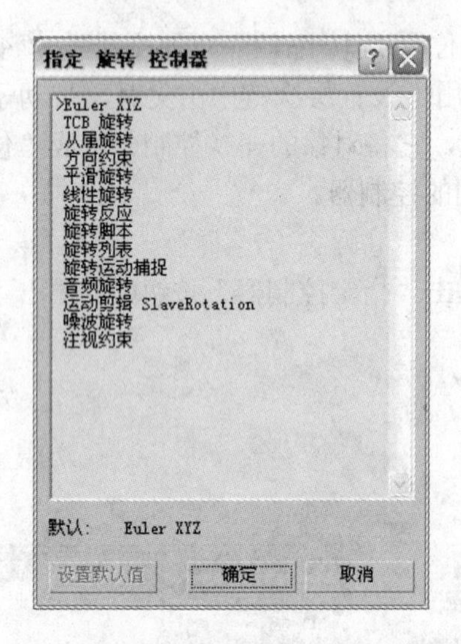

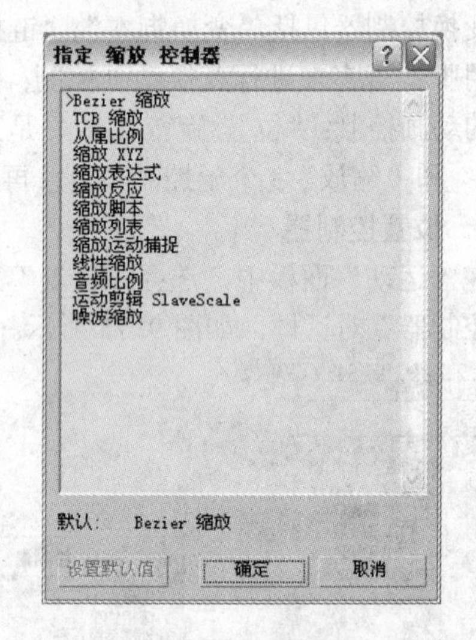

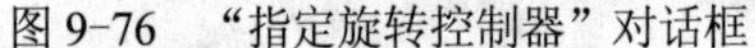
图 9-76 “指定旋转控制器”对话框

图 9-77 “指定缩放控制器”对话框

旋转和缩放类控制器同样包括多种控制器，而且与一些旋转和缩放类控制器的算法相似。下面同时介绍一些常用的旋转和缩放控制器。

1）“Euler XYZ”：一种合成控制器。将旋转控制分离为 X、Y、Z 三个独立的控制项目，分别控制 3 个轴向上的旋转，每个轴向上可以再独立地指定控制器。

2）“Bezier 缩放”：3ds max 中使用最广泛的动画控制器之一，在两个关键点之间使用一个可调的样条线来控制缩放插值。它是缩放控制器对话框中的默认设置。

3）“TCB 旋转”/“TCB 缩放”：该控制器通过张力、连续相、偏移 3 个参数来设置调节对象的旋转/缩放动画，它提供了类似 Bezier 控制器的曲线，但没有曲线类型和控制手柄。

4）“线性旋转”/“线性缩放”：在两个关键点之间平衡地进行动作插值，得到匀速地旋转/缩放的动画效果。

5）“旋转列表”/“缩放列表”：与“位置列表”相同，是一个组合其他控制器的合成控制器，能够将其他种类的控制器组合在一起，按从上到下的顺序进行计算，从而产生组合的旋转/缩放控制效果。

6）“噪波旋转”/“噪波缩放”：该控制器产生一个随机值，控制对象的旋转/缩放发生随机的变动。它没有关键点，而是使用参数来控制噪波曲线、影响对象的旋转/缩放动作变动的。

9.3.2 动画约束

动画约束也属于一种动画控制器。约束可以控制对象之间的相互关系，使约束对象受到目标对象的控制，约束对象就会按照目标对象的运动和指定的约束方式进行运动。例如，当汽车沿预定路线运行时，需要使用路径约束来指定汽车的运动轨迹；当眼球随移动对象转动时，需要使用注视约束控制眼球的旋转等。

动画约束包括路径约束、曲面约束、注视约束、方向约束、位置约束、附着约束和链接约束 7 种类型。在选择约束对象后，单击“动画”→“约束”菜单命令，选择相应的约束类型，在视图中拖动约束对象上出现的一条曲线到目标对象上完成约束操作。

在“运动”面板中，也可以为对象的动画控制器指定约束，操作与动画控制器的指定相同。不同类型的动画控制器可以指定的约束类型也不同。例如，位置控制器可以指定路径约束和位置约束，旋转控制器可以指定注视约束和方向约束等。

1）路径约束是将对象的移动约束到指定路径上，路径可以是一条或多条曲线。路径约束常用来制作飞机飞行、汽车行驶、鱼儿游动等效果。

2）位置约束可以让目标对象带动约束对象运动，只有目标对象运动时约束对象才能跟随运动。

3）注视约束可以控制约束对象的方向，使它始终指向目标对象。目标灯光和摄影机常应用注视约束来产生跟拍或舞台追光灯的效果。

4）方向约束可以使约束对象的旋转方向与目标对象一致。在约束对象指定方向约束后，方向只能随目标对象方向的改变而改变。

5）链接约束可以将约束对象链接到目标对象上，约束对象会继承目标对象的位置、旋转和缩放属性，在不同的时间段可以将约束对象指定给不同的目标对象。

6）附着约束将约束对象的位置约束在目标对象的表面。常用来制作约束对象随目标对象一起运动的动画效果。约束对象自身也可以设置动画。

7）曲面约束设置约束对象在目标对象的表面移动的效果。只有参数化的曲面可以作为目标对象。

9.4 上机实训

【实训 9-1】制作“史海泛舟”片头的动画效果

本实训要求制作“史海泛舟”片头动画效果，如图 9-78 所示。在本实训中，利用倒角制作三维文字，利用路径变形绑定（WSM）制作彩条飞舞，利用切片修改器制作文字动画。通过本实训的练习，掌握路径变形绑定和修改器参数设置等关键帧动画的制作方法。

图 9-78 “史海泛舟”片头的动画效果

【实训 9-2】制作眼球转动的动画效果

本实训要求制作眼球转动的动画效果，如图 9-79 所示。本实训中，利用置换修改器制作头部模型，利用材质制作眼球，将眼球注视约束到虚拟对象上，将虚拟对象路径约束到圆上，利用虚拟对象的圆周运动带动眼球转动。通过本实训的练习，掌握注视约束和路径约束控制器以及虚拟对象在动画制作中的应用方法。

图 9-79 眼球转动的动画效果

第 10 章　粒子系统与空间扭曲

本章要点

粒子系统与空间扭曲是群组动画制作非常有用的工具。本章主要介绍运用粒子系统制作动画的方法以及常用空间扭曲工具在粒子动画中的应用。

10.1 基本粒子系统

【实例 10–1】制作雪花纷飞效果

本实例用雪粒子来模拟下雪时雪花纷飞的效果，通过实例的制作，介绍基本粒子系统的基本参数设置和应用范围。雪花纷飞的效果如图 10–1 所示。

1）设置环境背景。选择“文件”→“重置”菜单命令，重新设置场景。按下快捷键〈8〉，打开“环境和效果”面板，在“环境”选项卡中，单击“背景”选项组中的“环境贴图”下的“无”按钮，选择配套素材中\Maps\雪景.jpg 文件作为环境背景图片。激活透视图，选择“视图”→“视口背景”菜单命令，在弹出的“视口背景”对话框中，勾选“使用环境背景”和“显示背景”复选框，勾选“仅活动视图”单选项，最后单击“确定”按钮。“视口背景”对话框如图 10–2 所示。

图 10–1　雪花纷飞效果

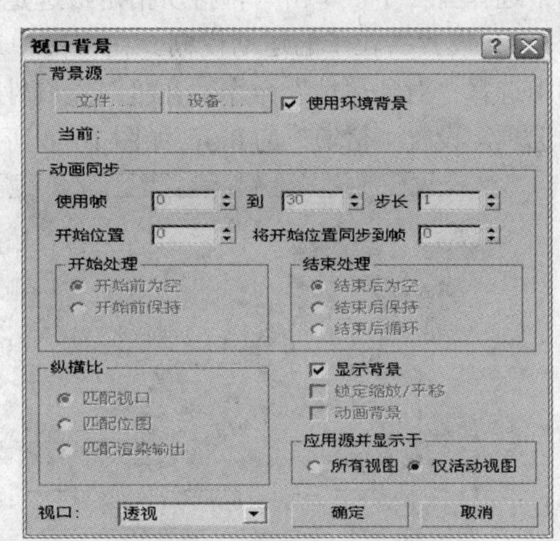

图 10–2　“视口背景”对话框

2）创建雪粒子。单击“创建”→“几何体”→“粒子系统”→“雪”，在顶视图中创建雪粒子，拖动时间轴上的时间滑块到中间位置，使用工具栏上的移动和旋转工具按钮，调整雪粒子的位置和方向，观察透视图中雪粒子的飘落效果，如图 10–3 所示。

3）保持雪粒子的选中状态，切换到“修改”面板，在“参数”卷展栏中设置“视图计数”为 500，“渲染计数”为 1000，“雪花大小”为 1.5，“速度”为 10，“变化”为 6，在“渲染”选项组中选中“面”单选项，在“计时”选项组中设置“开始”为-30，“寿命”为 60，如图 10-4 所示。

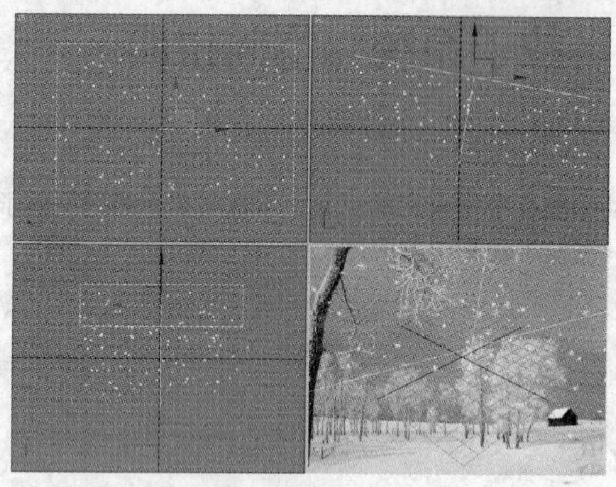

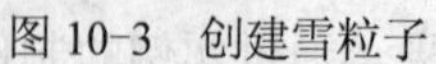
图 10-3　创建雪粒子

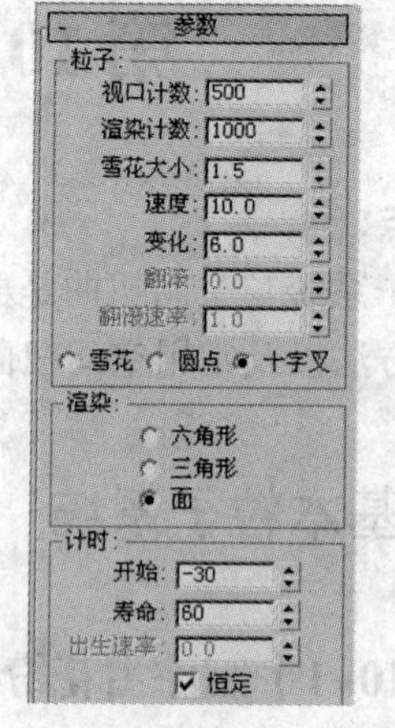

图 10-4　“参数”卷展栏

4）制作雪粒子材质。按下〈M〉键，在“材质编辑器”中选择一个空白示例球，将材质命名为“雪花”，在“Blinn 基本参数”卷展栏中设置“漫反射”为白色（“红”、“绿”、“蓝”分别为 255），“自反光”为 70。打开“贴图”卷展栏，单击“不透明度”通道后面的“None”按钮，在弹出的“材质/贴图浏览器”对话框中，选择“渐变”贴图方式，在“渐变参数”卷展栏中设置“颜色 2 位置”为 0.7，在“渐变类型”中选中“径向”单选项。在“噪波”选项组中设置“数量”为 0.4，“大小”为 0.3，渐变参数设置如图 10-5 所示。在视图中选择雪粒子，单击“将材质指定给选定对象”按钮，为雪粒子指定材质。

5）设置雪粒子的运动模糊。在视图中选择雪粒子并用鼠标右键单击，在弹出的快捷菜单中选择“对象属性”命令。在“对象属性”对话框的“运动模糊”选项组中选中“图像”单选项，设置“倍增”为 0.6，如图 10-6 所示。

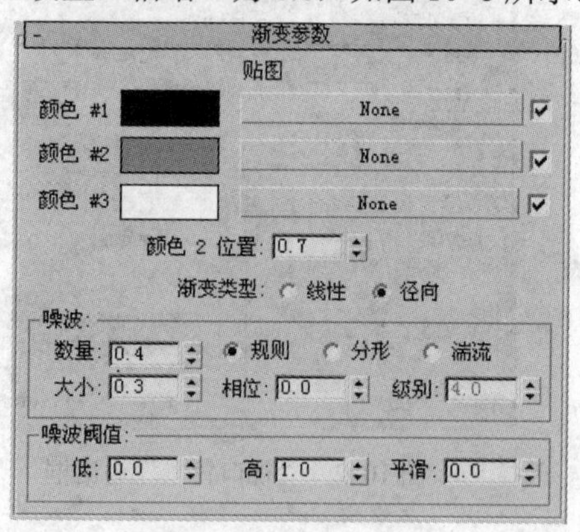

图 10-5　渐变参数设置

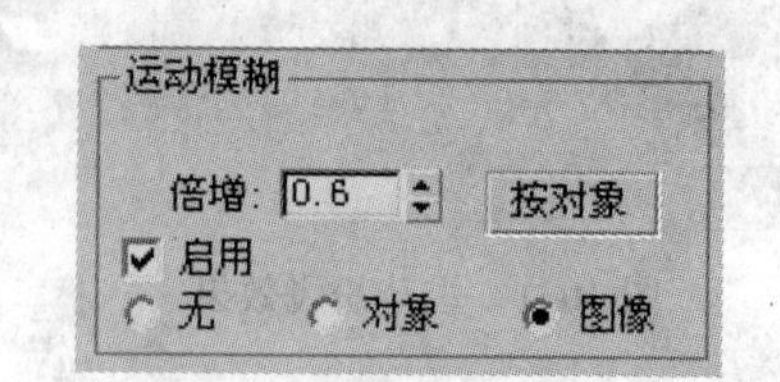

图 10-6　添加运动模糊参数

6）将时间滑块移动至 40 帧，激活透视图，单击工具栏上的“快速渲染”按钮，渲染效果如图 10-1 所示。按下〈F10〉键，打开“渲染场景”面板，在设置渲染输出参数后，单击“渲染”按钮进行动画渲染输出。

10.1.1 粒子系统概述

所谓粒子系统是指由粒子对象发射的粒子的集合，主要用于大量对象群组动画的制作。使用粒子系统不仅可以模拟下雨、飘雪、落叶等自然现象，而且可以制作鱼群游动、烟花爆炸等动画效果。

3ds max 的粒子系统主要包括 PF Source 粒子系统、喷射粒子系统、雪粒子系统、暴风雪粒子系统、粒子云、粒子阵列和超级喷射粒子系统。喷射粒子和雪粒子是粒子系统中最简单、最基本的粒子类型，习惯上将它们称为基本粒子系统；将暴风雪粒子、粒子云、粒子阵列和超级喷射粒子称为高级粒子系统。

任何一种粒子类型都可被分为粒子发射器和粒子子对象两个部分，创建一种粒子类型后，粒子发射器作为一个整体对象，发射的粒子则是粒子子对象。粒子发射器以图标的形式存在，不能被渲染，只能用于确定发射的粒子子对象的位置和方向。粒子类型不同，粒子发射器图标的作用也会不同。在创建一种粒子类型后，粒子发射器随着时间的进行而产生粒子子对象，在动画控制区拖动时间滑块或者单击“播放动画”按钮可以查看粒子的发射情况。因此，可以为粒子系统设置两部分的动画，一方面可以将粒子发射器作为一个整体来设置它在场景中的运动动画，另一方面可以通过调整粒子对象的属性来控制粒子子对象的运动方式。

创建粒子系统的方法是：单击“创建”面板中的“几何体”按钮，然后在对象类型下拉菜单中选择“粒子系统”，再在“对象类型”卷展栏中选择要创建的粒子类型，如图 10-7 所示，接着在视图中拖动鼠标创建粒子发射器。

喷射粒子和雪粒子的功能比较类似，都是根据发射器的平面尺寸发射垂直的粒子子对象，粒子子对象向一个恒定的方向发射。

10.1.2 喷射粒子

喷射粒子可以模拟简单的水滴下落效果，如下雨、喷泉等。在喷射粒子系统创建完成后，可以切换到修改面板进行参数设置，喷射粒子系统的“参数”卷展栏中有 4 个参数选项组，如图 10-8 所示。

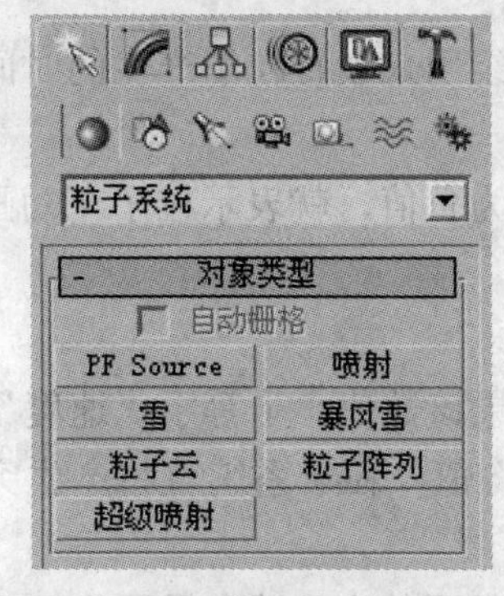

图 10-7 “对象类型”卷展栏

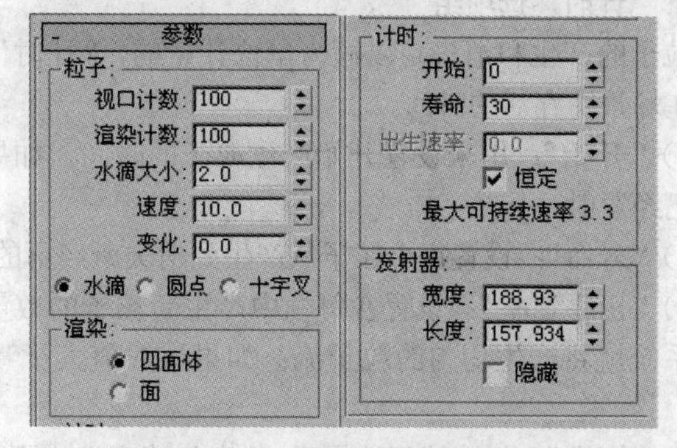

图 10-8 喷射粒子“参数”卷展栏

1. “粒子”选项组

“粒子”选项组区域用于设置粒子系统发射器产生粒子的数量、粒子的速度、粒子运动的规律性以及显示效果等喷射粒子的基本参数。

1）“视口计数”：用来设置在视图中显示的粒子数量。为了提高显示速度，可以降低该数值的设置量。

2）“渲染计数”：用来设置在渲染效果中显示的粒子数量。“视口计数”设置的数值不会影响最终渲染效果中的粒子数量。

3）“水滴大小”：用来设置粒子的大小。改变该数值的设置将同时影响到视图和渲染输出的显示效果。

4）“速度”：设置粒子运动的运动速度。粒子以该速度值做匀速运动。

5）“变化”：用来改变粒子运动的速度和方向。数值越大，粒子喷射得越猛烈，喷射的范围越广。“变化”值分别设置为 0 和 5 的粒子喷射效果如图 10-9 所示。

6）“水滴”/“圆点”/“十字叉”：选择粒子在视图中的显示效果。该设置不影响粒子的渲染效果，如图 10-10 所示。

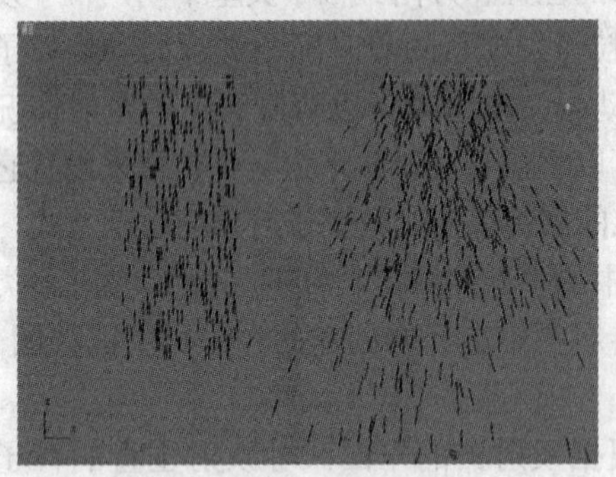

图 10-9 “变化”值为 0 和 5 的粒子喷射效果

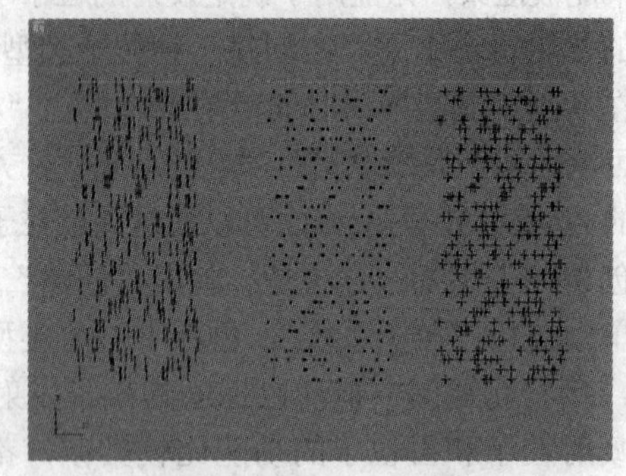

图 10-10 选择粒子分别为“水滴”、“圆”和“十字叉”时的显示效果

2.“渲染”选项组

“渲染”选项组控制粒子最终的渲染效果，系统为喷射粒子提供了两种渲染类型，分别是四面体和面。“四面体”是喷射粒子的默认渲染效果，它模拟了水滴的效果；“面”是将粒子渲染为正方形面，面的边长由“水滴”大小确定，面粒子始终面向摄影机。

3.“计时”选项组

粒子的产生和消失是以帧为单位计量的，“计时”选项组用来设置粒子产生的时间以及粒子在场景中存活的时间。

1）“开始”：用来设置开始产生粒子的时间。如果设置为负值，就表示粒子在动画开始之前已经发射。

2）“寿命”：设置每个粒子从产生到消失所经历的帧数。

3）“出生速率”：设置在每帧中产生新粒子的数量。如果该数值小于等于“速度”值，粒子系统就将产生均匀的粒子流；如果该数值大于“速度”值，粒子系统就将产生突发粒子流。

4）“恒定”：勾选该复选框后，“出生速率”将不可用。粒子的出生速率设置为恒定。

4.“发射器”选项组

“发射器”选项组用来设置发射器的大小，发射器的大小决定了粒子发射的面积。“长度”和“宽度”分别设置发射器的长和宽。勾选“隐藏”复选框，会在视图中隐藏粒子发射器图标。实际上，无论是否隐藏，发射器都不会被渲染。

10.1.3 雪粒子

雪粒子主要用来制作雪花或纸屑等飘落的效果。雪粒子与喷射粒子的参数设置基本相同。不同之处有两点，一是粒子的形状不同，一是雪粒子可以使粒子子对象在下落的同时进行旋转运动。雪粒子系统的“参数”卷展栏如图 10-11 所示。下面主要介绍雪粒子与喷射粒子不同的参数的作用。

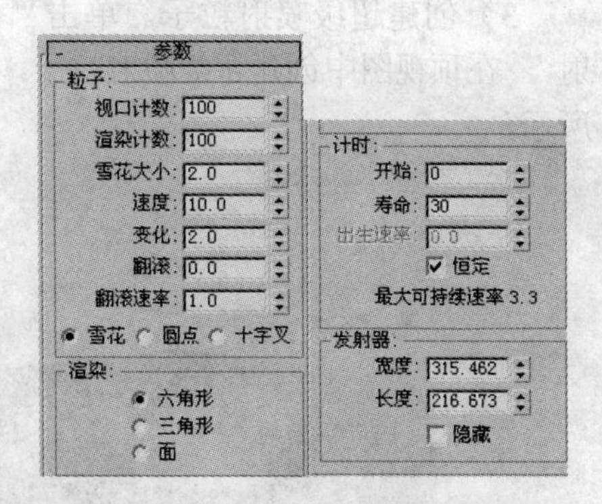

图 10-11　雪粒子“参数”卷展栏

1．“粒子”选项组

“粒子”选项组大部分参数与“喷射”粒子系统相同，不同的是增加了控制粒子在运动中旋转的参数。

1）“雪花大小”：用来设置雪花粒子的大小。

2）“翻滚”：用来设置产生随机旋转的雪花粒子的数量。当数值为 0 时，所有粒子都不会旋转；当数值为 1 时，所有粒子都会旋转。

3）“翻滚速率”：用来设置雪花粒子的旋转速率。其值越大，雪花粒子的旋转速度也越快。

2．“渲染”选项组

“渲染”选项组的作用与喷射粒子相同。雪花粒子提供了 3 种粒子的渲染形状，有两种形状不同于喷射粒子，它们分别如下。

1）“六角形”：该形状是雪花粒子的默认渲染形状，将雪花粒子渲染为六角形，可以为雪花粒子的每个侧面指定一种材质。

2）“三角形”：将三角形作为雪花粒子的渲染形状，只可以对三角形的一个侧面指定材质。

10.2　高级粒子系统

【实例 10-2】制作香烟燃烧效果

本实例利用超级喷射粒子来模拟香烟燃烧产生烟雾的效果。通过实例的制作介绍暴风雪粒子、粒子云、粒子阵列和超级喷射粒子等高级粒子系统的基本参数设置和应用范围。香烟燃烧效果如图 10-12 所示。

图 10-12　香烟燃烧效果

1）选择“文件”→“打开”菜单命令，在弹出的对话框中选择配套素材中\Scenes\第 10 章\10-2 香烟燃烧.max 场景文件，如图 10-13 所示。

2）单击动画控制区中的“时间配置”按钮，在弹出的“时间配置”对话框中设置“长度”为 300，单击“确定”按钮。

3）创建超级喷射粒子。单击“创建”→“几何体”→“粒子系统”→“超级喷射”，在顶视图中创建超级喷射粒子，移动超级喷射粒子图标至香烟燃烧的位置，如图 10-14 所示。

图 10-13　香烟燃烧原始场景

图 10-14　创建超级喷射粒子

4）设置超级喷射粒子参数。在“基本参数”卷展栏中设置“粒子分布”选项组的轴“扩散”为 12，平面“扩散”为 30；“视口显示”选项组的“粒子数百分比”为 10，如图 10-15 所示。

5）在“粒子生成”卷展栏中，勾选“粒子数量”选项组的“使用速率”单选项并设置为 12；设置“粒子运动”选项组的“速度”和“变化”分别为 4 和 5；设置“粒子计时”选项组中的“发射开始”为-90，“发射停止”为 300，“显示时限”为 300，“寿命”为 80，“变化”为 2；设置“粒子大小”选项组中的“大小”为 6，“变化”为 20，“增长耗时”为 10，“衰减耗时”为 20，如图 10-16 所示。

6）在“粒子类型”卷展栏中，勾选“粒子类型”选项组中的“标准粒子”和“标准粒子”选项组中的“面”单选项，如图 10-17 所示。

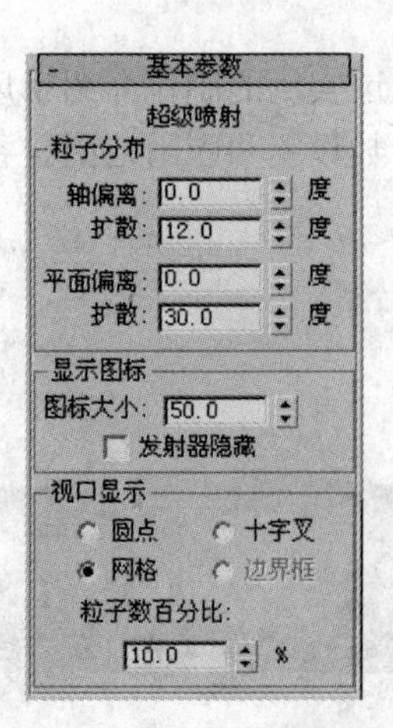

图 10-15　“基本参数”卷展栏

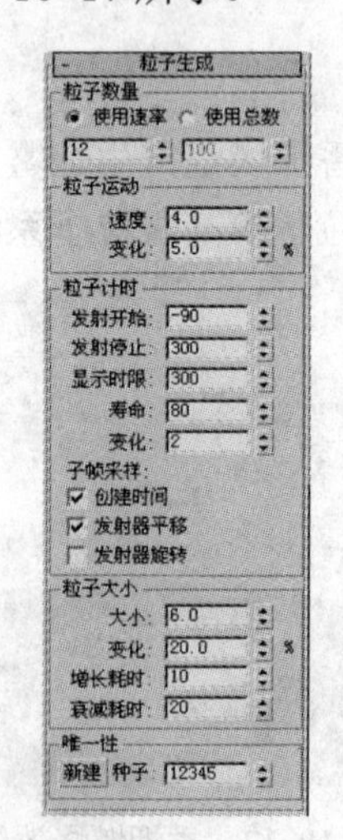

图 10-16　“粒子生成”卷展栏

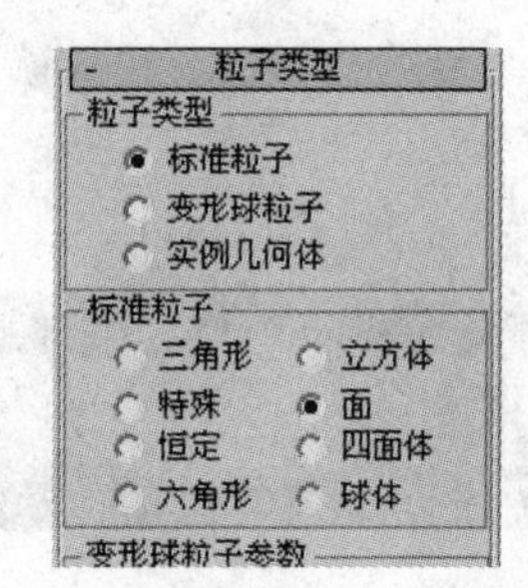

图 10-17　“粒子类型”卷展栏

7）激活“Camera01”视图，按下动画控制区中的“播放动画”按钮，可以看到有粒子从香烟的燃烧部位发射出来，但粒子垂直向上运动，没有飘散的效果。

8）制作风力影响粒子的运动。单击“创建”→“空间扭曲”→“力”→“风”，在前视图中创建风图标。在顶视图中移动和旋转风力图标至图 10-18 所示的位置。在“参数”卷展栏中设置“强度”为 0.05，“湍流”为 0.04，“频率”为 0.26，如图 10-19 所示。

图 10-18　创建风力

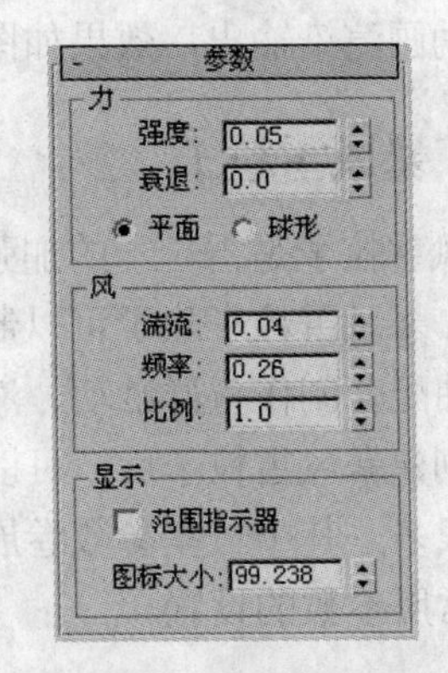

图 10-19　设置风力参数

9）单击主工具栏上的“绑定到空间扭曲”按钮，在视图中选择超级喷射粒子图标，并拖动到风力图标上，将超级喷射粒子绑定到风力上，喷射粒子的运动方向将受风力吹动的影响。

10）设置超级喷射粒子的材质。按下〈M〉键，在“材质编辑器”中选择一个空白示例球，将材质命名为“烟雾”，在“明暗器基本参数”卷展栏中勾选“双面”单选项。在“Blinn 基本参数”卷展栏中设置“漫反射”为白色（“红”、“绿”、“蓝”为 255），“自反光”为 10。打开“贴图”卷展栏，单击“不透明度”通道后面的“None”按钮，在弹出的“材质/贴图浏览器”对话框中，选择“渐变”贴图方式，在“渐变参数”卷展栏中设置“颜色 2 位置”为 0.2，设置“颜色 #2”的“红”、“绿”、“蓝”为 71。在“噪波”选项组中设置“数量”为 1，“大小”为 60，勾选“分形”单选项，如图 10-20 所示。在视图中选择超级喷射粒子，单击“将材质指定给选定对象”按钮，为超级喷射粒子指定材质。

11）制作风力图标动画。单击动画控制区的“自动关键点”按钮，移动时间滑块到第 150 帧处，在顶视图中选择风力图标，绕 Z 轴旋转至如图 10-21 所示的位置，再单击“自动关键点”按钮，关闭自动关键点状态。

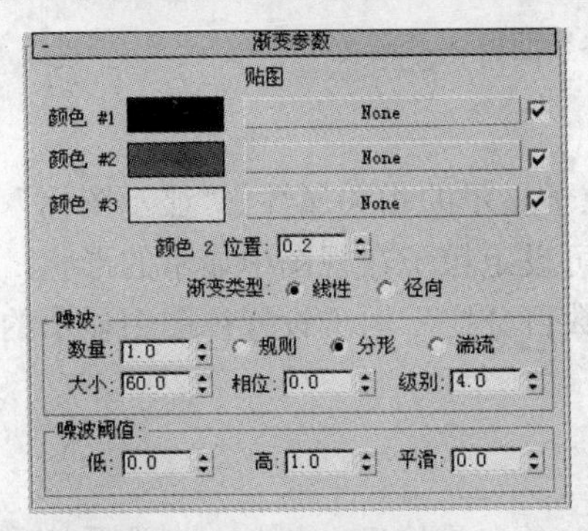

图 10-20　设置风力参数

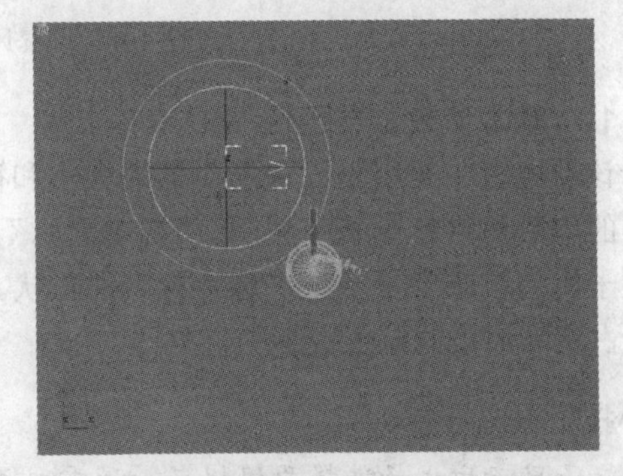

图 10-21　旋转风力图标

12）保持风力图标的选中状态，按住〈Shift〉键，拖动时间轴上第 0 帧上的关键帧标记至第 300 帧处，将第 0 帧的关键帧状态复制到第 300 帧。

13）激活“Camera01”视图，按下动画控制区中的“播放动画”按钮▶，可以看到粒子从香烟的燃烧部位发射，在风力的作用下不断飘动扩散。

14）按下〈F10〉键，打开“渲染场景”面板，设置渲染输出参数后，单击“渲染”按钮进行动画渲染输出，效果如图 10-12 所示。

10.2.1 暴风雪粒子

暴风雪粒子是雪粒子的加强，基本特性与雪粒子相同，都是通过发射器平面向下发射粒子对象。暴风雪粒子除了可以制作下雪效果外，还可以将粒子对象定义成各种几何形状，与空间扭曲配合制作鱼群游动、液体流动和花瓣随风飘舞等效果。

在创建暴风雪粒子后，可以看到暴风雪粒子的参数面板，如图 10-22 所示。暴风雪粒子的参数很多，其中一些参数卷展栏也在其他高级粒子中存在，作用相同。下面具体介绍暴风雪粒子常用参数的设置。

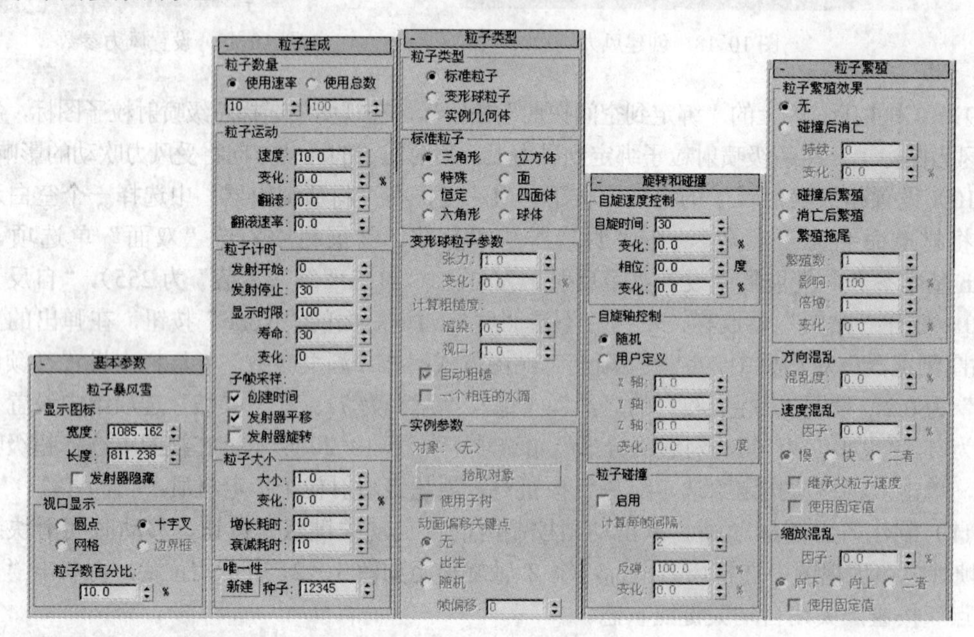

图 10-22 暴风雪粒子参数面板

1.“基本参数”卷展栏

该卷展栏主要用于设置发射器的大小和视图中粒子显示的相关属性。“显示图标”选项组中的参数与雪粒子基本相同。“视图显示”选项组可设定粒子在视图中显示的形状，暴风雪粒子比雪粒子多了一个“边界框”的形状。“粒子数百分比”用于设置视图中显示的粒子数量占实际渲染的粒子数量的百分比。

☞小技巧

粒子显示方式的选择要根据场景的需要并考虑系统的配置情况。例如，在设置粒子的数量、速度和计时等参数时，只需要注意粒子发射的情况，可以选择显示速度较快的“圆点”或“十字叉”方式；当调整粒子的形状和尺寸等参数时，可以使用“网格”显示方式。

2."粒子生成"卷展栏

"粒子生成"卷展栏用来设置粒子对象的生成数量和生成时间等属性。

1)"粒子数量"选项组：用于设置粒子产生的数量。设置粒子数量有"使用速率"和"使用总数"两种方式。选择"使用速率"方式后，需要设置每帧固定发射粒子的数量；选择"使用总量"方式后，则要设置总共发射粒子的总数。

2)"粒子运动"选项组：该选项组的参数与雪粒子完全相同。

3)"粒子计时"选项组：用于设置粒子生存周期的相关参数。"发射开始"设置开始发射粒子的时间，将数值设置为负值，可以使动画开始时已经有粒子反射。"发射停止"用于设置发射器停止发射粒子的时间。"显示时限"用于设置终止显示粒子的时间。"寿命"用来设置每个粒子存活的时间。"变化"用于设置粒子寿命的变化程度。

4)"粒子大小"选项组：用于设置粒子对象大小相关的属性。"大小"设置粒子对象的大小。"变化"用于设置粒子对象大小尺寸变化的程度，如取值为 20 时，表示有20%的粒子尺寸发生了变化。"增长耗时"用于设置粒子从发射时的最小尺寸增长到标准尺寸所需要的时间；"衰减耗时"用于设置粒子从标准尺寸逐渐变小直至消失所需要的时间。

3. 粒子类型"卷展栏

"粒子类型"卷展栏用来设置粒子对象的类型和形状以及材质等属性。

1)"粒子类型"选项组：用于设置粒子的基本类型。在"粒子类型"选项组中有 3 种设置粒子对象形状的方式，在选择某种粒子形状的方式后，可以在下面相应的选项组中进行粒子形状的详细设置，其中"标准粒子"是系统默认的粒子类型。

2)"标准粒子"选项组：系统提供了"三角形"、"立方体"、"面"、"特殊"、"恒定"、"四面体"、"六角形"和"球体"8 种标准形状的粒子。

3)"变形球粒子参数"选项组：变形球粒子在发射过程中可以相互碰撞、融合，常用于模拟液体的效果，"变形球粒子参数"选项组就是用来对变形球粒子的属性进行设置的。"张力"用于设置变形球粒子之间的紧密程度，数值越小，粒子之间越容易融合。"变化"用于设置"张力"参数值的变化程度。"渲染"和"视口"可分别设置渲染结果和视图中粒子显示的粗糙程度。若"自动粗糙"复选框为选中状态，则"渲染"和"视口"不可用，系统自动计算粗糙值。勾选"一个相连的水滴"复选框，系统将所有融合的粒子结合成一个粒子。

4)"实例参数"选项组：用于在选中"实例几何体"粒子方式后的相关粒子属性的设置。"实例几何体"方式可以使用场景中的任何模型作为粒子对象的形状，而且还可以继承模型的层级关系和动画。利用"实例几何体"方式，可以方便地制作造型复杂对象的集群运动效果，例如奔跑的兽群等。单击"拾取对象"按钮后，可以在场景中选择对象作为粒子对象。选中"使用子树"复选框后，将选中的对象连同它的子对象一起作为粒子对象。

4."旋转和碰撞"卷展栏

"旋转和碰撞"卷展栏用于设置粒子对象自身旋转和碰撞的相关参数。

1)"自旋速度控制"选项组：用于设定粒子旋转运动的相关选项。"自旋时间"用于设置粒子对象自旋一周需要的时间；"相位"用于设置粒子对象出生时的旋转角度；"变化"用于设置粒子对象的相位变化程度。

2)“自旋轴控制”选项组：用于设置粒子自旋轴的相关参数。选中“随机”单选项，则粒子对象随机地确定旋转的轴向；在选中“用户定义”单选项后，用户可以自行定义粒子旋转的轴向，下面的“X 轴”、“Y 轴”和“Z 轴”用来具体设定旋转的轴向。

3）“粒子碰撞”选项组：用于设定粒子对象在运动过程中发生碰撞的相关参数。勾选“启用”复选框后，将开启粒子对象的碰撞功能，设置相关的碰撞参数。“计算每帧间隔”用于设置每帧动画中粒子碰撞的次数。“反弹”用于设置粒子碰撞后发生速度恢复的程度（即粒子进行弹性碰撞的程度）。“变化”用于设置粒子反弹值随机变化的百分比。

5. **其他卷展栏**

“对象继承”卷展栏用于设置粒子对象跟随发射器运动的属性，即当设置发射器动画时，发射器的运动将如何影响粒子对象的运动。通常取默认值就可以达到真实的运动效果。

“粒子繁殖”卷展栏用于设置粒子对象繁殖的相关参数。粒子繁殖是指粒子对象在消亡或发生碰撞后产生新的粒子。粒子繁殖有 4 种方式，选择“碰撞后消亡”单选项，粒子将在碰撞后持续一定时间然后消失；选择“碰撞后繁殖”单选项，粒子在碰撞后将繁殖产生新的次粒子对象；选择“消亡后繁殖”单选项，粒子在寿命结束后将产生次粒子对象；选择“繁殖拖尾”单选项，粒子对象将在寿命的每一帧都产生繁殖。可以设置繁殖的次粒子对象在运动速度、运动方向和大小尺寸上相对父粒子对象产生变化的程度。

10.2.2　超级喷射粒子

超级喷射粒子是喷射粒子的增强版本，但与喷射粒子不同的是，超级喷射粒子将从一个点向外发射粒子对象，产生线性或锥形的粒子流。超级喷射粒子常用来制作引擎喷火、喷泉等特效。

超级喷射粒子的参数与暴风雪粒子的参数基本相似。在创建超级喷射粒子后，可以看到超级喷射粒子与暴风雪粒子相似的参数面板，如图 10-23 所示，这些参数的具体含义与作用可以参考暴风雪粒子面板的介绍，在此不做具体介绍。图 10-24 所示为超级喷射粒子以球体为粒子对象的发射效果。

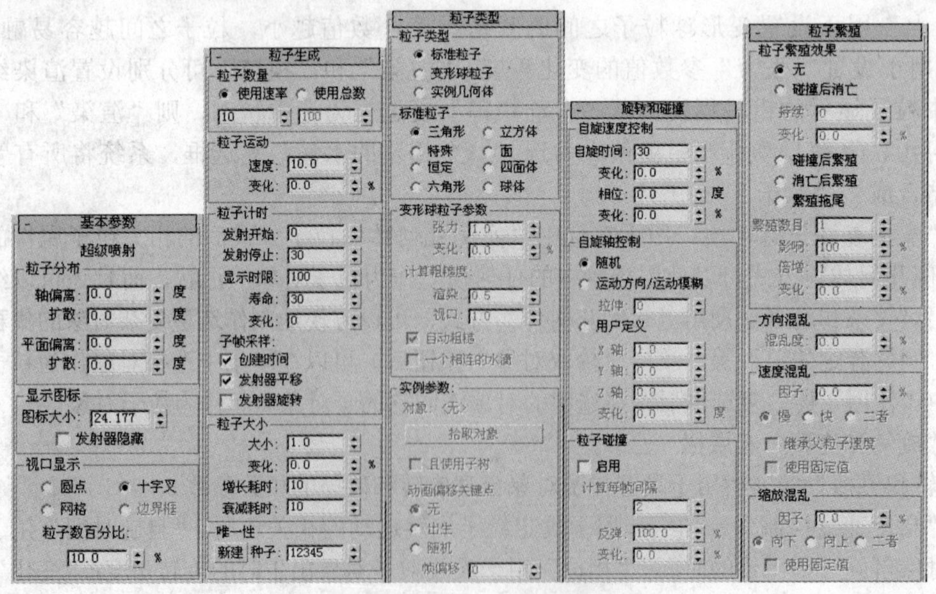

图 10-23　超级喷射粒子参数面板

“气泡运动”卷展栏是超级喷射粒子比暴风雪粒子多出的参数卷展栏，如图 10-25 所示。“气泡运动”卷展栏用来设置粒子运动过程中产生摇摆的效果，可以用来模拟气泡在水中摇摆上升的效果。下面逐项介绍。

1）“幅度”：用于设置粒子对象进行左右摇摆的幅度。

2）“变化”：用于设置粒子对象摇摆幅度的变化程度。

3）“周期”：用于设置粒子对象摇摆一个周期所用的时间。

4）“变化”：用于设置粒子对象摇摆周期的变化程度。

5）“相位”：用于设置粒子对象在初始状态下偏离喷射方向的位移。

6）“变化”：用于设置粒子对象相位的变化程度。

图 10-24　发射球体粒子的效果

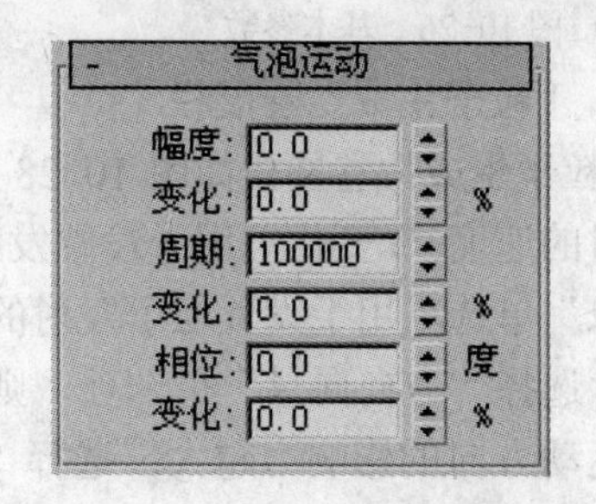

图 10-25　“气泡运动”卷展栏

10.2.3　粒子云

粒子云可以在一个设置的空间范围内产生粒子，粒子的空间形状可以是标准几何体或者自制的三维模型。粒子云有多种造型，常用来制作堆积在一起的不规则群体，例如云团、石块等；还可以让粒子从三维模型中流出，制作水滴下落的效果；同时还可以将三维模型作为发射器，制作群体运动的动画效果。

粒子云的很多参数都与其他的高级粒子相似，下面主要介绍粒子云不同于前面介绍的高级粒子系统的参数。

1．“基本参数”卷展栏

粒子云的“基本参数”卷展栏如图 10-26 所示。

在“粒子分布”选项组中可以选择粒子云的发射器，其中有“长方体发射器”、“球体发射器”、“圆柱体发射器”和“基于对象的发射器”4 种选项，各种发射器图标如图 10-27 所示。在选中“基于对象的发射器”单选项后，可以单击上面的“拾取对象”按钮，在视图中选取对象作为发射器。

“显示图标”选项组用于调整发射器图标的大小。“半径/长度”用于设置球形或圆柱体的半径和长方体的长度；“宽度”用于设置长方体发射器的宽度；“高度”用于设置长方体发射器的高度。

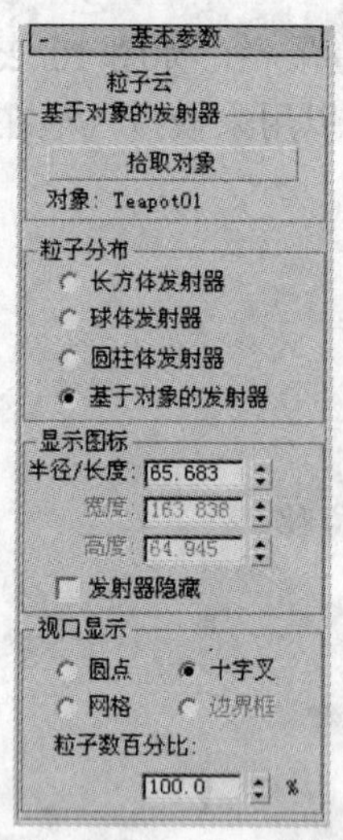

图 10-26　基本参数

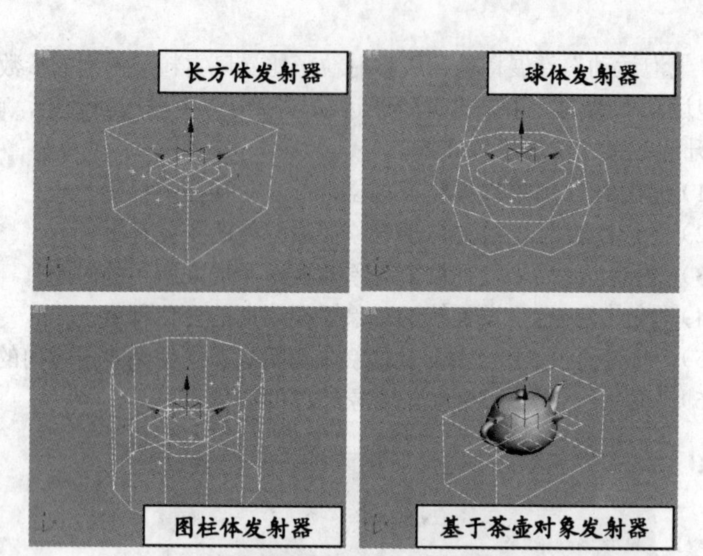

图 10-27　各种发射器图标

2．“粒子生成”卷展栏

“粒子生成”卷展栏如图 10-28 所示。在“粒子运动”选项组中，“速度”用于设置粒子发射时的速度；“变化”用于设置发射速度的变化百分比。“随机方向”、“方向向量”和“参考对象”单选项用于设置粒子发射的方向，选择“随机方向”单选项，粒子的运动方向随机变化；选择“方向向量”单选项，则为粒子指定 X、Y、Z 方向运动的向量值，值越大，对粒子运动方向的影响力越大；选择“参考对象”，则在视图中拾取对象，粒子沿该对象的 Z 轴方向运动，“变化”用于控制方向变化的百分比。

10.2.4　粒子阵列

粒子阵列有两个特点，一是没有固定形状的发射器，需要使用三维对象作为发射器；二是粒子阵列可以将模型的表面炸开，产生不规则的碎片。利用粒子阵列可以制作对象爆炸或粉碎成碎片的效果。图 10-29 所示为利用粒子阵列制作出的石块碎裂前后的效果。

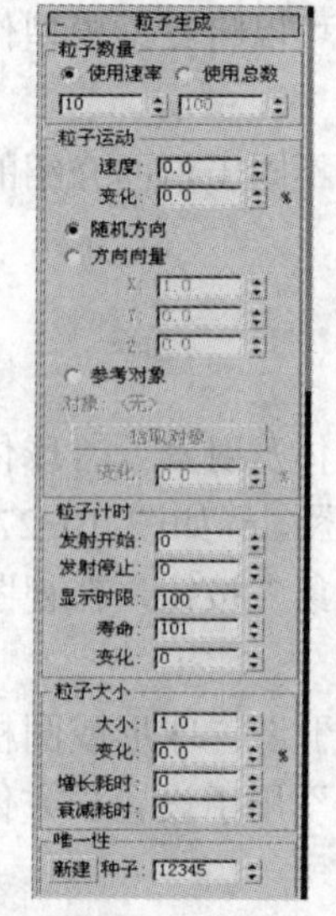

图 10-28　“粒子生成”卷展栏

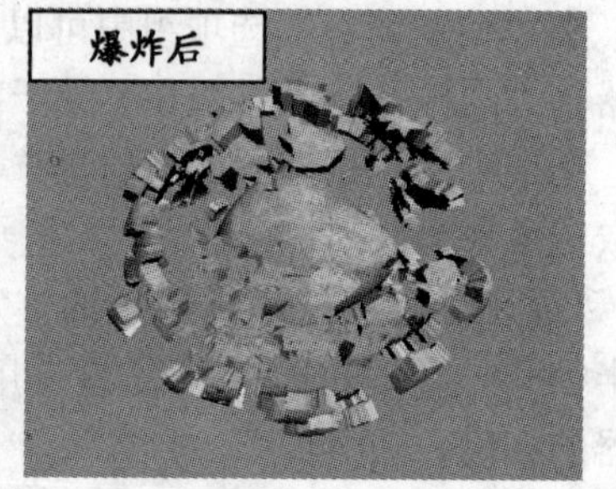

图 10-29　石块爆炸碎裂前、后的效果

粒子阵列许多参数与前面介绍的各种粒子系统参数相似，其不同于其他高级粒子系统的参数，如图 10-30 所示。下面逐项介绍各参数的作用。

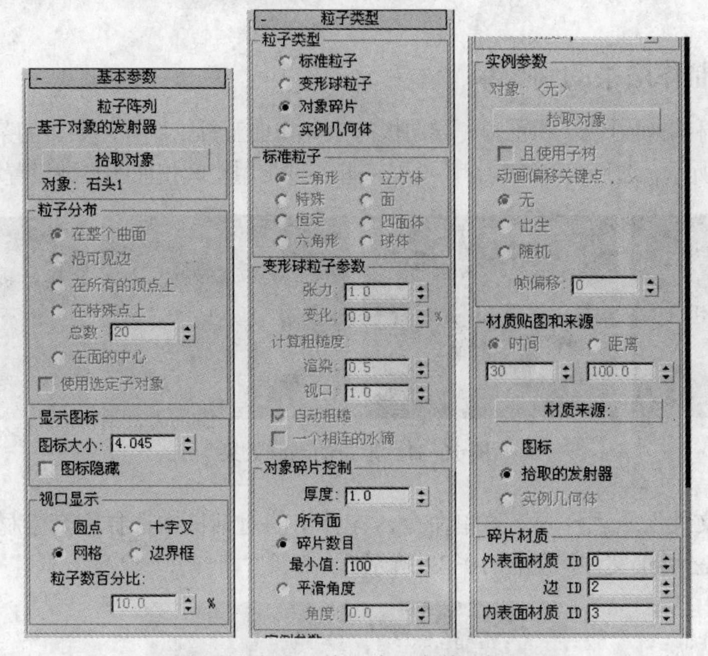

图 10-30　粒子阵列参数面板

1.“基本参数”卷展栏

在“基本参数”卷展栏中，“基于对象的发射器”选项组用于在场景中选择任意三维对象作为粒子发射器，图 10-29 所示的石块爆炸效果就是选择石块对象作为粒子阵列的发射器的。

“粒子分布”选项组用于设定发射器的粒子发射编制方式，即粒子从发射器的什么部位部位发射出来。粒子阵列共有以下 5 种编制方式。

1）“在整个曲面”：从对象表面发射粒子。

2）“沿可见边”：沿发射器对象的可见边发射粒子。

3）“在所有的顶点上”：沿发射器对象的顶点发射粒子。

4）“在特殊点上”：沿发射器对象指定的特殊顶点上发射粒子。

5）“在面的中心”：从发射器对象的表面中心发射粒子。

在选定“使用选定子对象”复选框后，粒子阵列还可以使用发射器对象选定的子对象发射粒子。

☞**小技巧**

在“粒子类型”卷展栏中设置粒子类型为“对象碎片”后，“粒子分布”选项组变为不可用，粒子阵列不再发射粒子，而是将发射器对象分裂成碎片作为粒子发射。

2.“粒子类型”卷展栏

在“粒子类型”卷展栏中的“粒子类型”选项组增加了“对象碎片”单选项，选中后将对象破裂爆炸产生的碎片作为粒子对象发射。在选中该单选项后，会激活“对象碎片控制”选项组，在该选项组中可以设置碎片的“厚度”和碎片的数量。

10.3 空间扭曲工具

【实例 10–3】制作斟茶动画效果

本实例综合利用喷射粒子和重力、导向板等空间扭曲工具来制作斟茶时的茶水流动的动画效果，如图 10–31 所示。通过实例的制作，学习掌握各种常用空间扭曲的参数设置和应用范围。

图 10–31 斟茶的动画效果

1）选择“文件”→“打开”菜单命令，在弹出的对话框中选择配套素材中\Scenes\第 10 章\10-3 斟茶.max 场景文件，如图 10–32 所示。

图 10–32 斟茶原始场景

2）创建茶壶的水流。单击“创建”→“几何体”→“粒子系统”→“喷射”，在顶视图中创建茶壶嘴大小的喷射粒子，使用工具栏上的移动按钮移动喷射粒子到茶壶嘴上。拖动时间滑块，可以观察到喷射粒子向下发射，效果如图 10–33 所示。使用工具栏上的镜像按钮，调整粒子发射方向，镜像喷射粒子后使粒子向上发射，如图 10–34 所示。

图 10–33 创建喷射粒子的发射效果

图 10–34 镜像喷射粒子使粒子向上发射

3）保持粒子的选中状态，单击工具栏上的“选择并链接”按钮，拖动喷射粒子到茶壶对象上，将喷射粒子链接到茶壶上，随茶壶一起移动。

4）创建重力。单击“创建”→“空间扭曲”→“力”→“重力”，在顶视图中创建一个重力图标，并设置重力参数的“强度”为 5。单击工具栏上的“绑定到空间扭曲”按钮，在视图中拖动喷射粒子到重力图标上，此时，喷射粒子被绑定到重力上，虽然向上发射，但受重力影响，水流向下流动，如图 10-35 所示。

5）制作茶壶移动倒茶动画。单击动画控制区中的“自动关键点”按钮，将时间滑块移动到 30 帧，使用移动和旋转按钮，调整茶壶的位置和方向。30 帧茶壶的位置和方向如图 10-36 所示。再次单击“自动关键点”按钮。

图 10-35　喷射粒子被绑定到重力上

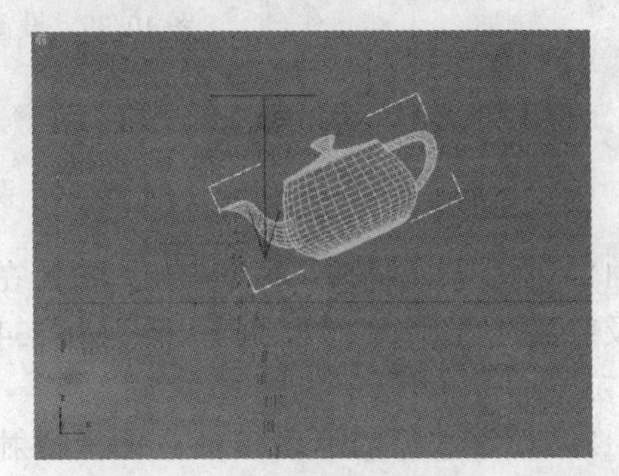

图 10-36　30 帧茶壶的位置和方向

6）预览动画发现茶水第 0 帧开始倒出，动画设计不合理。选择喷射粒子，在喷射粒子的“参数”卷展栏中修改粒子的“开始”为 30，再次预览动画，发现茶水流出的时间已经正确，但水流会穿透茶杯和桌面，一直向下流，如图 10-37 所示。

7）添加一个导向板阻止水流穿透茶杯。单击“创建”→“空间扭曲”→“导向器”→“导向板”，在顶视图中创建一个导向板，使用移动按钮移动至茶杯底部位置，如图 10-38 所示。单击工具栏上的“绑定到空间扭曲”按钮，在视图中拖动喷射粒子到导向板上，水流被导向板阻止，不会再穿透茶杯，但水流会反弹出茶杯。

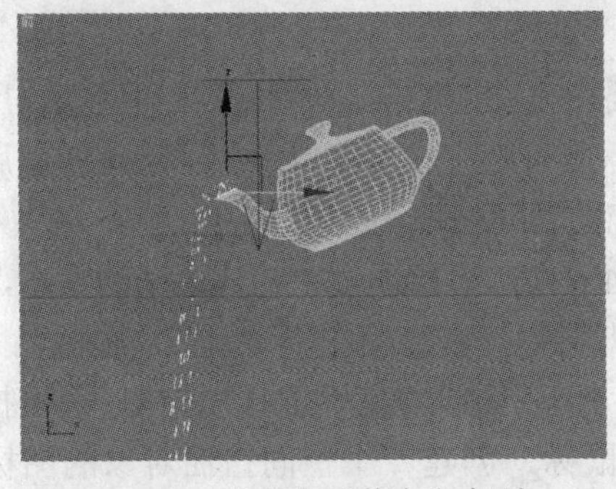

图 10-37　水流穿透茶壶和桌面

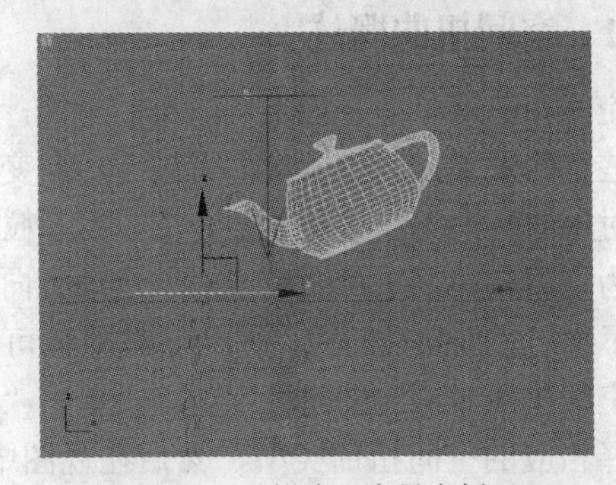

图 10-38 创建一个导向板

8）选择导向板，在导向板的“参数”卷展栏中设置“反弹”为 0.4，“摩擦力”为 70，使水流不会从茶杯中反弹出来。

9）设置喷射粒子，调整水流状态。选择喷射粒子，在修改面板中设置喷射粒子的“渲染计数”为 600， 选择“四面体”单选项。单击动画控制区中的“自动关键点”按钮，将时间滑块移动到 30 帧，在修改面板中设置喷射粒子的“水滴大小”为 5，移动时间滑块到 80 帧喷射粒子的“水滴大小”为 0，再次单击“自动关键点”按钮，关闭自动关键帧状态。保持喷射粒子选中状态，在时间轴上选择 30 帧的关键帧标志，按住〈Shift 键〉，将 30 帧的关键帧标志拖动复制到 70 帧，如图 10-39 所示。此时，水流从 30 帧开始流出，70 帧后逐渐变小，至 80 帧停止流出。

10）设置茶壶倒水后复位动画。在视图中选择茶壶，按住〈Shift〉键，在时间滑块上将 0 帧的关键帧标志复制到 100 帧，将 30 帧关键帧标志复制到 75 帧，如图 10-40 所示。

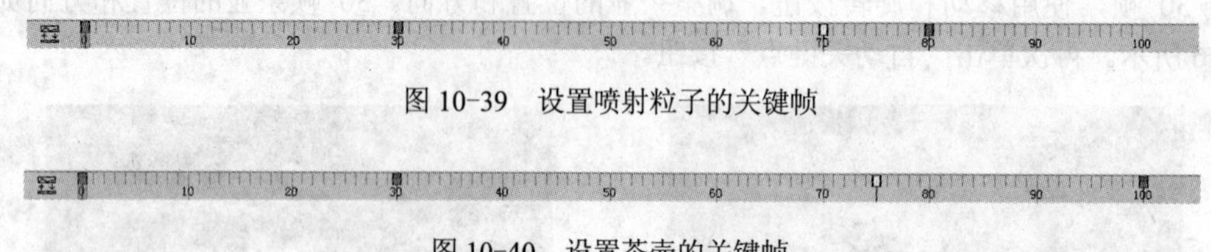

图 10-39　设置喷射粒子的关键帧

图 10-40　设置茶壶的关键帧

11）制作茶水材质。按下〈M〉键，在“材质编辑器”中选择一个空白示例球，设置“漫反射”的“红”、“绿”、“蓝”分别为 234、224 和 187，“自发光”为 70，并将材质赋予喷射粒子。

12）设置水流的运动模糊。选择喷射粒子，用鼠标右键单击，在弹出的“对象属性”对话框中，选择“运动模糊”选项组中的“启用”复选框和“图像”单选项，单击“确定”按钮。

☞小技巧

为了得到更形象的动画效果，可以利用圆柱体对象和噪波、切片等修改器制作茶杯中茶水逐渐斟满的效果，具体步骤不再赘述。

13）按下〈F10〉键，打开“渲染场景”面板。在设置渲染输出参数后，单击“渲染”按钮进行动画渲染输出，效果如图 10-31 所示。

10.3.1　空间扭曲概述

空间扭曲对象是一种不可渲染的对象，它主要用来影响空间对象的形状和位置，用于创建一些特殊效果，例如风吹、爆破、对象变形等。空间扭曲分为应用于粒子系统和应用于几何体对象的两大类，本章主要介绍应用于粒子系统的空间扭曲工具。

为了调整粒子系统的粒子对象运动方向和运动效果，模拟现实中物体运动的状态，系统提供了一组空间扭曲对象，利用这些对象可以模拟风吹、爆炸、碰撞和受阻等效果。

空间扭曲对象的创建流程如下：单击“创建”面板中的“空间扭曲”按钮，在下拉菜单中选择相应的空间扭曲类型，然后在视图中拖动鼠标，创建一个空间扭曲对象的图标，如图 10-41 所示。

空间扭曲只有在与空间对象绑定后才能发挥作用。单击工具栏上的“绑定到空间扭曲”按钮，在视图中拖动粒子对象或几何对象到空间扭曲图标上，松开鼠标即完成绑定。将空间扭曲工具与对象绑定后，空间扭曲工具被记录在该对象的修改器堆栈中，在修改器堆栈中可以像修改器一样进行编辑。

10.3.2 力

力包括多种用于模拟自然外力的工具。力类型的空间扭曲有推力、马达、漩涡、阻力、粒子爆炸、路径跟随、置换、重力和风，如图 10-42 所示。下面介绍其中的重力、漩涡和风这 3 种力类型。

1. 重力

重力用于模拟地心引力对粒子系统的影响，使粒子对象沿着重力方向移动。与自然界重力不同的是，在 3ds max 中，重力方向和强度等都是可调的，重力的“参数”卷展栏如图 10-43 所示。

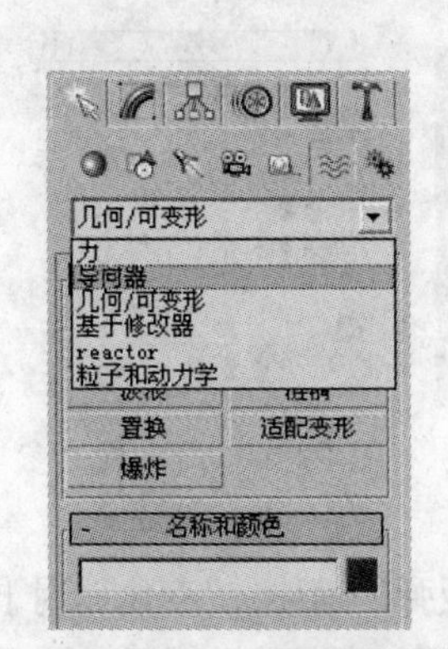

图 10-41 选择空间扭曲类型

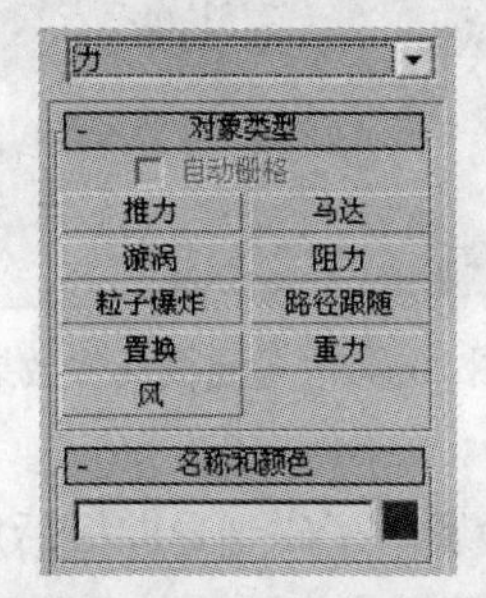

图 10-42 “力”类型

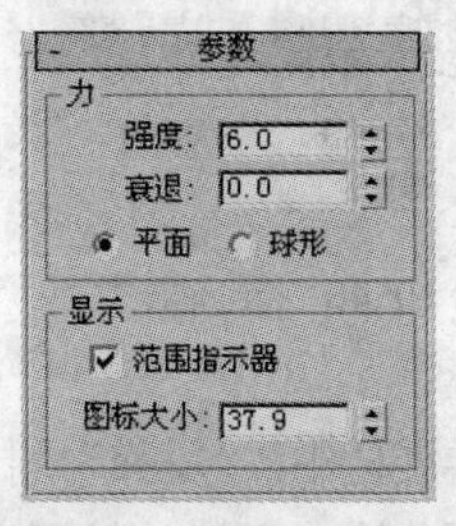

图 10-43 重力“参数”卷展栏

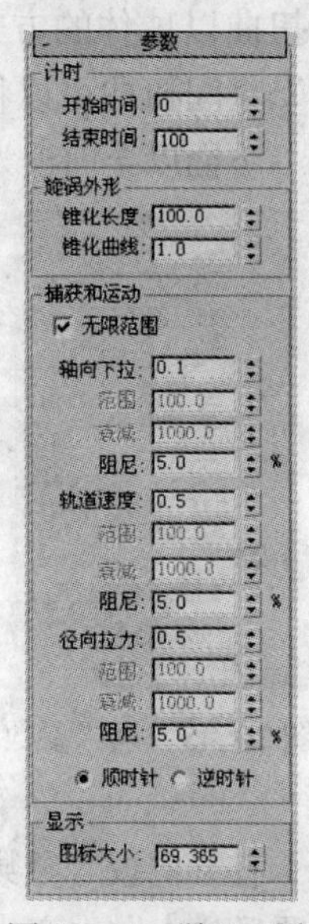

图 10-44 漩涡“参数”卷展栏

“强度”用于设置重力作用的强弱；“衰退”用于设置当对象远离重力图标时，重力作用的衰减速度；选中“平面”单选项，将使用平面力场，粒子沿重力图标箭头方向运动；选中“球形”单选项，将使用球面力场，粒子沿球形图标运动。

2. 漩涡

漩涡应用于粒子系统将会对粒子对象施加一个旋转的力，使粒子对象形成一个漩涡，经常用来模拟涡流、龙卷风和黑洞等。漩涡“参数”卷展栏如图 10-44 所示。

“漩涡外形”选项组用于控制漩涡的大小和形状。“锥化长度”用于设置漩涡的长度；“锥化曲线”用于设置漩涡的外形。

“捕捉和运动”选项组包含了一系列对漩涡进行控制的参数。选中“无限范围”复选框，漩涡将在无限范围内起作用；“轴向下拉”用于设置粒子在漩涡的作用下，沿轴向下下落的速度；“阻尼”用于定义轴向阻尼；“轨道速度”用于设置粒子在漩涡作用下旋转的速度；“径向拉力”用于设置粒子开始旋转时与轴间的距离。

3. 风

风用于给粒子系统施加一个持续的力场，模拟现实中风吹的效果。风在效果上类似于重力，比重力增加了气流湍流参数，风“参数”卷展栏如图 10-45 所示。

"湍流"用于设置风的紊乱量，其值越大，风向紊乱的效果越明显；"频率"用于设置动画中风的频率；"比例"用于设置风对粒子的作用程度。

10.3.3 导向器

导向器空间扭曲可以使粒子系统受到阻挡，因而产生方向上的改变。3ds max 提供了 9 种类型的导向器，如图 10-46 所示。导向器的基本类型只有导向板、导向球和全导向器 3 种，其余类型都是在这 3 种基本类型上衍生出来的。"导向板"空间扭曲以平面的方式阻挡粒子的前进，当粒子碰到导向板平面时将产生反弹的效果，如图 10-47 所示；"导向球"空间扭曲以球体的方式阻挡粒子的前进，除了外形外，与导向板的作用和功能相同；"全导向器"空间扭曲可以将三维模型对象设置为导向器来阻止粒子的运动。

下面以导向板为例，介绍导向器参数的作用。导向板的"参数"卷展栏如图 10-48 所示。

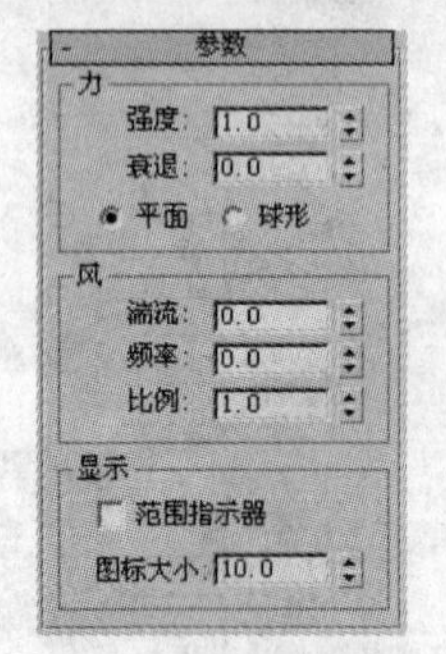

图 10-45　风"参数"

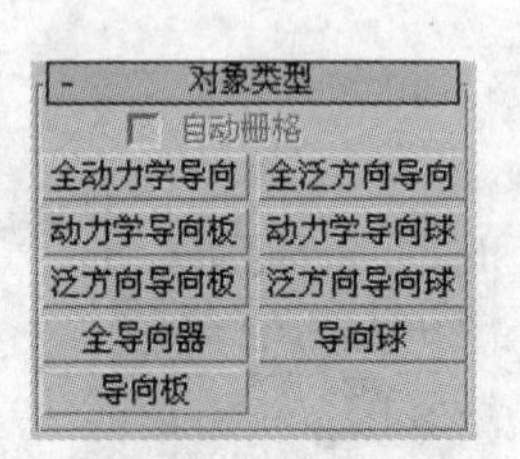

图 10-46　导向器类型

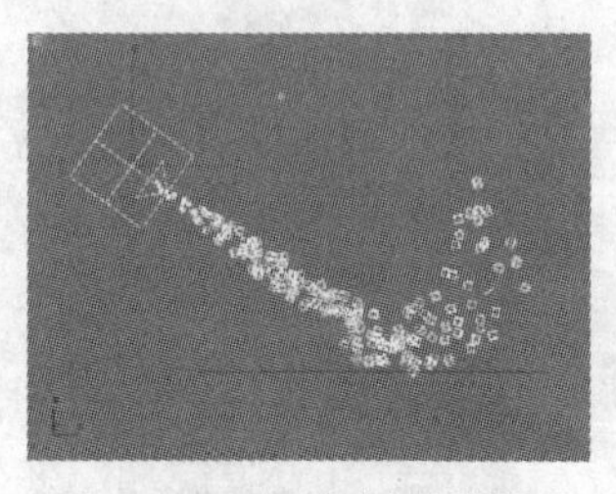

图 10-47　导向板反弹效果

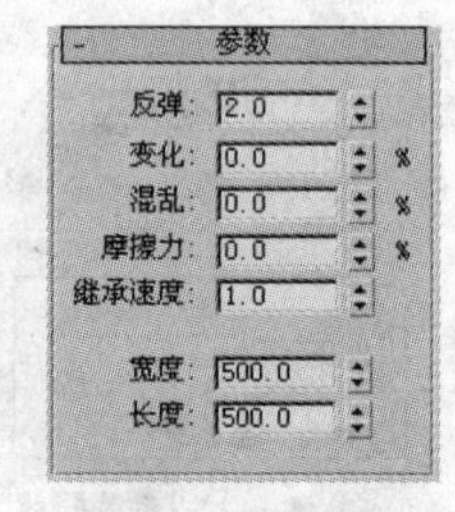

图 10-48　导向板"参数"卷展栏

在导向板"参数"卷展栏中，"反弹"用于设置粒子碰到导向板后反弹的速度；"变化"用于设置反弹力发生变化的百分比，可以让粒子在碰撞后产生不同的反弹速度；"混乱"用于设置反弹角度的混乱程度；"摩擦力"用于设置粒子与导向板接触后由于摩擦力造成的速度降低参数，当其值为 100 时，粒子在导向板上运动的速度为 0；"继承速度"用于设置粒子速度继承的特性。

10.4　上机实训

【实训 10-1】制作太空中飞行天体碰撞爆炸的动画效果

本实训要求制作太空中飞行天体碰撞爆炸的动画效果，如图 10-49 所示。在本实训中，利用 FFD 修改器制作太空中的天体，为天体指定路径约束飞行撞击星球的路径动画，利用粒子阵列制作星球撞击后爆炸碎裂成碎片的效果，并利用火效果制作天体撞击爆炸的火光效果。通过本实训，练习路径约束动画、粒子阵列的应用和火效果动画的制作。

图 10-49　太空中飞行天体碰撞爆炸的动画效果

【实训 10-2】制作喷泉的动画效果

本实训要求制作喷泉的动画效果，如图 10-50 所示。在本实训中，利用喷射粒子和超级喷射粒子制作喷泉，并利用重力和导向板控制喷泉的下落，利用噪波修改器制作水池中水波荡漾的动画效果。通过本实训练习，掌握喷射粒子和超级喷射粒子的应用、重力和导向板等空间扭曲工具对粒子系统运动方向的控制和噪波修改器动画设置的方法。

图 10-50　喷泉动画效果

参 考 文 献

[1] 熊力．3ds max 实例教程[M]．2 版．北京：清华大学出版社，2007.

[2] 张凡，李羿丹，宋毅．3ds max 2008 中文版应用教程[M]．北京：中国铁道出版社，2008.

[3] 文东．中文 3ds max 9 动画制作基础与项目实训[M]．北京：北京科海电子出版社，2009.

[4] 郝梅．3ds max 8 案例教程[M]．北京：清华大学出版社，2009.

[5] 陶丽，王俊伟．3ds max 9 中文版标准教程[M]．北京：清华大学出版社，2008.

[6] 张凡，宋毅，王世旭．3ds max 9 中文版基础与典型范例[M]．北京：电子工业出版社，2008.

[7] 李明革，高文铭，刘宝庆．3ds max 动画制作实战训练[M]．北京：电子工业出版社，2008.

[8] 张福峰．3ds max 2009 三维设计能力教程[M]．北京：中国铁道出版社，2009.

[9] 王岩，宁芳．3ds max 9 白金教学[M]．北京：北京科海电子出版社，2007.